美学与艺术研究

第10辑

湖北省美学学会　编

美学前沿·中国美学·西方美学·造型艺术美学

表演艺术美学·艺术设计美学·艺术评论·图书评论·学术信息

《美学与艺术研究·第10辑》编委会

目　录

美学前沿

中国美学

西方美学

造型艺术美学

表演艺术美学

艺术设计美学

艺术评论

图书评论

学术信息

美学前沿

对康德美学的认识论结构的改造
——“纪念朱光潜、宗白华诞辰120周年”国际学术研讨会的贺信

邓晓芒

康德美学中蕴含诸多有价值的东西，然而必须经过改造，才能彰显出其中被掩盖了的审美精神。康德早年被认为不具备很高的鉴赏能力，而只是在逻辑学、形而上学和科学方面见长。尽管如此，康德在涉及美学问题时也能够用精确的语言优美地表达对美的感觉。但康德作为理性派的哲学家，每当面对审美活动有关的问题时，首先考虑的是感性现象背后的认识能力的作用。这样一来，这种理性主义和认识论立场客观上就掩盖了审美活动的实质，即这种解释只是对审美活动在人的认识能力方面所造成的效果的表述。在认识论色彩笼罩下，审美的情感能力黯然失色。康德美学的整个结构也都是按照认识论的框架（所谓先验分析论）来安排的，具有明显的强制性。

康德谈及美是从鉴赏开始的，从审美的感性效果入手，然后通过对美的分析划分出一套鉴赏力的“契机”。这种分析并不是经验的归纳，而是将《纯粹理性批判》的建筑术方法运用到审美中，从而得到四大契机或四个方面的说明。①质的契机：无利害的愉快，审美是超功利性的，纯粹的审美态度；②量的契机：非概念的普遍性，虽是个人的愉快，但却有普遍性、共同性，即主观普遍性；③关系的契机：主观形式的合目的性，无目的的合目的性形式，没有实质上的目的，看美的对象时只看主观形式；④模态的契机：共通感的理念，这种共通感具有先天的必然性。康德认为，每个人先天地有一种共通的情感，而这种共通的情感迫切地需要通过一种方式传达给别人，这就是审美的起源，也是康德晚年对于审美的一种先天原则的发现。这四大契机作为纯粹的鉴赏力的标志，都是运用诸认识能力做游戏时产生的这些认识能力的自由协调活动的特点，由此引起的愉快就是审美愉快。可见，这四大契机在康德看来都是诸认识

能力的作用方式，虽然并没有客观的认识对象，只是一种反思性的判断力，但毕竟逃不出认识论的范围。

这四大契机中，只有共通感才直接接触到了情感的问题。但康德只是将之看作一种理念，本质上还是感性对理性的追求。所以它既是一种特殊的感性认识能力，又具有知性的普遍可传达性。这种情感传达不是情感本身的作用，而是由理性的理念所导致的。这是康德美学中的一处说不过去的软肋，共通感作为一种情感，怎么可能同时又是一种“理念”？按照康德的说法，理念是不可能在感性的东西中达到的，它只能是一种不可追求到的遥远目标或理想；而情感本身则只能在经验世界中延伸。如果我们抛开所谓的理念，就可以看出情感的确本身就有共通的方面，而情感的普遍传达必然也会排除利害的考虑，排除概念和逻辑，而且也要借助于单纯的合目的性的形式，让它们作为共通感传达的中介而起作用。但这样一来，康德想把情感能力也纳入理性的先天认识能力之下的企图就落空了。

所以，为了维护自己的先天认识论的立场，康德并没有将情感的普遍可传达性归结为传情的能力，而只是作为认识的能力的一种表现。其实，康德在他的四大契机中都还没有涉及美的本质，它们只是描述了美的各种属性。唯有在“纯粹审美判断的演绎”中，他才真正涉及了美的本质问题，他在这里给鉴赏下了这样一条定义：“鉴赏能力就是对一个表象的情感没有概念的媒介而能够普遍传达的一种评判的能力。”这是康德对审美现象所作出的最本质的表述，四大契机只不过是由这一本质所表现出来的现象。由此我们可以说，康德实际上已经提出了审美本质的“传情原理”，但他对此并没有知觉。他的后继者们更是完全没有意识到这一原理的意义。

迄今为止，形式主义原则和超功利性原则都被看做是康德美学的最主要的标志，几乎无人注意到康德在认识论遮蔽之下的传情原则，更没有人把这作为奠基性的美学原理加以发挥，从而建立起一门“传情论”的美学。尽管传情是康德鉴赏力的“定义”，但学术界几乎都将之视为在四大契机基础上所引发的效果，这与康德美学的体系结构和表达方式有关。在康德看来，鉴赏和美只是人的认识能力的某种特殊的结合方式，只是反思性的判断力以及由此带来的诸认识能力之间的协调关系。例如面对着对象表象的感性形式，我们的知性就和想象力在上面自由协调活动，于是就产生出美感；但面对着一种感性的“无形式”，想象力与知性无法达成协调，就转而与理性在更高层次上达成协调，这样就产生出了崇高感。

但在审美中，由诸认识能力的自由协调活动引起愉快的情感，是否有自身的规律和原理呢？康德对此并没有深思。因此，康德用情感的普遍传达来定义鉴赏时，并没有确立情感本身的原理，而仍然是依赖知性的原理。他将这种原理视为是由背后所隐藏的知性的一般“准则”来支持，特别是由知性的第二个准则来支持的一种先天机制。也就是说，情感传达是基于人有能力站在别人的地位上思考，这样才能认定自己感到的美是“正确的”。于是，康德把情感普遍传达的原则偷换成了知性的能力和准则，使审美成了一种知性的态度，一种旁观者的审查、辨别和认识的态度，而不是情感投入的态度。审美就变成了“看一个对象美不美”的“判断”，而不是“希望一个对象能令人感到美”，这是脱离一般人的审美经验的。

尽管如此，康德首次将审美归结到人的情感传达，打开了理解人的审美活动和审美意识秘密的大门。比起四大契机来，康德实际上更为看重的是审美中的情感传达，这在他的《实用人类学》中可以得到确证。在这里，康德特别强调了情感的可传达性，并且将它归结为人的情感的社会性。鉴赏力被认为是感性在想象力中对外部现象做出社会性评价的能力，而情感本身既然是社会性的、可传达的，那么就无需认识能力的干预而可以直接进入道德领地。至于所谓无利害的、非概念的形式的合目的性，在这种视角中也无非是社会性情感普遍传达的合目的性，它本身就是无利害的、非概念的。应该说，在《实用人类学》中，康德美学是一种社会历史现象的考察，从认识论立场转移到了人类学立场。这才真正展示了康德美学的价值。

我所建立的传情论美学，是将康德美学的传情命题植根于人的社会性生产劳动这一人类的起源中，并使之从一种美的属性提升为审美活动的本质。由此我提出了三个关于美的本质定义：①审美活动是人的情感凭借对象化而和他人互相传达情感的活动，这种活动在其现实性上就是美感；②情感的对象化就是艺术；③对象化的情感就是美。这一美的本质最初蕴含于生产劳动的社会性中并作为它不可缺少的要素，因此生产劳动的社会性里面必然包含情感的相互传达。通过这种改造，就可以从康德美学中拯救出有关美的本质的最重要的合理内核，即情感的社会性传达，将它置于历史唯物主义的哲学人类学基础之上。

因此，这种改造首先体现在对鉴赏的四个契机和鉴赏的传情论定义之间关系的重构中。对于它们之间的次序、位置进行了彻底的调整和颠倒，即首先从情感的社会性出发去解释鉴赏的四大契机。我对这种社会性的解释不像康德那样停留于一般合群与社交，而是深入人的社会性本质与其他动物群体的根本区别中。康德已经不自觉地展示了自己美学结构的某种改造方案，即撇开对诸认识能力的相互关系的支撑，去追究更加根本性的东西。人们在不为求知、不为获利的情况下，为什么要互相传达情感？这只有立足于实践唯物论对于人的社会实践本质的规定才能找到答案。我曾经提出过，人类在制造、使用和携带工具过程中使自己从猿变为人，使人成为有理性的动物，具有了自我意识，从而使得动物性的表象、情绪和欲望分别提升为人的概念、情感和意志。其中情感本身就具有对象化的结构，是一种社会性的情感，它只有在借助对象传达给他人并得到他人共鸣的情况下才得以完成，这是和动物性的不可传达的情绪完全不同的。这里面就具有了艺术和美的基因。所以传达情感首先是人类共同劳动的必需，是人之成为人的前提。由于人的生产劳动的内在结构，知、情、意便共同构成了人性不可分离的三维结构，最终形成了人的认识、审美和道德。

在此基础上，我们可以修正康德的四大契机：第一，对于审美的超功利性，情感传达本身就是超功利性的，但它可以使全社会团结一心以对付严酷的大自然，而这种情感的纽带就是更高层次的功利。第二，对于非概念的普遍性，情感本身是非概念的，但基于自我意识的对象概念和类的概念才能传达给他人，因此需要理性预先作铺垫。第三，情感传达虽借助于无目的的合目的性这种形式，但情感传达本身就是一种高级的目的，审美并不是完全盲目的冲动。第四，共通感是情感传达的结果；它不是追求不到的理念，而是在生产劳动的人际交往中通过情感的可传达性而可以随时被证实的。可见，鉴赏愉快本质上是情感传达带来的情感共鸣的愉快，而不仅仅是诸认识能力自由协调活动所引起的愉快。这种情感传达也包括自己对自己的共鸣，因而这种愉快也是自我意识的确证。

可见，传情论美学基于实践唯物主义的立场，吸收了康德美学的各种元素，修正和补充了康德美学的部分观点，甚至颠倒了康德美学的整体结构，成为一种在审美心理学、艺术发生学和美的哲学上极具解释力的新型美学理论。

（作者单位：华中科技大学）

新实践美学的生活美学建构

张　弓　张玉能

新实践美学是在实践美学的基础上产生出来的。实践美学是在20世纪五六十年代中华人民共和国成立以后第一次美学大讨论中脱颖而出、以李泽厚为代表的美学学派。它由于本身所具有的不完善和不成熟，在它于20世纪90年代成为中国当代美学的主导流派时遭到了质疑和反对，于是产生了实践美学与后实践美学的争论。就在这次争论中，实践美学发展到新阶段，出现了新实践美学。尽管新实践美学有不同的观点：朱立元的实践存在论美学、邓晓芒和易中天的新实践美学观美学、徐碧辉的实践生存论美学、张玉能的新实践美学。但是，新实践美学有一个共同的征象，那就是仍然坚持以马克思主义的实践观点作为自己的哲学基础。在近几年关于实践美学的不足之处的反思中，有许多人认为实践美学不关心人民的现实生活，在哲学层面进行抽象理论探讨，使人们望而却步。为了使实践美学进一步发展，新实践美学的确应该关心人民的现实生活，把抽象的美学理论与实际的现实生活紧密联系起来，建构起自己的生活美学，让人们亲近美学和新实践美学。

一、生活美学的逻辑起点应该是实践

马克思主义哲学和美学的根本特点就是以社会实践作为自己的哲学和美学的出发点，认为社会生活本质上就是实践的，没有实践就不存在社会生活。马克思在《关于费尔巴哈的提纲》中明确指出："全部社会生活在本质上是实践的。"①因此，人类的社会实践(物质生产、话语生产、精神生产)是新实践美

① 中国作家协会、中央编译局编：《马克思恩格斯列宁斯大林论文艺》，作家出版社2010年版，第49页。

学的生活美学的逻辑起点。

一般来说，生活可以划分为物质生活、符号生活、精神生活。它们都离不开人类的社会实践。它们既离不开物质生产，也离不开话语生产，同样离不开精神生产。物质生活是指人类的日常生活，人们为了维持自己的肉体存在就必须进行物质生产。物质生产有两种，一种是人的自身生产，另一种是人类的生活资料的生产和生产资料的生产。人的自身生产生成了人的肉体存在，而要维持每一个肉体的存在，就必须生产出人们衣食住行所必需的日常生活用品，同时为了继续不断进行生活资料的生产，还得进行生产资料的生产。这些就构成了人类的物质生活。俗话说：开门七件事，柴米油盐酱醋茶。那么，要研究人类的物质生活中的美和审美及其艺术问题，就必须首先从物质生产出发来研究日常生活对人的审美关系。人类的物质生活是社会性的，人们在一定的社会关系中来进行生产和展开生活，所以人类之间的交流沟通是必然的、必不可少的，这就使得物质生活与人类的话语生产，即语言和符号的生产发生了不可分割的关系。人们不仅要命名物质生活中的各种各样的物品，而且还要运用语言规则来表述实际言语，表达出话语的意义。只有这样，人类才能进行物质生活和符号生活。人们的物质生活不同于一般动物和高级动物的地方就在于人类不仅能够满足于实用的、物质的、肉体的需要，还要追求认知需要、审美需要、伦理需要等精神的、发展的、自我实现需要。所以即使在物质生活之中，人们也要渗入精神的、发展的、自我实现的需要，因而也就必然地离不开科学、艺术、政治、道德、宗教等精神生产。

马克思主义哲学和美学认为，人类必须首先满足衣食住行，然后才能从事科学、艺术、政治、道德、宗教等其他活动。因此，人类的生活必然以物质生产为最后的根基。但是，人类的生活却不能停留于物质生活，还必须发展为符号生活和精神生活。那么人类的精神生活和符号生活就被物质生产最终决定和制约着。物质生产力的发展促使着人类本身发生了分工和私有制。从而形成了人类的符号生活和精神生活。人类的符号生活是指来源于社会分工和私有制的，人们的社会地位、社会职业、社会角色所显示出不同意义的生活，而人类的精神生活则是人类的知(认知)、情(情感)、意(意志)所显示出来的生活。一个人由于性别等各种条件而处在不同的社会地位、社会职业、社会角色中。如一个男人可能是一个教师，也是一个父亲，或者是一个人民代表或者政协委员，他还可能能写会画，抒发感情、表达意愿、显示智慧，有着丰富的精神生活；一个女人可能是一个工人，也是一个妈妈，或者是一个劳动模范，她的精神生活却是另外一副模样，她能歌善舞，经常跳广场舞、唱红歌，精神生活也非常充实。而这一切却是由人类的以物质生产为中心的，包括话语生产、精神生产的社会实践所决定和制约的，并不是一个人自身可以任意左右的。因此，当我们研究人类的符号生活和精神生活中的美和审美及其艺术时，就必须考虑物质生产、话语生产和精神生产给每一个人所创造的具体条件。因此，新实践美学的生活美学同样是以实践为逻辑起点的。离开了社会实践，就没有新实践美学的生活美学。

二、物质生活美学

物质生活是人类的日常生活，日常生活审美化和艺术化是美学的本根，物质生活美学(日常生活美学)就是研究人类的物质生活对人的审美关系的分支美学，它主要研究日常生活审美化和艺术化，研究人类衣食住行、柴米油盐酱醋茶中的美和审美及其艺术。

物质生活是人类最基本的生活，也就是人类的生存本身所展示出来的、每天都必须过的日常生活。人类的日常生活不同于动物的日常生活，它是由自己的生产劳动来满足的，而不像动物那样主要靠大自然的恩赐，因此，人类的日常生活就可能是“按照美的规律来构造”的，从而可能与人类发生超越实用关系、认知关系、伦理关系的审美关系，所以就会有美和审美及其艺术的问题需要研究、探讨，于是就可能有日常生活美学来研究和探讨日常生活的审美化和艺术化的问题。马克思主义美学自《1844 年经济学哲学手稿》问世以来，就把美学研究从黑格尔的理念世界移植到了生活世界之中，把黑格尔头足倒立的辩证法颠倒过来，把美学研究的根基奠定在了以物质生产劳动为中心的社会实践之上。马克思主义实践美学是在与西方现代主义和后现代主义美学的对立而同步发展的过程中，逐步建立、完善和发展的，而它始终继承和坚持马克思主义创始人所开启的在以物质生产劳动为中心的社会实践之上不断回归现实生活世界的大方向。恩格斯《在马克思墓前的讲话》中形象阐发了历史唯物主义原理："正像达尔文发现有机界的发展规律一样，马克思发现了人类历史的发展规律，即历来为繁芜丛杂的意识形态所掩盖着的一个简单事实：人们首先必须吃、喝、住、穿，然后才能从事政治、科学、艺术、宗教等等；所以，直接的物质的生活资料的生产，从而一个民族或一个时代的一定的经济发展阶段，便构成基础，人们的国家设施、法的观点、艺术以至宗教观念，就是从这个基础上发展起来的，因而，也必须由这个基础来解释，而不是像过去那样做得相反。"①按照这个历史唯物主义的基本原理，人类的首要的日常生活的社会实践就是物质生活资料的生产，尤其在社会生产力十分低下的原始社会中，人的日常生活就主要是为了解决自己的吃、喝、住、穿等日常生活而进行的生产劳动。所以，人对现实日常生活的审美关系应该也就是首先在生产劳动之中形成的。随着社会生产力的发展，人类用于生产劳动的时间逐渐减少，到 19 世纪中后期 8 小时工作制基本上确立起来以后，"日常生活"的概念就有所改变和转移，基本上把 8 小时的工作时间划出了"日常生活"之外，而主要用来指 8 小时工作之外的"吃、喝、玩、乐"之类的凡庸琐事和休闲度假的活动，说得通俗一点就是：柴、米、油、盐、酱、醋、茶，吃、喝、拉、撒、睡，衣、食、住、行，娱乐、休闲、度假等平常、平凡、平淡、平庸的生存活动。说得理论化一点就是：每个社会成员个体每天必须进行的最基本的平平常常的生存活动，一般不包括生产、战争、政治等重大活动。用匈牙利著名哲学家阿格妮丝·赫勒(A. Heller)的界定就是："那些同时使社会再生产成为可能的个体再生产要素的集合。"②因此，也可以说，"日常生活"就是马克思主义"两种生产论"之中的"人的个体的生产"，与"物质生产"相对待和相联系。那么，非常清楚的是，人的日常生活也在不断地与人发生审美关系，日常生活不断地在审美化、艺术化。法国著名哲学家和社会学家列菲伏尔对资本主义的全面异化，尤其是日常生活的异化进行了强有力的批判，并且提出了改变日常生活的要求，他的口号是："改造生活！""技术为日常生活服务！""让生活变成一件艺术品！""不要改变雇主，而要改变生活的被雇佣！""把注意力放在生活的喜悦上！"③也就是说，日常生活的审美化、艺术化是克服资本主义社会的异化以后的社会理想，实际上，这个过程早就开始了，不过，那仅仅是一部分人和极少数人的日常生活的审美化、艺术化。的确，"艺术是摆脱异化特性的生产劳动，是生产者和产品、个人与社会、自然生物与人类的统一体"④。而艺术是

---

① 《马克思恩格斯选集》(第 3 卷)，人民出版社 1995 年版，第 776 页。

② 陈学明、吴松、远东：《列菲伏尔、赫勒论日常生活》，云南人民出版社 1998 年版，第 121 页。

③ 陈学明、吴松、远东：《列菲伏尔、赫勒论日常生活》，云南人民出版社 1998 年版，第 73 页。

④ 陈学明、吴松、远东：《列菲伏尔、赫勒论日常生活》，云南人民出版社 1998 年版，第 85 页。

早就产生于人类的社会实践之中了，人的生产劳动与日常生活也处在不断地审美化和艺术化的过程中。因此，以艺术为中心研究人对现实的审美关系的美学当然应该以日常生活审美化为自己的本根。正如赫勒所说："我们可以从艺术品中习得某种将作为日常生活实际的指南知识。当我们决定成为小说中的英雄时，理想就产生了。艺术品完全同科学信息一样，可以成为兴趣和好奇心的对象，并满足它们。通过杜撰，我们可以习得我们从未去过的地方的那些陌生人的行为举止。从根本上立根于其价值等级结构之上的艺术品的创作，能够极大地影响一个人的整个一生。让我们回忆一下里尔克的话：'你必须改变自己的生活'。"①由此也可以说，日常生活的审美化、艺术化应该成为美学的本根。待到社会生产力发展到可以"按需分配"和生产劳动成为每个人的"第一需要"的时候，"日常生活"就又几乎可以涵盖每个人每天的所有生活，或者更精确地说，"日常生活"就是除了社会必要的生产劳动时间之外的大部分"自由时间"，即可以由每个人自己任意支配的生存时间。按照马克思主义创始人的设想，那时的人们主要就是从事艺术和休闲之类的审美活动，也就是说，在未来的共产主义社会中，人们的"日常生活"才真正达到了审美化和艺术化。在《德意志意识形态》中，马克思和恩格斯说："在共产主义社会里，没有单纯的画家，只有把绘画作为自己多种活动中的一项活动的人们。"②马克思在《经济学手稿(1857—1859)》中也指出：在共产主义社会，"个性得到自由发展，因此，并不是为了获得剩余劳动而缩减必要劳动时间，而是直接把社会必要劳动时间缩减到最低限度，那时，与此相适应，由于给所有的人腾出了时间和创造了手段，个人会在艺术、科学等方面得到发展"③。因此，从社会发展的趋势来看，日常生活的审美化也是美学的本根。按照马克思主义实践美学的根本目标来看，就是要培养全面自由发展的人，而在这一根本目标上，日常生活的审美化恰恰是人的全面自由发展的一个社会表征。

从这样的观点来看，日常生活美学也就是研究柴、米、油、盐、酱、醋、茶，吃、喝、拉、撒、睡，衣、食、住、行，娱乐、休闲、度假等平常、平

---

① 陈学明、吴松、远东：《列菲伏尔、赫勒论日常生活》，云南人民出版社 1998 年版，第 264 页。

② 《马克思恩格斯论艺术》(第一卷)，中国社会科学出版社 1982 年版，原书俄文版编者米·里夫希茨，本书中文版编辑程代熙，第 270 页。

③ 《马克思恩格斯论艺术》(第一卷)，中国社会科学出版社 1982 年版，原书俄文版编者米·里夫希茨，本书中文版编辑程代熙，第 281 页。

凡、平淡、平庸的生存活动对人的审美关系的学科。由此也就可以建构起如下一些生活美学：劳动美学、饮食美学、烹饪美学、服饰美学、建筑美学、休闲美学、旅游美学、茶道美学、花道美学、厕所美学、睡眠美学，等等。这些日常生活美学研究专门日常生活中的美和审美及其艺术，研究和探索日常生活中的美的规律。

三、符号生活美学

符号生活是人类的社会地位、社会职业、社会角色所显示的意义的生活，符号生活美学就是研究人的社会地位、社会职业、社会角色对人的审美关系的分支美学，它主要研究社会身份、社会职业、社会角色中的美和审美及其艺术。

社会身份简称“身份”，指人的出身和社会地位，社会出身是指一个人来自于什么家庭、家族、群体，社会地位是指社会成员在社会系统中所处的位置。一般来说，家庭和家族的出身是由人的自身生产决定的，而群体出身却是由每一个人自己选择的；而一个人的社会地位一般由社会规范、法律和习俗限定，它常用来表示社会威望和荣誉的高低程度，也泛指财产、权力和权威的拥有情况。社会地位分为先赋性地位(ascribed status)和自致性地位(achieved status)两种，前者取决于性别、年龄、家庭关系等，后者往往与所受教育、职业和婚姻状况等有关。每一个人都出身于一定的家庭、家族、群体，并且在社会系统中占有一定的位置，从而给他本人及其生活带来了一定的威望和荣誉；还表现为一定的身份，其主要的身份有民族身份(汉族及其他少数民族等)、阶级身份(工人、农民、商人、军人、教师、学生、医生等)、阶层身份(白领工人、蓝领工人，贫雇农、中农、富农、地主，大资产阶级、小资产阶级、民族资产阶级，军官、士兵，管理者、劳动者等)。社会地位一般分为上、中、下三等，可以叫做上流社会地位、中流社会地位、下流社会地位。在封建社会一般分为皇族、贵族、老百姓，在资本主义社会一般分为大资产者、中产者、平民、贫民；在社会主义社会中应该没有高低贵贱之分，只有社会分工的不同，在身份和地位上应该是人人平等的，那时的口号是“我为人人，人人为我”。不同的民族、阶级、阶层的人的生活是不相同的，都有自己的特点，因而在美和审美及其艺术上也有各自的特点。符号生活美学就是专门研究人们不同的符号生活中的美和审美及其艺术。不过，由于美学的学科历史很短，从

1750年算起才200多年的时间，因而生活美学和符号生活美学并没有专门建构出来，所以研究符号生活中的美和审美及其艺术的规律的任务，往往被社会学或者艺术社会学承担起来了。中国古代一般而言是一个非常讲究身份和地位的“礼仪之邦”或者叫做身份制的社会，从西周时代的“礼乐文化”开始，就有关于不同民族、阶级、阶层的人们对于美和审美及其艺术的等级规定，而且有所谓“六艺”来进行符号生活的审美教育。从先秦时期“轴心时代”流传下来的《尚书》《礼记》《乐记》等文献中就有许多关于符号生活美学的规定和要求。比如，《周书·旅獒》关于“玩物丧志”的说辞：“不役耳目，百度惟贞，玩人丧德，玩物丧志。”①意思是说：不被耳朵和眼睛等感官欲望所役使，百事的处理就会适当。把心思放在戏弄人上就会丧失道德，把心思放在玩弄器物上就会丧失大志。这是太保召公规劝周武王在征服了商纣王以后不要沉溺于感官享乐的符号生活美学戒律。《论语·八佾》记载：“孔子谓季氏，‘八佾舞于庭，是可忍也，孰不可忍！’”②这表明孔子依据周礼对于诸侯越级享用音乐舞蹈表示非常愤慨，其态度可说是一种身份生活美学的规训和惩罚。《乐记·乐本篇》中说：“宫为君，商为臣，角为民，徵为事，羽为物。五者不乱，则无怗懘之音矣。”③说的是：宫音代表国君，商音代表臣子，角音代表万民，徵音代表事情，羽音代表万物。如果这些身份地位不混乱，就不会有不顺畅的声音；反过来说，五音和谐就可以达到天下太平，各安其位。这是符号生活美学对音乐本质和功能的阐释，表明了中国古代美学思想的伦理型特征。《乐记·乐论篇》说：“礼义立，则贵贱等矣；乐文同，则上下和矣；好恶着，则贤不肖别矣；刑禁暴，爵举贤，则政均矣。仁以爱之，义以正之，如此则民治行矣。”④意思是：礼的制度建立了，贵贱等级才有区别；乐的文采协调了，上下的关系才能和睦；善恶的标准明确了，好人与坏人也就容易区别了；用刑罚来禁止强暴，用爵位来推举贤能，政治也就公平了。用仁来爱护人民，用义来纠正邪恶。这样一来，老百姓就能治理得好了。这也是以美和审美及其音乐艺术来教化人们

① 北京大学哲学系美学教研室编：《中国美学史资料选编》上册，中华书局1980年版，第11页。

② 北京大学哲学系美学教研室编：《中国美学史资料选编》上册，中华书局1980年版，第13页。

③ 北京大学哲学系美学教研室编：《中国美学史资料选编》上册，中华书局1980年版，第59页。

④ 北京大学哲学系美学教研室编：《中国美学史资料选编》上册，中华书局1980年版，第60页。

及其身份生活的明确阐述。《礼记·仲尼燕居》记载："子曰：'礼也者，理也；乐也者，节也。君子无理不动，无节不作。不能《诗》，于礼缪；不能乐，于礼素；薄于德，于礼虚。'"说的是："所谓礼，就是道理；所谓乐，就是节制。没有道理的事君子不做，没有节制的事君子不做。如果不能赋《诗》言志，在礼节上就会出现差错；不能用乐来配合的礼，在礼方面就显得单调。如果道德浅薄，在礼方面就显得空虚。"①这是孔子对于君子身份的人在生活中礼仪、诗经、音乐、道德的关系上的规训和阐述。这些都是在生活的社会身份地位方面中国古代美学思想所作的阐明和规定，类似的文献中还有很多值得我们批判继承的东西，可以作为我们建构符号生活美学时的借鉴。西方马克思主义社会学家皮埃尔·布尔迪厄在《区分——判断力的社会批判》中指出："家庭教育和严格意义上的学校教育(其效果和持续时间与社会出身紧密相关)的相对分量，按照不同的文化实践被学校教育系统认可和教授的程度而变化，如果其他情况都一样，社会出身在'自由文化'或先锋文化方面的影响从未如此之大。消费者的社会等级与社会所认可的艺术等级相符，并在每种艺术内部，与社会认可的体裁、流派或时代的等级相符。这就使趣味预先作为'等级'的特别标志起作用。文化的获得方式在使用所获文化的方式中继续存在着：如果人们看到正是通过这些难以预料的实践因素，各种等级化的文化获得方式，无论是早期的或是迟来的，也无论是家庭的或是学校的，以及由获得方式所显示出的各种个体类别(比如'学究'与'社交家')，才被辨认出来，人们给予风度的关注才能得到解释。文化贵族拥有学校授予的学历，以及取得贵族身份之资历所度量的领地。"②布尔迪厄认为，整个社会的阶级划分与文化资本的配置保持着连贯性，后者包括对文化程度的社会认证(如学历学位)、对文化的物质占有(如艺术品消费)等。"趣味"受制于我们的出身，形成于我们所受的来自家庭和社会的教育，同时，"趣味"也标志和强化着我们的身份和阶层。文化资本与经济资本、社会资本一样重要，它们构建了资本社会的分层结构。文化，包括艺术，已经成为具有支配意义的符号，看似简单的审美、欣赏、愉悦已经脱离自身场域，异化或半异化为资本和工具，人们通过消费的方式和趣味将自己与其他阶级区分开来，"这就使得艺术和艺术消费预先倾向于满足一种使社会差别

① 北京大学哲学系美学教研室编：《中国美学史资料选编》上册，中华书局 1980 年版，第 85 页。

② [法]皮埃尔·布尔迪厄：《区分——判断力的社会批判》，刘晖译，商务印书馆 2015 年版，第 1~2 页。

合法化的社会功能，无论人们知不知道”①。美国的社会学家保罗·福赛尔专门写了一本书——《格调》来研究社会等级与生活品位的关系。他通过大量的调查材料和文献事实证实了不同社会等级的人也就具有不同的审美趣味和格调。他指出：“罗素·林内斯也正是因为数年前就注意到品位、知识和感知力比金钱更能决定人的社会等级，才提出一个三重结构的说法，即把人分为有高度文化素养的人、有一般文化教养(中产阶级趣味)的人和缺乏文化教养的人。”②由此可见，社会身份和地位，特别是阶级和阶层的身份和地位，不仅把人们区分为不同的社会等级，而且也在审美趣味上标志出了社会等级。因此，我们可以在批判继承中关于社会身份和地位生活的划分及其在美和审美及其艺术上的区别的研究成果，来建构社会身份生活美学。它似乎可以包括：民族身份生活美学、阶级身份生活美学、阶层身份生活美学。我们不仅应研究社会身份和地位对人们关于美和审美及其艺术的趣味的决定、制约和影响，而且更加应该研究人们关于美和审美及其艺术的趣味对于人们的社会身份和地位的决定、制约和影响。

职业是社会个体参与社会分工、利用专门的知识和技能，为社会创造物质财富和精神财富，获取合理报酬，并作为物质生活来源、满足精神需求的工作。社会分工是职业分类的依据。在分工体系的每一个环节上，劳动对象、劳动工具以及劳动的支出形式都各有特殊性，这种特殊性决定了各种职业之间的区别。关于职业的分类，全世界各国有着各不相同的分类法，名目繁多。为了方便，我们采取我国最广泛使用的分类法，把职业分为具体的“工人、农民、军人、商人、知识分子”。每一个有劳动能力的成年人都应该选择一定的职业来维持自己和家庭的生活，因此，社会职业生活是一个成年人非常重要的生活内容和生活方面，人们一般把一定的职业当做谋生的手段，但是，往往也会把社会职业作为自己的终生事业，努力做出成绩，以显示并实现自己的人生价值。因此，人们的社会职业往往会伴随着人们的 生或者大半生，往往需要努力才能达到自己所从事职业的较高成就，甚或达到这个职业的真善美的价值和自由境界。于是，建构社会职业生活美学也就是一种

① ［法］皮埃尔·布尔迪厄：《区分——判断力的社会批判》，刘晖译，商务印书馆 2015 年版，第 11 页。

② ［美］保罗·福赛尔：《格调》，梁丽真、乐涛、石涛译，世界图书出版公司 2016 年版，第 25 页。

很好的选择。按照新实践美学的观点，美是显现实践自由的形象的肯定价值，美是真和善的感性显现，而且，按照别林斯基和高尔基的观点，美学是“未来的伦理学”。因此，社会职业生活美学就应该是在真和善的基础上来阐述社会职业生活中的美和审美及其艺术，也就是要在每一大类职业的特征和职业道德的基础上来研究和探讨职业生活中的美和审美及其艺术。我们可以建构起工人职业生活美学、农民职业生活美学、军人职业生活美学、商人职业生活美学、知识分子(教师、医生、科学家、工程师、记者、作家、艺术家等)等职业生活美学。

比如，知识分子职业生活美学，应该关注知识分子的特征，还要关注知识分子中的教师、医生、科学家、工程师、记者、作家、艺术家等具体职业的特征。从总体上来看，在中外社会发展的现代性语境中，知识分子有三个基本特征：第一，掌握专门知识，受过专门训练，能够并善于使用语言文字等象征符号来解释宇宙人生。第二，以脑力劳动为职业，以知识为谋生手段，形成一个与社会中其他阶级不充分整合的、不依附于现存体制的、“自由飘游”的、相对独立的社会阶层，因此，一般知识分子又被称为“自由职业者”。第三，对时事政治往往采取批判态度，对现状往往采取“往前看”的态度，具有强烈的社会责任和担当意识。对于第三个特征，以色列的米切尔·康菲诺(Michael Confino)综合各家的意见，归结了以下的五点：①对于公共利益的一切问题——包括社会、经济、文化、政治各方面的问题都抱有深切的关怀。②这个阶层常自觉有一种罪恶感，因此认为国家之事以及上述各种问题的解决，都是他们的个人责任。③倾向于把一切政治、社会问题看作道德问题。④无论在思想上或生活上，这个阶层的人都觉得他们有义务对一切问题找出最后的逻辑的解答。⑤他们深信社会现状不合理，应当加以改变。康菲诺综合出来的五点，大体与中国知识分子的传统相符，特别是在责任感和关心世事方面。从曾参的“仁以为己任”到范仲淹的“先天下之忧而忧”“以天下为己任”，都显示出中国知识分子对道德、政治、社会各方面的问题具有深刻的责任感。谈到关心世事，更有到明末东林党顾宪成的一副对联的下句为证：“家事、国事、天下事、事事关心。”直至中华人民共和国成立后，这种“关心”的传统精神仍然跃动在中国知识分子的生命之中。邓拓在《燕山夜话》中便写过一篇《事事关心》的杂文。他在一首名为《歌唱太湖》的诗中更写道：“东林讲学继龟山，事事关心天地间。莫谓书生空议论，头颅掷处血斑斑。”这是中国知识分子的传统延绵不绝的明证。因此，知识分子职业生活美学的建构应该以知识分子的这些职业特征为基础。也就是说，首先，知识分子应该具备专业知识，掌握语言文字等文化符号，具有批判精神和社会责任感。其次，知识分子职业生活美学就应该关注知识分子的职业道德。知识分子的道德品格特征主要在于：正直、务实、宽容、谦逊、聪慧、睿智；富有同情心，知恩图报；富有责任感，忠于事业；富有爱心，会接受别人的爱，也会爱别人；充满感情色彩，能以性情之心去对待周围的一切；不乏理性色彩，能以达观的心态待人处世；有自知之明，能以谦和的态度看待自己的成绩。知识分子的迂腐与固执有时候也是一种严重的错误，同时知识分子往往循规蹈矩，没有胆略，不具侵略性，不愿意影响别人也固执地不愿被人影响，自己没有纪律性也不想用纪律约束别人。这些鲜明的特征是知识分子没有成功的原因，如果能克服这些弱点，也许知识分子对社会的影响会更大。因此，知识分子还应该具有职业道德：富有智慧，具有同情心、责任心、爱心，感情丰富，理性精神，力戒迂腐固执、骄傲自大、谨小慎微、自由散漫。当然，每一个具体的知识分子职业的特征和道德都有一些具体的规定。这些都是我们在建构知识分子职业生活美学时应该注意的。最后，知识分子职业生活美学应该在相关的美和审美及其艺术方面进行具体的研究和探讨，找出其中的美的规律，使知识分子职业生活能够充分显示出审美趣味和艺术品格。比如，在知识分子职业生活中应该讲究端庄大方的服饰美，准确、鲜明、生动的语言美，规范、得体、合度的行为美，无私、无畏、奉献的心灵美。而每一个具体的知识分子职业，诸如教师、医生、科学家、工程师、记者、作家、艺术家等，在美和审美及其艺术的规范和规律方面都应该探索出各自的特色。

社会角色是指人们在社会生活中形成的、与人们的某种社会地位、身份相一致的、社会所期望的一整套权利、义务的规范与行为模式。它是人们对具有特定身份的人的行为期望，构成了社会群体或组织的基础。“角色”一词原本是一个戏剧的专有名词，指戏剧舞台上所扮演的剧中人物及其行为模式。英国文艺复兴时期戏剧大师莎士比亚在剧本《皆大欢喜》中写道：“全世界是一个舞台，所有的男男女女不过是一些演员；他们都有下场的时候，也都有上场的时候，一个人一生中扮演着好几个角色。”美国社会学家米(R. H. Mead)和人类学家林顿(R. Linton)把“角色”这个概念较早地正式引入了社会心理学，形成了社会心理学理论中的社会角色理论。后来，社会学家们在分析社会互动的过程时发现，社会情境与戏剧舞台具有某些相似之处，于是把戏剧的“角色”概念借用到社会心理学和社会学中来，建构了“社会角色”概念和社会角色理论。

例如，一位教师在学生面前应该为人师表，处处以老师的规范约束自己。每个人在社会生活中都在扮演自己应该扮演的角色，这里不仅意味着占有特定社会位置的人所完成的行为，同时也意味着社会、他人对占有这个位置的人所持有的期望。社会角色主要包括三种含义：①社会角色是一套社会行为模式；②社会角色是由人的社会地位和身份所决定，而非自定的；③社会角色是符合社会期望(社会规范、责任、义务等)的。因此，对于任何一种行为模式，只要符合上述三点特征，都可以被认为是社会角色。

根据这样的社会心理学和社会学的概念和理论，我们就可以建构起相应的社会角色生活美学。首先，社会角色生活美学应该以社会角色的特征为基础。一般说来，社会角色有如下主要特征：①客观职能性。社会角色的产生和存在是客观的，任何一种社会角色的产生都是一定社会文化、历史积淀的结果，是社会生产和生活发展的产物；脱离社会客观需要而由人们头脑中想象出来的“角色”在现实的社会生活中是不存在的。角色乃是社会对个人职能的划分，它指出个人在社会活动中的地位，在社会关系中的位置，在人际交往中的身份。所有的角色都不是自己认定的，而是社会客观赋予的。社会角色通过社会位置来具体表现，而所谓社会位置是指在群体结构或社会关系中的某个地位。角色不是孤立存在的，每一角色都由其对应的角色位置，对号入座。②单一对应性。社会角色一般都是对应于另一种社会角色而存在的，没有相对应的角色作为前提，这种社会角色也就不存在。社会学把这些相互对应而存在的社会角色称为“角色伴侣”。在现实的社会生活中，不存在角色权利、角色义务和角色规范完全相同的两种不同的角色；同样地，在一个社会中，也不可能存在对同一社会角色会有不同的社会期望和行为规范。有些社会角色，由于文化习惯不同，会有不同的语言表达方式，但不同的语言表达所指的是同一个社会角色。③多重扮演性。每个个体都必须在社会活动中扮演一系列角色，这并不意味着人们故意在那里装腔作势，也不是说人们必然要产生某种行为。在很大程度上，人们的行为只能由其所处的背景和地位来决定，这就是社会标准。在社会关系系统中，个体扮演的角色绝不止一种，而是多重角色的统一体。例如，一个大学生，在课堂里是学生角色，在商店里是顾客角色，在公共汽车上是乘客角色，在女朋友面前是“护花使者”角色，社会赋予他的多重角色，在他身上得到了完整的统一。因此，社会角色生活美学就应该充分尊重每一个人的社会角色的客观职能性、单一对应性、多重扮演性，以审美教育的方式教化每一个人能够按照社会角色的特征来处理自己的角色身份和地位，从而在不同的社会关系中能够自由自在地处理自己与其他人的关系。比如一个男教师，在教室的讲台上能够教书育人，传道、授业、解惑；回到家中他又能够充当好丈夫和父亲的角色，与妻子一起处理好家庭事务，养育和教育好自己的孩子，给孩子们树立榜样；在朋友圈里，他还能够以礼待人，宽以待人、严于律己，与朋友们推心置腹；在政治场合，他又能够按照一定的政治地位和政治身份来完成他必须完成的政治任务，因而这个男人就应该是一个美好的男人。

其次，社会角色生活美学的建构应该参照社会角色要素来进行。社会心理学研究指出，社会角色要素主要有：①角色权利。角色权利是角色扮演者所享有的权利和利益。角色权利是指角色扮演者履行角色义务时所具有的支配他人或使用所需的物质条件的权利。角色权益是指角色扮演者在履行角色义务后应当得到的物质和精神报酬。如工资、奖金、福利、实物等属于物质报酬，表扬、荣誉、称号等属于精神报酬。②角色义务。角色义务是角色扮演者应尽的社会责任。角色义务包括角色扮演者“必须做什么”和“不能做什么”两个方面。③角色规范。角色规范是指角色扮演者在享受权利和履行义务过程中必须遵循的行为规范或准则。角色规范包括不同的形式：从范围上可以分为一般规范和特殊规范；从具体要求上可以分为正向规范(即扮演者可以做、应当做和需要做的行为规范)和反向规范(扮演者不能做、不应当做的各项行为规定)；从表现形式上可以分为成文规范(法律、法规、制度、纪律等)和不成文规范(风俗习惯等)。因此，社会角色生活美学也应该充分注意社会角色的角色权利、角色义务、角色规范，按照这些大致的社会规范和要求来让每一个人扮演好自己的一定场合和情境中的多重角色，并且在各种角色转换的过程中，达到一种恰如其分、游刃有余、不勉强、不做作的境界，也就是达到一种“随心所欲，不逾矩”的自由境界，那么，这个人的社会角色生活也就是美好的了。

最后，社会角色生活美学应该在相关的美和审美及其艺术方面进行具体的研究和探讨，找出其中的美的规律，使得每一个人在社会关系中自由地扮演各种社会角色，从而达到生活的和谐美。比如，社会角色生活美学应该区分出男人和女人的基本角色，然后从每一个人的家庭、职场、朋友圈、社交界、政治生活、业余生活、宗教生活、正规场合、休闲生活等具体生活场景来研究和探讨每一个人的外在美(服饰美、语言美、行为美)和内在美(心灵美、人格美、人性美)的具体规律。这样才可能指导每一个人在比较复杂的符号生活之中实现实践的自由，并且以人的语言、行为、服饰、心灵、人格、人性等具体感性形式显现出来。

当然，人的符号生活是一个整体，是社会身份生活、社会职业生活、社会角色生活的统一体，三者往往融会在一起，形成每一个人的符号生活的完整面貌。因此，符号生活美学就应该把社会身份生活美学、社会职业生活美学、社会角色生活美学整合起来，使得每一个人能够在社会身份、社会职业、社会角色的复杂关系之中，达到实践自由的境界，使得他们不失身份、胜任职业、担当角色，从而真正能够显现出人类的本质力量，成为体现“一切社会关系的总和”的真善美统一的社会人。

四、精神生活美学

精神生活是人类的认知、情感、意志所显示出来的生活，精神生活美学是研究人类认知生活、情感生活、意志生活对人的审美关系的分支美学，它主要研究认知生活、情感生活、意志生活中的美和审美及其艺术，精神生活可以分为真理境界、审美境界、自由境界三个层次，美和艺术及其审美是逐步从生活的真理境界，经过审美境界，达到自由境界的主要途径，西方古代的缪斯艺术，中国古代的琴棋书画就是实现人生生活境界的审美教育的主要手段。新实践美学的生活美学追求物质生活、符号生活、精神生活的有机融合，逐步实现人生的真理境界、审美境界、自由境界，以塑造自由全面发展的人。

本来从人的知(认知)、情(情感)、意(意志)的三个方面来研究人类的精神生活美学是一个可行的路径，不过，那样的研究容易与审美心理学的研究产生重复或者重叠形象，因此，我们认为，似乎可以从人类的知(认知)、情(情感)、意(意志)的感性显现形式的角度来研究精神生活，建构起精神生活美学。按照德国古典美学的奠基人康德的“批判哲学”及其美学的研究，人类的知(认知)、情(情感)、意(意志)的心理状态可以对应地表现为四种感性显现形式：科学、艺术、道德、宗教。这样就可以建构起科学生活美学、艺术生活美学、道德生活美学、宗教生活美学。其中，艺术生活美学应该是精神生活美学的主要方面。第一，科学生活美学并不是关于科学本身的美和审美及其艺术的学科，而是运用科学知识和科学真理来使得人类社会生活审美化和艺术化的学科。比如，在夏日的夜晚，我们仰望天空，银河之中繁星点点，星光灿烂，但是很少有人能够把天上的那些主要的耀眼星座给辨识清楚，并且能够对它们产生美和审美及其艺术的感受。因此，我们就需要有科学生活美学来用天文学的科普知识来帮助人们在仰望星空时能够辨识各个主要的星座，从而领悟宇宙、世界、人生的无限、崇高、伟大，升华出人类的无限美妙的崇高情怀、伟大精神、奋斗力量，为创造出更加美好的明天生活而热爱生活，亲近生活，改变生活，敬畏生活，创新生活，展示生活，瞻望生活。在科学技术日新月异、突飞猛进的当代，科学技术正在全面地影响、改变、创新着人类的生活，我们就应该更加以生活的审美化和艺术化为标准，来利用科学技术这把双刃剑，避害趋利，让科学技术更好地为人类服务，为人类社会生活的审美化和艺术化服务。比如，当今全世界的手机热、手机病、手机狂，正在悄悄地改变着整个世界人类的全部生活，手机在给人类生活带来便利、好处、利益的同时，也给不少的人群带来了困惑、疾病、疯狂，破坏了人类社会生活的实践自由状态，搅乱了人类的生活规律，颠覆了人类的正常生活，遮蔽了人类的正当目标，使得人类社会生活的审美化和艺术化遭到了干扰和破坏。因此，科学生活美学就应该担负起启迪人类认知真理的智慧、端正人类利益目标的使命，真正把握人类科学生活的“美的规律”，让人类能够“按照美的规律来构造”自己的全部生活。再比如，AI(Artificial Intelligence，人工智能)科学、机器人制造，越来越成为当今科技发展的一个重大趋势，它同样也会极大地改变和冲击人类的生活，甚至有人担心人工智能和机器人会完全控制和超过人类自身的智力和能力。那么，面对着这样的科技发展趋势，科学生活美学也就应该发挥它本身的真、善、美融会贯通的特征，把人工智能和机器人制造引导到真善美融合统一的发展方向，不仅要让人工智能和机器人去完成那些人类生活中危险和艰难的工作任务，而且也要为人类的自由全面发展作出贡献，使得人类的生活按照生活本身的规律和人类生存和发展的远大目标相结合和统一的感性显现方面发展，不要使人类在物质生活方便、舒适的同时精神生活却变得空虚、无聊，而应该让人类的物质生活和精神生活比翼齐飞，飞向实践自由的人类本质力量的全面发展和完整显示。

第二，道德和宗教生活美学应该是显现出人类意志自由的学科，让人类在现实和理想中的意志自由在人类的精神生活中显现为美和审美及其艺术。这种道德和宗教生活美学也可以说是前苏联美学家别林斯基和高尔基所说的“未来的伦理学”，也可以涵盖中国近现代美学思想家蔡元培的“以美育代宗教”的建构设想。康德曾经设想过人类的意志自由应该感性显现在人类的现实行动和信仰期待之中，他把现实的行为规定为“道德”，而把人类期待的“道德上的绝对命令”叫做宗教。因此，康德的宗教是一种没有神化的“上帝”的伦理学，人类社会生活中的道德和宗教是人类意志自由的感性形式。在康德那里，这些也就是人们无法用感性和知性的认知能力去把握的“本体”，它们尽管不可认知却像灿烂的星空的必然律那样支配着人类的现实和理想中的行为，成为一种“绝对命令”的“道德律令”。因此，我们所设想的道德和宗教生活美学也可以简称为“伦理生活美学”，它并不研究道德和宗教本身的规律，而应该研究人类的道德和宗教对人类生活的影响和规范。当人类对于整个宇宙、世界、人生了解得越来越透彻、完全的时候，宗教生活也就转化为越来越“没有作为神灵的上帝的”现实的道德生活，也就是符合人类的本质力量所规定的“人性”的人类精神生活。

第三，艺术生活美学应该是人类精神生活美学的核心部分。艺术生活美学同样并不是研究艺术本身的美和审美的规律的学科，而是研究艺术在人类生活审美化和艺术化中的作用和影响的规律的学科。艺术生活美学曾经是中国传统美学思想的一个非常重要的组成部分，自从孔夫子把西周贵族子弟的“六书”(象形、指事、会意、形声、假借、转注)，“六艺”(诗、书、礼、乐、御、射)，“六义”(风、雅、颂、赋、比、兴)等文学艺术科目继承和运用到个体教育之中以后，中国的个体教育的“私塾”形式就以大量的文学艺术形式和科目来培养和教育青少年一代，并且在士大夫的精神生活中又形成了以“琴、棋、书、画”为代表的艺术生活美学思想和风气。这些“六书”“六艺”“六义”“琴棋书画”并不是要培养和造就文学家(诗人)、音乐家、书法家、画家，而是要用文学艺术来影响和塑造士大夫(知识分子、读书人、官员)的精神生活，造就理想化的“君子”“圣贤”之类的人格，孕育真善美融合统一的人性。同样的，西方世界，从古希腊、罗马开始就有“七艺”的审美教育和艺术教育。“七艺”又叫作“七种自由艺术”①，后来转化为西方大学文科的七门课程：逻辑、语法、修辞、数学、几何、天文、音乐，被简称为“七艺”。七艺起源于西方轴心时代的古代希腊。古希腊哲学家柏拉图在《理想国》中提出了他的理想教育模式。他按照“以体操锻炼身体，以音乐陶冶心灵”的原则，把教育的学科分为初级和高级两类。初级科目的体育包括游戏和若干项运动，初级科目的音乐除狭义的音乐和舞蹈外，还包括读、写、算等文化学科。高级科目主要有算术、几何学、音乐理论和天文学。古希腊创立的“七艺”学科后来传入罗马并得到发展。罗马学者 M. T. 瓦罗曾拟订过一份希腊化的学校课程“博雅教育”方案，其内容除文法学、修辞学、辩证法(逻辑学)、算术、几

① 曹孚:《外国教育史》，人民教育出版社 1979 年版，第 24 页。

何学、音乐及天文学外，还有医学和建筑学。① 至公元4世纪时，“七艺”已被公认为学校的课程。公元5世纪，随着西罗马帝国的灭亡，希腊、罗马灿烂的古典文化迅速衰落，罗马时代的城市几乎完全没落，古代的各种文化教育机构几乎荡然无存。罗马基督教会成了古代文化的承担者和传播者。在教会的努力下，陆续出现了一些修道院学校、大主教区学校和教区学校。其中，以意大利修道士本尼狄克开创的本笃会修道院所组织的教育活动影响最大。教会首先需要的是对教士和僧侣进行读、写、算和教义基本知识的教育，这就需要利用古典文化的一些成果，这样，就逐步形成了被称为“七艺”(文艺学科教育)的学习课程。“七艺”作为学科，一直沿用到文艺复兴运动以前。在学科的发展史上，中世纪的“七艺”处于承上启下的重要地位。在西方还有一种叫做“缪斯教育”的古希腊雅典民主制奴隶社会的审美教育和艺术教育。在文化史上，习惯地把雅典教育分为体操教育和缪斯教育。缪斯是希腊神话中掌管科学和艺术的女神，所谓缪斯教育即指智育和美育。② 它体现了雅典教育制度的一个重要特征，即重视人的各方面的和谐发展，是一种德、智、体、美同时并重的全面教育。“缪斯教育”的提出和实施，表明古代雅典为了巩固奴隶主民主制政权，要求教育培养身体和精神两方面都“美”的全面发展的人。在雅典，儿童未满7岁时先接受家庭教育，参与各种审美游戏；7岁起接受学校教育，最初级的学校是文法学校和琴弦学校。前者主要是智育，学习读书、写字和算术；后者主要是美育，以器乐、唱歌和背诵《荷马史诗》为学习内容。大约从13岁起，雅典的少年要进入体操学校，学习跑、跳、投、掷游戏及舞蹈。两三年后，其中的富家子弟可进入体育馆，练习体操，接受政治、哲学和文学的教育，并训练演说术。18~20岁的青年在“埃弗比”团接受军事训练，同时参加各种纪念庆祝会和戏剧公演。到了20岁，这些青年就成为有完全权利的公民了。雅典的女子尽管不参与社会政治活动，但从童年起便接受严格的家庭教育，学习音乐、舞蹈和诗歌，并参加祭祀典礼。总之，在古代雅典，缪斯教育与体操教育相互联系，相得益彰，密不可分，二者结合并重，形成一种“和谐发展”的教育。③ 我们今天建构艺术生活美学就应该批判继承中外教育史上的审美教育和

---

① [荷]任博德:《人文学的历史——被遗忘的科学》，徐德林译，北京大学出版社2017年版，第37~39页。

② 曹孚:《外国教育史》，人民教育出版社1979年版，第14页。

③ 曹孚:《外国教育史》，人民教育出版社1979年版，第12~13页。

艺术教育，在现代艺术分类的基础上，分别以文学、绘画、雕刻、舞蹈、音乐、戏剧、书法、电影、电视、网络艺术等艺术种类来实行青少年教育和成年人继续教育，把文学生活美学、绘画生活美学、雕刻生活美学、舞蹈生活美学、音乐生活美学、戏剧生活美学、书法生活美学、电影生活美学、电视生活美学、网络艺术生活美学等具体的美和审美及其艺术的规律，运用到人类社会生活审美化和艺术化的实践过程中去，培养和造就全面自由发展的人。

人类的精神生活，在人类的知(认知)、情(情感)、意(意志)三方面的分类和发展过程来看，还可以划分为三种不同的境界：真理生活境界、审美生活境界、自由生活境界。真理生活境界主要是人类遵循着自然规律和社会规律来安排和进行精神生活，因而主要是科学生活美学所要达到的精神生活境界。审美生活境界主要是人类把自然规律和社会规律与人类的审美目的结合起来安排和进行精神生活，因而是艺术生活美学所主要追求的精神生活境界。自由生活境界是一种人类把自然和社会的合规律性与合目的性完全融会贯通而得到的自我实现的精神生活境界，也就是孔夫子所说的"从心所欲，不逾矩"的人生最高境界，它应该是伦理生活美学(道德和宗教生活美学)所追寻的精神生活境界，是一种把现实和理想有机结合起来的精神生活境界，也可以说是马克思在《1844年经济学哲学手稿》中所说的消灭了私有制和异化劳动的共产主义社会的精神生活境界。马克思说："共产主义是对私有财产即人的自我异化的积极的扬弃，因而是通过人并且为了人而对人的本质的真正占有；因此，它是人向自身、向社会的(即合乎人性的)人的复归，这种复归是完全的复归，是自觉实现并在以往发展的全部财富的范围内实现的复归。这种共产主义，作为完成了的自然主义，等于人道主义，而作为完成了的人道主义，等于自然主义，它是人和自然之间、人和人之间的矛盾的真正解决，是存在和本质、对象化和自我确证、自由和必然、个体和类之间的斗争的真正解决。它是历史之谜的解答，而且知道自己就是这种解答。"①

总而言之，新实践美学的生活美学建构主要就是把人类的物质生活、符号生活、精神生活在以物质生产为中心包括话语生产和精神生产的社会实践中统一起来，具体把人类衣食住行、柴米油盐酱醋茶中的美和审美及其艺术，社会身份、社会职业、社会角色中的美和审美及其艺术，科学认知生活、艺术情感

---

① 中国作家协会、中央编译局编：《马克思恩格斯列宁斯大林论文艺》，作家出版社2010年版，第23页。

生活、伦理意志生活中的美和审美及其艺术融会贯通，通过人类社会生活的真理境界、审美境界、自由境界的飞跃升华，让人类生活变得审美化、艺术化、人性化，让人类本身成为自由全面发展的人。

（作者单位：华东政法大学、华中师范大学）

美的追问、美的风格与美学的未来走向
——从古希腊审美文化思想说起

赵红梅　戴小师

一、美的本质

在转瞬皆变、万物皆流的古希腊，在英雄悲歌、豪气充溢的古希腊，在血肉横飞乌合之众金塑身的古希腊，在山崩海啸中张显伟力竞海伦的古希腊，在人们奋勇向前如排山倒海之水又如翻滚的浪沫的古希腊，人们不断地追求不死之身、健壮的身躯、完美的面貌、理性的狡计、智者的善辩。面对迷惑的大众，智慧之人开始讨论美本身的问题。当然，美本身成为一个千年讨论不休的话题，是美本身的追求与表达往往远离美本身，甚至走向假恶丑。古希腊人于残肢断臂充满的世界里坦荡地追问美的本质，显示了古希腊人的可爱可敬之处。

美是什么？数千年来，追问者无数，但能知晓者无几。美到底是什么呢？反复翻阅与体悟苏格拉底关于"美是什么"的追问，我发现"美是什么"与"美不是什么"的分辨，除了康德式的划界批判外，还可以以另一种方式再一次放在一起审视。从苏格拉底的追问出发，我们发现，美不是美的汤匙，美不是美的小姐，美不是美的母马，美不是美的颜色，美不是美的肤色……美的种种"不是"展现的各种具体事物，确实是具有有限性和局限性的。比如汤匙会变形、美人会迟暮、母马会老死、美的颜色会转瞬皆失、美的肤色会逐渐衰退……即便这样，如果对这种有限性和局限性再一次进行把握与体会，我们就会发现，美的汤匙、美的小姐、美的母马、美的颜色、美的肤色，大家没有不喜欢的。甚至有人会说，我们可以通过品味具体的美的渐变的过程并一同老啊！但是，当人们为了美的汤匙、美的小姐、美的母马、美的颜色、美的肤色等美的具体事物争得死去活来、打得血肉横飞、偏离正义、走向假恶丑时，美的汤匙、美的小姐、美的母马、美的颜色、美的肤色都再也美不起来了，再也不会分有美的光辉了。也就是说，求美必须有边界。然而，人生在世的边界并不总是清晰的。所以世间总有不少糊涂事发生。世上一切糊涂事追根溯源不外乎是由于做事的边界不清所致。事实上，哲学发展的历史表明，在把真与假、善与恶、美与丑之间的界限划清的过程中，人类付出的不仅仅是艰辛。为了真理，人类付出了生命；为了正义，人类付出了生命；为了艺术，人类付出了生命。这些生命，我们可以列出一长串的名字。哲学家费希特说：我是真理的献身者，我为它服务，我必须为它承受一切，敢说敢做，忍受痛苦。所以说，“美”与“正义”是紧密相连的。

美的本质就是美本身。换一句中国佛教的用语，美就是“如来”，如其本来的样子，“我”如如不动。美就是美不为他者所动的内在高贵性与规定性。杜夫海纳认为，美是被感知的存在在被感知时和直接感受到的完满，“美就是这种从事物之中被感受到的事物的价值，是那种在表象的独立自在之中直接显现的价值”①。“美这个词，在日常用语中是作为形容词来使用的，在哲学或美学的科学用语中，则变成了名词。”②美的理念是对各种具象美的事物的超越，是各种美的事物对美的理念的分有。美的理念不是凭空而来的臆想，而是基于对世界生活的普遍观照、权力与责任的深切体会、七情六欲中的挣扎与升腾、沉沦与净化。“美在理念”回答的是美本身，即美的本质问题。

美离不开感性。“只有‘美’才闪闪发光。”③“其它的理念，如‘正义、智慧，在人世间的图画中，都没有任何光彩。”④这句话虽然说得有点偏颇，但是，我们的体验与理性思考告诉我们：美从来不是感觉的，它总是感性的。技术对象要成为美的，必须对眼睛说话；而如果它要成为有用的，必须对手说话，如果要成为被理解的，必须对智慧说话。这说明美的对象比其他任何对象都更直接地被我们把握，它能感动我们，是因为它既是感性的，又是有意味的。在这一无与伦比的经验中，感性不仅不会掩饰什么，反而会启迪我们。通

---

① ［法］米盖尔·杜夫海纳：《美学与哲学》，孙非译，中国社会科学出版社 1985 年版，第 2 页。

② ［法］米盖尔·杜夫海纳：《美学与哲学》，孙非译，中国社会科学出版社 1985 年版，第 9 页。

③ ［法］米盖尔·杜夫海纳：《美学与哲学》，孙非译，中国社会科学出版社 1985 年版，第 11 页。

④ ［法］米盖尔·杜夫海纳：《美学与哲学》，孙非译，中国社会科学出版社 1985 年版，第 11 页。

观各类世界著名的美学著作，大多与艺术相关联，甚至很多学者想当然地把美学视为艺术哲学。但是，在古希腊，古代美学阶段，艺术与美的理念是相区别的。

美的理念的提出，是具有高贵性与理想性的时代要求使然。在苏格拉底的时代，群雄纷争，当时的现实问题多：战争是常态，争辩是生活常识。如刚见草绿转眼却枯黄，刚言情真转眼却诽谤。到底哪个是真，哪个是假？刚见僭主成独裁，又见圣君成囚徒。到底哪个正义，到底哪个邪恶？在一切经历过生死考验的柏拉图看来，现实的世界是理念世界的影子。只有在理念的世界里，一切才是永恒的、美好的、真实不变的。现实是有限的、相对的世界。人的生命是有限的，人是有限的存在。但是，有限的人不满足于有限的状态，他希望突破有限性，他希望能于变幻中捕捉到永恒。于是，人需要理想，也有了理想。“假如理想的国家绝不可能变为现实，我们描绘它又有什么意义？”柏拉图的回答是，它可以提供一个用以判断现实国家的标准。可见，美的理念是非现实的，美的理念的存在为现实提供了参照物。美的理念本身是绝对的，但具体的美具有相对性。正如朋友是友谊的朋友，但友谊却不是朋友的友谊。友谊本身比具体的朋友的友谊更纯粹。

二、美的风格

在我们看来，一个时代的趣味与审美风格与一个时代的精神、主流文化的价值取向紧密相连。传统文化、地理环境、宗教信仰、社会制度、艺术创新、日常生活等，所有这些都是铸就时代风格的重要力量。风格，即融多样性于整体的统一性。“风格当然不是某种意义仅限于建筑或者高雅艺术(fine arts)的东西。风格是遍布在时代以同样方式来表达自身的所有不同方面中的事物。认为艺术家是例外的想法毫无意义，艺术家导出了风格中特定的体验并使它实现，当然风格中还有其他体验——不，如果风格是存在的，那么它之中充满了对生活的全部表现，因而时代的风格就像它的思想一样渗透于各个方面。”①

古希腊是中国学界最为敬仰的时代，哲学家、美学家、伦理学家们谈论时代问题时，都有一种“言必称希腊”的“爱恋”情结。古希腊审美文化思想是西

① [美]卡斯腾·哈里斯：《建筑的伦理功能》，申嘉译，华夏出版社2001年版，第57~58页。

方审美思想文化史的开端。古希腊审美文化通过时代风格彰显出来，时代风格是审美思想文化的底色与背景支撑。尼采认为，“所有风格的意义都在于以符号的形式进行交流，包括这些符号的节奏，即一种心情、一种内心的安宁或悲怆”①。风格是一种历经光阴而持久不衰的社会性的东西。风格显示：“构成艺术品之伟大的不是使我们被其吸引的力量，而是其阐明人类状况的能力。因而艺术提供了一种共同的理解方式。如果建筑要成功地诠释‘我们时代可取的生活方式’的话，它必须拥有风格。必须作为不是属于个人而是属于前进的社会、属于特定地区和时代的事物来加以认识。”②“同艺术真正有关的不是个别艺术家的贡献而是某种胜过他们的东西，是一种超个人的力量或者组合。或者略为不同地表达这一点：在时代风格中显露出的是一个既不属于个别艺术作品，也不属于个别艺术家而是属于处于历史中的社会的世界。”③

古希腊的审美文化表达出来的主要风格和精神象征就是“神庙”与“悲剧”。以“悲剧”为场，以“神庙”立心。希腊人在确立其规则时依据如下：其一，是一般的哲学基础，存在于宇宙的秩序中；其二，存在于有机体中；其三，存在于建筑中。④ 也就是说，宇宙、自然包括人的肉身、建筑是希腊人确立规则的依据。

古希腊时期，人类听命于自然，将自然与命运、神相关联。与高高在上的神相比，人是渺小的；与强大的命运相较，人是弱小的。人无时不处在被强迫与压制之下。但是，希腊人面朝大海，竞争意识强盛，“酒神精神”充溢，“日神精神”高涨。他们至上的思想家、优秀的政治家、艺术家、能透过“悲剧场”立“神庙心”，高扬人的主体精神。

“悲剧之父”埃斯库罗斯一生共写过 90 部剧作。在他的悲剧作品中，无处不是对人类命运的拷问。他说：“人的命运可怕，是祸是福在所难逃。”⑤无论是自由人，还是他手下的奴隶，命定的时刻到来，都不分彼此。不管是谁，服

---

① ［美］卡斯腾·哈里斯：《建筑的伦理功能》，申嘉译，华夏出版社 2001 年版，第 61 页。

② ［美］卡斯腾·哈里斯：《建筑的伦理功能》，申嘉译，华夏出版社 2001 年版，第 62 页。

③ ［美］卡斯腾·哈里斯：《建筑的伦理功能》，申嘉译，华夏出版社 2001 年版，第 63~64 页。

④ ［波］沃拉德斯拉维·塔塔科维兹：《古代美学》，杨力、耿幼壮等译，中国社会科学出版社 1990 年版，第 83~84 页。

⑤ 刘志鹗：《希腊悲剧之父——埃斯库罗斯》，商务印书馆 1985 年版，第 9 页。

从命运的人，命运领着走；不服从命运的，命运拖着走。命运具有至高无上的权力，服从命运就是服从神。命运、神、自然三者是合一的。没有命运观念，就没有希腊悲剧；没有对命运的反抗，也就没有“神庙”。尼采用“形而上的慰藉”说来解释：悲剧用神——形而上的慰藉来解脱我们——不管现象如何变化，事物基础中的生命仍是坚不可摧的和充满欢乐的。也就是说，通过个体的毁灭，我们反而感觉到世界生命意志的丰盈和不可毁灭，于是生出快感。用汉语来表达，就是“破中立”。“形而上的慰藉”就是“破”中、“破”后的精神升腾和与被牺牲者的“心心相印”，这是一种双向的认可与承认。

宇宙、自然、建筑，包括存在于其中的英雄，是希腊审美文化主要抬举的“命运共同体”。古希腊时代的英雄如神圣的“建筑”一般强健刚毅。俄狄浦斯虽然受制于命运，却能勇敢承担罪责，显示出非同常人的生存方式；苏格拉底于权势美色金钱和寒雪中磨砺自己，他在思想的大街中碰撞穿行，生于“思”亦死于“思”，开显了他先天俱有的美的本质的光晕。

当神庙的悲剧之声被喜剧的喧嚣所掩时，世俗的粗俗与浅薄于人世间凸显出来。亦如卡斯腾·哈里斯所言：“失去神圣的同时我们也失去了完整：现代大都市反映出这种失落。”①“如果说，思想失灵是文化衰落的决定性根源，那么除此之外，还有一系列障碍也损害了我们时代的文化。这些障碍既存在于精神领域，也存在于经济领域。”②随着生存环境的恶化，古希腊人也失去了神圣的土壤。这种环境不仅是人居的建成环境，还有自然环境；不仅包括城市、乡村，还包括大海、森林；不仅指向制度环境、行政环境、法律环境、军事环境、制造环境、航行环境，还指向天空、沙地、绿草。当环境出现问题时，当环境被人不断提及时，希腊人的生存状况与发展路向就必须发生转向，包括文化精神、审美趣味和时代风格。我们知道，环境是一个不能轻易提起的概念，它是我们的生存家园与安全“气囊”。当我们强烈感知它的存在时，它就是在警示与提醒我们，要求我们的关心与呵护。希腊人也是这样。虽然我们不能直接与之进行生的对话，但是，我们可以从希腊人的各种文化追求与表达中活化他们对环境的体验感知与紧张焦虑。

---

① ［美］卡斯腾·哈里斯：《建筑的伦理功能》，申嘉译，华夏出版社2001年版，第50页。

② ［法］阿尔贝特·施韦泽：《文化哲学》，陈泽环译，上海人民出版社2017年版，第52页。

三、美学未来走向

20 世纪 80 年代以来，审美文化研究成为显学。审美文化涉及礼仪、社群、想象力的创造、精神价值、道德品质以及生活经验的肌理。① 审美文化既包罗万象、种类繁盛，又有点“含混不清”，它涵盖了从阳春白雪的艺术高峰到单调乏味的日常生活的低谷。如，肖邦是文化，复式记账法也是文化。当审美文化逐渐成为专家进行研究的对象时，“它不再仅仅是一个抽象概念，而是整个产业，需要对其进行严格的分析调查。如果文化能够对整体的社会生活品质提出看法，那么它同样可以详尽地解释劳动阶级的发型或表现主义的技巧。它集广度和特殊性于一体。如果文化具有社会概念的开放肌理，则它同样具有美学概念的细密纹理”②。正如审美文化的深刻反思与体悟者余秋雨所言：“任何一个真实的文明人都会自觉不自觉地在心理上过着多种年龄相重叠的生活，没有这种重叠，生命就会失去弹性，很容易风干和脆折。”③因此，美学家沃拉德斯拉维·塔塔科维兹认为，美学研究沿着许多条路线进行，其中包括研究美的理论和艺术理论。美的理论不仅来自哲学、心理学，而且还来自社会学。美学不仅关注艺术，更关注审美。一方面，因为“美并不限于艺术，而艺术也不只是追求美”④。另一方面，许多美学家认为，他们研究的重点既不是美也不是艺术，而是审美经验。因为世上不存在任何人在任何地点都否认其为美的事物，也不存在着永恒的美的事物。⑤ 审美经验是一切学科的基础。“在人类经历的各条道路的起点上，都可能找出审美经验：它开辟通向科学和行为的途径。原因是：它处于根源部位上，处于人类在与万物混杂中感受到自己与世界的亲密关系的这一点上。”⑥“在审美经验中，如果说人类不是必然地完成他的使命，那么至少是最充分地表现他的地位：审美经验揭示了人类与世界的

---

① ［英］特里·伊格尔顿：《理论之后》，商正译，商务印书馆 2009 年版，第 80 页。

② ［英］特里·伊格尔顿：《理论之后》，商正译，商务印书馆 2009 年版，第 82 页。

③ 余秋雨：《文化苦旅》，东方出版社中心 1992 年版，序言。

④ ［波］沃拉德斯拉维·塔塔科维兹：《古代美学》，杨力、耿幼壮等译，中国社会科学出版社 1990 年版，第 1 页。

⑤ ［波］沃拉德斯拉维·塔塔科维兹：《古代美学》，杨力、耿幼壮等译，中国社会科学出版社 1990 年版，第 2 页。

⑥ ［法］米盖尔·杜夫海纳：《美学与哲学》，孙非译，中国社会科学出版社 1985 年版，第 8 页。

最深刻和最亲密的关系。”①审美经验，或者说对西方整个世界的审美体验，将是未来美学关注的核心和焦点。

美学与人的诗性生存相关联，美学是人类抗争异化环境的武器。人生是艰难的，审美是幸福的；人生是痛苦的，审美是愉悦的；人生是残缺的，审美是圆满的；人生是现实的，审美是理想的。审美是生命的冲动与沉醉，没有审美能力的人生是缺乏灵性的。这个时代需要的不仅是美学，更是审美。审美意识不同于美学本身，审美活动关照的是整个生活世界。审美文化离不开日常生活，但是审美不能局限于日常生活。审美是对世界、生活、环境和文化的凝练形式，即美的艺术作品的欣赏。毕达哥拉斯学派认为，“审美体验是心灵的一种净化的结果”②，因而审美是心灵的体操。所有真正的美学担负着对一种完整生活方式、对完美的人性，因而也对真正的社会的承诺。

环境问题越多、环境污染越严重，美学的责任也就越重大。今天，严重的唯美主义之所以被人倡导，就是因为美学的独善倾向，也可以说是美学固“穷”则独善其身的选择。“独”是一门功夫，“独”是一种修炼，“独”也是一种精致的冲动与追求。

（作者单位：湖北大学、中南财经政法大学）

① ［法］米盖尔·杜夫海纳：《美学与哲学》，孙非译，中国社会科学出版社 1985 年版，第 3 页。

② ［波］沃拉德斯拉维·塔塔科维兹：《古代美学》，杨力、耿幼壮等译，中国社会科学出版社 1990 年版，第 147 页。

中国美学

朱熹的格物之学及其自然观研究

丁利荣

在生态文明视野下，人与自然关系的再认识成为一个最基本的话题。人如何对待自然，也会如何对待社会及自身；从某种意义而言，自然层面的生态危机与精神层面的信仰危机是同步的。在美学领域，人与自然的关系问题不仅催生了环境、生态等新的审美对象，而且诱发了审美观念、审美方式和审美理论等的深层变革。人和自然的关系是古代美学理论中最宝贵的思想资源。宗白华说："晋人向外发现了自然，向内发现了自己的深情。山水虚灵化了，也情致化了。"①我们也可以说，宋人向外发现了自然，向内发现了自己的性理。山水澄明化了，也理致化了。如果说晋人侧重于自然的情致，那么宋人更侧重于自然的性理。晋人与宋人对自然的再发现，是自然美与人格美的双重发现，二者都带来了艺术与美学的繁荣。朱熹的格物之学充分地显示出宋人是如何向外发现了自然，向内发现了自己的性理，本文主要从格物论的角度分析朱熹的自然观及其美学意义。

一、格物与寓物、玩物及物理的区别

作为理学集大成者的朱熹对自然的观照不同于一般文人学士的游物适情，也不同于释道追求的空无之境，而是通过其格物之学，体现出理学家对自然事物和自然现象的独特感知，对物性与人性的独特理解。朱熹对天文地理、山水林泉、书画技艺、赋诗作文、阴阳卜筮等皆存有极大的兴趣和爱好，这种爱好与文人学士、释道之士及之前的理学家有所不同，我们可以从其格物的思想上看出。格物即是要推究事物的原理，"格物者，格，尽也，

---

① 宗白华：《宗白华全集》(第2卷)，安徽教育出版社1994年版，第286~287页。

须是穷尽事物之理”①。在对物的态度、方式和理想上，格物与寓物、玩物等具有本质的区别。

首先，格物与寓物不同。

文人学士对物的态度可以以苏轼的“寓意于物”为代表。苏轼认为：

> 君子可以寓意于物，而不可以留意于物。寓意于物，虽微物足以为乐，虽尤物不足以为病。留意于物，虽微物足以为病，虽尤物不足以为乐。②

物对人的吸引与诱惑、人对物的贪欲和迷恋是人性中与生俱来的一种欲望。这种恋物爱物之风至宋代尤甚，宋代种花莳草、琴棋书画、金石雅趣，诱人无数，欧阳修、苏轼等士人也难以尽免，对物的迷恋与纠结也常出现在他们的文字之中。对此，苏轼提出可以寓意于物，不可留意于物。留意于物，是物为人之主，人为物所拘，人被物化了。寓意于物，即人借物言己之情意，物用之于人，人为物之主，物被人化了。寓意于物，则物令人悦乐，留意于物，则人为物所牵制。

我们一般认可苏轼的“寓意于物”说，但朱熹对苏轼的“寓意于物”并不认同，这从其答门人问可见出：

> 敬之问“寡欲”。曰：“未说到事，只是才有意在上面，便是欲，便是动自家心。东坡云：‘君子可以寓意于物，不可以留意于物。’这说得不是。才说寓意，便不得。人好写字，见壁间有碑轴，便须要看别是非；好画，见挂画轴，便须要识美恶，这都是欲，这皆足以为心病。”③

朱熹认为寓意于物也不可，认为只要有意在上面，便是有欲。如果说留意于物是身病、身之欲，寓意于物则是心病、心之欲，因此主张寓意于物也是不

① （宋）朱熹：《朱子语类》，黎靖德编，王星贤点校，中华书局1986年版，第283页。

② （宋）苏轼：《宝绘堂记》，沈德潜选，《唐宋八大家古文》下，中国书店1987年版，第586页。

③ （宋）朱熹：《朱子语类》，黎靖德编，王星贤点校，中华书局1986年版，第1476页。

透彻的。格物与寓意于物的区别在于格物是要做到心中无意，寓意则是心中有意。有意可以是喜怒哀乐爱恶欲，以有意之心看物，则物皆著我之色彩，此是寓物，非格物。

朱熹坦言其喜爱诗书绘画诸艺，也遭到陈亮(龙川)的质疑：

> 朱元晦论古圣贤之用心，平易简直，直欲尽罢后世讲师相授，世俗相传，以径趋圣贤心地。抱大不满于秦汉以来诸君子，而于阴阳卜筮、书画技术皆存而好之，岂悦物而不留于物者固若此乎?①

陈亮认为朱熹对于阴阳卜筮、书画技术等的喜爱，正是一种悦物寓物的表现。朱熹并不否认其寄好于此，但朱熹之留于物、游于艺，是于物中求理，而不是物中恋物、物中寄情，这是朱熹的格物与悦物寓物的不同之处。山水文章、书画技术等皆是游艺之学，“游者，玩物适情之谓。艺，皆至理所寓，日用之不可阙。朝夕游焉以博其义理之趣，则应务有余，而心亦无所放”②。修息藏游，虽小物而不苟，内外交养，涵泳其间，体悟至理，游艺之学则仍是格物之道。

其次，格物与玩物不同。理学家对物的态度，很容易让人想到程颐的“玩物丧志”说。

> 问：“作文害道否?”曰：“害也。凡为文，不专意则不工，若专意则志局于此，又安能与天地同其大也?《书》曰‘玩物丧志’，为文亦玩物也。……古之学者，惟务养情性，其他则不学。今为文者，专务章句，悦人耳目。既务悦人，非俳优而何?”③

二程主张静坐，有“程门戒玩物、无事且教静坐”之说。程颐从道学家的角度出发，指出为文者玩物丧志之病，认为沉溺于所喜爱的事物中容易迷失体悟大道的方向，玩物溺于情而不能养其性；程颐重体道，在大的方向上是对的，也确实有值得警惕之处，但也失之于绝对。理学家张载为学重涵养，但认

① 钱穆：《朱子新学案》(第一册)，九州出版社2011年版，第229页。
② (宋)朱熹：《四书章句集注》，中华书局1983年版，第94页。
③ (宋)程颢、程颐：《二程集》，王孝鱼点校，中华书局1981年版，第239页。

为涵养有缓急先后之序。张载说，“观书且勿观史，学理会急处，亦无暇观也。然观史又胜于游，山水林石之趣，始似可爱，终无益，不如游心经籍义理之间”①。张载认为游心于经籍之间是最紧要处，山水林石是放在最后的。

与这种否定的态度不同，朱熹对山水、诗画之物等有强烈的兴趣，究其差别，可能是理学家最初在构建这一学说的时候，会更关注其根本大义，有苦思而力索之象，细微处则较为粗略，有待后来者充实丰满。因此在根本义理上，朱熹继承发展了张载二程的理学思想，而对其格物论则做了进一步发展与完善。

最后，格物之道与释老之学对物的态度不同。朱熹认为：“事事物物上便有大本。不知大本，是不曾穷得也。若只说大本，便是释老之学。”②释迦为太子时，见生老病死苦，厌离之，“从上一念，便一切作空看。……吾儒却不然。盖见得无一物不具此理，无一理可违于物。佛说万理俱空，吾儒说万理俱实。从此一差，方有公私、义利之不同”③。与释老之学强调物的空无不同，格物之学肯定物的实存、实理，从中见出物性的光辉。格物“须是表里精粗无不到。有一种只就皮壳上做工夫，却于理之所以然者全无是处。又一种人思虑向里去，又嫌眼前道理粗，于事物上都不理会。此乃谈玄说妙之病，其流必入异端”④。可见，朱熹的格物，一方面肯定物的有、物的实存，这与释老讲物的空无不同；另一方面，肯定物中有理、物中有道，这与只说大本的释老之学则有所不同。

从对物的态度可见，朱子的格物既重物也重理，物与理兼重，但与现代物理学所说的物理不同。在研究对象上，二者有一致之处，物理学和格物学都重在探索客观自然现象及其运行规律。但在研究方法上，物理学作为一门科学，注重客观性和科学实验的方法，格物学强调对自然现象及其规律的感知，强调尽心、诚性，强调心的德性修养与功夫，现代物理学则更强调科学性、客观性，格物学更注重主体的德性和感格能力。

---

① (宋)张载：《张载集》，章锡琛点校，中华书局1978年版，第276页。

② (宋)朱熹：《朱子语类》，黎靖德编，王星贤点校，中华书局1986年版，第290页。

③ (宋)朱熹：《朱子语类》，黎靖德编，王星贤点校，中华书局1986年版，第380页。

④ (宋)朱熹：《朱子语类》，黎靖德编，王星贤点校，中华书局1986年版，第325页。

可见，与释老之学对物的忽视不同，格物学肯定物的实有；与文人学士的借物寓情、玩物溺情不同，格物学强调正心诚意，尽性穷理；与现代物理学的科学认识不同，格物学注重心的感格与感通。朱子格物，注重物性、人性、道性的融会贯通，并不偏执一端，割裂其中，而是三者的相互完成，浑然一体，这即是朱子的格物要义。

二、朱子格物之道：三切三推，透彻圆融

在朱子哲学体系中，格物论是通达宇宙论与心性论的桥梁，其中，理气论是宇宙观，心性论是人生观，格物论可谓方法论，而理、气、物、性、心也是衢路相通，隅隙相照。格物有两端，即物与理；通达理气与物性者，在人之灵心，因此，物、理和心构成了格物三要素，格物贵在能切物、切理、切心。

其一，切物。切物就是从物出发，人要在物事上理会。格物的物，不仅是指自然之物，还包括社会之事。朱子格物，强调即物穷理，反对悬空穷理。格物，必先有一个问题存在，从具体问题开始探讨，“圣人不令人悬空穷理，须要格物者，要人就那上见得道理破，便实”①。“大学不说穷理，只说格物，便是要人就事物上理会，如此方见得实体。所谓实体，非就事物上见不得。”②“说格物，则只就那形而下之器，寻那形而上之道，便见得这个(理气)无不相离。”③由此可见，格物一方面不能离开物，不能无物；另一方面，格物不是达于情，而是要致于理，是理一分殊，万物一理之理。所以格物不是寓意于物，也不是耽溺于物，而是由物穷理。物、气是形而下的层面，性、理是形而上的层面，形而上的东西要依附形而下的东西存在，格物穷理即通过形而下的东西去求形而上的东西。

其二，切理。理，既是自然之理，也是人伦之理，二者在朱熹那里是合而为一的。人伦之理是天经地义的自然之理，自然之理也是物我一体的仁心的推延。切理，就是要将研讨事物规律和人伦道德通过心的体悟结合起来，不是只重伦理之学，或只重物理之学，格物最终是要将自然秩序观与道德伦理观统一

① (宋)朱熹:《朱子语类》，黎靖德编，王星贤点校，中华书局1986年版，第257页。

② (宋)朱熹:《朱子语类》，黎靖德编，王星贤点校，中华书局1986年版，第288页。

③ 钱穆:《朱子新学案》(第一册)，九州出版社2011年版，第37页。

起来。“天地以此心普及万物，人得之遂为人之心，物得之遂为物之心……只是一个天地之心尔。”①天地以生物为心，人心以仁德为心，朱子在《仁说》中指出：“盖天地之心，其德有四：元、亨、利、贞。而元无不统，其运行则为春夏秋冬之序，而春生之气，无所不通。故人为心，其德亦有四：仁、义、礼、智。而仁无不包，其发用焉，则为爱恭宜别之情，而恻隐之心，无所不贯。”②人理、物理、人心、物心，虽分殊有别，而又万物一理，形成其通体相关的“有机主义的哲学”③。

其三，切心。通达物性论与德性论的关键是心的感格体知，心性的工夫最重要。“万物之性，各为其形气所拘，回不到天地公共的理上去。人性则可不为形气所拘，由己性直通于理。此处要有一番工夫，此一番工夫则全在心上用。”④此段清楚地说明，由性返理，明理觉性只有人心可以为之，人可以通过心的功夫能达性理。

此心非喜怒哀乐之私心，而是公正灵觉之心。“灵底是心，实底是性。灵便是那知觉底。”⑤灵心是正心，是公心，正则不偏，公则不私，即能“随物定形，而我无与焉”⑥。此正心、公心即诚意之心，不是迁怒之心，不会夹带先前好恶喜怒来应事接物；如此方为透彻，若是私心格物则不透彻。正因为有心之光明，才有物性之透彻。正如罗大经所说：“学者不求之周、程、张、朱固不可，徒求之周、程、张、朱，而不本之六经，是舍祢而宗兄也。不求之六经固不可，徒求之六经，而不反之吾心，是买椟而弃珠也。”⑦格物穷理，必须要反之吾心，方为不隔，方为透彻。

切物、切理、切心，合而言之即近思。近思的特点是切于日用而关乎大体，朱子编《近思录》的重要原因即是“掇取其关于大体而切于日用者，以为此编”⑧。

---

① （宋）朱熹：《朱子语类》，黎靖德编，王星贤点校，中华书局1986年版，第5页。

② （宋）朱熹：《朱子全书》（第二十三册），朱杰人、严佐之、刘永翔主编，上海古籍出版社、安徽教育出版社2010年版，第3279页。

③ ［英］李约瑟：《中国科技史》（第二卷），上海古籍出版社1990年版，第489页。

④ 钱穆：《朱子新学案》（第一册），九州出版社2011年版，第47页。

⑤ （宋）朱熹：《朱子语类》，黎靖德编，王星贤点校，中华书局1986年版，第323页。

⑥ （宋）朱熹：《朱子语类》，黎靖德编，王星贤点校，中华书局1986年版，第346页。

⑦ 罗大经：《鹤林玉露》，王瑞来点校，中华书局1983年版，第333页。

⑧ （宋）朱熹、吕祖谦：《近思录》，叶采集解，上海世纪出版集团2010年版，第1页。

程子认为近思即“以类而推”，朱熹认为此推字极好，有门人问：“比类，莫是比这一个意思推去否？曰：固是。如为子则当止于孝，为臣当止于忠。自此节节推去，然只一‘爱’字虽出于孝，毕竟千头万绪，皆当推去须得。’”①可见，近思重在类推，即由近推远，由易推难，由浅推深，则表推里，由粗推精，循序渐进，一天格一物，可推之以至其极，久之则自会豁然贯通。“若厌小务大，忽近图远，则徒劳罔功，终无由真知而实得。”②类推即是近思的方法，格物须由一草一木之理推及自然万物之理、人伦道德之理。

大体而言，近思可概括为三推，即由近及远，由浅及深，由形下及形上。三推从《林泉高致》中的“三远”法类比而来，由近推远可类比为平远，由浅推深可类比为深远，由形下推形上可类比为高远。“三远”是观物之法，“三推”也可以说是格物之法，尽管其格物之法在数量上远不止三类，但在原则上可以此“三推”概而言之。由近推远主要是指由物及物，由物及人；由浅推深类可包括由表及里，由粗及精；由形下推形上主要是由现象到本体，形成一个关联性的有机整体。

三、格物基础上的自然观

朱熹的格物之学力图实现物性与理性、物性与人性的融会贯通，将物、心与理统一起来，在万物一体的基础上形成了有理、有德、有情的自然哲学观。所谓“物我一理，才明彼即晓此，此合内外之道也”③，即是说物与人同一理，在体会物性的同时也就明晓了人性。在当代生态文明的背景下，这一自然观对重建物性与人性及理性的深层关联，对形成新的美学形态和生活样态具有重要意义。

首先，有情宇宙观。对天地自然而言，朱子强调“要知得它(天)有心处，又要见得它无心处”④。就自然层面的理气论而言，天地自然、宇宙造化纯任

---

① (宋)朱熹、吕祖谦：《近思录》，叶采集解，上海世纪出版集团2010年版，第116页。

② (宋)朱熹、吕祖谦：《近思录》，叶采集解，上海世纪出版集团2010年版，第114页。

③ (宋)朱熹、吕祖谦：《近思录》，叶采集解，上海世纪出版集团2010年版，第114页。

④ (宋)朱熹：《朱子语类》，黎靖德编，王星贤点校，中华书局1986年版，第5页。

自然，是无心的，但同时朱子认为天地又是有心的，“天地之心……只是生物而已。谓如一树，春荣夏敷，至冬乃成。方其自小而大，各有生意。到冬时，疑若树无生意矣，不知却自收敛在下。其实各具生理，便见生生不穷之意。这个道理直是自然，全不是安排得。只是圣人便窥见机缄，发明出来”①。此心即生物之心，此理即生生之理。且生生之理更易于困顿中见出，如说“万物生长，是天地无心时。枯槁欲生，是天地有心时”②。“万物生时，此心非不见，但天地之心悉布散丛杂，无非此理呈露，倒多了难见。若会看者，能于此观之，则所见无非天地之心。惟是复时，万物未生，只有一个天地之心昭然著见在这里，所以易看。”③天地之心乃生物之心也。钱穆认为：“若只说理与气，一则冷酷无情，一则纷扰错综，不能说人生界一切道理便只从这无情与纷扰中来，儒家因此从宇宙大自然中提炼出一生命观，理则名之曰生理，气则称之曰生气。”④由此，天由无心之天变为有心之天，由无情之天变成有意之天，注重情的渗透，可以说是情本体论提出的本源。

那么，由无情之自然到有情之自然的逻辑是怎样形成的？仅是一种情感的逻辑、主观的移情吗？是不是同时也是一种客观的理性法则呢？还是在真的法则(即天人共有的理)上形成了善(天人之间的伦常关系)的依据，从而构成一种美的判断(天人共有的生意及有情宇宙观)？

如同庄子的濠梁之乐。鱼在水中游，你怎知它是快乐，还是不快乐呢？我们只能说鱼在水中游是个事实判断，当我们说它快乐时，就变成了情感判断，用康德的话来说，这是逻辑判断和反思判断的区别。同理，当我们说万物的春生夏长秋收冬藏时，这是一个事实判断，而当朱熹说天地有生物之心，天理是生生之理时，它已经变成了有情之生命观，这就成了一个价值判断、一个情感判断。康德提出“这朵花是美的”这一反思判断成为跨越纯粹理性与实践理性的桥梁；同理，当理学家提出天地以生物为心时，也就在人与自然、主体界与现象界之间建立了一种关联，将自然万物之理与人的生活世界关联起来，构成了天心与人心的统一，实现了物性与人性的统一，由此实现了宇宙自然之理与

① (宋)朱熹：《朱子语类》，黎靖德编，王星贤点校，中华书局1986年版，第1729页。

② (宋)朱熹：《朱子语类》，黎靖德编，王星贤点校，中华书局1986年版，第5页。

③ (宋)朱熹：《朱子语类》，黎靖德编，王星贤点校，中华书局1986年版，第1790页。

④ 钱穆：《朱子新学案》(第一册)，九州出版社2011年版，第56页。

现实人文之理的贯通。

其次，环境伦理观。根据人们如何对待自然万物，各大学者形成了独特的生态伦理观。张载提出民胞物与说，认为“乾称父，坤称母；予兹藐焉，乃混然中处。故天地之塞，吾其体；天地之帅，吾其性。民吾同胞，物吾与也。朱熹对此做了进一步阐释，认为“浑然中处”是指“许多事物都在我身中，更那里去讨一个乾坤”①？显然这里的“中”并不是指人与万物生活于天地之中这一物理空间，而是指人身中即有阴阳二气和乾坤之性。正如朱熹在回答门人关于太极图示时指出的：“太极所说，乃生物之初，阴阳之精，自凝结成两个，后来方渐渐生去。万物皆然。如牛羊草木，皆有牝牡，一为阳，一为阴。万物有生之初，亦各自有两个。”②如人之身体，由形神组成，有乾坤之象、阴阳之性；形为坤象，重浊，性阴柔；神为乾象，轻清，性阳刚。神为乾象，乃百神之主，造化之本，生生不息；形为坤象，成形成物，厚德载道。可见形为神之承载之器，为神之德性显现之物，随其成亦随其毁，所以神不离形，形依于神。是故理学家重其神，也惜其身，然所爱乎身者，重在生也。其待人之形神如此，待物之形神亦如此，其理一也。

这其中有待物之道，也有待己之道、待人之道。从太极阴阳之宇宙观括尽了天下物事，以阴阳变化之道将宇宙自然及生命与人事之理融会贯通，这不仅成为物性与人性之间内在的关联所在，也决定了人在天地宇宙间安身立命的方式，这是理学家的大智慧所在。

“人心能明觉到此理，一面可自尽己性，一面可上达天理，则既可弘扬文化，亦可宣赞自然。儒家精义之所异于老释端者在此，而理学家之终极目标亦在此。”③可见，儒家认为人生在世，有两种目标，一是尽己之性，二是尽物之性。尽己性明明德则可弘扬文化，这是对主观的人类文明建设而言，尽物性达天理赞自然，是对客观的自然世界而言。在这二者之中，人才能摆正自己的位置，形成人与人、人与自然的伦理关系，并在二者之中建立起深层的联系，形成儒家独特的环境伦理观。

这种物我一理的自然观与西方的自然观不同。西方传统的自然观认为自然

---

① （宋）朱熹：《朱子语类》，黎靖德编，王星贤点校，中华书局 1986 年版，第 2523 页。

② （宋）朱熹：《朱子语类》，黎靖德编，王星贤点校，中华书局 1986 年版，第 2380 页。

③ 钱穆：《朱子新学案》第一册，九州出版社 2011 年版，第 49 页。

是人改造的对象，是人可以利用的资源，人为主体，自然是资源，这种人和自然的关系是不对等的。物我一理的自然观强调物我一体，内外交融，天地万物与人的有机统一，异形同构的关系。因此，自然万物就不是外在于我的异质存在，不是一种资源和手段，而是人与自然有一种天然的同情关系。这正是当前生态文明下的环境美学所持的基本观点，即强调尊重自然，建立与自然万物的倾听、对话、交流的种平等关系、亲和关系和相互成就的关系。对物性的尊重与对人性的了解是同步的，这构成了人和自然的一种真正的交互关系和对等关系。

最后，天地爱养的自然观。朱熹在阐释“民胞物与”时，本身就强调了人的主体精神及其所应承担的责任，“‘吾其体，吾其性’，有我去承担之意”①。那么人要去承担的使命到底是什么？格物之学最独特之处是在向外进一步发现物的性理的同时，向内也发现了人的性理，内外的发现是同步的。因此，人所要做的就是尽物性与尽己性，以成造化之功，这是儒家在天人关系的基础上所赋予的人的道德责任。

正如育人与育物是相通的，了解天地自然如何长养万物，才能更好地善养自己，这是天地的“爱养之法”。② 我们通常将教书育人的师者比喻为种花莳草的园丁，这并不只是现象的类比，而是物与人在性理上的贯通。园艺师育木，人师育人，其理一也，皆是要物尽其性，人尽其才，知天地爱养之道，这种关联不是一种类比的关联，而是在根性上的相通。根性上的相同，指本源的一致，即天地万物一理也。

受格物之学的影响，宋人对花木植物等的认识达到了一个高峰，关于花草种植的谱录之书大量出现，正是时人以此格物的体现。《王氏兰谱》称“窗前有草，濂溪周先生盖达其生意，是格物而非玩物”③。此书通过封兰植蕙，体察兰之生意，会通天之仁德，君子养其德性，理亦与此相通。又如宋鹿亭翁著《兰易》，仿《周易》而为兰谱，述兰之性情及栽培之法。兰喜日而畏暑，喜风而畏寒，喜雨而畏淫，喜润而畏湿，等等，作谱者一再强调“悟此可以养生，

---

① （宋）朱熹：《朱子语类》，黎靖德编，王星贤点校，中华书局 1986 年版，第 2520 页。

② （宋）范成大等：《范村梅谱》（外十二种），刘向培点校，上海书店出版社 2017 年版，第 78 页。

③ （宋）范成大等：《范村梅谱》（外十二种），刘向培点校，上海书店出版社 2017 年版，第 86 页。

可以格物"①。另外，当时有《金漳兰谱》等书都有此类思想，如："为台太高则冲阳，太低则隐风，前宜面南，后宜背北，盖欲通南薰而障北吹也。地不必旷，旷则有日，亦不必狭，狭则蔽气。右宜近林，左宜近野，欲引东日而遮西阳也。"②天生地养人爱，所谈虽是兰之爱养之道，但与人之爱护养育之道息息相通，可见，育兰育人性理相通。所以说善养兰者，亦通养生之理。圣人之仁正是顺天地以生万物，使万物各遂其性。所谓一花一世界，一物一太极，穷其物理才能通乎人事。

"萃百物，然后观化工之神。聚众材，然后知作室之用。须撒开心胸去理会。"③这正是格物精神在"肇自然之性，成造化之功"④上的作用。人心一方面领悟自然世界，观造化之功；另一方面创建社会环境，知作室之用。制器尚用皆出此理，如庄子中的庖丁解牛、轮扁斫轮、梓庆削木为鐻等一系列的技进乎道的故事，正是人心与道心的合而为一，性理相通。在当前提倡大国工匠的时代，庄子寓言中天人合一的匠人精神是中国古代匠人精神的体现，格物精神可谓对这一理论的学理阐释。

在对自然事物的理解、同情与爱养的基础上，人们将会形成一种更加朴素的生活样态。时下生活美学、器物美学、环境美学、工匠文化之所以得以流行，并成为美学关注的热点，其深层原因正是人和自然深层的生态联系已经破坏。当前的任务是要恢复人们对自然的感知，重建人与自然内在的生态联系和情理联系，这是朱子的格物美学对当前环境美学和生活美学最重要的启示。新的历史条件下重提朱子的格物之道，对于在全球语境下重新思考人性与自然的路径，尊重物性与人性的内在深层连接，建立新时代的生态文明之美和形成新的生活美学样态具有重要的启示意义。

（作者单位：湖北大学文学院）

---

① （宋）范成大等：《范村梅谱》（外十二种），刘向培点校，上海书店出版社 2017 年版，第 106 页。

② （宋）范成大等：《范村梅谱》（外十二种），刘向培点校，上海书店出版社 2017 年版，第 78 页。

③ 钱穆：《朱子新学案》第一册，九州出版社 2011 年版，第 114 页。

④ （唐）王维：《山水诀》，见汤麟：《中国历代绘画理论评注·隋唐五代卷》，湖北美术出版社 2009 年版，第 103 页。

“艺”如何表现“道”？
——从中国古代的比象思维出发

王海龙

中国传统观点认为：天道是人道的依据，人道体现着天道，天人是相通的，因此，天人是可以合一而且应该合一的。由此出发，“‘艺’既然不能与‘道’相分离，而‘道’又是表现在天地万物之中的，因此，‘艺’是与天地万物之‘道’，即阴阳变化规律在天地万物中的表现相通、一致的”①。因此，“人类的种种情感、伦理道德行为都需要遵循、符合阴阳变化之‘道’”②。而作为表现情感、教化民众的重要手段的艺术，自然也需要遵循、符合这一阴阳变化之“道”。由此出发，艺术与比象就在“道”的框架内统合起来了。因此，从比象思维的视角出发，我们可以说艺术就是对道的比象。而这种比象是在天人合一的思维框架内，对天地万物的阴阳变化规律的比拟和象征。这种比拟和象征，主要体现为对天地运行之道的性质、功能、形态的比象。

一、性质的比象

天地运行之道的性质，其实就是指天地万物的性质，也即天地万物是其所是的本性所在。而“儒家说人性出于天，道家说性是一物之所以得于道者，两派皆以道为性的本源”③。因此，在言性这一点上，儒道两家是相似的。但儒家着重从内在心性的诚敬出发，认为天地之道其实就是仁义礼智之道，也就是将天地之道看作是一种伦理秩序。而道家则从内在心性的虚静出发，认为天地万物的本性是“道”，而道法自然，因此，天地万物的本性其实就是自然，也

---

① 刘纲纪：《刘纲纪文集》，武汉大学出版社 2009 年版，第 891 页。
② 刘纲纪：《刘纲纪文集》，武汉大学出版社 2009 年版，第 889 页。
③ 葛路：《中国绘画美学范畴体系》，北京大学出版社 2009 年版，第 3 页。

即自然而然的意思。正因为哲学思想上的这种分野，导致艺术对道的性质的比象也就出现了两种不同的面向：一种是以伦理秩序为对象的儒家的文艺比象观，另一种是以自然秩序为对象的道家的文艺比象观。

而儒家的伦理比象观在中国艺术中多有体现。如宋代郭熙在《林泉高致》中讲道：“大山堂堂为众山之主，所以分布以次冈阜林壑，为远近大小之宗主也。其象若大君，赫然当阳，而百辟奔走朝会，无偃蹇背却之势也。”①这里郭熙认为山脉山峰的走势样态就体现了一种伦理的秩序。这其实强调的就是天地之道的伦理属性。再如清戴熙《习苦斋画絮》中云：“春山如美人，夏山如猛将，秋山如高人，冬山如老衲，各不相胜，各不相袭。”②这里，戴熙以四种不同的人格形象比附于四季的山水，正是儒家比德说的典型体现。这里以人格来比象四季山水，其实比象的正是四季山水的不同性质，而这种性质又是伦理向度的，因此，受儒家思想影响下的文艺比象观，其实就是对道的伦理性质的比象。

中国艺术也非常强调天地万物的自然属性。在前文中所说的自然，主要包括两层意思：一种就是指自然界的万事万物；另一种就是指自然而然，也就是是其所是的状态，意即天地本性是自在自为的，这是艺术所更为重视的。如传为唐王维所著《山水诀》中云：“夫画道之中，水墨最为上。肇自然之性，成造化之功。”③如明代唐志契讲道：“画不但法古，当法自然。”④也就是将自然作为取法的对象，突出的其实就是天地之道的自然属性。

而无论是“道”的伦理属性，还是自然属性，二者都统一于阴阳两种基本属性之中。如老子讲的“万物负阴而抱阳”，就是说阴阳是万物所具有的两种不同的属性。而阴阳的变化又具有动静、刚柔等特征，即《周易》中讲阴阳“动静有常，刚柔断矣”。也就是说，阴阳具有动静、刚柔等不同性质，而《周易》的卦爻符号其实就是对阴阳性质进行模拟而创制出来的。因此，对道的性质的比象，最重要的就是对于天地万物的阴阳的比象。因此，中国艺术非常强调自然和阴阳在艺术的起源和本性中的作用。如东汉蔡邕在《九势》中讲道：“夫书肇于自然，自然既立，阴阳生焉；阴阳既生，形势出矣。”⑤也就是说，书法应

① 潘运告：《中国历代画论选》，湖南美术出版社2007年版，第228页。

② 俞剑华：《中国画论类编》，人民美术出版社2016年版，第992页。

③ 俞剑华：《中国画论类编》，人民美术出版社2016年版，第592页。

④ 俞剑华：《中国画论类编》，人民美术出版社2016年版，第735页。

⑤ 华东师范大学古籍整理研究室：《历代书法论文选》，上海书画出版社2012年版，第6页。

该师法自然。这里的自然即指涵摄阴阳之道的天地自然。懂得了天地阴阳的交感变化之道，将其付诸笔端，书法中的生动的形势自然就随之而出了。蔡邕这里就强调了书法之道在于把握天地自然的阴阳变化之道。因此，清代何绍基讲："书虽一艺，与性、道通。"(《东洲草堂文集》)这就从道的性质的角度将书法的本质归结为道的本性的表达，即书法是可以通达于道的。而画论中这种看法更是不胜枚举。如清代布颜图在《画学心法问答》中讲道："大凡天下之物莫不各有隐显：显者阳也，隐者阴也；显者外案也，隐者内象也。一阴一阳谓之道也。"①这里布颜图援引《周易》来说明天下之物具有阴阳、隐显、内外等性质。而清代丁皋则从光、物、舍宇、培楼等实例出发，对天地万物的属性进行了详细分析，并将之与笔法相关联。他在《写真秘诀》中讲道："凡天下之事事物物，总不外乎阴阳。以光为论，明曰阳，暗曰阴；以舍宇论，外曰阳，内曰阴；以物而论，高曰阳，低曰阴；以培楼论，凸曰阳，凹曰阴……惟其有阴有阳，故笔有虚有实。"②即万事万物都是有阴阳两种属性的，因此，相应地，用笔就有虚有实。他以用笔的虚实来对应自然的阴阳属性，其实也正是一种典型的比象思维，即以用笔的虚实来比象自然的阴阳属性。以至于近人黄宾虹就明确指出："艺必以道为归……艺之至者，多合乎自然，此所谓道。"③这段话是非常有道理的，点出了中国艺术合乎自然的重要特征，即非常注重对自然的比象。而由于"中国艺术中的自然，不是对自然现象的摹仿，而是依据对'道'的了解重新加以组织、加工、提炼了的自然，是充分显示了生命的和谐结构，宇宙生生不息的运动变化的自然"④。因此，艺术对道的比象其实就是对自然的生生不息变化的比象。由此，就涉及道的功能问题了。

二、功能的比象

中国古人所讲的道往往具有宇宙生成的本源意义。如老子讲"道生一，一生二，二生三，三生万物，万物负阴而抱阳，冲气以为和"(《老子·四十二章》)，这里的道就是天地人所由以产生的本源和始基，其最大的功能就是化生万物，而万物的生成则是"冲气以为和"的结果，体现为阴阳二气的对立统

① 俞剑华：《中国画论类编》，人民美术出版社 2016 年版，第 216 页。
② 俞剑华：《中国画论类编》，人民美术出版社 2016 年版，第 547 页。
③ 黄宾虹：《精神重于物质说》，载《国画》1935 年卷一第 11、12 期合刊。
④ 刘纲纪：《刘纲纪文集》，武汉大学出版社 2009 年版，第 891 页。

一，由此形成了中国古代典型的气化宇宙论。气化宇宙论作为中国古代的有机的宇宙观，不但可以沟通天人，使天人得以合一，更是高扬了生的地位和价值，使得古人对于生具有崇高的敬意。而在《周易》的《易传》中，更是将生提到了本体的高度，从而奠定了中国的生命哲学的理论基础。《系辞上》明确指出“生生之谓易”。唐代孔颖达释曰：“生生，不绝之辞。阴阳变转，后生次于前生，是万物恒生，谓之易也。”①也就是说，万物处于一个永恒的生生不息的过程中，而这种生生不息其实就是易的根本特征，或者说就是易道本身。将整部《周易》的根本精神就概括为生生之道，言简意赅，真可谓振聋发聩、发人深省。而《系辞下》又继续提出“天地之大德曰生”的命题，认为天地最大的德就是生，更是进一步将生的功能上升到了德的高度。这就将生与道德价值联系起来了。因此，生就不再只具有形而上的本体意义，而且还被赋予了道德伦理的内涵，这就使得生不再只是自然之道，而且也是人道的最高法则。《序卦传》中讲：“有天地然后有万物，有万物然后有男女，有男女然后有夫妇，有夫妇然后有父子，有父子然后有君臣，有君臣然后有上下，有上下然后礼义有所错。”也就是说，天地不但是万物生命的本源，同时也是人伦道德的根源和依据。又《系辞下》中讲：“天地絪缊，万物化醇。男女构精，万物化生。”也就是说，天地阴阳的这种生生之道就体现在包括人在内的宇宙万事万物的生生不息的交感变化之中，同时这种生成不假外求，是天地万物自生自为的。也正是因为《周易》有如此集中和系统的关于生的论述，并且将生提到本体的高度，因此，刘纲纪认为：“《易传》关于天地的哲学，本质上就是中国古代的生命哲学。”②由此出发，他进一步提出《周易》美学就是中国古代的生命美学的观点。这个观点是非常有道理的，可以说把握到了《周易》哲学与美学思想的精髓。

也正因为《周易》生命哲学和美学思想的奠基性工作，使得后人都非常强调和重视天地化生万物的功能，从不在天地自然生命之外去追求抽象的义理，而是就在天地自然之中体悟生命、礼赞生命，也就是古人常说的安身立命。而艺术，作为对道的比象的艺术，自然就要对天地自然的生成的功能、对生命的完成和完善予以比象，以安性命之情。如明代董其昌在《画禅室随笔》中讲道：“画之道，所谓宇宙在乎手者，眼前无非生机。”③也就是说，绘画其实就是把

① （魏）王弼注，（晋）韩康伯注；（唐）孔颖达疏：《周易正义》，中国致公出版社2009年版，第261~262页。

② 刘纲纪：《周易美学》，武汉大学出版社2006年版，第45页。

③ 周积寅：《中国历代画论》，江苏美术出版社2007年版，第26页。

所感知体悟到的宇宙生机描绘出来，而这种生机其实就是天地万物生生不息的状态。把握到了天地自然生生之道，也就能画出富有生机的杰作了。而这种对生机的强调，反映到艺术创作领域，就是对师法造化的强调和重视。如南朝姚最在《续画品》里讲湘东殿下："幼禀生知，学穷性表，心师造化，非复景行，所能希涉。"①他指出，绘画要"心师造化"，这里的造化，其实就是天地自然的化生之道，"心师造化"其实就是强调要师法天地万物的生生之道，只有明白了天地万物的生成之道，才能创造出充满生命意蕴的杰作；而这是从前人的经验法度中无法得到的，只能自己去体悟感知。到了唐代张璪更是将其发展为"外师造化，中得心源"的理论命题，成为书画创作的不二法门，深刻地影响着后世的艺术创造。清代龚贤在《乙辉编》里总结道："古人之书画，与造化同根、阴阳同候……心穷万物之源、目尽山川之势，取证于晋唐宋人，则得之矣。"在这里，造化与阴阳并举，更是为了突出天地自然的生生之道其实就是阴阳的相互作用和不断生成。他所认为的古人书画"与造化同根、阴阳同候"，其实就是说古人的书画是比象天地阴阳的生成变化而创作出来的。万物之源，其实就是万物生成的本源；山川之势其实就是生生绵延之道的具体体现。这段话可以说抓住了中国艺术创作的根本精神，即对天地自然的生成化育之道的比象。因此，艺术对道的功能的比象，其实就是对天地自然的生命意味的比拟和象征，也即对生命的比象。而这种生命的意味就寓于天地万物之中，是在它们的形态中得以体现出来的。这就涉及道的形态问题了。

三、形态的比象

之前在谈到道的性质和功能时，其实已经约略涉及形态，也就是古人常讲的器。《系辞上》云："形而上者谓之道，形而下者谓之器。"在这里，"道"就被当做一种形而上的范畴，而器即指天地万物，属于形而下的范畴。但二者又是不可分离的。王夫之就指出："形而上之道隐矣，乃必有其形而后，前乎所以成之者良能著，后乎所以用之者功效定，故谓之形而上，而不离乎形，道与器不相离。"(《周易内传》卷五）也就是说，形而上之道与形而下之天地万物是隐与显的关系，形而上之道是天地万物的内在构成法则和运行规律，这些法则和规律需要通过天地万物显现出来，也即形而上之道就寓于形而下之天地万物

① 俞剑华：《中国画论类编》，人民美术出版社2016年版，第369页。

之中。因此，道与器是不可分离的。

从“道”与“器”的关系的论述中，我们已经知道，道只能在器中寻求。而器是有形的、可见的，因此，我们对道的比象其实就是通过对道的形态的比象来通达于道。而道的形态主要区分为形式、结构和节奏。而形式和结构是一体的，一定的形式必然表现在一定的结构之中，而一定的结构必定包含有一定的形式。诸如曲直、方圆、粗细、对称平衡等具体形式和形式法则，又都是在一定的结构中才表现出来的。同时由于形式的问题过于复杂，因此，我们这里就只谈结构和节奏。

为什么将形态区分为结构和节奏呢？这个区分主要是根据时空来划分的。由于天地万物都处于一定的空间之中，而一定的空间必定就表现为一定的形式和结构，哪怕这个空间再微小，也会有形式和结构。但是万事万物的形态并不是一成不变的，而是在时间的序列中，呈现出不同的样态；哪怕再不起眼，也总是有些微的差异的，而这些差异的样态的变化，就构成了一种节奏，哪怕这种节奏非常缓慢，甚至于身体感知不到，但不能否定这种变化的节奏的存在。对此，朱光潜有过一段精辟的论述，他讲道：“节奏是宇宙中自然现象的一个基本原则。自然现象彼此不能全同，亦不能全异。全同全异不能有节奏，节奏生于同异相承续，相错综，相呼应。寒暑昼夜的往来，新陈的代谢，雌雄的匹偶，风波的起伏，山川的交错，数量的乘除消长，以至于玄理方面反正的对称，历史方面兴亡隆替的循环，都有一个节奏的道理在里面。”①也就是说，节奏是宇宙万事万物都具有的一种典型形态，宇宙万物的生成长育乃至于消亡的过程，其实就是一个充满节奏变化的运动过程。因此，朱光潜说“都有一个节奏的道理在里面”，而这“一个节奏的道理”其实就是“一道”。

前面也已指出，这“一道”就寓于天地万物之中，而天地万物之所以能被感知到，就在于他们具有特定的形式、结构和节奏，而这些都是显性的客观属性。因此，对道的比象其实就是对天地万物的形式、结构和节奏的比象。如天、地、人分别都有自身的形式和结构，而天、地、人又构成了宇宙的三元基本结构。这种形式和结构虽然在时间的过程中是不断变化着的，但相对来说，还是保持着自身的结构的稳定性。如人由各种器官构成，器官的大小和健康程度会因人因时因地而异，但人体器官的构成相对来说都是比较固定的。又如金、木、水、火、土构成了中国五行文化的基本结构，虽然属性之间有差异，

① 朱光潜：《诗论》，生活·读书·新知三联书店 2012 年版，第 158~159 页。

但都保持着相对的稳定性。因此，在这个意义上，我们可以将这些关系范畴称作为一种静态的结构关系。因此诸如阴阳、天地、天人等关系，就构成了一种静态的结构关系。而诸如动和静、渐和骤、变和化、开和合、消和长、起和伏、快和慢、古和今、虚和实等，则构成了一种动态的节奏关系。而这些关系范畴更多的是一种时间性范畴，都是用以指代天地万物在时间的过程中所呈现出来的样态的变化。如四季的更替、一天十二时辰的循环往复，其实都体现了道的一种节奏化的形态。当然，就如时空不可分离而存在一样，结构和节奏也是不可分离的，这里将其二者分而论之，只是为了论述的方便。

而艺术对道的结构和节奏的比象之所以成为可能，就在于中国历来就认为天人是同构的，这一点在董仲舒的天人感应说里已经提及了。董仲舒认为人副天数，就是指人的生理器官及其运行都是与天相一致的，因此，既然天的结构及其节奏是大美而不言的，那么人根据其结构而创制出来的艺术自然也就是美的了。

这一点有点类似于现代完形心理学的“异质同构”理论。该学派认为，艺术对象都具有内在的生命力结构，而艺术作品也呈现为一种力的结构，而艺术的创作主体和鉴赏主体也有自身的内在的情感的结构。而这种情感的结构也是一定的力的结构。也就是说，无论是艺术对象、艺术作品还是审美主体自身，都是各种力的结构的综合体。而如果三者力的结构属于同样的、相似的类型，那么就可以引起审美主体的共鸣。

从这一点来说，由于中国古代的“天人同构”的理论传统，中国艺术比象天地而创造出来的艺术作品，自然就可以引起人的情感上的共鸣，从而获得一种审美愉悦。因为中国的“艺术虽然不是对现实对象的如实逼真的摹仿，但它能通过艺术家的创造性的活动产生出一种与现实对象‘同构’的作品”①。

而苏珊·朗格将这种同构的作品称作情感的形式，她认为：“如果要使某种创造出来的符号(一个艺术品)激发人们的美感……就必须使自己作为一个生命活动的投影或符号呈现出来，必须使自己成为一种与生命的基本形式相类似的逻辑形式。”②也就是说，情感的形式是与生命的形式相类似的逻辑形式。如果这种情感形式“表现了生命——情感、生长、运动、情绪和所有赋予生命

① 刘纲纪：《刘纲纪文集》，武汉大学出版社 2009 年版，第 937 页。

② ［美］苏珊·朗格：《艺术问题》，滕守尧译，中国社会科学出版社 1983 年版，第 43 页。

存在特征的东西”①，那它就是一种“活的形式”。

这里“活的形式”凸显的就是艺术作品的生命特征，也就是说，“艺术中的生命正是一种形式的‘生命’”②。以舞蹈为例，“一方面，舞蹈的动作是生命运动的表现，也就是我们已经讲过的‘生命的形式’；另一方面，情感与生命不可分，情感由生命的活动所引起，并表现在生命活动之中。因此，生命活动与情感活动在结构性质上是相同的，特定形式的生命活动必然伴随着与之‘同构’的情感活动，而成为这种情感的外在表现”③。“由于上述生命运动与情感运动之间所存在的‘同构’关系，所以艺术既是‘生命的形式’，同时也是‘情感的形式’。艺术之所以能表现情感，就因为艺术本来就是‘生命的形式’。”④

也正是“道”的生生不息的特性，使得比象“道”的艺术也因此具有了“生命的形式”。同时，由于情感活动是由生命的活动所引起的，因此，情感活动自然就具有了与“生命的形式”同构的“情感的形式”，那么作为表现情感的艺术，自然也就具有了“情感的形式”。诚如苏珊·朗格所言：“艺术形式与我们的感觉、理智和情感生活所具有的动态形式是同构的形式……因此，艺术品也就是情感的形式或是能够将内在情感系统地呈现出来以供我们认识的形式。”⑤因此，艺术对道的形态的比象不但是可能的，而且具有与“道”的形态同构的“生命的形式”和“情感的形式”。

然而无论是结构还是节奏，从前面关于道器关系的论述中我们知道，这种结构和节奏上的比象都不是完全逼真地再现，而是追求一种相似，或者说不注重具体形态上的相似，而是追求结构和节奏中所体现出来的内在的秩序和规律，也就是不求形似，而是追求神似。这就涉及中国艺术中的一对重要关系范畴，即形和神的关系。形神论在艺术中最典型的代表当推顾恺之，因为他提出了一个具有纲领性的命题——“以形写神”，认为写形的目的在于写神。他在《摩拓妙法》中讲道：“凡生之人有手揖眼视，而前亡所对者，以形写神而空其

① ［美］苏珊·朗格：《情感与形式》，刘大基、傅志强、周发祥译，中国社会科学出版社1986年版，第97页。

② ［美］苏珊·朗格：《情感与形式》，刘大基、傅志强、周发祥译，中国社会科学出版社1986年版，第93页。

③ 刘纲纪：《刘纲纪文集》，武汉大学出版社2009年版，第938页。

④ 刘纲纪：《刘纲纪文集》，武汉大学出版社2009年版，第938页。

⑤ ［美］苏珊·朗格：《艺术问题》，滕守尧译，中国社会科学出版社1983年版，第24页。

实对，筌生之用乖，传神之趋失矣。空其实对则大失，对而不正是小失，不可不察也。一象之明昧，不若悟对之通神也。”这是顾恺之用以说明绘画目的的一段话。也就是说，人在用手作揖时眼睛总是望着特定对象的，因此，作画时要把这种眼睛相对者画出来，如此才能表现出眼睛的神气，从而达到人物传神的效果。他在这里意在强调传神的重要性。但是他追求传神，也不忽视写形的重要性。如他讲，“美丽之形，尺寸之制，阴阳之数，纤妙之迹，世所并贵”，就充分肯定了“形”的美，并认为这种“美丽之形”是与尺寸之制和阴阳之数密切相关的。因此，人物画的创作要“形神兼备”。他的这一观点深刻地影响到了后世的艺术创作。

虽然顾恺之的形神观主要是就人物画而言的，但随着艺术的不断发展，这一概念也被广泛运用到花鸟画、山水画之中了，以至于中国古代艺术都强调神似，并发展出气韵生动、象外之旨等范畴。而无论是神似还是气韵生动、象外之旨，其实都有一个共同点，那就是轻形似。如北宋苏轼在《书鄢陵王主簿所画折枝二首》之一中云：“论画以形似，见与儿童邻。赋诗必此诗，定知非诗人。”在这首诗中，苏轼就明确指出了诗画的创作不能仅仅追求形似，而是要表现其神、其气韵。又明代王绂在《书画传习录》中云：“今人或寥寥数笔，自矜高简，或重床叠屋，一味颟顸，动曰不求形似，岂知古人所云不求形似者，不似之似也，彼繁简失宜者乌可同语哉？”①“‘不似之似’，是说明画家进行绘画创作，不仅仅是对客观物象被动反映，而必须有所提炼、取舍、概括、经营，才能精练地表达物象最具神采的方面，这种艺术效果，从客观物象来看，有比较大的差距，但从表现客观物象的内在神韵来说，却更具有表现力，从而达到来自生活而高于生活的艺术境界。”②这种更具有表现力的艺术境界其实就是神似的境界。清代石涛也有相似的论述，他在《大涤子题画诗跋》卷一中云：“天地浑熔一气，再分风雨四时。明暗高低远近，不似之似似之。”③他这里说的“不似之似似之”，意在强调画家在创作时要以不似而似为追求，不似而似说的其实也是神似。

以上所论其实都强调形似只是手段，神似才是目的。这就与西方的完形心理学所讲的“完形”很不一样了。完形心理学所说的完形是几何学意义上的完

① 俞剑华：《中国画论类编》，人民美术出版社2016年版，第100页。

② 周积寅：《中国画论大辞典》，东南大学出版社2011年版，第274页。

③ 周积寅：《中国历代画论》，江苏美术出版社2007年版，第193页。

形，更注重对事物按照几何学规律进行逼真的完形；而中国的以形写神是在“象形”的基础上进行“不象形”的完形，即虽然追求神似但却是以形似为基础的。西方的完形注重的是几何学层面的形似，而中国的艺术强调一种“自然完形”①，即不脱离形象的完形，在象形中追求神似。

但强调神似并非不要形似，而是要在形似的基础上进一步传神写照。近人黄宾虹对此有较为全面的论述。他指出：“画有三：一，绝似物象者，此欺世盗名之画；二，绝不似物象者，往往托名写意，鱼目混珠，亦欺世盗名之画；三，惟绝似又绝不似于物象者，此乃真画。”②也就是说，只追求形似和神似都是片面的，而要力求形似与神似的统一，即形神兼备，方是真画。因此，以形写神、形神兼备就成了中国艺术所要追求的最高境界。而中国艺术中所追求的这种“神”，其实正是道的典型特质，即天地自然生生不息的变化之道。因此，以形写神，其实就是以形“象”道。这里的形既指“道”的形态，又指反映在艺术层面的艺术形象。因此，以形象道，也就是以艺术形象来模仿、象征道。而这种艺术形象对“道”的模仿、象征，其最终都落实于对道的意义的比象。也就是说，以形象道，其目的在于对“道”的意义的比象。无论是性质、功能还是形态，其最终都要诉诸意义，也就是说艺术比象道的目的。

四、意义的比象

之前已经讲了艺术就是对于道的性质、功能、形态的比象，而对道的这些层面的比象，其目的其实就是要认识“道”、追求“道”，乃至通达于“道”。而这个目的其实正是道于人的意义问题，即艺术对这些性质、功能、形态的比象对于人来说具有什么意义。也就是说艺术对道的比象，其落脚点就在于对道的意义的比象。而讨论道于人的意义，其实就是讨论天地阴阳的生成变化对于人的意义。这也是在探讨完道的性质、功能、形态之后必然的结果，即这些性质、功能、形态对于人来说具有什么意义，这就涉及对于天地之道的价值判断的问题。天地于人有什么意义？概括起来讲，大概包括四个方面，即认知的、宗教的、道德的、审美的四个方面。

第一，认知的意义。艺术对道的比象，其中一方面也是注重其认知意义。

① 刘纲纪：《刘纲纪文集》，武汉大学出版社 2009 年版，第 914 页。

② 转引自周积寅：《中国画论大辞典》，东南大学出版社 2011 年版，第 274 页。

如《论语·阳货》中讲道："子曰：'小学何莫学夫诗？诗可以兴，可以观，可以群，可以怨。'"这里所说的"诗可以观"就意在强调诗对于人具有认知的意义，意即通过诗歌我们可以了解和认识诗歌所创作的时代背景和社会状况，诸如风情民俗、政治得失、经济好坏等。如"铸鼎象物，使民知神奸"中的"知神奸"就是一种认知活动，其首先就是使民众先认识了解何谓神奸，然后才能进行相应的人事活动。又唐代张彦远在《历代名画记·叙画之源流》中讲道："夫画者，成教化，助人伦，穷神变，测幽微……"①这里的"穷神变""测幽微"本身就是一个认知活动，即穷究各种神奇的变化，推测幽深微妙的道理，这里凸显的就是艺术的审美认知功能。而这种认知的功能是包括艺术在内的所有人类科学都具备的，因此，艺术对道的比象，必然包含有对道的意义的认知。只有先知道了才能采取相应的行动，也就是说，对道的认知是最根本的。

第二，宗教的意义。《周易》中讲"天垂象，见吉凶"，即通过对天象的观察感知，可以使人预判吉凶。这里的天凸显的就是一种宗教价值，也就是为人显示或者预兆吉凶。吉凶即是道之于人的宗教意义。表现在艺术中，即是对宗教意义的揭示和宣扬。前面已经讲过了铸鼎象物的例子，那里的象物其实就是绘画的一种早期形态。而其所象之物，大都是山川水泽里的各种奇形异状的神怪，其目的就在于使民"知神奸"，即辨别神怪，这是一种宗教意义上的比象。后世的敦煌壁画，民众家里所张贴的门神画、寺庙道观里的神像和雕塑等，其所表现的人事物象，都是比拟模仿宗教上的神灵而创制出来的，以趋吉避凶为目的，凸显的正是道于人的宗教价值和意义。

第三，道德的意义。在孔子对礼乐文化改造之后，儒家思想就成为中国文化传统的基本主干之一，其所宣扬的仁义礼智之道对中国文化影响深远。表现在艺术中，那就是通过对善恶的价值评判，使人戒恶扬善，从而达到对伦理道德的肯定和宣扬。在文学领域，那就是以"诗言志"和"文以载道"为主要代表的观点。

"诗言志"说最早见于《尚书》。《尚书·舜典》中讲道："帝曰：'夔，命汝典乐，教胄子。直而温，宽而栗，刚而无虐，简而无傲。诗言志，歌咏言，声依永，律和声。八音克谐，无相夺伦，神人以和。'"②这段话主要是对艺术的

① 俞剑华：《中国画论类编》，人民美术出版社2016年版，第27页。

② 江灏、钱宗武译注；周秉钧审校：《今古文尚书全译》(修订版)，贵州人民出版社2009年版，第18~19页。

功能和作用以及艺术创作的法则进行了简明扼要的阐发，并在后世被不断地继承和发展。这里提到的“诗言志”的观点，就在后世成为艺术创作的最高原则之一，以至于朱自清在《诗言志辨·序》中讲道：“‘诗言志’是开山的纲领。”① 这里的志主要指个人的心志和思想，诗言志即是说诗歌的创作要表现个人的心胸抱负和思想。而这种心胸抱负和思想主要是就人伦道德而言，是以修身齐家治国平天下为终旨归的，凸显的主要是其道德伦理的意义。如孔子讲：“志于道，据于德，依于仁，游于艺。”（《论语·述而》）这里的“志于道”就是要立志于仁义礼乐之道，并在艺术中通达于这种道。

儒家的这种思想深刻地影响到了后世的文艺创作。尤其是到了宋明理学那里，文艺更是被当做传道的工具。宋代理学家周敦颐就明确提出了“文以载道”的观点。他在《通书·文辞》里讲道：“文所以载道也。轮辕饰而人弗庸，徒饰也，况虚车乎。”他认为文是要阐发义理、弘扬仁道的。他以车驾载人为例，认为如果车不载人，那么车身装饰得再豪华也是没什么意义的。通过这个形象的例子，周敦颐意在强调文的社会功能在于载道，这就赋予了文以伦理道德的内涵属性，并在后世产生了很大的影响，以至于后世的儒者们，诸如宋濂、方孝孺、章学诚、叶燮等都坚持这一观点。他们所坚持的“道”其实就是仁义礼智的伦理之道。因此，在儒家这里，艺术对道的意义的比象，主要在于其道德层面的价值。

第四，审美的意义。艺术对道的比象，最典型的肯定就是审美意义了。如荀子讲“大乐与天地同和”，认为乐舞的最高境界就是与天地万物的变化相应和，这里既说明了乐舞就是古人比象天地而创制出来的，也意在说明天地万物本身就是最美的艺术作品。也就是如庄子所说的“天地有大美而不言”，天地是有大美的，正是在对这种大美的体验中，人类获得了极大的审美愉悦，而艺术正是在对大美的天地的比象中得以完成的。

如南朝宋宗炳在《画山水序》中讲道：“于是闲居理气，拂觞鸣琴，披图幽对，坐究四荒，不违天励之藂，独应无人之野，峰岫峣嶷，云林森渺，圣贤映于绝代，万趣融其神思，余复何为哉？畅神而已。神之所畅，孰有先焉！”这是宗炳著名的“畅神”观。宗炳以山水画“畅神”，虽然“峰岫峣嶷”“云林森渺”是他所观的山水画的内容和整体印象，然而这种山脉连绵云雾缭绕的艺术形象，不正是现实中的山水之典型特质吗？而“圣贤映于绝代，万趣融其神思”

① 朱自清：《诗言志辨》，岳麓书社 2011 年版，第 3 页。

不正是由对山水画作的审美观照中获得的对天地自然的变化之道的审美体验和感悟吗？而这种审美体验中获得的审美愉悦，宗炳将其称为“畅神”，是非常贴切的。而这种“畅神”，“不违天励之藂，独应无人之野”，是一种纯粹的审美观照，创作和欣赏山水画也正是出于这样一种“畅神”的目的进行的，因此是一种比较纯粹的审美体验。这就不再是前面讲的认知、宗教、道德等层面的比象了，而就是对天地之道的审美价值的比象。也正因此，中国艺术也追求一种抒发性情的较为纯粹的艺术创作和鉴赏。这就凸显了艺术的独立地位，这一点体现于中国艺术的方方面面之中。如陆机在《文赋》中提出的“诗缘情而绮靡”的观点，就认为诗歌是因性情的感发而作的，对于汉儒关于诗歌观念中的伦理化倾向予以了大胆否定，这是具有开创性意义的。当然，这里的“情”必须是真性情，必须是感物兴会直抒胸臆的真情实感。这里凸显的也正是天地万物对于人的审美意义，即“情动于中而形于外”，是要在天地自然的感发之下的自然流露和真实表达。

（作者单位：华中师范大学文学院）

“技”何以达“道”？
——论庄子的“神遇”

丰雅鑫

庄子的“道”是自然之道，它的根本特征是“无为而无不为”。“道”与“技”之间的关系表现为“道进乎技”。道不光超过技，还规定技。道是本，技是末。技要达到道，道要指导技。最高的“技”是“无技之技”，这样的“技”才是与“道”相通的。针对“技”何以达“道”的问题，庄子提出“神遇”。“神遇”即“心观”，用心神去直接把握事物。只有合于“道”的“技”才能臻于艺境，艺术的境界乃合道的自由的境界。

一、“道”

“道”在《庄子·内篇》中一共出现了46次。其中，《齐物论》篇出现了17次，《养生主》篇出现了1次，《人间世》篇出现了9次，《德充符》篇出现了2次，《大宗师》篇出现了13次，《应帝王》篇出现了4次。

“道”的造字本义为“当向导，给不知方向的人引路”。“道”后来由“导”代替，“道”本身则引申出多重含义。对于“道”，《说文解字》的解释为：“道，所行道也。一达谓之道。”①“道”就是人们所行走的直达的道路。日常用语中，“道”作名词使用时，其含义包括道路、途径(方法、规律)、真理(正义)、形而上的本体(有形世界的起源)，等等；“道”作动词使用时，其含义包括引路(当向导)、讲解(说明、表达)，等等；“道”作量词使用时，其含义为条、列，如一道关卡。

中国哲学史上，儒、道、禅三家都言“道”，不过侧重点有所不同。儒家

① (东汉)许慎：《说文解字》，中华书局2013年版，第36页。

主要是社会之道、人类之道。人生活在社会中，必与他人发生关联。儒家把仁作为人的规定性，又改造礼乐为仁，这样就把个人的内在道德修养与社会的外在结构秩序联系起来了。合于道，家与国就能不失其序，我与人就能和谐共生。道家主要是自然之道。道家所说的自然并非自然界，而是自然而然的本性。它之所以如此强调自然，是因为“道法自然”，道即自然。不同于儒家宣扬文明教化，道家主张自然无为。无为并非无所作为，而是不妄为、不刻意为之。在道家看来，正是礼乐文明遮蔽了人的自然本性。因此，人要遵道而行，回归自然。禅宗主要是心灵之道。禅宗虽然强调万法唯心，但并未否定世界和人的存在。它只是把向外求索的路向加以掉转，使人回复到心灵的天地之中，明心见性、直指本心。即心即佛，佛不在遥远的彼岸，回到自性自心就能成佛。①

《庄子·内篇》中出现的46次“道”，除了一次作动词使用——“不道之道”②中的第一个“道”意为称说之外，其余45次都作名词使用。作名词时，“道”的含义包括：道路、路途（“道行之而成”③，“中道”④）；根器（“圣人之道”⑤）；道理（“夫子之道”⑥）；人道，表人为（“人道之患”⑦）；表面的道（“以道与世亢”⑧）。除此之外，“道”最主要的含义即大道。对于“道”，庄子作出如下描述：“夫道，有情有信，无为无形；可传而不可受，可得而不可见；自本自根，未有天地，自古以固存。⑨”“道”有情实、有信验，是真实存在的。但它无为无形，不同于处于具体时空中的存在者，是超时空的存在，即作为虚无的存在。因此，“道”属于超感性领域，无法为视听嗅味触等感官所直接把握，只能心传而不可口授，只能心得而不可目见。它自为本自为根，先天地而生。自本自根的“道”自身为自身建立根据，它是自我规定的。自我规定的“道”依循自身的本性，是自然而然的。因此，庄子的“道”从其本质上而

① 对于儒、道、禅三家之道的概括参照了彭富春教授的相关研究成果。详见彭富春：《论中国的智慧》，人民出版社2012年版，第35页。

② 陈鼓应：《庄子今注今译》，商务印书馆2007年版，第91页。

③ 陈鼓应：《庄子今注今译》，商务印书馆2007年版，第75页。

④ 陈鼓应：《庄子今注今译》，商务印书馆2007年版，第156页。

⑤ 陈鼓应：《庄子今注今译》，商务印书馆2007年版，第216页。

⑥ 陈鼓应：《庄子今注今译》，商务印书馆2007年版，第256页。

⑦ 陈鼓应：《庄子今注今译》，商务印书馆2007年版，第145页。

⑧ 陈鼓应：《庄子今注今译》，商务印书馆2007年版，第256页。

⑨ 陈鼓应：《庄子今注今译》，商务印书馆2007年版，第213页。

言是自然之道。

“道”不仅为自身建立根据，也为天地万物建立根据。它“神鬼神地，生天生地”①，是世界的根源和本体。“道”生育万物却不离万物，它就寓于万事万物之中。万物都有“道”，“道”即自然，也就是说，万物都有其自然而然的本性。从这个角度而言，天地万物都是无差别的“齐一”，这就是庄子所提倡的“道通为一”。“道”是一，一即整体、整全的意思，相对于分。正如庄子所说：“夫道未始有封，言未始有常。”②“道”原本是没有分界的，大道是不可名称、不可言说的。因此，“道”是自身遮蔽的。但是，为了便于指称和理解，人们开始划界，划界就有分别，分别就产生对立，无论执着于哪一端都会陷入一隅之地的褊狭。因此，“道”又被日常观念所遮蔽。去蔽的关键在于掌握“道枢”。何为“道枢”？庄子说：“彼是莫得其偶，谓之道枢。”③要想回到作为“一”的“道”，前提是做到彼此不相对待。受其“成心”和“有我”的影响，人容易陷入彼是二分和是非之争，产生分别对待之心。要想克服这一点，就要学会“以道观之”，以此代替“以物观之”。

欲做到“以道观之”，否定而言，就要破除“成心”和“有我”，肯定而言，就要培养“物化”“两行”“以明”等思想方法。“物化”即消除事物之间的绝对区别，破除僵化的物我对待的观念。“两行”即“和之以是非而休乎天君”。④“休”即听之任之的意思。“天均”即自然循环的天道。不执着于是非的争论而依顺自然均衡之理，这就是“两行”的意义。“以明”即从道的视角去认识、发现物，以空明的心境去观照事物本然的情形。这相当于海德格尔的“让存在者是其所是”。在此基础之上，庄子主张人们追求一种“天地与我并生，而万物与我为一”的至高境界，从而达到对“道”的洞彻。

二、“技”

“技”在《庄子》一书中出现的次数并不多，但其中包含了许多围绕“技”展开的寓言故事。例如庖丁解牛、轮扁斫轮、佝偻者承蜩、津人操舟、纪渻子为王养斗鸡、梓庆削木为鐻、工倕旋而盖规矩、北宫奢为卫灵公赋敛以为钟、宋

① 陈鼓应：《庄子今注今译》，商务印书馆2007年版，第213页。

② 陈鼓应：《庄子今注今译》，商务印书馆2007年版，第91页。

③ 陈鼓应：《庄子今注今译》，商务印书馆2007年版，第67页。

④ 陈鼓应：《庄子今注今译》，商务印书馆2007年版，第76页。

元君将画图、列御寇为伯昏无人射等。

从字形上看，“技”由“手”和“支”两个偏旁组合而成。它的造字本义为巧用杠杆支撑重力。对于“技”，《说文解字》的解释为：“技，巧也。”①也就是说，技是一种巧妙用力的方法。在现代汉语中，“技”除了和“巧”连缀成“技巧”一词以外，经常使用的还有“技术”和“技艺”。“术”的造字本义为从植物茎上剥下青皮，绞绳或编篮。古人称利用竹木支撑搭屋为“技”，称剥离植物青皮绞绳编篮为“术”。根据《说文解字》，“艺”的本义是种植，其字形像手持种苗而急于种植，造字本义为种植庄稼草木、培土锄草。

由此可知，“技”“术”“艺”都离不开“手”，是遵循一定方式方法以达到特定目的与效果的人工制作活动。这使我们联想到海德格尔的“手前之物”和“手上之物”。所谓手前之物，即包括矿物、植物、动物在内的自然之物；手上之物即工具。“工具在广义上就是人类满足自身需要的技术手段。人类最早的工具就是人体自身，人的手、脚和感觉器官都可作为工具。人的身体器官里面，最早也是最自然的工具就是人的双手，手最具工具性，所谓实现目的的途径就是‘手’段。”②技术作为工具，服务于人类自身的目的。

对于技术，庄子文本中有其独特的解释。《庄子·天地》篇说：“能有所艺者，技也。”在庄子看来，才能有所专精，才称得上技艺。这里的“艺”，重在强调技术性，与今天审美意义上的艺术活动还不完全一致。但《庄子》一书中提到的与“技”相关的寓言故事可以被称为广义的艺术活动。艺术是人的活动，它必然要牵扯到对某种方法和材料的运用。就最广义的艺术概念而言，凡是人为的都是艺术。“在这样的意义上，一个艺术的活动和一个技术的或者技艺的活动是一样的，它们都建立于人与物的关系，是人对于物的改造或者创造。”③就狭义的艺术而言，它与技术之间存在重大差别。技术意味着生产和制造，它所完成的是物的转化。在技术的处理过程中，物之物性消失了，存在的只有作为材料的物。而艺术作为自由的活动所完成的是物的显现。它所显现的是物的自然，即自然而然的本性，也就是物之物性。“技术和艺术的不同在于，技术只是作为手段，而不是目的；而艺术既是作为手段，也是作为目的。鉴于这样的差别，技术在它的使用中消耗自身，但艺术在它的存在中却能永远地保持自

① （东汉）许慎：《说文解字》，中华书局 2013 年版，第 256 页。

② 彭富春：《美学》，武汉大学出版社 2005 年版，第 80 页。

③ 彭富春：《美学原理》，人民出版社 2011 年版，第 211 页。

己。”①这使我们想到海德格尔在《艺术作品的本源》中所揭示的艺术作品与器具之间存在的本质区别：器具为其有用性而制造，这种有用性最终可能消失而使器具不再成其为器具；艺术作品则为建立一个世界，使存在者得以敞开、澄明而制造，这种敞开与澄明是永恒不断地涌现的。此外，器具制造为其有用性而使其质料消失于器具之器具存在中，质料越精良越是如此；艺术作品制造因其建立于一个敞开的世界，其质料不但不会消失，反而会更加突出鲜明。

从守护物之物性的角度而言，作为人为的技术与作为自然的艺术截然对立。因此，庄子反对作为工具的技术的运用。既然庄子反对“技”，为何《庄子》一书中包含许多关于“技”的寓言故事呢？其实，庄子并非一律反对“技”，他所反对的只是有违于“道”的“技”。庄子在庖丁解牛的寓言故事里说道：“臣之所好者道也，进乎技矣。”②对于“进”，成玄英解释为“过”。③ 林希逸认为，庖丁之技“自学道得之，而后至于技，非徒技也”④。陈鼓应也指出“进”表“超过”。⑤ 以上三种解释均表明“道”相较于“技”而言处于优先地位。在庄子看来，“道”是超过“技”的。“道”不光超过“技”，还规定“技”。“道”是本，“技”是末。“技”要达到“道”，“道”要指导“技”。“技最后为道所统属，而道自身就是作为天的自然本身。唯有如此，技才能合于自然，宛若鬼斧神工，出神入化。”⑥因此，庄子肯定的是合于“道”的“技”。“庄子在赞颂‘道’的伟大时就曾说过这样的话：‘刻雕众形而不为巧’。可见，最高的技艺、技巧是‘道’的一种表现。”⑦最高的技艺和技巧才能叩响艺术之门。

中国美学向来以“道”自任，强调艺术、审美的目的是达“道”，赋予艺术、审美“道”的内涵和超越感性之外的形而上的意义。从春秋战国到清朝，中国讨论艺术离不开“道”。孔子说：“志于道，据于德，依于仁，游于艺。”⑧庄子认为“道进乎技”。刘勰的《原道》讲文学和道的关系。清代刘熙载的《艺概》提出“艺者，道之形”，也即是说，“艺”是“道”的感性显现。可见，“艺”与“道”

① 彭富春：《美学原理》，人民出版社2011年版，第211页。

② 陈鼓应：《庄子今注今译》，商务印书馆2007年版，第116页。

③ 郭庆藩：《庄子集释》，中华书局2013年版，第112页。

④ 郭庆藩：《庄子集释》，中华书局2013年版，第389页。

⑤ 陈鼓应：《庄子今注今译》，商务印书馆2007年版，第120页。

⑥ 彭富春：《论庄子的“道”》，载《湖北社会科学》2009年第9期。

⑦ 刘纲纪：《“艺”与“道”的关系——中国艺术哲学的一个根本问题》，载《江汉论坛》1986年第1期，第39页。

⑧ 杨伯峻：《论语译注》，中华书局2009年版，第66页。

的关系成为中国美学的一个根本问题。

范明华在《论“道”在中国美学思想中的意义》①一文中提出“道”在中国美学中主要有三层意义：艺术的存在依据、艺术的创造法则、艺术的审美境界。作为艺术存在依据的“道”同样也是它的价值依据，因此，有“道”的艺术就是好的。作为艺术的创造方法和艺术作品的构成原则的“道”，落实到具体的艺术门类中去就体现为绘画的构图原则、书法的结构方法等。而当道作为艺术所要达到的最高境界时，它所代表的是一种自然和自由的审美境界。

在庄子这里，最高的“技”是超越有为而至于无为，是“无技之技”，这样的“技”才是与“道”相通的。

三、“神遇”

那么“技”何以达“道”呢？庄子在庖丁解牛的故事中是这样描述的：

> 臣之所好者道也，进乎技矣。始臣之解牛之时，所见无非全牛者。三年之后，未尝见全牛也。方今之时，臣以神遇而不以目视，官知止而神欲行。依乎天理，批大郤，导大窾，因其固然，枝经肯綮之未尝微碍，而况大軱乎！（《庄子·养生主》）

第一句话乃是全段的关键之处。庖丁说此时此刻的自己所爱好的是“道”，对“道”的喜爱已经超过“技”了！可见，三年之前，庖丁对于“道”还没有足够深刻的认识，只是一味钻研小技，坚信熟能生巧。而三年之后，庖丁终于得“道”，解牛之技臻于纯熟。通过对比，我们不难发现，三年之前和三年之后，庖丁所呈现出来的解牛状态是完全不同的。三年之前，庖丁目之所见乃浑然一体的“全牛”，三年之后，就未尝看见“全牛”了。换言之，此时的庖丁已经对牛身上的每一块肌肉、骨头了然于心。何以如此？其奥妙在于以“神”取代“官”，以“神遇”取代“目视”。

在此，“神”与“官”相对，后者表具体的感性官能，而前者表抽象的精神和理念。“目视”即凭借眼睛这一感觉器官去获取感性材料，而“神遇”即从精

---

① 范明华：《论“道”在中国美学思想中的意义》，载《武汉大学学报(人文科学版)》2009年第3期，第292~296页。

神上去感知事物或事理。如果说“目视”是观之以“目”的外观活动，那么“神遇”就是观之以“心”的内观活动。“目视”和“神遇”的区别即“目观”与“心观”的区别。“心观”不同于“目观”，它是“内观”意义上的“视则不见，听则不闻”①。用心神而非感官去把握，才能够做到“依乎天理”“因其固然”，即顺着牛的自然纹理和自然结构去解牛，此乃遵“道”而行的表现。因任自然之道就能做到得之于手而应于心。

得心应手，“得心”是前提。“得心”之所以如此重要，是因为“心”与“道”相接。老子把人的内心称作“玄览”，提出“涤除玄览”(把心灵这面镜子擦洗干净)，其目的就在于体“道”。体“道”的方式不同于日常观察事物的目视、耳听，而是“心视”与“心听”。为何如此？这取决于“道”的特点。“道”无形无声无味，是超感性领域的存在。即便如此，“道”并非拒人于千里之外，只要用“心”去“悟”，终有一天能够得“道”。何为“悟”？《说文解字》曰：“悟，觉也。”所谓“悟”，即内心获得深知。它是瞬间感通的发生，是通过感性直觉直接达到理性本质内容的一种心理过程。心作为内在的感官具有直觉和思维的功能。它既具理性能力，又不失感性色彩。“心”在“悟”的过程中能够完成从感性到理性、从现象到本质的瞬间飞跃。正是依赖于“心”的理性直观功能，悟“道”活动才得以展开。心和手的关系实际上就是心和技术的关系，得“道”之心方可与“手”相应，心手相彰才能技艺超群。

因此，“神遇”相关于心如何体“道”。对于这一问题，庄子提出了“心斋”和“坐忘”两种方法。对于“心斋”，《庄子·人间世》描述如下：

> 若一志，无听之以耳而听之以心，无听之以心而听之以气！耳止于听，心止于符。气也者，虚而待物者也。唯道集虚。虚者，心斋也！

庄子在此指出，“心斋”的要义在于“虚”。要达到虚心，就要“听之以气”。何为“气”？庄子本人的解释为“虚而待物者”，郭庆藩的注解为“遣耳目，去心意，而符气性之自得，此虚以待物者也”②，陈鼓应认为“气”当指心灵活动到达极纯精的境地，换言之，“气”即是高度修养境界的空灵明觉之

① 邹元江：《心观与聚合思维——科学与人文创造性思维的共同基础》，载《美育学刊》2011年第5期。

② (清)郭庆藩：《庄子集释》，中华书局2013年版，第147页。

心。① 总体来说，“气”应是一种空明灵透的心境。庄子强调“无听之以耳”，因为耳的作用止于聆听外物。那么为什么要“无听之以心”呢？没有“心”的作用，又谈何体“道”呢？原来，庄子的担忧在于心的作用止于与物相符，也即与物合，与物合就无法做到虚而待物。庄子并非全盘否定“心”在体“道”过程中的作用，他所反对的是“成心”，即为物所拘执之心。而保有一颗“虚心”则是“体道”的前提条件。显然，庄子在这里所要反对的是一切感官和理性认识。而“气”柔弱虚空，“听之以气”才能保持一颗虚静之心，唯此真道，集在虚心，虚心方能体“道”，进而得“道”。

关于“坐忘”，《庄子·大宗师》描述道：

> 堕肢体，黜聪明，离形去知，同于大通，此谓坐忘。

在这里，“离形去知”正好是对于“堕肢体”“黜聪明”两个方面的概括。因此，“坐忘”的关键就在于“离形去知”。所谓“离形去知”，就是不受形骸、智巧的束缚。“离形”表面上看是忘掉自己的肉体存在，实际上是摆脱由生理而来的欲望。“去知”即摆脱所谓的知识活动，即去思维。“庄子的‘离形’观是对人的感性生命或者肉体生命的超越。他的‘去知’说则是对人的理性生命或者说精神生命的超越。”②欲望和思维都是“有我”的表现，“道”超越感性与理性之外，是外在于人而自在自为的存在。“离形去知”，也就是“无已”“丧我”，做到这一点，方能与大道融通为一。

通过“心斋”“坐忘”的修养工夫，方能得“道”。三年之后的庖丁，显然就是这样一个得“道”之人。方此之时，庖丁解牛才能做到“恢恢乎其于游刃必有余地矣”。之所以如此，是因为庖丁深得“道”之精髓，即任物之自然。谙熟牛之“自然”的庖丁就能以没有厚度的刀刃切入有间隙的骨节，所以他的刀用了十九年还像新磨的一样。对于庖丁的精湛技艺，庄子作了一番极具审美意味的描述：“合于《桑林》之舞，乃中《经首》之会。”《桑林》是殷汤乐名，《经首》是尧乐《咸池》的乐章名。这乃是说庖丁在解牛的过程中其肢体动作犹如舞蹈一般，其进刀割解发出的哗啦声响仿佛乐章一般。这画面丝毫没有血腥残忍之气，反倒给人以视听方面的享受。可见，庖丁解牛全然不同于一般人解牛，在

---

① 陈鼓应：《庄子今注今译》，商务印书馆 2007 年版，第 140 页。

② 陈望衡：《中国古典美学史》，武汉大学出版社 2007 年版，第 146 页。

他身上体现出来的不是“小技”，而是合于“道”的“神技”。庖丁的解牛“神技”之所以令人如此叹服，以至于升华至艺术境界，主要是因为艺术的境界，即合道的自由的境界。

“庄子学派所说的‘道’，其实质在于自由，而‘技’作为艺术创造的活动，其实质也在于它是一种自由的创造性的活动，所以‘技’和‘道’可以相通，在‘技’中可以看出‘道’。”①庄子的“道”是自然之道，它的根本特征是“无为而无不为”，即让存在者如其所是地存在。此乃自由的境界，自由就其本性而言是让存在(let beings be)。② 因任自然使事物的本性得到圆满实现，这恰好切中了美的本质。在庄子这里，自然即自由，它所释放的光辉就是美。以“神遇”为中介，“技”得以达“道”，并臻于至美的艺境。

(作者单位：武汉大学哲学学院)

① 李泽厚、刘纲纪：《中国美学史》，中国社会科学出版社1984年版，第276页。

② Martin Heidegger. *Pathmarks*. Cambridge University Press, 1998, p. 144.

论"至乐无乐"的审美境界

吴江玲

《庄子·至乐》①提出"至乐无乐"的美学命题，此命题讨论了至乐和俗乐的两种关系形态。一是，至乐合于无为之道，而俗乐背离无为之道。因此，"至乐无乐"指的是由俗乐的异化境地进达至乐的境地。这种关系形态作为审美境界就是"游"境。二是，至乐和俗乐均合乎无为之道。"至乐无乐"即指俗乐的境地和至乐的境地齐同。这种关系形态表现为审美境界就是"化"境。而在境界问题上，宗白华认为，人与世界之间关系的层次不同，其对应的境界也就有所不同。② 与他区分境界层次的讨论类似，此处的"游"境和"化"境也有层次上的差别，而这种差别应当从两者各自的内涵和实现途径上进行准确把握。③

一、"游"境

至乐的实现在于合乎无为之道，反之，不合于无为之道的快乐就是异化的俗乐。据此可知，是否合于无为之道是区分至乐和异化的俗乐的依据。也就是说，无为之道是至乐和异化的俗乐之间的分界线。这里的分界线即边界，它是无形的，却又真实存在着。在异化的状态下，个体的我产生的俗乐位于无为之道之外、之下的境地。在这种情况下，至乐为没有异化的俗乐而无不快乐的快乐，处于无为之道之内、之上的境地。这时，人心所处的情境就是一种"游"

---

① (清)郭庆藩著，王孝鱼点校：《庄子集释(中)》，中华书局2010年版，第611页。

② 宗白华：《艺境》，北京大学出版社1989年版，第151页。

③ 与本文论述的作为审美境界的"至乐无乐"不同，王乐从中国哲学维度讨论了道家的至乐境界。参见王乐：《先秦道家至乐观研究》，湖南大学2016年博士论文，第33~37页。

的审美境界。关于这种“游”境，庄子对其内涵和产生方式作出了说明。

（一）“游”境的内涵

“游”字在《庄子》中有“游”和“遊”两种不同的字形，而且后者出现的次数明显多于前者。其中，“游”仅用于形容鱼、人等在水上浮游的状态；而“遊”的内涵相对比较丰富，它可以指动物或者人在水之外的空间行动，这些行动包括出游、游玩、交游、遨游等。由此可知，“遊”是“游”的引申义。所以，从审美境界论层面来说，“游”境是“游”“遊”两者共同作用的境界。而这种“游”境在《庄子》文本中具有特定的内涵。

从我与世俗社会的关系来看，“游”境中的我有脱离世俗社会的倾向。立足于整个《庄子》文本的思想内核，此处，我是指个体存在层面的我，世俗社会指的是文明发展到一定阶段的、属人的社会。

在《胠箧》中，庄子认为，上古时期存在十二个“至德之世”。同时，对于生活在这些时代里的人们的状态，他进行了概括性的描写。这些时代中的人，最大限度地满足于所用的工具、所吃的食物、所穿的衣服、既有的习俗和所住的居所，从而能够处于“鼓腹而游”（《马蹄》）的生存状态。换言之，直至庄子所处的社会，期间不存在如同上古的盛德时代。因此，《山木》篇中的孔子“辞其交游”，远离门下所有的学生，逃到空旷无人的郊野，意在回归到上古盛德时代“同与禽兽居”（《马蹄》）的生活情状之中。在庄子看来，上古的至德之世是个体的我最理想的生存状态。据此，他主张，当时世俗社会中的个体的我要向盛德时代回归。由此可见，个体的我被当时所生活的世俗社会异化。因而，身心都受到了异化的俗乐的侵蚀。与此完全不同，生活在盛德时代下，个体的我是体悟无为之道的我。这种体道意义上的我，体验的是没有异化的俗乐的快乐，即至乐。然而，个体的我回归理想生存境地的方式是“游乎尘垢之外”（《齐物论》）。尘垢存在于世俗社会之中。个体的我不是在世俗社会中实现复归，而是“游乎”世俗社会之外寻求复归，并且所复归的境地就是“游”境。可知，“游”境有着明显脱离人世生活的倾向性。

从外在表现形态来看，“游”境主动，动中有静。由上文可知，在“游”境中，个体的我有逃离世俗社会的倾向性。一般而言，个体的我无法逃脱世俗社会而存在。因为，个体的我是世俗社会的组成部分，世俗社会也有赖于个体的我而存在、变化和发展。因此，逃离世俗社会的倾向与社会历史发展的规律相悖。这种背向而行的路径，对个体的我的行动提出了比较高的要求。

由上可知，“游”境主动。这正如《在宥》篇中鸿蒙“拊脾雀跃而游”①的行为。而且，鸿蒙的这种“游”的动作，不是在一时一地就可以完成的。也就是说，“游”境的实现是一个动态的、渐进的过程。对此，《徐无鬼》②中牧马童子实现“游”境的经历就说明了这个问题。牧马童子实现“游”境，共经历了三个不同的阶段。在第一个阶段中，他“自游于六合之内”。因此，其自身的真性在世俗社会中受到了搅扰，处于失道的状态，从而患上了目眩症。继而在得道之人的指点下，他“乘日之车而游于襄城之野”，这是他“闻道”并不断“得道”的阶段。其目眩症也在此过程中逐渐痊愈。最终，他“游于六合之外”，这是他“体道”所处的境地。在此境地中，他的精神获得了解放和自由。从牧马童子实现“游”境的过程来看，这是个体的我转变为体道的我的动态化过程。需要注意的是，牧马童子所遨游的三处境地均与特定的空间相关。所以说，“游”境的实现过程是不断向体道境地运动的过程。同时，这种过程具有从“对象化”的状态向“非对象化”的状态转化的意义。③ 虽然这个过程是动态的，但是，整个过程是围绕如何实现体悟无为之道这个根本问题展开的。这就是“游”境中动中有静的体现。

从实现的效果来看，“游”境虚而不实。“游”境的实现过程具有明显的趋向性。除了上述的动不断趋向于静之外，“游”境的过程，还表现出不间断向内、向上的运动特点。向内、向上的运动趋向是从合于无为之道的层面而言的。然而，在现实中，原本浑然一体的宇宙存在，被人为地赋予了内外、上下的地域分别意义。作为空间性的存在，一分为二的地域将体道的过程局限于特定的场所之内。换句话说，“游”境是在特定的空间形态内实现的。这是其有限性的一种体现。而且，这种地域划分源于个体的我的内心所发挥的作用。由于“游”境具有明显脱离社会现实的倾向性，因此，作为个体的我，能游、所游的境地，主要倾向于是一种想象性的、心理性的、情感性的、特殊形态的空间。④ 以此而言，其虚而不实。

---

① (清)郭庆藩著，王孝鱼点校：《庄子集释(中)》，中华书局2010年版，第385页。

② (清)郭庆藩著，王孝鱼点校：《庄子集释(下)》，中华书局2010年版，第832页。

③ 邹元江：《论非对象化》，载《广西师范大学学报(哲学社会科学版)》2004年第3期，第52~53页。

④ 对此，徐复观和涂光社均认为，庄子的“游”是指在个体精神中实现自由，从本质上讲，它是一种精神性的存在。参见徐复观：《中国艺术精神》，华东师范大学出版社2001年版，第36~38页；涂光社：《〈庄子〉心解》，学苑出版社2013年版，第28~31页。

在《逍遥游》①中，能游者均为“圣人”“神人”和“至人”一类的人。这些人不受名、功甚至自身身心的搅扰，无拘无束。因此，他们的精神和心灵安顿在无穷的境地之中。② 由上可知，虽然这种境地是无穷的，但是，它仍然是与其他形态的空间相对而言的。所以，它还是有穷尽的空间。同时，这种空间更多的是指一种精神性的空间。这样看来，上述这些人摆脱了世俗社会的一切束缚，在根本上与社会隔绝。这种隔绝意味着个体的我和体道的我是两个我，至乐完全否定了异化的俗乐。这在实际生活中不可能实现，却可以在个人想象的境域中实现，而且毫无阻碍。因此，“至乐无乐”的“游”境，似乎是一种由内心而生的境界，因为它在现实中很难实现甚至没有实现的可能性。

（二）“游”境的实现

从现实存在的方面看，个体的我由形和心两个部分构成。根据前文的论述，“游”境中的我有脱离世俗社会的倾向性。这种倾向性体现为个体的我向体道的我的转变，而这种转变的实现过程就是“游”境如何实现的过程。庄子认为，个体的我只有在使形、心以及己虚空的情况下才能进入“游”境。③ 三者实现虚空的过程，就是个体的我不断去除遮蔽、逐步显现真性而成为体道的我的过程。这同时也是个体内心没有异化的俗乐而体验至乐的过程。

“游”境的实现在于虚形。在这里，虚形主要包括两个方面的内涵。一是从形本身来看，形是外在于人心的物质性存在。按照庄子的观点，它只是自然之气聚散的结果。鉴于形的这种特性，不论形的具体呈现形态如何，它的真实本性不会改变。因此，在《大宗师》中，对于朋友子桑户的死亡，与孔子和子贡等人的态度不同，孟子反和子琴张不是表现出极度的悲伤。相反，他们笑对友人的离世。因为人的生和死只是自然之气的不同运动状态而已。据此，在体悟无为之道的层面上，他们能够解除生与死带给人的束缚，超脱于个体的我的形骸，不产生哀、乐等异化的心理情感，从而“游乎天地之一气”④。

---

① （清）郭庆藩著，王孝鱼点校：《庄子集释》（上），中华书局2010年版，第17页。

② 本文赞同彭富春对此处无穷的境地的两种解读。参见彭富春：《说游戏说》，载《哲学研究》2003年第2期，第40页。

③ 实际上，形、心以及己的虚空即对应前文实现至乐的三个阶段，即“忘”的三个过程。因为庄子认为“‘忘’是‘游’的先决条件”。参见刘绍瑾：《庄子与中国美学》，岳麓书社2007年版，第165页。

④ （清）郭庆藩著，王孝鱼点校：《庄子集释》（上），中华书局2010年版，第268页。

二是从与形相对的心来看，人心是人区别于动物的重要因素。从这个意义上说，心的地位和作用高于外在的形体。在《德充符》中，庄子从正面和反面两个角度对其展开了论述。与一般意义上的正常人不同，《德充符》中受到庄子赞赏的人，有一个共同点：他们属于“德”不形、“形”不全的人。形体健全的人享受耳目之类所带来的感官愉悦，而“德”不形的人则可以“游心乎德之和”①。“德”不形的人是体道的人。体道的人感受到的是一种因个体精神独立而产生的愉悦。在钱穆看来，人在泯灭声色等感官快乐后，精神与万物实现同一，才会产生上述这种愉悦。② 精神愉悦远高于感官快适。因此，“德”不形的人可以漠视形体上的缺陷。此外，“形”不全不是“德”不形的阻碍。申徒嘉的身体上有残疾，但是，他有不形之“德”。在与子产交友的过程中，子产在“形”的全方面对他过分要求，即子产认为感官快乐高于精神愉悦。这显然是执着于外在形体造成的。同时，这与形体的本性相违背，拘泥于形体的“我”并沉溺于异化的俗乐，从而无法体验合于无为之道的至乐。由上可知，外在的形体只是自然之气聚合的产物。在成为体道的“我”的过程中，个体的“我”应当顺随形体的存在本性，更注重精神层面的愉悦，从而免受感官快乐带来的人心异化。

“游”境的实现不仅需要借助虚形，还在于虚心。就形、心二者的关系而言，虚形是为了虚心。根据《外物》所言，人心能够实现顺随本性，不受外物干扰，悠然自得，在于“胞有重阆”③。虚形意在虚心，这只是让人心得以虚空的外在表现。然而，对于人心本身，它有成为其自身的内在构成要素。此处，这些要素主要有名、功和仁义。以上这些要素却是“游”境实现过程中的阻碍。因为它们是有碍于人心获得解放的外物，因而，需要对它们进行虚空化处理。对此，庄子在《外物》篇中作出了界定。他把人心的本性作为衡量的尺度。就人心的本性而言，物是人心本性之外的存在。盲目追逐外物的过程，是人心本性趋于丧失的过程，也是人心受到束缚的根本原因。这最终会导致人心无法“游于世而不僻”④。

《骈拇》中的好辩之人，以争辩是非同异为快乐。因而，其内心游荡其中，并丧失了本性。针对这种情况，《人间世》和《山木》中均主张，人心合于无为

① (清)郭庆藩著，王孝鱼点校：《庄子集释》(上)，中华书局2010年版，第191页。

② 钱穆：《庄子纂笺》，生活·读书·新知三联书店2014年版，第57页。

③ (清)郭庆藩著，王孝鱼点校：《庄子集释》(下)，中华书局2010年版，第939页。

④ (清)郭庆藩著，王孝鱼点校：《庄子集释》(下)，中华书局2010年版，第938页。

之道来实现虚心的方法。这种方法能够使人心遨游于没有是或者非的境地。无为之道存在于万物之中。从无为之道的视角来看，是、非是一组相对的概念。两者在“不得已”(《人间世》)①中合二而一，没有是或者非。因此，在是非对待的问题上，人心无所偏重，与无为之道相合，从而处于安心自适的状态。对于功，无为之道旨在为万物创造功绩，没有大小，没有多少，不滞于功，从而悠游于“无何有之乡”(《应帝王》)②、“无何有之宫”(《知北游》)③、“无极之野”(《在宥》)④。对于游者，其人心处于空明灵彻的状态；关于人心所游的地方，则为无穷无尽的地域。人心不倨于实际的功绩效用，从而能够遨游于空无一物的广阔境域。就人心的本性来说，仁义“如胶漆纆索”(《骈拇》)⑤。这是外在强加于人心之上的他物，是一种对人心造成负累的有为。与上述对待仁义的态度不同，上古的至人已经认识到仁义是人心本性的负累。因此，在他看来，仁义只是外在的、暂时的工具和手段，其最终的目的是遨游于“逍遥之虚”(《天运》)⑥。人心本性避免了仁义的侵害，这使它能够无为自在。在虚心的过程中，人心摈弃了名、功和仁义的羁绊，从而使自身保持了真性。人心合于无为之道，这使情感和心灵获得了解放。

“游”境的实现最重要是虚己。⑦ 由前文可知，形和心是个体的我的组成部分。鉴于这个基本前提，在《山木》⑧篇中，庄子明确提出，“虚己”是实现“游”境的最终途径。而且，他将虚己的途径具体化为“刳形去皮，洒心去欲”。其中，形主要作用于人心的外在方面，是人心本性的累赘，因而，人要“刳形去皮”；心主要作用于人心的内在层面，会产生忧愁等各种对人心本性不利的心理情绪，所以，人需要“洒心去欲”。形与心对人心本性的戕害同时得到消

① (清)郭庆藩著，王孝鱼点校：《庄子集释》(上)，中华书局2010年版，第148页。

② (清)郭庆藩著，王孝鱼点校：《庄子集释》(上)，中华书局2010年版，第293页。

③ (清)郭庆藩著，王孝鱼点校：《庄子集释》(中)，中华书局2010年版，第752页。

④ (清)郭庆藩著，王孝鱼点校：《庄子集释》(中)，中华书局2010年版，第384页。

⑤ (清)郭庆藩著，王孝鱼点校：《庄子集释》(中)，中华书局2010年版，第321页。

⑥ (清)郭庆藩著，王孝鱼点校：《庄子集释》(中)，中华书局2010年版，第519页。

⑦ 此处的“虚己”即《逍遥游》篇的“无己”。对于“无己”，徐复观的解释是：“让自己的精神，从形骸中突破出来，而上升到自己与万物相通的根源之地。”一方面，他明确指出，至人无己后达到的境地即“游”境，只是个体精神与道合一的境地；另一方面，至人实现“游”境只需要突破形体对自己的束缚即可，这与本文的“虚己”有所不同。参见徐复观：《中国人性论史》，华东师范大学出版社2005年版，第241页。

⑧ (清)郭庆藩著，王孝鱼点校：《庄子集释》(中)，中华书局2010年版，第671~675页。

除。个体的我就做到了虚己，从而“与道游于大莫之国”。人去除了形和心的羁绊。这时，个体的我完全转变为体道的我。道无处不在，则体道的我亦无所不包。人合于无为之道，至乐得以产生。在体道的我看来，无处不快乐，无物不快乐。在《庄子》文本中，这种状态有不同方面的体现。

《养生主》中，庖丁完全置身于宰牛的过程之外。也就是说，宰牛时只有刀刃和牛的存在，除此之外别无他物。而且，宰牛使用的是合乎各自本性的方法。因此，体道的刀刃悠游于类似舞蹈和音乐表演的节律感中。庖丁置身其外，却在技艺合于无为之道的过程中自得其乐，心满意足。除了与体道的技艺同游而自得其乐之外，人亦可以进入与体道的鱼同游而快乐的境域。《秋水》中，庄子悠游于濠水的桥上，桥下的鱼自由畅快地游于水上。他认为，鱼是快乐的。此处，庄子自身处在鱼和水之外。就鱼生存的自然状态而言，他感觉到了鱼的快乐。一般而言，庄子并非鱼，两者的快乐不可能实现相互沟通。然而，庄子以道观鱼，鱼的精神状态便是快乐的。对此，朱光潜认为，庄子能够感受鱼的快乐，在于美感经验中的移情作用，这种移情作用在心灵和情趣上使人、鱼实现了互通互融。① 换句话说，这就是以道观鱼可以臻至的“游”境。此外，体道的人能够与天同乐。《徐无鬼》中，父亲与儿子们以合于无为之道的状态生活在现实中。他们所处的境地中没有自身的生理性存在，真正的存在者只有天和道。他们不悖于道，不求于天，因此能够与天同乐。对于体道的“我”来说，“虚己”实现了将个体的我完全悬置于宇宙之中。万物因为合于无为之道而无处不快乐。与无为之道共同遨游的我所处的境域，也其乐融融。

二、“化”境

“游”境是个体的我进达体道的我的精神境界。就此而言，这个境界的出发点和落脚点均与我的精神状态相关。也就是说，它纯粹是一种情感意义上的境界。与此不同，“化”境从无为之道的层面建构个体的我的理想存在样态。它包括“游”境的精神内核，却又不局限于精神领域。它关注的是个体身心最完满的存在境地。这样看来，“化”境是对“游”境的超越，是一种从无为之道的意义上实现的超越。从无为之道的角度看，俗乐和至乐两者之间不存在明确的界限。即“化”境是包容天地万物的纯一境界。关于“化”境，庄子主要从其

① 朱光潜：《无言之美》，北京大学出版社2005年版，第69~71页。

内涵和实现两部分进行了阐述。

(一)“化”境的内涵

“化”在《庄子》中占有重要地位，共出现了 71 次。变化是“化”的基本含义。然而，在庄子看来，“化”不仅指天地万物的自然变化，更主要是指“自然之道的化生”①。因此，这种意义上的“化”，更具有审美境界的意涵。而且，庄子认为，这是“至乐无乐”的最高的审美境界。

在“游”境中，俗乐和至乐之间存在着不可逾越的鸿沟。个体的我只有摒弃俗乐才能体会至乐。在这种境地中，个体的我需要转变为体道的我。而在“化”境中，个体的我和体道的我、俗乐和至乐无须严格区分。它们都可以在合于无为之道的基础上实现同一。庄子对“至乐无乐”的“化”境进行了美学上的阐发。

从我与世俗社会的关系来看，“化”境中的我融于世俗社会之中。不同于“游”境中的我，“化”境中的我与世俗社会融为一体。所以，“化”境中的我是个体形态意义上的我。但是，从无为之道的观点来说，这种形态的我同时也是体道的我。这在于“一”既是作为本体存在的道的特性，“也是代表‘体道’的最高境界”②。据此而言，在“化”境中，个体的我和体道的我融通为一，不需要经历由前者转变为后者的过程。因为个体的我和体道的我在本质上都是我的存在样态。在无为之道的统摄下，这种不同的样态是无差别的、一体的，所呈现的不同就是我自然变化的结果。

不仅是我存在自然变化，整个世俗社会乃至万物都在进行着与我类似的变化。这在于道能够维系万物并且主宰一切变化。由于万物的变化无穷无尽，而且“化则无常”(《大宗师》)③，所以，这种变化不受世俗常理和人情的左右。这印证了《至乐》篇中“万物职职，皆从无为殖”④的观点。无为的态度，是一种以道观察天地万物自然变化的态度。这样看来，“化”境中的我与世俗社会之间不存在无法弥合的边界，两者在“一化之所待”(《大宗师》)⑤的无为之道

① 王凯：《逍遥游：庄子美学的现代阐释》，武汉大学出版社 2003 年版，第 116 页。

② 范明华：《庄子的“以道观之”及其美学意义》，载《学习与实践》2014 年第 7 期，第 121~126 页。

③ (清)郭庆藩著，王孝鱼点校：《庄子集释》(上)，中华书局 2010 年版，第 285 页。

④ (清)郭庆藩著，王孝鱼点校：《庄子集释》(中)，中华书局 2010 年版，第 612 页。

⑤ (清)郭庆藩著，王孝鱼点校：《庄子集释》(上)，中华书局 2010 年版，第 244 页。

中实现了合一。关于我与世俗社会的关系，"化"境遵循的是无为之道。无为之道下的我和世俗社会是混同为一体的，处于同一个世界之中，没有所谓两个世界的区分。① 个体的我合于无为之道，从而不区分哀乐、忧乐、苦乐等情绪的不同。因为它们在顺应人心情感的自然变化上是同一而无差别的。

从外在表现形态来看，"化"境主静，静中有动。由上文可知，"化"境中的我依循无为之道，即个体的我自然而然地在世俗社会中顺任万物的一切变化。因此，在经历万物变化的过程中，个体的我凝神于心，不受来自外在事物的影响，精神始终处于专一不变的状态。这就是个体精神层面的静。这种静是"'道'之显现的本然状态"②。所以，"静则无为"(《天道》)③。个体精神的无为，不是毫无作为，而是大有作为。这种无为使得天地万物各得其所，各尽其责。这就是无为造就的静中之动。这种无为之动沟通起了天、地和万物。

按照《至乐》篇中的说法，无为是天和地的运动状态。天无为自然变得清虚，地无为自然显得宁静。天、地因无为相契合，从而化育出万物。因为天、地包容万物，因此，个体的我没有逃离世俗社会的倾向性。个体的我就是世俗社会的组成部分，并在世俗社会中生存、变化和发展。个体的我没有显露出脱离社会的倾向。所以，其精神超越是在天地之中实现的。这有别于失道的人在天地之间变得精神颓靡，也不是"游"境中的我向天地之上或者天地之外寻求精神独立。"化"境中的我的精神，不局限于特定的空间形态。它的实现就在天地的大化流行之中。虽然人们无法言说天地的大，但是，"其化均也"(《天地》)④。从无为之道的观点来看，天地的变化是一致的。"化"境中的我与世俗社会同在，两者同时具有生成转化的发展趋势，而这种趋势是一种客观存在的规律。它作用于个体的我的身心、世俗社会乃至万物，随顺时空，不受规律本身之外的一切束缚。从合于无为之道的方面说，它体现出一种无所谓目的、却合乎自身目的的特性。个体的我无所谓快乐，却无时无处不快乐，也就最大化地实现了个体精神的超越和自由。

---

① 根据方东美的观点，这个世界以现实世界为基础，又具有趋向理想胜境并点化现实的超越性。所以，它在这个现实世界之中寻求超越(方东美:《生生之美》，北京大学出版社 2009 年版，第 137 页)。李泽厚也十分赞成上述观点。参见李泽厚:《实用理性与乐感文化》，生活·读书·新知三联书店 2005 年版，第 84~89 页。

② 邹元江:《空的空间与虚的实体——从中国绘画看戏曲艺术的审美特征》，载《戏剧艺术》2002 年第 4 期，第 82 页。

③ (清)郭庆藩著，王孝鱼点校:《庄子集释》(中)，中华书局 2010 年版，第 457 页。

④ (清)郭庆藩著，王孝鱼点校:《庄子集释》(中)，中华书局 2010 年版，第 403 页。

从实现的效果来看，“化”境实而不虚。与“游”境的实现效果不同，虽然“化”境主静，但是，这种静并非静止不动，无任何生命运动的迹象；相反，它是一种寓动于静的静。静中的动即无为，是万物自然变化的真实存在。这似乎与庄子在《齐物论》中提出的“物化”概念有相互冲突的地方。就现实情况而言，庄子与蝴蝶是两种不同的生物存在形式。庄子非蝴蝶，蝴蝶亦非庄子。但是，庄子和蝴蝶在梦境中实现了混同为一，彼此无法明确区分。据此可知，庄子和蝴蝶实现相互转化的境域是梦境。这与现实境域不同，它是一种与无意识相关的幻境、虚境。从表面上看，庄子化为蝴蝶或者蝴蝶化为庄子，它们均和“游”境虚而不实的实现效果相同。但是，从天地万物之间生成转化的实际过程来看，庄子由蝴蝶演变而成，蝴蝶也可以由庄子演化而来。也就是说，“万物之发展变化”即“物化”。① 对此，《至乐》篇中有过详细的叙述。

实际上，这就是天地万物生死变化的规律。生死与气相关。气聚则生，气散则死。由于气的运动，死便化为新的生。即生是死的延续，死是生的开始。如此循环反复，却不拘于一时一地。因而，这种生死的更替流转是千变万化、无穷无尽的。就此而言，庄子不仅能和蝴蝶实现相互转化，还能与万物实现自然、自由的转化。因为“物化”就是指大道“化为物”②。个体的我被造化者即无为之道赋予了形体，由于这种形体“万化而未始有极”(《田子方》)③，因此，个体的我的生命存在具有了无限的可能性。这也就是指个体的我的“生成成为了无限性的生成”④。这样的我无需拘囿于世俗的、暂时的、有限的快乐，从而体验了至极的、永恒的、无限的快乐。需要指明的是，个体的我是在现实人世之中体验至乐的。这种至乐是一种真实的存在，它摒弃了类似宗教情感的虚妄和神秘性。

(二)“化”境的实现

在庄子生活的时代，人们与世俗同化。因此，他们的身心的本然状态遭到了破坏。耳目等感官的感觉功能丧失，心灵的情感表达作用不畅通。处于这种境地中的人们，执着于各种对立概念中的一方，注重事物的差异性，从而囿于变化无恒定的俗乐之中。从无为之道的观点来看，由这种俗乐构成的外物境地

---

① 刘笑敢：《庄子哲学及其演变》，中国人民大学出版社 2016 年版，第 181 页。

② 曹础基：《庄子浅注》，中华书局 1982 年版，第 41 页。

③ (清)郭庆藩著，王孝鱼点校：《庄子集释》(中)，中华书局 2010 年版，第 714 页。

④ 彭富春：《论中国的智慧》，人民出版社 2010 年版，第 247 页。

是虚无的、无意义的。基于这种现实状况，实现“化”境有其必要性和重要性。

化形而不化心，这是实现“化”境的一种途径。从本然状态来看形体，化形是个体的我顺任自然变化的体现。一般而言，个体的我会经历生、老、病、死等生命中的各个环节。按照生命本身演变的规律，形体的某种变化是对应于特定生命历程的。关于形体产生的这些自然变化，个体的我无法违抗或者扭转这种变化的必然趋势。就此而言，形体变化是必然的，而其变化的方式和呈现的形态则是偶然的。化形侧重的是形体变化的必然性，并且以这种变化的必然性去应对形体变化中的偶然性。即以无为之道应对物、以静应对动、以实应对虚、以内应对外、以不化应对变化。这就是化形合于无为之道的方面。

对于化形，其以无为之道应对物、以静应对动、以实应对虚、以内应对外、以不化应对变化的实现，最终要落实到心的作用上。这里的心，不是指日常语义中的心。它指的是人的本心。对个体的我来说，这种本心具有真性，这是就人心的自然状态而言的。如果不受外在事物的影响，本心的真性是恒定不变的。这就保证了人始终是自然状态意义上的真人。外在的形体变化，不会对合于本心的哀、乐情绪和精神超越造成阻碍。这正如《大宗师》中“有骇形而无损心，有旦宅而无情死”①的说法。对于个体的我，其形体顺任一切自然的变化，同时各种情绪和精神超越也合乎人心本性，从而，人能够体验不分俗乐的至乐，达到“安化安不化”(《知北游》)②的境地。

去除人心的遮蔽，这是实现“化”境的另一种途径。从形、心的本然状态来看，化形而不化心是实现“化”境的途径。就形、心的现实状况来说，形体是人的自然性存在，它是向外显露的、有形的；而心更多的是人的社会性存在，它是向内收敛的、无形的。相对于形体，人心是一种更根本的存在。正因为如此，人心的本性在世俗社会中所遭受的残害是多方面的。对此，个体的我要做到“外于心知”(《人间世》)③。这里的“心知”，主要包括是非、穷达等的区分和心机。

世俗社会中不存在彼此完全对立的双方。对立的双方在合于无为之道上实现了无分别的同一。即无所谓是非、无所谓穷达。若明确区分是和非，这会出现让人偏向于其中一方的情况。因此，人在各自所执的一端中受到是非的禁

---

① (清)郭庆藩著，王孝鱼点校：《庄子集释》(上)，中华书局2010年版，第275页。
② (清)郭庆藩著，王孝鱼点校：《庄子集释》(中)，中华书局2010年版，第765页。
③ (清)郭庆藩著，王孝鱼点校：《庄子集释》(上)，中华书局2010年版，第150页。

锢，并陷入痛苦的境地。然而，对于世俗中的是非，只要个体采取“两忘而化其道”(《大宗师》)①的方式，则不分是或者非，个体的内心就可以免受是非的对立带来的困扰。此外，这种无差别的同一还可以推己及人。合乎无为之道的个体，以无差别的同一的态度对待事物，这种处事之道亦能感化他人。《则阳》篇中的圣人就是这样的一个个体。他自身能够做到顺随贫穷和通达的处境，不让困顿和爵禄干扰内心。他的这种处事方式，在合于无为之道中实现了无人、无己的区分，从而天下人均合乎无为之道，共同体验无所谓俗乐的至乐。因此，这种至乐实现了由个体到群体的提升。相对对立的双方能够在人心专一的状态下融为一体，无所谓内和外、我和物之间的实际区分。《胠箧》和《达生》中均涉及对工倕技艺的讨论。前者贬斥工倕手指灵巧，善用心机，执着于达到表现人为的画工；后者则褒扬工倕“指与物化”②，不用心机，自由自在地实现了合于自然的“化工”。这种“化工”的境地，是在人心摒除心机的前提下实现的。它不是借助人为变化的结果，而是合于自然变化的效果。它实而不虚，是一种忘化之化。

个体身心与自然合而为一共同变化，这是实现“化”境的最终途径。对应于个体身心，这里的“自然”含义丰富。一是指存在层面的天地万物等具体存在物的整体；二是指变化的必然性；三是指精神的自由。总而言之，这种“自然”实现了“心与物、人与对象的完全合一”，从而揭示了“人的绝对自由的存在”③。与自然实现合而为一，个体身心必须回归到天地之中。

个体身心的现实存在只是天地之气集聚的产物。个体身心复归到气中，即回归到天地之中。在《知北游》中，关于如何实现个体身心复归到气中的问题，庄子的主张为：“解其天弢，堕其天袠，纷乎宛乎，魂魄将往，乃身从之，乃大归乎！”④对个体身心而言，复归到气中，意味着个体身心必须由聚气的状态转变为散气的状态。气离散即个体身心的现实存在消亡。也就是，个体的形体

---

① (清)郭庆藩著，王孝鱼点校：《庄子集释》(上)，中华书局2010年版，第242页。

② 在这里，“指与物化”不仅具有行动的意思，即“化”的行为；还包括行为的效果，也就是自然而然，合乎规矩而超越规矩。对此，成玄英的解释为：“手随物化，因物施巧。”(郭象注、成玄英疏；曹础基、黄兰发点校：《庄子注疏》，中华书局2011年版，第356页)吕惠卿认为，“指物之相得若化之自然”。参见吕惠卿著，汤君集校：《庄子义集校》，中华书局2011年版，第360页。

③ 范明华：《论“虚无”在中国美学思想中的意义》，载《东岳论丛》2009年第5期，第130~134页。

④ (清)郭庆藩著，王孝鱼点校：《庄子集释》(中)，中华书局2010年版，第746页。

和精神消散在天地之中。从而，个体的身心再次回到了气之中。在这种情况下，个体身心与自然合而为一。与自然合而为一的个体身心，无所谓生，因为其参与万物的生；无所谓死，这在于其是万物的死的复归。这种形态的个体身心无所谓生死，从而顺应生死的一切变化，能够在世俗意义的表现形态之中实现超越。这种超越使得个体身心“解于物”(《天下》)①，顺任万物的一切变化，与万物共处，而不被万物束缚。万物就在自然之中。个体身心与自然合而为一，万物亦在个体身心之中。它们之间是共生共在的关系，而不是相互对抗的双方。个体身心复归到气之中，与天地万物等具体的存在物合为一体，顺任自然的安排而变化，个体的精神就会获得自由和实现超越，从而“入于寥天一”(《大宗师》)②。在这种纯一的“化”境中，个体身心与无为之道共同变化。合于无为之道的个体身心，在现实人际之中自得其乐、自乐其乐、处处得乐、时时自乐。因此，至乐不仅没有异化的俗乐，而且不存在俗乐和至乐的区分，这是个体精神实现超越的最高境界。而且，在这种最高境界中，个体精神“既是感性的，又是超感性的”③。因为作为个体感性的精神中蕴含有无为之道的理性因素。

三、结语

从境界论的层面来看，“至乐无乐”的审美境界区分为两种：一种是“游”境，另一种是“化”境。这两种审美境界不是平行的关系，它们之间既有联系，又有区别。

作为审美境界的“至乐无乐”，首先体现为一种低层次的“游”境。在《庄子》中，“游”境是一种个体的、主动的、想象的空间境地。为了摆脱异化的俗乐带来的束缚，个体的我凭借高度自由的精神活动，成为体道的我，从而在特定的精神空间内自在自为、体验无穷的至乐。然而，“游”境的实现是一个循序渐进的过程，即由虚形进达虚心、再由虚心臻至虚己。

然而，“至乐无乐”的“化”境高于“游”境。“化”境是一种在现实人世之中

① (清)郭庆藩著，王孝鱼点校：《庄子集释》(下)，中华书局2010年版，第1099页。

② (清)郭庆藩著，王孝鱼点校：《庄子集释》(上)，中华书局2010年版，第275页。

③ 李泽厚：《华夏美学·美学四讲》，生活·读书·新知三联书店2015年版，第325页。

真正实现自由和超越的审美境界。在“化”境中，个体的我即体道的我，参与无为之道的化生，与合于无为之道的俗乐融为一体，天地万物实现了无差别的同一。因此，个体的我能够事事乐、时时乐、处处乐，不分哀乐、忧乐、苦乐，处于大道、大化、至乐流行的境地之中。对于这种“化”境，其实现对应于个体身心的三种存在形态。从本然状态来讲，化形而不化心可以实现“化”境；从异化状态来看，实现“化”境在于去除人心的遮蔽；从应然状态来说，个体身心与自然合而为一共同变化能够实现“化”境。

（作者单位：武汉大学哲学学院）

中国画论中的风格性情说

裴瑞欣

风格是艺术史研究的一个重要抓手。关于风格的渊源之谜，中西有各种不同的解释。将风格看作是艺术家个性的体现是最为流行的一种观念，中西皆然。如黑格尔《美学》谈到风格问题时就说："法国人有一句名言：'风格就是人本身。'风格在这里一般指的是个别艺术家在表现方式和笔调曲折等方面完全见出他的人格的一些特点。"①

但是，西方风格理论理解的风格中的人，有心理的、人格的、阶级的等面向，具有很强的西方文化背景，与中国文化理解的风格中的人有很大的不同。当一些西方学者接触到中国传统画家的形象时，往往感到十分迷惑。千篇一律的高人逸士模样，使他们将其理解一种文化修辞，而致力于从权利、消费、性别等角度对中国画家与风格进行研究。这可能并没有切中中国文化的奥义。中国画论对风格与人的思考，建立在气禀、胸次、性情、性灵等方面的考量之上，而以性情为中心，与西方心理学意义上的心理、个性、人格等并不等同，具有其独特的文化内涵，我们可以将其概括为"风格性情论"。

对于"性情"的特殊理解，塑造了中国画史上独特的画家形象和各种绘画风格，以及绘画风格的正统、异端之争等各种观念。

一、写意论视域下的性情

在中国画论中，书法"心画"、诗歌"吟咏性情"的观念对绘画影响巨大。在书画一律、诗画一律的讨论中，主体的"意"越来越得到关注，逐渐形成了"写意论"的突破，以及以书入画的绘画实践突破，塑造了绘画史、绘画观念

① ［德］黑格尔：《美学》(第一卷)，朱光潜译，商务印书馆 2015 年版，第 372 页。

史上的宋元之变。绘画的重心由状物形象、与物传神转向了抒情达意、吟咏性情。在此视域下，主体的性情成为绘画风格的主导因素。

诗画一律的讨论，主要表现为诗歌的吟咏性情、不平则鸣的观念向绘画的渗透，强调绘画的抒情性而非写实性，将绘画的重心向主体的性情、意绪倾斜。如《宣和画谱》载李公麟言语："吾为画如骚人赋诗，吟咏情性而已，奈何世人不察，徒欲供玩好耶?"①李成也说自己："吾本儒生，虽游心艺事，然适意而已。"②《宣和画谱》说他"善属文，气调不凡，而磊落有大志。因才命不偶，遂放意于诗酒之间，又寓兴于画，精妙初非求售，唯以自娱于其间耳。故所画山林、薮泽、平远、险易、萦带、曲折、飞流、危栈、断桥、绝涧、水石、风雨、晦明、烟云、雪雾之状，一皆吐其胸中而写之笔下。如孟郊之鸣于诗，张颠之狂于草，无适而非此也"③。将其绘画归结为不平则鸣的传统。而苏轼的枯木竹石，时人也从中解读出了新的绘画观念。如米芾说："子瞻作枯木，枝干虬屈无端，石皴硬，亦怪怪奇奇无端，如其胸中盘郁也。"④苏轼之画都没被看做是对枯木竹石的传神写照，而是其胸中之盘郁、胸中之吐露，与诗歌不平则鸣之说相洽。这种吟咏情性、不平则鸣的诗歌观念向绘画的渗透，下一步就自然而然是写意绘画的出现了。只是这时的绘画实践上，还没有探索出合适的抒情达意的绘画语言，采取的还是流行的状物象形的写实画格。所以往往是以状物象形的再现绘画，营造物境去托寓、寄意主体的心境、意趣，托意、寓意而非写意。写意画在绘画语言上的准备，主要由书画同源、以书入画的讨论和实践来完成。

书画一律的讨论稍复杂。一方面是观念上的原因，表现为书法的"心画"观念向绘画的渗透，强调绘画与主体内心的联系。如郭若虚《图画见闻志》认为绘画"系乎得自天机，出于灵府也。且如世之相押字之术，谓之心印，本自心源，想成形迹，迹与心合，是之谓印。矧乎书画发之于情思，契之于绡楮，

---

① (宋)内院奉敕撰:《宣和画谱》卷第七，见卢辅圣:《中国书画全书》(第二册)，上海书画出版社2000年版，第355页。

② (宋)内院奉敕撰:《宣和画谱》卷第十一，见卢辅圣:《中国书画全书》(第二册)，上海书画出版社2000年版，第365页。

③ (宋)内院奉敕撰:《宣和画谱》卷第十一，见卢辅圣:《中国书画全书》(第二册)，上海书画出版社2000年版，第364~365页。

④ (宋)米芾:《画史》，见黄宾虹、邓实:《美术丛书》(二集第九辑)，浙江人民美术出版社2013年版，第25页。

则非印而何”①。进而引用扬雄之言，说：“夫画犹书也。扬子曰：‘言，心声也。书，心画也。声画形，君子小人见矣。’”②米友仁《题新昌戏笔图》说：“子云以自为心画，非穷理者，其语不能至是。画之为说，亦心画也。”③绘画被看做书法一样，是发之于情思、契之于绡楮，可以窥见内在之心的艺术。另一方面是绘画实践上的原因，书画一律表现为绘画实践上的以书入画，以书法性的用笔，跳脱物象拘束，为绘画探索抒情达意的绘画语言。宋时，以书入画的现象便开始出现，强调绘画的抒写性。《画继》记载周纯作画九朽一罢，自谓“书画同一关戾，善书者又岂先朽而后书耶”④，就是吸收书法即笔即心的特点，以书入画、变描为写，使得绘画如后世所言的笔从心坎流出，从而为绘画寻找抒发情感的艺术语言提供支持。

诗化一律、书画一律的讨论，使得绘画从状物象形、与物传神的外在描摹，开始转向吟咏性情、不平则鸣、“心画形”的内在抒发，理论鼎革之义已然呼之欲出了。但宋代被主流的院画旨趣与画格械杻，没有明确树立自己的理论诉求，也没有探索出适合自己的成熟、独立的绘画语言。只有到了元代文人画，写意论才终于冲破宋画的藩篱，确立了自身鲜明的理论旨趣、独立画格，打通了主体内在和绘画的直接联系。

元代绘画的突破，古人已多有剔发。如《艺苑卮言》说：“赵松雪孟頫、梅道人吴镇仲圭、大痴老人黄公望子久、黄鹤山樵王蒙叔明，元四大家也。高彦敬、倪元镇、方方壶，品之逸者也。盛懋、钱选其次也。松雪尚工人物、楼台、花树，描写精绝，至彦敬等直写意取气韵而已，今时人极重之，宋体为之一变。”⑤也就是说，元代初期绘画，如赵孟頫的描写精绝尚有宋画之格，而到了继承米氏云山的高克恭和逸品画家倪瓒、方从义，才使得宋体为之一变，确立了元代及其后绘画的新面貌，即“直写意取气韵而已”，也就是写意绘画的产生。考诸史实，高克恭、倪瓒、方从义等逸品画家，重视内在抒发而脱略形

① （宋）郭若虚：《图画见闻志》卷第一，见卢辅圣：《中国书画全书》（第一册），上海书画出版社2000年版，第468页。

② （宋）郭若虚：《图画见闻志》卷第一，见卢辅圣：《中国书画全书》（第一册），上海书画出版社2000年版，第468页。

③ （明）张丑：《清河书画舫》，见卢辅圣：《中国书画全书》（第五册），上海书画出版社2000年版，第733页。

④ （宋）邓椿：《画继》卷第三，见卢辅圣：《中国书画全书》（第三册），上海书画出版社2000年版，第283页。

⑤ （明）王世贞：《增补艺苑卮言》卷之十二，明万历十七年武林樵云书舍刻本。

似，确是本格的写意画。而赵孟頫在继承唐宋的描写精绝一格外，对于写意画本格语言的探索也是厥功至伟。赵孟頫“石如飞白木如籀，写竹还应八法通。若也有人能会此，须知书画本来同”①的著名宣言自不待言，其更具创造性的是以书入画的实践，探索出了《秀石疏林图》《水村图》这样本格意义上的文人画语言。绘画终于可以自由的传情达意，写意画的出现也就自然而然、水到渠成了。

当时主要谈到“写意”概念，主要与“形似”对立，本格意义上的写意一般是这样理解的：“‘写意’在中国的脉络中可以大略定义为：刻意地不求形似，并尝试在超越形似之关心后，求与创作者内心之抽象意念得到共鸣。”②中国绘画第一次由对外物的描摹转向了对内心的抒发，由外在转向内在，由客体转向主体，完成了中国绘画观念史上的“哥白尼式的革命”。状物象形、传神论正是在这种意义上被颠覆，宋元绘画在此意义上完成了分途。这就是倪瓒著名的艺术宣言的革命意义所在：“仆之所谓画者，不过逸笔草草，不求形似，聊以自娱耳。”③“以中每爱余画竹。余之竹聊以写胸中逸气耳，岂复较其似与非、叶之繁与疏、枝之斜与直哉！或涂抹久之，他人视以为麻为芦，仆亦不能强辩为竹。真没奈览者何！”④画画、画竹都是为了自娱，“写吾胸中逸气”，至于画得像不像竹子，甚至像麻像芦都已经不重要了，更不用说与竹传神了。一种与传神论完全相反的绘画观念产生了。

写意论的突破之后，中国绘画美学对于绘画本质的理解一变为：“画者，从予心者也。”⑤“画，心之文也。”⑥“云林画法，一树一石，皆从学问性情流出，不当作画观。”⑦绘画不再是描摹外物之画，而一变为自内而出

---

① （明）郁逢庆：《郁氏书画题跋记》卷七，见卢辅圣：《中国书画全书》（第六册），上海书画出版社2000年版，第238页。

② 石守谦：《从风格到画意——反思中国美术史》，石头出版股份有限公司2010年版，第45页。

③ （清）孙岳颁：《佩文斋书画谱》卷十六论画六，清文渊阁四库全书本。

④ （清）孙岳颁：《佩文斋书画谱》卷十六论画六，清文渊阁四库全书本。

⑤ （清）石涛：《石涛论画》，转引自俞剑华：《中国古代画论精读》，人民美术出版社2011年版，第67页。

⑥ （清）张式：《画谭》，转引自周积寅：《中国历代画论 掇英·类编·注释·研究（上）》，江苏美术出版社2013年版，第341页。

⑦ （清）盛大士：《溪山卧游录》卷一，见黄宾虹、邓实：《美术丛书》（三集第一辑），浙江人民美术出版社2013年版，第87页。

的"心学"①。围绕这种理解，这一时期的画论较为重要的概念和范畴不再是才、思、心匠、意匠，而也一变为性情、情、性灵、胸次等。与之相应，决定风格的最主要的主体素质就不是外在的状物象形、传神所需要的才能、思力了，而是画家抒情达意所需要的更为内在的性情、情、性灵、胸次等。其中"性情"因为可以统摄其他概念范畴，而成为写意论讨论的核心。绘画中的写意论有时就等同于性情论。典型的表述有："笔墨乃性情之事"②；"笔墨之道，本乎性情"③；"笔墨一道，同乎性情"④。所以，写意论基本转换成为性情论。

二、"性情"辨证

"性情"是传统文化中一个常见的概念，今天一般笼统地将其理解为个性。如詹锳解释《文心雕龙·体性篇》的"体性"时说："'体性'之性，即指作家的个性，旧称'性情'"⑤以个性来解性情，未尝不可。"性情"本来是一个非常复杂的概念，中国哲学从先秦一直到宋明，对性情问题都颇多思辨，极为繁琐复杂。但当"性情"成为日常的流行语言运用时，并无特别深意，大致就是指人的个性。中国绘画美学在使用"性情"的时候，很多时候并没有哲学层面的深度辨析，大多是一般意义上的，指画家的个性。"个性，是现代心理学的概念，它是指在人的先天资质基础上，通过后天教育与实践而形成和发展起来的稳定的心理特性。它包括了先天的才情、气质，也包含了后天的习染和学养。"⑥而性情也有这两方面的含义，一方面气韵生知，性情是先天的才情、气质；另一方面，又有可学得处，比如读书、行路、陶养胸次，性情又有后天习

① "夫为学之道，自外而入者，见闻之学，非己有也；自内而出者，心性之学，乃实得也。因思画虽小技，当究用笔、用墨、练形、练意、得神，方是心学，岂可专事临摹、苟且自安，而竟诩诩称能者！"见(清)郑绩：《梦幻居画学简明》卷一，清同治三年刻本。

② (清)石涛：《石涛论画》，转引自俞剑华：《中国古代画论精读》，人民美术出版社2011年版，第69页。

③ (清)沈宗骞：《芥舟学画编》卷二，见卢辅圣：《中国书画全书》(第十五册)，上海书画出版社2000年版，第135页。

④ (清)王原祁：《麓台题画稿》，见黄宾虹、邓实：《美术丛书》(初集第二辑)，浙江人民美术出版社2013年版，第29页。

⑤ 詹锳：《〈文心雕龙〉的风格学》，人民文学出版社1982年版，第129页。

⑥ 詹福瑞：《中国文学理论范畴》，中华书局2005年版，155页。

染和学养的意思。所以，以个性来解性情是可行的，不必一味深求而至于玄谈。

但也要注意“性情”包含中国传统文化对于人性的思考，其很独特的文化品格。毕竟不完全等同于西方心理学意义上的个性、性格、人格。明清画坛的正统、异端之争以及画风的分流等，都跟对“性情”的不同理解有关，所以还需稍加辨析。

“性情”包括“性”“情”以及两者的关系。在哲学史上，关于性情的讨论各家异说、纷纭复杂。但对于“性”“情”的内涵的理解差异不大，基本如冯契《哲学大辞典》所总结的，性“一般指人性，亦有‘天性’‘物性’等义”①；“情，指情感、情欲”②。对于“性”“情”关系的辩证则非常复杂，有性为体、情为用；性为里、情为表；性为未发、情为已发等结构；对于“性”“情”的性质的理解对于中国绘画美学的影响更为直接。对“性”“情”的性质的讨论主要是动静、善恶。性情动静的理解相对一致，一般认为“性之与情，犹波之于水，静时是水，动时是波；静时是性，动时是情”③。“性”因为有本性的意味，是稳定的，是静、是一；而“情”因为是缘物而出，是变动的，是动、是多。而性情善恶的分歧比较大，主要有两种相反的理解：一种理解是性善情恶，所以多主张去情复性；还有一种理解是性情本无善恶，性情一也，反对离情谈性。对于性情善恶、动静的理解，影响在中国绘画美学中，就是对于绘画中情感表达、动静旨趣的分歧：性善情恶、去情复性的思路，往往引出对绘画中情感表达的抑制、对动的抑制，讲求陶冶性情，归于恬淡寂寞，反对喧热、喧闹、动感、力感、出奇等有较强情感表现、动感的旨趣；而性情一也、无善无恶的思路，则对绘画中的情感较为宽容，喜怒哀乐之情一任吐露于绘画，绘画中的情感类型非常丰富，有推崇情感浓烈、真挚的飞动、纵横的旨趣。对于“性情”的不同理解，正是中国画史上，两种根本性的审美旨趣、绘画风格分流的所在。这里就不可以“个性”作解，简单放过了。

另外，“性”因为还有“物性”的含义。所以“性情”有时也指情物的性貌情状。唐志契《绘事微言》专门列有“山水性情”一节，原文较长，择其要者如：“或问山水何性情之有？不知山性即止而情态则面面生动，水性虽流而情状则

① 冯契：《哲学大辞典·中国哲学史卷》，上海辞书出版社1992年版，第1052页。

② 冯契：《哲学大辞典·中国哲学史卷》，上海辞书出版社1992年版，第1050页。

③《礼记·中庸正义》，转引自马育良：《中国性情论史》，人民出版社2010年版，第71页。

浪浪具形。”“岂独山水，虽一草一木亦莫不有性情，若含蕊舒叶，若披枝行干，虽一花而含笑，或大放，或背面，或将谢，或未谢，俱在生花之意。”①从中可见，性情被视为物之形似之内更为本质的特征，类似于宋代绘画美学讲的常形、常理中的常理。他说得山水性情，则“自然山性即我性，山情即我情……自然水性即我性，水情即我情”②也还是与物为一的意思。“性情”作为物之性貌情状的内涵，没有超出传神论的藩篱，影响并不很大。

总的来说，在写意论的视域下，不是外在的物，而是画家内在的性情成为绘画的中心。之前绘画观念中重视的才气、才思因素，在绘画美学的讨论中开始衰落。性情问题，成为决定绘画品质的关键因素。一时之间，偶像不再是天才豪纵的画圣吴道子，而是胸次洒落、韵致超绝的逸品倪瓒。“读老迂诗画，令人无处著笔墨。觉矜才使气一辈，未免有惭色。”③在传神论视域下，状物象形、与物传神所需要的个人的立意、构思、剪裁等才思特征，如今成为矜才使气而有惭德，在绘画中失去地位。元明清绘画美学强调的是人与画合、格因品殊、气韵生知、胸次涵养、性情陶铸等，皆有性情论生发开来。这时，风格渊源也相应地从才思转向了性情。

三、性情与风格

主体的性情与画面打通，主体的当下性的、即时性的、情感性的素质出现在绘画中，最早的突破出现在梅、兰、竹等画科。因为梅兰竹等题材，形象相对简单，容易化繁为简的程式化、笔法化，以书入画而即笔即心，使得笔不为造型所拘，自由抒写性情。《松斋梅谱·述梅妙理》说：“写梅作诗，其趣一也。故古人云；画为无声诗，诗乃有声画。是以画之得意，犹诗之得句，有喜乐忧愁而得之者，有感慨愤怒得之者，此皆一时之兴耳。画有十三科，独梅不在其列，为其有出尘之标格，非庸俗所能知也。所以喜乐而得之者枝清而癯，花闲而媚；忧愁而得之者，则枝疏而槁，花惨而寒；有感慨而得之者，枝曲而

① (明)唐志契：《绘事微言》，见卢辅圣：《中国书画全书》(第五册)，上海书画出版社2000年版，第471页。

② (明)唐志契：《绘事微言》，见卢辅圣：《中国书画全书》(第五册)，上海书画出版社2000年版，第471页。

③ (清)方薰：《山静居论画》，见黄宾虹、邓实：《美术丛书》(三集第三辑)，浙江人民美术出版社2013年版，第143页。

劲，花逸而迈；愤怒而得之者，枝古而怪，花狂而壮。此岂与画类耶？古诗有意嫩山无色，心忙水不清，此之谓也。凡欲作画，须寄情物外，意在笔先，正所谓足于内形于外矣。”①

这段话非常形象的剔发出一种新的风格渊源观念。绘画不再是拘挛物象、由外而内的描摹，而是足于内而形于外的个人表达。主观的喜乐、忧愁、感慨、愤怒决定了笔下梅花的清癯闲媚、疏槁惨寒、曲劲逸迈、古怪狂壮等不同的形态。所以，这类风格的画已经不是传统意义上的状物象形的画了——“此岂与画类耶”。画家内在之“意”决定画中梅之形态，“足于内形于外”。其结果就是主体之意的不同，决定画面形态的不同。主体的内在之意的不同成为风格的渊源所在。

但这里说的“意”还是情绪性的、意绪性的，它可以直接影响画面的形态，但这是人所共有的普遍性的、共性的人类情感，而且具有很强的偶发性，还不具备稳定性的个性特征。一个人的“意”是变动不居的，但会体现为一个稳定性的特征。这个稳定性的特征，即性情。稳定的个人性情才能构成具有稳定性的个人风格。所以后来随着对主体与绘画风格的关系认识的深入，风格就被归为个人更具有稳定性的“性情”上了。

张庚《浦山论画·论性情》沿用了扬雄“心画形”的例子，指出绘画也是“心画”，从而将绘画与性情联系了起来。“扬子云曰：‘书，心书也，心画形而人之邪正分焉。’画与书一源，亦心画也，握管者可不念乎？”②张庚认为绘画是心画，是画家性情之体现，不同性情表现为不同的绘画风格，并以例证之：“试即有元诸家论之：大痴为人坦易而洒落，故其画平淡而冲濡，在诸家最醇。梅华道人孤高而清介，故其画危耸而英俊。倪云林则一味绝俗，故其画萧远峭逸，刊尽雕华。若王叔明未免贪荣附热，故其画近于躁。赵文敏大节不惜，故书画皆妩媚而带俗气。若徐幼文之廉洁雅尚，陆天游、方方壶之超然物外，宜其超脱绝尘不囿于畦畛也。”③

这种将绘画风格与性情等同起来的思路，正是写意画风下“笔墨之道，同

① （元）吴大素：《松斋梅谱》，见卢辅圣：《中国书画全书》（第三册），上海书画出版社2000年版，第255页。

② （清）张庚：《浦山论画》，见卢辅圣：《中国书画全书》（第十五册），上海书画出版社2000年版，第2页。

③ （清）张庚：《浦山论画》，见卢辅圣：《中国书画全书》（第十五册），上海书画出版社2000年版，第2页。

乎性情”的观念产物。检视明清绘画中鲜明的个人风格，背后往往就是独特的性情，以性情论绘画风格成了明清时期的流行观念。如石涛说：“倪高士有《秋林图》，余今写画，亦复有此。淋漓高下，各自性情。”不仅个人风格被归为性情，流派风格也被归为性情。《芥舟学画编》论南北宗：“天地之气，各以方殊，而人亦因之。南方山水蕴藉而萦纡，人生其间，得气之正者，为温润和雅，其偏者则轻佻浮薄。北方山水奇杰而雄厚，人生其间，得气之正者，为刚健爽直，其偏者则粗厉强横。此自然之理也。于是率其性而发为笔墨，遂亦有南北之殊焉。”①

需要注意的是，绘画美学中谈论的“性情”“性”很多时候可以对译为心理学意义上的个性、性格、人格。如陈撰《桐阴论画》说：“此老性情豪迈，落墨布景均极随意，故所作点刷纵恣者多，格律精细者少也。先生老笔纷披，一种豪迈之致，人莫能及。”②但对绘画风格影响最为根本、深远的，则是传统哲学、文化中对于“性情”不同理解。特别是上文提到的对于“性情”两种理解分歧，塑造了明清时期影响深远的画坛风格格局。

一般而言，明清时期相对类型化的正统画风，是去情复性或者性其情、陶淑性情的性情观念的产物；而面目多样的异端画风，则是性情一也、直抒性情的性情观念的产物。

首先看正统画风。正统画风主要是指董其昌等梳理出的从王维、董巨、“二米”、元四家而来的南宗画风。正统画风内部虽有差异，但基本可以概括为阴柔、平静的绘画风格类型。这种风格的树立和尊崇，背后就是对性情“虚、静、淡、远”的理解。人之性情，本来因为先天气禀、后天习染的不同，而呈现出不同的气质、个性面目。但以正统自居的画学，推崇具有文人气、士气的虚静恬淡的心性状态。更重性情之“性”，推崇“性”之静和“性“之一，而抑制“情”之动和“情”之多。最终将性情归为逸品之心性。以此出发推崇与之相合的画风、排斥异趣性情与画风。

秉承正统画风的人往往喜讲“胸次”“心性”。以胸次、心性之别为画风之别。其理解的“胸次”“心性”主要是从倪瓒而来的“胸中逸气”，也就是逸品的心性，即以冲淡萧散、出尘绝俗为特征的高洁品性，以虚、静、淡、远

① （清）沈宗骞：《芥舟学画编》卷一，见卢辅圣：《中国书画全书》（第三册），上海书画出版社2000年版，第127页。

② （清）秦祖永：《桐荫论画三编》上卷，清光绪八年刻朱墨套印本。

为旨趣的心灵状态，恽南田将其概括为“精神寂寞”“澹然天真”“静、净”：“吾尝欲执鞭米老，俎豆黄倪。横琴坐忘，或得之于精神寂寞之表。”①“高逸一种，盖欲脱尽纵横习气，澹然天真。”②“云西笔意静、净，真逸品也。”③这些都是归于性之静、性之一的路子。恽南田也讲到了“情”：“笔墨本无情，不可使运笔墨者无情；作画在摄情，不可使鉴画者不生情。”④但这里的“情”显然已经不是喜怒哀乐、浓烈炙热之情了，而是性其情的、与性相近的恬淡寂寞之情。逸品画境让人所生之情就是这种寂寞之情：“云林通乎南宫，此真寂寞之境。”⑤其实还是讲约束情之多、情之动而归于性之静、性之一。

对“性情”的这种理解，引发了明清绘画美学中对于陶淑性情、师古摹古的强调，塑造了绘正统画风的类型化特征。一方面，要陶淑性情、涵养胸次，其实就是性其情。这个过程实际上就是对丰富多样的个人的性情进行规约，使之归于正统化的阴柔、恬静、虚、静、淡、远的心性状态。《芥舟学画编》认为：“笔墨之道，本乎性情。凡所以涵养性情者则存之，所以残贼性情者则去之。”⑥所以谈到学画取资既富、技法成熟之后，所要做的就是“平其心气，抑其才力，以求古人之所以陶淑其性情，而自成一种气象者”⑦，追求古人几经蕴蓄陶淑而后所得的深厚浑融之气。在此过程中，排斥残贼性情者，其实就是排斥与深厚浑融、恬淡冲和之气相异的个性、气质、性格特征，即其所谓争竞躁戾、机巧便利等。这样陶淑后的性情，就是千人一面的虚、静、淡、远的性情了。这导致性情的窄化，进而导致绘画风格的类型化和窄化，即所谓“写山

① （清）恽格：《南田画跋》卷第二，见黄宾虹、邓实：《美术丛书》（四集第六辑），浙江人民美术出版社2013年版，第88页。

② （清）恽格：《南田画跋》卷第一，见黄宾虹、邓实：《美术丛书》（四集第六辑），浙江人民美术出版社2013年版，第57页。

③ （清）恽格：《南田画跋》卷第二，见黄宾虹、邓实：《美术丛书》（四集第六辑），浙江人民美术出版社2013年版，第64页。

④ （清）恽格：《南田画跋》卷第一，见黄宾虹、邓实：《美术丛书》（四集第六辑），浙江人民美术出版社2013年版，第49页。

⑤ （清）恽格：《南田画跋》卷第三，见黄宾虹、邓实：《美术丛书》（四集第六辑），浙江人民美术出版社2013年版，第101页。

⑥ （清）沈宗骞：《芥舟学画编》卷二，见卢辅圣：《中国书画全书》（第十五册），上海书画出版社2000年版，第135页。

⑦ （清）沈宗骞：《芥舟学画编》卷二，见卢辅圣：《中国书画全书》（第十五册），上海书画出版社2000年版，第142页。

水无不各有性情，特不能离荆、关、董、巨、赵、高、倪、黄范围耳”①。明清之际，流行一时的逸品画风就从此出。如《桐阴论画》所列画家多为逸品之目，余绍宋说历代逸品一目尤不轻列，“是编列入逸品者，乃居泰半，三集中共得二百三十八人，几占全数三分之二，实可惊诧”②。其实就是没有看到其背后性情观念的强烈塑造作用。另一方面，正是因为虚、静、淡、远的性情观念，所以符合这种性情的古人画风，如南宗一系，就成了画坛的正统。一时摹古、师古成风都从此处而来。正统派强调的师古、摹古，都是通过古人笔墨的学习，进而与古人一个鼻孔出气、得古人神气，也就是将自己的性情化为古人的平淡天真的性情。所以，董其昌不厌其烦地总结了南宗各家的程式，进行模仿临写的演练，其意正在背后的平淡天真的性情。一般认为董其昌的努力将绘画引入了形式化的方向。如高居翰说：“借画来表现性情和个人情感的观念，似乎并不适用于董其昌的作品。……董其昌更是形式世界的创造者。”③他其实没看到背后性情的规约类型化问题，董其昌着意的不是纯粹的形式，而是正统的形式，即合乎古人性情的古人形式。董其昌、王时敏等将代表古人性情的风格程式化，在这种程式化的演练中，与古人同鼻孔出气，古人性情即我之性情，而得古人精髓。《芥舟学画编》将其概括为：“故虽仿古，不可有古而无我。正以有我之性情也，以我之性情，合古人之性情，而无不同者。盖以古人之法，即古人性情之见端也。法同则性情亦无以异矣。”④这正是师古、摹古的关捩所在。

再看异端画风。异端画风一般指的是明清之世，除董其昌、“四王”等梳理的正统画风之外的，为其批判的异趣的风格形态。异端画风的多样面目，其实就是性情一也、直抒性情的性情观念的产物。与正统派相反，异端派理解的“性情”跳出了虚、静、淡、远的限制，明显要宽泛得多。其秉承的是中国美学中“发愤抒情”“不平则鸣”的传统。韩愈《送高闲上人序》中言：

① （清）李修易：《小蓬莱阁画鉴》，见俞剑华：《中国古代画论精读》，人民美术出版社2011年版，第114页。

② 余绍宋著，江兴祐点校：《书画书录解题》，西泠印社出版社2012年版，第158页。

③ ［美］高居翰著，李佩桦等译：《气势撼人：十七世纪中国绘画中的自然与风格》，生活·读书·新知三联书店2009年版，第88页。

④ （清）沈宗骞：《芥舟学画编》卷二，见卢辅圣：《中国书画全书》（第十五册），上海书画出版社2000年版，第137页。

“往时张旭善草书，不治他技。喜怒窘穷，忧悲、愉佚、怨恨、思慕、酣醉、无聊、不平，有动于心，必于草书焉发之。观于物，见山水崖谷，鸟兽虫鱼，草木之花实，日月列星，风雨水火，雷霆霹雳，歌舞战斗，天地事物之变，可喜可愕，一寓于书。”①而写意画在宋代的萌芽就是受到这种诗歌吟咏性情和书法心画的启蒙。所以绘画中就有这一路对于性情的宽泛理解，并不排斥多样化的喜怒哀乐之情。宋代写意画发端之时，李成的画就被看做是“如孟郊之鸣于诗，张颠之狂于草，无适而非此也”②。苏轼怪石枯木被视为胸中盘郁，文同墨竹被视为意有所不适而一发为墨竹。这一传统，在明清之世，于陶淑性情、性其情的性情观念之外，为异端画风的多姿多彩提供了合法性的理论辩护。如《芥舟学画编》在强调“陶淑性情”的同时，也不得不承认“一切可惊可愕，可悲可喜之事，或旷世而追慕，或异地而相感，或应征雷雨，或孚及豚鱼，其足以致此者，岂非大奇事哉。然考其实，不越乎性情所发”③。也就是说，性情是多样的，包含着可惊可愕、可悲可喜等，非一味地讲究虚静淡远。所以，异端对性情多样化的强调，往往反对规约性情，而是强调直抒性情、一吐块垒。

异端对“性情”的这种宽泛理解，导出的就是异端画风多样化的风格形态。风格不再是千人一面的正统逸品，而必然是处处有我；一人有一人之性情，则一人有一人之风格，性情多样而风格多样，甚至一人之风格也因为性情的起伏跌宕而面貌迥出。以石涛为例，其自谓作画是“意动则情生，情生则力举，力举则发而为制度文章”④。对于性情全无正统异端之别，而一任意动、情生、力举，所以绘画风格生气勃勃而变化多端。邵松年《古缘萃录》说：“有时排奡纵横，专以奔放胜，有时细心密皴，转以枯淡见长……吾则谓其一生郁勃之气，无所发泄，一寄于诗书画，故有时如豁然长啸，有时若戚然长鸣，无不于笔墨中寓之。”⑤对比正统派以倪瓒的逸品性情为规约而亦步亦趋、求同一鼻孔

① （唐）韩愈：《送高闲上人序》，转引自《历代书法论文选》，上海书画出版社 1979 年版，第 292 页。

② （宋）内院奉敕撰：《宣和画谱》卷第十一，见卢辅圣：《中国书画全书》（第二册），上海书画出版社 2000 年版，第 365 页。

③ （清）沈宗骞：《芥舟学画编》卷一，见卢辅圣：《中国书画全书》（第十五册），上海书画出版社 2000 年版，第 134 页。

④ （清）石涛：《题自画山水卷》，转引自周积寅：《中国历代画论：掇英·类编·注释·研究》（上），江苏美术出版社 2007 年版，第 329 页。

⑤ 转引自陈传席：《中国山水画史》（修订本），天津人民美术出版社 2001 年版，第 568 页。

出气，判然有别。

可以说，对于性情的不同理解，塑造了正统文人画风的窄化、单一化面目以及异端画风的多样形态，成就了明清画坛的根本格局。正统派理解的性情，是定于一的虚、静、淡、远的逸品心性，讲求陶淑涵养、悠游游戏的酝酿、冲融自在，呈现为共性化、类型化的特征，导致了千人一面的阴柔、静寂的绘画风格；而异端派理解的性情，则是多样化的喜怒哀乐、意气块垒之性情，讲求直抒胸臆、直摅血性的吐露发泄、沉着痛快，呈现为个性化的特征，导出了多样的绘画风格。

四、结语

总的来说，中国画论中的写意论，决定了性情在绘画中的核心地位以及性情对于绘画风格的塑造，构成了我们独特的风格性情论。它不仅解释着画史上各种风格，而且也具有很强的价值导向性，对画史和风格起到了很强的塑造作用。中国画论强调与画家个性相合的本色风格、当家面目，轻视别出风格；强调合乎画家本色风格的主体因素，删减背离画家本色风格的主体因素，建构、塑造了一种理想化的画家形象；形成了“人与画合”“格因品殊”“人非其人，画难为画”等观念。

风格性情论使得中国绘画特重内在修养对于风格形态、品质的决定作用，中国绘画的风格形态始终与画家的个人素质紧密相连。风格性情论也使我们对风格的理解，没有走向抽象的形式主义，也没有走向技术工具论或者琐碎的经济、社会反映论等，而是将风格之源始终牢牢地归结到人的内在因素上，塑造了中国绘画风格形态的精神深度和文化品格。

（作者单位：武汉理工大学艺术与设计学院）

作为悟道与审美方法的“逍遥”

胡晓婉

《庄子》首篇《逍遥游》中“逍遥”这一概念的内涵，历代多有诠释。西晋向秀的《庄子解义》(已佚)及郭象的《庄子注》思想一脉相承，用自足适性解释“逍遥”，被后人称为“适性逍遥”①说，其说把至高至妙的悟道境界作简单化理解而忽略其精神意涵，对于自足适性何以能达到逍遥，并未给出具体的解答。晋人支遁否定了这一解释，提出“精神逍遥”②说，认为“自足”之上还有“至足”，逍遥是“至人”才能达到的境界，这一解释同样影响深远，但直接越过了现实世界，过于玄幻。唐代成玄英的《南华真经疏》继承了向秀、郭象的思想，并大量援引佛义解庄，强调心智两忘，但缺乏对具体过程的分析。宋人林希逸《庄子鬳斋口义校注》和褚伯秀的《庄子义海纂微》融合儒道思想，各有特色，但也各有偏离、简化之处。明代形成了一种“以‘大’为纲”阐释“逍遥”的风气，多认为大鹏的形象就代表逍遥游的境界③，将“逍遥”的内涵更加简单化了。清代陆树芝的《庄子雪》重义理、文法，多主观解释，将逍遥归于无所待，也缺乏达到逍遥的具体过程阐释。

当代学者的研究呈现出融合各家的态势，在前人的基础上有一定拓展。王钟陵先生指出庄子的文章比喻嵌套、缠绕，形成意象丛，使寓意得到多观点、多层次的交织。笔者在下面分析《逍遥游》的文本时也考虑到了这一特点，但王先生在论述“逍遥”时认为，比起大自由境界的逍遥，庄子重视的是更具现

---

① 宋效永：《精神逍遥、适性逍遥与中国文学的发展》，载《安徽大学学报》1991年第1期。

② 宋效永：《精神逍遥、适性逍遥与中国文学的发展》，载《安徽大学学报》1991年第1期。

③ 叶蓓卿：《“适性逍遥”：历代阐释庄子逍遥义的重要指向》，载《古籍整理研究学刊》2018年第5期。

实性的、仅为存身的逍遥。① 这种观点忽略了人心灵的力量。张松辉先生认为逍遥游的主旨不是自在、自由，而是无所事事、无为②，对“逍遥”的内涵做出了简单化的处理。刘笑敢先生则把庄子的快乐分为人世之乐与超越之乐，直接把现实世界中的人与“逍遥”隔绝开来。

关于“逍遥”一词的语义，历史上也有很多解释，如《释文》谓：“‘逍’，音销，亦作消。‘遥’，如字，亦作摇。”③《说文解字》未收。晋人支遁说：“逍遥者，明至人之心也。”④宋林希逸说：“逍遥，言优游自在也。”⑤又清人陆树芝说：“逍遥者，徜徉自得，高远而无拘束也。”⑥结合历史上的各种说法，本文拟从《逍遥游》文本自身的逻辑和含义出发，分三步说明庄子所讲的经“逍遥”而最终悟道的实现过程，并分析其作为审美方法的展开形态。笔者认为，《逍遥游》全篇对“逍遥”的阐发涉及物层面和心灵层面。物相对心灵，物层面即心灵之外的层面，物层面既是心灵层面的前提，又在一定程度上对心灵体悟真理形成遮蔽。心灵层面通过遵从物层面的规则，摆脱物层面的干扰，可以最终实现对“道”的认识，即把握真理，达到“乘天地之正，而御六气之辩”⑦的“至人”境界，在这一境界上，人仍处在物之中，但物已经不能对“道”即真理构成遮蔽。

一、各守己度

逍遥作为悟道方法，它的第一步是掌握自身应合的度，并守在这个限度内。庄子举出了许多例子说明这个道理，按照行文思路和内容大致可以分为三类，即：安其域、取所需、尽其用。《逍遥游》全篇依照这三个准则也可大致分为三大部分，其中每一部分都是先举例说明一种准则，后讲述“至人”的状态；各部分例子相互印证，三大部分回环反复，共同说明如何经由“逍遥”方法达到“至人”境界。

---

① 王钟陵：《〈庄子〉中的大木形象与意象思维》，载《文学遗产》1999 年第 6 期。
② 张松辉：《〈逍遥游〉的主旨是无为》，载《齐鲁学刊》1999 年第 1 期。
③ (清)郭庆藩：《庄子集释》，中华书局 2012 年版，第 2 页。
④ 钱穆：《庄子纂笺》，生活 · 读书 · 新知三联书店 2014 年版，第 3 页。
⑤ (宋)林希逸：《庄子鬳斋口义校注》，中华书局 1997 年版，第 1 页。
⑥ (清)陆树芝：《庄子雪》，华东师范大学出版社 2011 年版，第 1 页。
⑦ 刘文典：《庄子补正》，云南大学出版社 1980 年版，第 16 页。

(一)安其域

“域”，即范围，这里包括时间和空间范围。全篇第一大部分，从“北冥有鱼”至“至人无己，神人无功，圣人无名”举出多种事物，通过各自的属性和彼此间悬殊的差异反复表明万物应当各安其域，最后讲述理想人格——“至人”的状态。从物层面讨论，万物在宇宙自然中存在，皆有其一定的域，这来自“道”的规定，是自然而然，对各物最适宜的。这些例证包括：鲲鹏/蜩与学鸠(斥鴳)、适莽苍者/适百里者/适千里者、朝菌/蟪蛄/冥灵/大椿、彭祖/众人。

庄子用了很重的笔墨写鲲鹏的大。鲲鹏不知有几千里，翅膀都大得像云一般，能从水中来到天空，能到极高极远的地方；鲲鹏虽大，助力很远，“水击三千里”，能到达九万里，“抟扶摇而上者九万里”，能从北冥到南冥；但也只限于此，不是无穷无尽。更高更远的范围它无法到达，极小极低的领域它也无法得见。

蜩与学鸠以及下文的斥鴳，总是紧随鲲鹏之后，形成悬殊的大小对照。对于蜩与学鸠，榆枋就是它们活动范围的极限，并且有时还不能到达，“时则不至”；而对于斥鴳，不过数仞，再高的地方，它们就无法到达了，更何况与鹏相匹配的高度。

行走不同距离的人要做不同的准备，存活不同时间的生物各有自己的尺度和本质，万物都遵循固有的规律，对于和他物比较的个体，庄子的态度是否定的，“彭祖乃今以久特闻，众人匹之，不亦悲乎！”

(二)取所需

第二大部分从“尧让天下于许由”到“窅然丧其天下焉”，仍通过例子表明道理，最后描述“至人”的状态。“尧让天下于许由”表述了万物应各取所需的准则。各取所需，即不贪求，仅仅取用属于自身所需的外物，遵从“道”的安排。鲲鹏迁徙所需的是六月之息，野马/尘埃的浮动所需的是生物之息，鷦鷯筑巢所需的是一枝，偃鼠饮水所需的是一腹；对于不同的出行距离，所需的粮食各有不同；许由求实不求名，不需要天下；越人断发文身，不需要发冠。第二大部分体现的主要准则和第一大部分的部分例子遥相呼应。

(三)尽其用

第三大部分以大瓠开始，讲了物的能用与不能用。万物各有它们一定的作用，要去发现并将其充分发挥出来。不龟手之药虽利于洴洸谋生，但充分利用却可以获得封赏；五石大瓠不能盛物，也不能为世所容，却可以凭其浮游于江湖；狸狌灵活，可以捕鼠，却不能躲开抓捕；斄牛极大，不能捕鼠，却免于捕杀；樗不能成为木材，但因此保存了自我；而庄子的“逍遥”之法也有类似的作用。万物都有其独特的作用，遵循其用，才能发挥出该物的最大价值；不遵循其用，如不龟手之药，只能世世代代用于漂絮，“不独不足以济众，亦不足以周其一身”①，失去了获取百金的作用，更失去了借此受封赏的作用；更有极端的例子，如大瓠根本不能作为日常器具使用，遇江湖才能帮助人浮于其上。

三个准则共同表达的是物各有其适宜的限度，以他物的度加诸自身，以自身的度加于他物都是无意义的，“无论我们如何积极、进取，我们都不能永远掌握努力、奋斗的最终结局……让心灵得到休息、宁静，并进而进入豁达、怡悦的状态。这样才可能更有效地继续生活、努力、前进”②。先天固有的性质受道的规定，是不能改变的，所以在物的层面，人和万物平等；但心灵认识却可以经过后天体悟得到提升，掌握“逍遥”的方法，达到“至人”的状态，纯粹地体悟真理、“道”，并自由地使用它。所以真正的高低等级存在于心灵认识境界。尧虽有天下，看到那心灵认识境界处于最高处的，连天下也不需要的“神人”，心生追慕之情，“尧治天下之民，平海内之政，往见四子藐姑射之山，汾水之阳，窅然丧其天下焉”；肩吾惊惧于姑射山所居“神人”的状态，被连叔斥为“知”之聋盲者；惠子不懂得物尽其用，被庄子嘲笑为“犹有蓬之心”，这些都是认识的高低之别。

二、不比外物

万物各有其度，认清并遵循自身之度以后，难免会排斥、否定他物。在《逍遥游》所举事例中这种否定表现于自然世界尺度下的大者和小者间，主要有两类否定形式：“笑”/“惊怖”/“无用”；“匹”。

蜩与学鸠笑之曰：“我决起而飞，抢榆枋而止，时则不至而控于地而

① （宋）吕惠卿：《庄子义集校》，中华书局2009年版，第13页。

② 刘笑敢：《庄子之苦乐观及其现代启示》，载《社会科学》2008年第7期。

已矣，奚以之九万里而南为?”①

斥鴳笑之曰：“彼且奚适也？我腾跃而上，不过数仞而下，翱翔蓬蒿之间，此亦飞之至也。而彼且奚适也?”②

故夫知效一官，行比一乡，德合一君，而徵一国者，其自视也亦若此矣。而宋荣子犹然笑之。③

肩吾问于连叔曰：“吾闻言于接舆，大而无当，往而不反。吾惊怖其言，犹河汉而无极也；大有迳庭，不近人情焉。”“……吾以是狂而不信也。”

惠子谓庄子曰：“魏王贻我大瓠之种，我树之成而实五石。……我为其无用而掊之。”

惠子谓庄子曰：“吾有大树，人谓之樗。……今子之言，大而无用，众所同去也。”

“笑”“惊怖”“无用”，皆是以他物为谬，凡是不能与自身相适应的都断定为错，只局限于自身的属性和尺度，看不到道贯穿万物。另一种主要形式便是“匹”：

小知不及大知，小年不及大年。奚以知其然也？朝菌不知晦朔，蟪蛄不知春秋，此小年也。楚之南有冥灵者，以五百岁为春，五百岁为秋；上古有大椿者，以八千岁为春，八千岁为秋。而彭祖乃今以久特闻，众人匹之，不亦悲乎!④

“匹”，即以自身为谬，自觉不足，总想去适应外物的度，贬抑最符合自己的度。庄子举年龄长短为例，同为生物，有的以五百岁为春，有的以八千岁为春，连定义一季的方法都不同，更不用提一年、一生了；更有生命连从春至秋这个长度都达不到，甚至连完整的白日与黑夜都不能经历。万物各有其度，强行比附，终不可及。所以人们争相达到彭祖的寿命，当然是不可及的。可悲

① 刘文典：《庄子补正》，云南大学出版社 1980 年版，第 7 页。
② 刘文典：《庄子补正》，云南大学出版社 1980 年版，第 13 页。
③ 刘文典：《庄子补正》，云南大学出版社 1980 年版，第 14 页。
④ 刘文典：《庄子补正》，云南大学出版社 1980 年版，第 9 页。

的是不明此理，徒劳无益，而且丧失了自身固有的尺度，失去了自身仅有的真，何以去求万物的真？

此外，这种对外物的不解不仅有小者对大者的，也有大者对小者的。在文章的开始，身处大地的生物看到鹏所处的青天，难以理解这颜色的由来，“天之苍苍，其正色邪？其远而无所至极邪？”①而身处九万里高空，其间隔有雾气、尘埃，“其野马、尘埃相吹之息亦必如此濛濛然，犹人之在下视天上也”②，鹏对大地同样不解，“其视下也，亦若是则已矣”③。

通过这些例证可见，在庄子看来，对于万物，即自然世界中不同的存在者来说，无论是深远无际的天还是博大无垠的地都是遥远而不可解的，如果不能悟道，在物的层面上无论大小高低，其心灵认识都是局限的；无论是渺小的虫鸟还是庞大的鲲鹏，都只能理解自己或盲目追随他物。在这种与他物相比较的状态下，看不到无穷，即除却自己还有无穷种物，虽与自身不同，但各有其度——被自身完全遮蔽；亦看不到无，即物的无数种表象之内还包含着不受任何规定、统摄万物的道，亦即真理——被物完全蒙蔽。

物的层面上的大者与小者虽物性不同，却并无正谬之分。真正的“大”与“小”不在于自身物的属性的大小、长短、久暂，而在于心灵认识层面的高低，“各守己度”“不比外物”之上，还要彻底摆脱物的影响，做到“无待”，这才真正进入纯粹体悟道的心灵认识的最高境界，而处于心灵认识层面最高境界的就是至人（神人/圣人）。

三、眼中无物

在达到“至人”境界前，还有一步便是摆脱物的影响，让心灵直接面对真理。纵观《逍遥游》全篇三大部分，共有三处描写“至人”的语句，第一处是宋荣子、列子之后的“至人”“神人”“圣人”，第二处为藐姑射之山的“神人”，第三处为“彷徨”“逍遥”于“无何有之乡，广莫之野”的人。

在第一处讲解“至人”心灵境界的时候，庄子提出了到达“至人”这一境界前的状态：“宋荣子”或“列子”。

① 刘文典：《庄子补正》，云南大学出版社1980年版，第5页。

② （宋）林希逸：《庄子鬳斋口义校注》，中华书局1997年版，第3页。

③ 刘文典：《庄子补正》，云南大学出版社1980年版，第5页。

且举世而誉之而不加劝，举世而非之而不加沮，定乎内外之分，辩乎荣辱之境，斯已矣。彼其于世未数数然也。虽然，犹有未树也。①

“宋荣子”已经把握到了自身的度，“定乎内外之分”；且能不以外物规定自身，外物的毁誉，给物层面的自身带来的荣辱都不会影响心灵了，不汲汲于外物，究竟“未树”什么呢？我们可以在列子那里找到答案。列子同样达到了这一境界：

夫列子御风而行，泠然善也，旬有五日而后反。彼于致福者，未数数然也。此虽免乎行，犹有所待者也。②

“列子”在把握自身的度的基础上，在心灵层面完全摆脱了外物与自身的对比，开始消解“内外之分”，既不拒斥他物也不丧失自身。虽如此，却还没有到达明晰万物之真，亦即得道的地步——在心灵认识层面，仍不能摆脱外物的辅助，心灵认识未能达到完全自由，这种辅助庄子以“风”来代指。这一心灵状态仍需借助微弱的他力而不是纯粹遵从于道，没有完全消除内外之分，与道合为一体。因为不论是自身还是外物，仍会妨碍“道”的显现，只有让物的层面不再干扰认识，才有看见“道”的可能；如同庖丁不见全牛，牛的皮肉就不再是他的认识对象，而在“至人”眼里，万物皆如全牛，看不见道以外的那些遮蔽了。借用“宋荣子”与“列子”，庄子意欲说明“至人”的境界之难，必须做到毫无干扰，毫无助力，自然而然地领会来自世间万物所呈现的道。

若夫乘天地之正，而御六气之辩，以游无穷者，彼且恶乎待哉！故曰：至人无己，神人无功，圣人无名。③

要达到“列子”的境界进而通向“至人”境界，首先，对己要在物层面的世界中找到并遵从自己所合的度，在适宜的限度内发展自己的能力，发挥自己的作用，满足自己的需求，达到自由的生存状态，这也就做到了“守己度”；对

① 刘文典：《庄子补正》，云南大学出版社1980年版，第14页。
② 刘文典：《庄子补正》，云南大学出版社1980年版，第18页。
③ 刘文典：《庄子补正》，云南大学出版社1980年版，第18页。

外，明白万物各有自身适宜的度，在物的层面并无大小高低之分，只有适宜其自身的才是最好的；以这样的心态去接触天地万物，接触自然世界中作为物的存在者，从每个事物本身出发，才能观其真，领悟其物属性之内看不见而又统揽万物的道，这样便做到了"不比外物"。其次，在此基础上，心灵逐渐认清物的遮蔽。所谓认清遮蔽，不是遮蔽本身的物性自行消解了，而是心灵能将其辨识出，进而将其忽略，不再受其迷惑、影响，如同庖丁解牛，直接看到一头牛皮肉里的每个连接处。忽视不重要的部分，把自身与他物同时摈弃，把握重要的部分，让心灵面对真正关键的部分，从而观道悟道。

第二处描述"至人"境界时又提到了藐姑射之山的"神人"。"藐"即远。《释文》："'藐'音邈，又妙绍反。简文云：远也。'姑射'……山名，在北海中。"山海经记载："姑射山在寰海之外，有神圣之人，戢机应物。时须揖让，即为尧舜；时须干戈，即为汤武。"①显然，庄子在这里引用姑射山神人就是在写他所说的理想境界："至人"(神人/圣人)。姑射山绝远，凡人不能到达；"神人"极神，已经领悟了"道"，能自由地以道行事。这些都表明了"至人"境界是一种抽象的、理想的、非物质性的心灵境界。

第三处描写的仍是以比喻的形象描述"至人"的心灵境界。那是一个"无何有"的"广莫之野"，也就是心灵一片空明；"彷徨""逍遥"，则描述心灵自在无为的状态。"至人"境界不仅是领悟真理的境界，同样是一种审美的境界。

总体说来，掌握逍遥之法而得道的"至人"明了自身的限度，既不追赶他物，以致自身失度；又不贬低他物，以致心灵蒙蔽。真理虽是抽象的，却贯穿于万物之中；"至人"虽透过物把握了"道"，此身却还在现实世界；在现实层面，身尽其域，取尽所需，力尽其用，在心灵层面上一无所处，一无所需，一无所用，故而无所不至，无所不得，无所不能。而非从一开始就抛开物，抛开作为存在者的自身，在现实的物的世界中不求存身，不取所需，不尽其用，使得无处存身，无物取用，无事能任，走向作为物的自身的灭亡，也就无从实现道的体悟了。

四、审美之境

"逍遥"不仅是悟道的方法，也符合审美过程的心理要求，它最终通向的

---

① 郭庆藩：《庄子集释》，中华书局2012年版，第32页。

是一种审美的境界。

审美过程主要包含三部分：审美主体、审美中介和审美对象。审美对象呈现自身，通过审美中介或完整、或残缺、或扭曲地呈现于审美主体面前，在审美主体的心灵之中产生影响，使得审美主体获得对审美对象的感性认识。“逍遥”这一心理状态正是审美过程所要求的。

首先，“逍遥”断绝了对象与主体的利害关系。“鹪鹩巢于深林，不过一枝；偃鼠饮河，不过满腹。”①庄子认为，世间有万事万物，真正会与人产生利害关系的事物是极其有限的，只需要抓住这极少的一部分就足够了。所以在生存过程中，人应消除对绝大多数事物的利害心，以无功利的心境面对世界。而审美过程与此类似，审美主体划定了自身的范围、需求、能力，并在此限度内达到游刃有余，便可以与无关的外物，继而与万物断绝利害关系，专注于欣赏审美物自身，此时便是一种审美的心境了。

其次，“逍遥”消解了主体的成见。在现实生活中，人们往往会以自身的标准、好恶判断事物，将事物判断成自己的固有印象。而在“逍遥”状态下，人可以做到“不比外物”，既不把外物的标准强加于自己，也不把自己的标准强加给外物，明白万物各有尺度，无论大小，道皆贯穿其中。审美心境正是这样。在对象面前，审美主体隐退，先见消解，心灵只专注于审美之物。尊重其原本的样态而不加以扬抑，便能让物呈现自身本原的样子，以毫无预设、毫无成见的审美心境面对审美对象。

最后，“逍遥”通向一种审美的境界。“逍遥”作为悟道的方法，其自身便带有一种审美的意味，因为“美感的发生依赖于人对于美的经验或体验。但这之所以可能，是因为人生活在美的世界中。因此美感经验是一种人生的存在经验，它是自由感”②。掌握“逍遥”这一方法的人，其心灵和作为物的身体一齐处在一种自由的，美的境界。在这一状态下，人依道而行，庄子将其形象化为“肌肤若冰雪，绰约若处子。不食五谷，吸风饮露，乘云气，御飞龙，而游乎四海之外。其神凝，使物不疵疠而年谷熟”，“物莫之伤，大浸稽天而不溺，大旱金石流土山焦而不热”，“彷徨乎无为其侧，逍遥乎寝卧其下”。

在不完善的审美过程中，人们往往不能与审美之物解除利害关系，使得审

① 刘文典：《庄子补正》，云南大学出版社 1980 年版，第 21 页。

② 彭富春：《美学的第三条道路》，载《郑州大学学报(哲学社会科学版)》2003 年第 3 期。

美过程掺杂了利害尺度；抑或是局限在人自身的标准、好恶，即自身的“度”，或与审美物无关的外物的尺度，即某些外物的“度”。审美主体一旦预设了特定的领域，需求，功用，即为审美对象增添了多重阻碍或遮蔽，也就为审美结果预设了限度。审美过程不分领域，不分需求，不分功用，正如悟道境界中的心灵，一无所存，一无所需，一无所用，直指审美对象本身。

结　　语

综上所述，依照《逍遥游》的文本逻辑，“逍遥”大致可以分为“各守己度”“不比外物”“眼中无物”三个层面。“各守己度”，即各安其域、各取所需、各尽其用；“不比外物”，即明白万物各有其度，不贬低外物，不否定自己；“眼中无物”，即辨认出物的遮蔽部分并摆脱其影响，直接面对“道”本身。这一过程与审美过程相类似，审美主体通过断绝对象与主体的利害关系，消解主体的成见，实现了审美这一活动，逍遥在通向悟道境界的同时，通向的也是一种审美境界。

（作者单位：武汉大学哲学学院）

西方美学

马克思、海德格尔对美的规定的一个比较

周祝红

邓晓芒先生《什么是艺术作品的本源》一文，以马克思的相关思想为视角，对海德格尔真与美合一的论述做出“一个初步的分析和评价”。邓先生认为：海德格尔追问艺术作品的本性之源，却将艺术创造者——人、人与人的关系、人的审美情感都放在了“括号”里，这就从根本上阻塞了解开艺术之谜的通道。并且海德格尔最后“力图把艺术创作归结为诗，把诗归结为语言，把语言引向诗与思的对话，最终达到美与真的同一”①。因此，“存在”“真理”“艺术”“美”属于“诗”，属于思想相伴随的纯粹语言、诗意语言，属于语言的林中空地，此归结的形而上学根据是西方“逻各斯主义”的极致，即：不仅把“逻各斯(logos)”理解为“言说”，还可理解为“让看见”“展示”“聚集”，如此理解的逻各斯的言说者当然也被海德格尔置于括号中了，“这无疑是一条引向神秘主义方向去的思路”②，也是引向上帝的道路。邓晓芒先生的论述无疑是深刻的洞见，但具体论述中的一些细节却和邓先生自己多次重申过的原则有所不同。本文试述一二，并随邓晓芒先生的思路再次重温马克思关于美的规定，即：人是尺度，劳动创造美。

一、“天人合一”

邓晓芒先生写道：“海德格尔的‘艺术’和‘艺术作品’，‘存在’‘历史’和‘真理’，正如黑格尔的“绝对精神”一样，都已经是‘人格化’了的；不同的只是，它们并没有像黑格尔那样引向纯粹抽象的逻辑理念，而是被归属于‘大

① 邓晓芒：《什么是艺术作品的本源》，载《哲学研究》2000年第8期。
② 邓晓芒：《什么是艺术作品的本源》，载《哲学研究》2000年第8期。

地’(Erd)，即某种原始的‘天人合一’的境界。……与黑格尔的这一区别倒是恰好使海德格尔与马克思接近了。”①可是海德格尔的“大地”与“天人合一”却是不可等同的。正如邓晓芒先生在他的著作、文章和讲课中多次论述过的：“天人合一”规定了中国传统思想。在儒家思想中“天”乃“天道”，这是由人自然的血缘亲情外推到治国大道，人“替天行道”而成“正人君子”；道家之“天”乃自然大道，“人法地，地法天，天法道，道法自然”，人顺应自然而成无欲无求不食人间烟火的神仙(也就是成非人或说等同于自然界)；佛家之“天”是心灵，心灵明镜照出的是宇宙本体或“真如”，“宇宙即吾心，吾心即宇宙”，顿悟的心灵悟到的不过是“无心”“无我”罢了。可见，“天人合一”实际是“天”规定了“人”，而“天”自身则被看成是直观自明的自然本身，是用不着加以反思和追问的，所以才有数千年的“天不变，道亦不变”，当然人也不变。

而海德格尔的“大地”却自身生成、自身区分。“艺术作品的本源”中的“大地”作为自然并不是直观自明的现成对象，而是大地的本性或说自然的本性。大地的本性是自行退隐、保藏而又无限丰富的涌现，而世界与大地的抗争并非“异化”(海德格尔有关人与自然关系的“异化”多指技术化的科学将自然作为人类征服的对象)，而是对人与自然相互生成关系的揭示。

世界(人的生存所展开的世界)与大地抗争的极致是亲近即远离、激荡即宁静的统一，这统一的模样、形态、构造由“裂隙”勾画而成。伟大的艺术作品正是将此争执的形态、裂隙凸显出来，闪亮出来(所以“裂隙”也非海德格尔理解的异化)。抗争中人与自然相互生成关系的规定者不是人也不是自然，而是作为虚无的存在，或说去蔽即遮蔽的林中空地(Lichten)。

二、“真理即是非真理”

邓晓芒先生对海德格尔“真理在本质上即是非真理”的表述也不太赞成，认为“海德格尔在这方面无疑走过头了”，“而且在此轻蔑地排除了‘辩证’意义上的理解”。② 熟悉邓先生的读者一定明白，此话当真不得。什么是这个“辩证意义上的理解”？邓先生在其《思辨上的张力》一书中做过明晰而系统的阐

① 邓晓芒：《什么是艺术作品的本源》，载《哲学研究》2000年第8期。

② 邓晓芒：《什么是艺术作品的本源》，载《哲学研究》2000年第8期。

述。例如，邓先生是这样批驳数理哲学家罗素对黑格尔辩证逻辑的误解的："罗素曾试图通过语言分析来排除黑格尔辩证法的基本矛盾原则，即某物从同一观点看是'其自身'(S是P)，同时又'不是其自身'(S不是P)，罗素认为黑格尔混淆了两个命题中'是'的不同含义，即'是'在(1)中意味着属性，在(2)中却意味"等同于"，只要将这两种含义区分开，辩证矛盾就会消失了。"①这是对辩证矛盾"浅薄"的分析，因为"黑格尔并不是说一切判断都是自相矛盾的，而是说，如果一个判断要成为本质的判断，它必然就会自相矛盾；或者说，如果我们要把任何一个判断从本质上加以理解，它必然就是自相矛盾的"②，因为本质就是自相矛盾、自我否定、自我超越。

海德格尔正是在此"辩证"意义上理解真理的，即真理的本性必然是真理自身的自我超越和自否定。在海德格尔看来，真理不是现成的、僵死的对象，也不是某个最高最普遍的存在者(如上帝、理性)，真理属于存在，是从无到有的生成本身；真理也是对历史性人类存在即虚无命运的揭示，此揭示是个永无止境的过程，因为真理在去蔽的同时遮蔽，真理乃是去蔽即遮蔽的林中空地，所以说，"真理在本质上即是非真理"。

邓先生还认为"海德格尔故意将艺术家和读者、将现实地创造和欣赏艺术作品的'人'置于他的讨论范围之外……从而造成了对艺术真精神的真正的'遮蔽'"③。其实邓先生也是"故意"假装没看见海德格尔在文章的第三部分"真理与艺术"中对真理与作品、创作过程、艺术家、"保存者"之间关系的详细说明。问题的关键是，在"真理"与"人"的关系中起规定作用的是谁呢？海德格尔的回答是真理，这才是邓先生所不能够赞成的。

果然如此吗？邓先生曾这样论述过人与自然的关系：虽然，"从时间上说，自然界先于人而存在，从空间上说，人是自然的一部分，但从逻辑上和本质上看，只有人才是全部自然"④，因为"只有产生了人，整个自然界才显示了'历史性'(不仅是时间上的延续)，才有了进步和发展的意义，有了高级和低级的标准。不论宇宙多么浩瀚无垠，多么永恒持久，它们只对于这一'瞬间'的人才有意义，因为只有人，才是意识到自身并趋向于自身的自然，也才

---

① 邓晓芒：《思辨的张力》，湖南教育出版社1998年版，第378页。

② 邓晓芒：《思辨的张力》，湖南教育出版社1998年版，第378页。

③ 邓晓芒：《什么是艺术作品的本源》，载《哲学研究》2000年第8期。

④ 邓晓芒：《思辨的张力》，湖南教育出版社1998年版，第378页。

是展示自然的一切潜在属性，因而真正展示了自然的本质属性的，作为自然的自然"①。所以，自然是向着人生成的，人的精神、人格的自由发展是自然的最终目的。这里的"人"是指人的普遍人性、人的精神，自然向着人生成就意味着，虽然事实说来人从自然中来并是自然的一部分，但从逻辑上、从本质上看，人的精神规定着自然。

类比邓先生的人与自然的关系来理解海德格尔"真理"与"人"的关系，同时将此"真理"界定为"人的存在即虚无的真理"，那么"真理"对"人"的规定正可以从逻辑上和本质上理解：虽说艺术作品是人经过艰苦的创造过程创作的，作品也只能在人那里得到"保存"，但一件艺术作品之所以是"伟大的作品"只是因为它揭示了人的真理，揭示了真理的人才被称作艺术家，而能"知道"真理的人才能够"保存"作品。真理还将作品的创作者、"保存"者聚集在一起，"真理"揭示了人与自然相互生成的关系(世界与大地抗争)，也显明了"真理"与"人"的相互生成。"人"是自身区分的，只有"知道"真理，"保存"真理的人才能拥有人性的"世界"和"历史"。

看来邓先生并不反对从逻辑、从本质上去理解某种关系。那么先生所真正反对的只能是："真理"对"人"的规定性和在先性太容易使真理成为超越于人的异在，太容易将真理归于上帝了。

三、人性的尺度

邓先生说："艺术的标准(包括艺术和非艺术的标准及好艺术和坏艺术的标准)只能是人性的标准，离开人来说艺术(艺术品)必然会落入空谈。"②

那么什么是人性？在康德理性哲学那儿，人是理性的动物，理性便是人最本质的规定。理性是原则的能力，建立根据的能力，人拥有理性意味着人能够规定对象和规定自己，并因此人是自由的。人性"自由"，当然，理性的自由主要是思想的自由。

海德格尔的人是此在，是走向死亡的存在(动物则只能直接等同于死亡)。存在作为虚无是真理的发生，即去蔽既遮蔽的林中空地，最后归结为纯粹语言诗意语言的林中空地。人立于此"地方"得其本性。此"地方"是真正的开端，

① 邓晓芒：《思辨的张力》，湖南教育出版社1998年版，第378页。

② 邓晓芒：《什么是艺术作品的本源》，载《哲学研究》2000年第8期。

是光明与黑暗的自由游戏所敞开的自由领域。因此海德格尔的人性依然是自由——语言的自由。

马克思主义的人是劳动的动物。劳动是有意识的、现实的、感性的生命活动，而有意识的生命活动正是人类的本性。有意识的生命活动意味着人“使自己的生命活动本身变成自己意志和自己意识的对象”①，因此，人才是类的存在物，因为所谓类存在物是指不但把他物的类并且把自身的类从实践上和理论上当做自己的对象。正因为如此，人的生命活动才是普遍的、自由的。可见，依据马克思，自由依然是人最本质的规定。但是马克思的自由已有了与其他自由根本不同的内涵：其一，意识不再仅仅是理性的自我意识和对象意识，而是有意识的生命活动，是把自我对象化同时又在对象世界确认自身的生命活动，因此，不仅是理性的自由而且是现实的感性的生命活动的自由；其二，生命活动不仅是理论活动而且是实践活动，即人的物质生产活动。生命活动的自由是可以通过创造对象世界，改造无机界的实践活动而确认和直观的。“正是在改造对象世界中，人才真正地证明自己是类存在物”②，即自由的存在。因为通过实践“人不仅像在意识中那样在精神上使自己二重化，而且能动地、现实地使自己二重化，从而在他所创造的世界中直观自身”③，人在自己创造的世界中确证了自己的自由本性。

正是据此人性，马克思给出了区别于海德格尔的美的规定：

①人给予尺度。“人懂得按照任何一个种的尺度来进行生产，并且懂得处处都把内在尺度运用于对象；因此人也按照美的规律来构造。”④人给予对象的正是人性的尺度。人的活动是人有意识的、普遍的、主客合一的自由生命活动，人依照美的规律构造对象也就依照人的自由本性建立世界。

②劳动创造美。人的自由本性作为有意识的生命活动是能够在改造世界的实践中得到证明的。美作为人的自由本性不但能够被精神所认识，而且能通过人的劳动，在劳动所创造的世界中实现出来。现实的感性的实践使人类能够在自己所创造的对象世界那儿直观到美即人自身的自由本性(因此马克思认为他所处时代现实的劳动是异化劳动，是不自由的、不美的、非人性的)。

不错，艺术的标准只能是人性的标准。马克思、海德格尔正是依据他们各

---

① ［德］马克思：《1844年经济学哲学手稿》，人民出版社2000年版，第57页。
② ［德］马克思：《1844年经济学哲学手稿》，人民出版社2000年版，第57页。
③ ［德］马克思：《1844年经济学哲学手稿》，人民出版社2000年版，第57页。
④ ［德］马克思：《1844年经济学哲学手稿》，人民出版社2000年版，第57页。

自不同的对人性的理解给出了各自不同的艺术及美的规定。虽然他们对人性的揭示有着巨大的差异，但在根本上却是相通的，即人性“自由”。在思的传统中，自由作为人的本性，是根据的创造、意义的生成。自由和意识一样有多种维度：认识的自由——追求真理；意志自由——选择并承担；自由感——情感得到共鸣。自由在人的思想中显现。康德的自由是理性的自我规定，人为自然立法，遵从内心的道德律令。黑格尔的自由是绝对精神的自我完成，绝对精神如同生命的种子(逻辑学)，外化为自然(自然哲学)，复归于精神(精神哲学)。胡塞尔的自由是先验自我意识的能动性，先验自我意识如同上帝的眼光，能够直接“看”到真理，但又不是彼岸的，是此岸的，每一个有理性的人，只要运用“想象力的自由变更”就能够拥有，胡塞尔说出了理性深处的秘密——自由的想象力。海德格尔的自由是语言的自由，纯粹语言诗意语言开辟的林中空地，是光明与黑暗的自由游戏所敞开的自由领域，人立于此“地方”得其本性。海德格尔离马克思最近，因为诗意语言是情感的语言，感性的语言。

“人的本性……是一个动态的、不确定的、可以无限深入的内在世界，而在它深入的每一个阶段或层次后面，都还隐藏着一个幽深莫测的黑洞。”①人真是一个无底的深渊。自由是个无底深渊，因为没有根据，因为必需自己建立根据。艺术家的工作正是“独步深渊”，也许是被深渊吞没坠入阿鼻地狱万劫不复，但也许这必死的坠落是创造性的生成如凤凰涅槃般再生。理性的自由、语言的自由、实践的自由是对人性不同阶段或层次的揭示，当然“马克思的视域”最为根本，可以说是“隐秘的底线”。

四、小结

邓先生比较海德格尔和马克思有关美的规定，更多的是论述思想间的差异，对于思想间的相通之处(如：他们的辩证思想都不是外在方法而是其哲学不可剥离的内在灵魂)却是假装没看见，或是轻描淡写地一笔带过。而邓先生最不能赞成的是海德格尔的“存在”“真理”“艺术”“语言”超于人，成为高高在上异在的倾向。邓晓芒先生说：“海德格尔……始终没有摆脱西方传统形而上学的一个幻觉，即一切哲学问题都可以归结到对唯一的一个哲学概念的澄清

① 邓晓芒：《人之镜》，云南人民出版社 1996 年版，第 12 页。

上，由此便能够一劳永逸地把握真理，或坐等真理的出现，至少，也能把可说的话说完；却忘记为自由的、无限可能的、感性的人类实践活动留下充分的余地。”①

的确，西方传统形而上学就是要把“一切哲学问题都可以归结到对唯一的一个哲学概念的澄清上”，这是西方形而上学的宿命。

什么是“形而上学”？是追根溯源，是对最高普遍性的叩问。追问“作为存在的存在”学问，就叫作形而上学，这也规定了西方哲学的任务和特质。

亚里士多德说，有一门学问专门研究作为存在的存在：

being as being… There are many senses in which a thing may be said to be, but all that ‘is’ is related to one central point, one definite kind of thing.

这里的“being”通常翻译为存在本身，也有学者认为应译为“是”本身，与 beings “是者”相区别。存在本身与存在者的区别在哲学上称之为存在论的差异，哲学形而上学追问的是作为存在的存在，是存在本身，“是”是本身，不是“是者”，或存在者。这个“作为存在的存在”，有三层意思②：

其一，万物产生变化的最普遍法则。

其二，万物创生的力量。那根据的根据，原因的原因，第一原因，所谓“归根结底”。

其三，总是如何。整体性，总体性。

在形而上学的传统中，“是”属于神性。“是”使“是者”“是其所是”，存在本身使存在者成其所是。

这个最高实体，作为存在的存在，存在本身，在不同的哲学家那里有着不同的名字，也就是邓晓芒先生所说的那个“幻觉”，那个唯一需要澄清的“哲学概念”，是亚里士多德的最高“形式”(form)、柏拉图的“理念”(ideal)、康德的“理性”、黑格尔的“绝对”、马克思的“实践”、海德格尔的“纯粹诗意语言”。

海德格尔毕生都在“追问存在”，可是他将“存在”这“唯一的一个哲学概念”澄清成了什么？《艺术作品的本源》是海德格尔中期思想的代表作，他这一时期的存在是作为虚无的存在，作为虚无的存在是从无到有的生成本身，属于开端的开端，那是光明与黑暗的自由游戏之所，是语言的林中空地。而真理作

① 邓晓芒：《什么是艺术作品的本源》，载《哲学研究》2000年第8期。

② 在一次研讨会上听赵凯荣老师总结过“作为存在的存在”的三重含义。

为对人类存在即虚无命运的揭示也属此地方——遮蔽即去蔽的林中空地。此“真理”不是现成的东西，不可能“一劳永逸地把握”；此真理是无限深入的探求过程，也是“坐等”不到的。如此“澄清”的“存在”“真理”恰好为“自由的、无限可能的、感性的人类实践活动”留下了充分的余地。

（作者单位：武汉大学哲学学院）

世界与大地的抗争

——论海德格尔对《农鞋》的描述

董　军

在《艺术作品的本源》(以下简称《本源》)一文中，海德格尔说："建立一个世界和制造大地，乃是作品之存在的两个基本特征。"①在深入领会这两个特征之前，首先要理解海德格尔所说的艺术作品中"世界"和"大地"的含义。

一、《农鞋》的大地

"大地"在海德格尔对《农鞋》的描述中包含了三重含义。一是指一个农妇去劳动的自然世界。二是指随同农妇的周围世界一起来照面的自然。也就是指从农鞋穿在农妇的脚上开始，其存在的性质。这种性质体现在作品里就是"主体与物的生存关联性"，这种关联具体分为五重：①鞋子穿在脚上必然与务农有关联，这是其朝向有用性的指引。②鞋子的有用性、农妇的耕种与收获有关联，才会有其朝向质料的指引。③粮食能够帮助农妇抵抗饥饿的需求，从而与农妇存在相关联，才会有农鞋朝向使用者以及农妇周遭世界的指引。可以说农鞋的存在是因为农妇存在的可能性而存在。这种含义关联的整体性，称为"意蕴"。④农妇了知农鞋的关联所赋予的指引，因此她才穿着农鞋去劳作。⑤农鞋因为农妇的劳作而结束这一段生存的关联，最终存在于农妇的世界里。这五重指引是指与农鞋的意蕴世界相关涉的五重关联。在五重指引之中，其中一重指引就是指随同周围世界一同来照面的自然。照面的自然不是指外在的实体意义上的自然界，而是蕴含着无限丰富性、扩展的、广义的自然概念，当它的丰富性涌现之时，就是上手状态的自然，而随同周围世界来照面的自然就是现成

① ［德］海德格尔：《林中路》，孙周兴译，商务印书馆 2017 年版，第 37 页。

状态的，它就包含在意蕴之内。三是指作品的质料因素，绘制作品的油画颜料与画布取材于自然矿物质，通过原料的加工、配制与合成制作成油性颜料，借由艺术家在油画布上的涂抹，形成厚薄不同、凹凸不平的油彩覆盖层，这些都是由作品所制造出来的。

海德格尔在文中对《农鞋》的描述使用了"黑洞洞、沉甸甸、湿润、肥沃的泥土和面包的稳定性"等一些形象化的词语。使用这些词语一方面表达了他对这个艺术形象的直观感受，另一方面也间接地体现出这幅作品的质料因素(油画的材料特性)所赋予形象的独特作用。在这样一个视觉艺术形象中，作用于观者视觉的不仅有构图、空间、色彩、笔触等诸因素，还有油画材质本身的独特性。因为油画颜料不透明且覆盖性强，可以通过多次覆盖来形成多层次、相互交汇的油彩色层去充分地塑造艺术形象。在颜料的多层覆盖中形成了画面特有的凹凸质感，凸显出画笔在画布上的运行痕迹。就如同海德格尔所说："虽然画家也使用颜料，但他的使用并不是消耗颜料，倒是使颜料得以闪耀发光。"①艺术作品中的"大地"不是材料的简单堆砌，更不是艺术家对某种现存图式的机械复制。大地建构艺术形象不同于工匠制作使用的工具，质料本身的特征与艺术家的技术痕迹不会因为构建艺术形象而隐没；相反，它们自身就是构成形象的基本要素。在解读作品的过程中它们自身的特质也会得到充分的展现。

观者对艺术作品中大地的独特性的领会不能依靠逻辑分析而只能通过意会。当使用各种技术手段去分析每一块描绘艺术形象的颜色成分时，艺术形象整体而丰富的意蕴就会远离。只有在意会而不是逻辑思维里，艺术形象自身的奥妙才显现出来。因为大地并非如世界一般始终敞开自身，它的自行锁闭使其具有无法被穿透的特质。

二、《农鞋》的世界

在《本源》一文中，海德格尔所说的"世界"并不是通常意义上主客二分的客体世界或者外在的物质实体世界，就如他在文中所说："世界并非现成的可数或不可数的、熟悉或不熟悉的物的单纯聚合。"②第一，在海德格尔看来，器

① ［德］海德格尔：《林中路》，孙周兴译，商务印书馆 2017 年版，第 36 页。
② ［德］海德格尔：《林中路》，孙周兴译，商务印书馆 2017 年版，第 33 页。

具(农鞋)的存在只有在农妇的世界里才得到保存，农妇的这个世界不是指现实世界而是指意蕴世界。第二，世界的世界化。在海德格尔看来，当天、地、人、神四重整体地聚合于一物之中，并且在物化聚集之时，这四重整体的丰富性便涌现出来构成了世界，由此物自身就居留在这四重整体之中。对于《农鞋》这幅作品里的艺术形象而言，不是绘制这幅作品的艺术家而是这幅作品本身为其设置了天、地、人、神四重整体聚集、照面的空间，使其丰富性向多个自由的维度延展，进而实现世界的世界化。海德格尔所说的艺术作品中的“世界”包含了以上两重含义。

《农鞋》里的存在者是凡・高所描绘的一双鞋，它的形态虽然源于现实的物，但是当这个形象在画布上被描绘出来之时，它就成为一个区别于现实物的独立创造物。其内涵便由艺术形象自身而不是现实物或者艺术家所赋予。就形象自身而言，它既不是对现实物的摹仿，也不是油画颜料在画布上的随意堆砌与无序形式的呈现，而是一个完整、有生命力的视觉形象系统，它的每个组成要素是密切相关的。就艺术形象与观者的关系而言，农鞋的世界并不是预先存在的，而是在观者的解读过程中生发出来并伴随着观者的感知过程逐渐丰富起来。这个过程不是静态的，而是动态的。

就“世界世界化”的阐释，海德格尔在文中是这样说的：“世界世界化，石头是无世界的，植物与动物也是没有世界的；它们落入一个环境，属于一个环境中掩盖了的涌动的杂群。与此相反，农妇却有一个世界，因为她逗留于存在者之敞开领域中。器具以其可靠性给予这个世界一种自身的必然性和切近。由于一个世界敞开出来，所有的物都获得了自己的快慢、远近、大小。在世界化中，那种广袤聚集起来；由此广袤而来，诸神有所保存的恩宠得到了赠与或者拒绝。甚至那上帝缺席的厄运也是世界世界化的一种方式。”①在海德格尔看来，理解“世界世界化”是领会艺术作品中的世界的关键所在。用他自己的话说：“为……设置空间在此特别意味着：开放敞开领域之自由。”②作品《农鞋》中的存在者是艺术形象，它与石头、植物和动物有何差异？海德格尔认为，农鞋世界的生成离不开农妇，因为农妇可以敞开一个世界而石头却不能。也就是说农鞋世界的生成是建立在农妇的存在的关联性之中的。在此基础上，艺术形象所关涉的五重指引才能聚集与照面，使作品中的世界得以建立。与此同时，

① ［德］海德格尔：《林中路》，孙周兴译，商务印书馆 2017 年版，第 33 页。
② ［德］海德格尔：《林中路》，孙周兴译，商务印书馆 2017 年版，第 33 页。

艺术形象的世界也通过艺术家与观者的媒介与作品的外部世界相联系。“海德格尔所说的世界不是被我们想当然地当成物之集合体，并被我们的思维对象化的世界。”①世界世界化凸显出海德格尔艺术思想的核心所指：世界不是现成之物。“世界化”意味着：“世界与生成世界的过程是同一的，物如此聚集的结果与物之所以如此聚集的过程是同一的。”②从而区别于视艺术作品的世界由艺术家或者创作者所建构的对象性世界的西方传统艺术观念。这两种观念差异的根源在于对物的不同理解，在传统哲学里“物”被视为对象，世界是由现成的、存在者整体构成的实体性世界。“只要艺术作品成了对象性的东西，我们就不可能把握作品自身的世界，因为艺术作品不是一个可被把握的对象性世界。”③海德格尔从存在的角度出发，认为世界生成的过程离不开主体(农妇)的生存活动。动物与植物是没有主体的，而农妇是具有主体性的。由于“主体和物发生各种生存关联，物则根据关联的不同性质在主体周围占据某个或远或近或隐或显的位置，物伴随着主体(农妇)生存活动的展开聚合为世界”④。(原文如此，编者注)

《农鞋》里的艺术形象是较为容易辨识的物。就如同海德格尔在文中所说：“从梵高(原文如此，编者注)的画上，我们甚至无法辨认这双鞋是放在什么地方的。除了一个不确定的空间外，这双鞋是放在什么地方的。除了一个不确定的空间外，这双鞋周围没有任何东西，也不清楚它们属于谁。鞋子上甚至连地里的土块或田野上的泥浆也没有粘带一点，这些东西本可以多少为我们暗示它们的用途的。只是一双农鞋，再无别的。”⑤在这平淡的叙述之后，海德格尔的以下描述打开了通往农鞋的意蕴之门。“从鞋具磨损的内部那黑洞洞的敞口中，凝视着劳动步履的艰辛。这硬邦邦、沉甸甸的破旧农鞋里，凝积着那寒风料峭中迈动在一望无际的永远单调的田垄上的步路的坚韧和滞缓。鞋带上粘着湿润而肥沃的泥土。暮色降临，这双鞋底在田野小径上踽踽而行。在这鞋具里，回响着大地无声的召唤，显示着大地对成熟谷物的宁静馈赠，表征着大地

---

① 王茜：《艺术作品中的世界问题——从梵高的〈农鞋〉开始》，载《文艺争鸣》2018第8期。

② 王茜：《艺术作品中的世界问题——从梵高的〈农鞋〉开始》，载《文艺争鸣》2018第8期。

③ 张贤根：《艺术现象学导论》，湖北人民出版社2015年版，第65页。

④ 王茜：《艺术作品中的世界问题——从梵高的〈农鞋〉开始》，载《文艺争鸣》2018第8期。

⑤ [德]海德格尔：《林中路》，孙周兴译，商务印书馆2017年版，第20页。

在冬闲的荒芜田野里朦胧的冬眠。这器具浸透着对面包的稳定性无怨无悔的焦虑，以及那战胜了贫困的无言喜悦，隐含着分娩阵痛时的哆嗦，死亡逼近时的战栗，这器具属于大地，它在农妇的世界里得到保存。正是由于这种保存的归属关系，器具本身才得以出现而得以自持”①。农鞋的残破和老旧是其使用性所致，但是在其意蕴的世界里却召唤了田地、农妇的劳作、瑟瑟的冬日前来照会，这是农鞋形象自身五重指引关联性的结果。正是在这样一个动态的聚集过程中，世界被建构起来，存在者的无蔽状态(真理)也被揭示出来。

农鞋的世界既不是作品直接呈现出来的，也不是观者个人主观的猜测和肆意的幻想，而是本来就居留在器具(农鞋)的可靠性之中的四重整体在作品所开启的敞开领域中自由延展的结果，即世界世界化。

三、大地与世界的争执及其实现过程

第一，大地与世界的争执。通过对《农鞋》的大地与世界的分析与阐释，“建立世界”可以理解为艺术作品将存在者之存在自身置于敞开领域，为世界世界化设置自由延展的空间。“制造大地”就是作品将自身置回原本不能被解释的大地中，由此将具有自行锁闭特征的大地一同带入敞开领域之中，世界与大地的关系是彼此密切又相互争执的。

海德格尔说：“世界是自行公开的敞开状态，即在一个历史性民族的命运中单纯而本质性的决断的宽阔道路的自行公开的敞开状态。大地是那永远自行锁闭者和如此这般的庇护者的无所促迫地涌现出来。但是，世界与大地的关系绝不会萎缩成互不相干的对立之物的空洞的统一体。世界立身于大地；在这种立身中，世界力图超升于大地。世界不能容忍任何锁闭，因为它是自行公开的东西。而大地是庇护者，它总是倾向于把世界摄入它自身并且扣留在它自身之中。”②“大地离不开世界之敞开领域，因为大地本身是在其自行锁闭的被解放的涌动中显现的。而世界不能飘然飞离大地，因为世界是一切根本性命运的具有决定作用的境地和道路，它把自身建基于一个坚固的基础之上。”③在海德格尔看来，大地建构的不是世界本身而是艺术形象。大地将形象聚合成一个有

① [德]海德格尔：《林中路》，孙周兴译，商务印书馆2017年版，第20页。
② [德]海德格尔：《林中路》，孙周兴译，商务印书馆2017年版，第38页。
③ [德]海德格尔：《林中路》，孙周兴译，商务印书馆2017年版，第38页。

机、各个部分彼此相连、无法切割的整体，而形象的意蕴又使得作品中的世界总是处于敞开的领域之中。虽然艺术形象的外延使得它超出大地的有限性，但是从根本上它无法挣脱大地成为一个与大地无所关联的世界。世界始终是建基于大地，并且唯有在大地的丰富性得到充分展现之时，世界才能实现自身的延展。世界并不只是单纯地建基于大地，世界建立的同时也是大地构成的必要因素。再者，油画材质的特性和艺术家的绘制技法必然是为艺术形象服务的。在艺术家创作艺术形象的过程中，或许有建构的艺术形象与艺术家现存的图样不一致的情况存在，但是一个艺术形象自身形成的过程也就是大地的构建过程，当它完全构建成一个艺术形象系统，并且当这个系统运行之时，世界中的存在者(艺术形象)逐渐聚合在一起，大地也逐渐构建起来。

从根本上，世界与大地是不可分割的整体，因为它们原本就不是现成存在的东西，而是生成性的，即只有当作品完成了，它们才在作品中构建成有功能的部分，从而对艺术整体生命力的呈现给予自身的能量。海德格尔说："大地是一切涌现者的返身隐匿之所，并且是作为这种把一切涌现者返身隐匿起来的涌现。"①作品在建立世界的同时就制造了大地，意味着在作品里建立一个世界与制造大地是同时性的，它们的建立没有先后次序之分。大地的丰富性又因其自身的自行锁闭特征而成为一切涌现者返身隐匿之所，大地与世界的争执就体现于此。

第二，争执的实现过程。海德格尔说："由于作品建立一个世界并制造大地，故作品就是这种争执的诱因。但是，争执的发生并不是为了使作品把争执消除和平息在一种空泛的一致性中，而是为了使争执保持为一种争执。作品之作品存在就在于世界与大地争执的实现过程之中。因为争执在亲密性之单朴性中达到极致，所以在争执的实现过程中就出现了作品的统一体。争执的实现过程是作品运动状态的不断自行夸大的聚集。因而在争执的亲密性中，自持的作品的宁静就有了它的本质。"②当这幅《农鞋》被放在博物馆的仓库里，它是以本真的方式存在吗？在海德格尔看来，艺术作品唯有以本真的方式存在之时才能成其本质。一个艺术作品的争执只有在被创作及被保存的状态时才具备实现的可能性。当作品在尚未完成之时，作品中的大地与世界是不存在的。用海德格尔自己的话来说："被创作存在显示自身为：通过裂隙进入形态的争执之被

① [德]海德格尔：《林中路》，孙周兴译，商务印书馆2017年版，第30页。

② [德]海德格尔：《林中路》，孙周兴译，商务印书馆2017年版，第38页。

固定存在。"①"裂隙"指一个物体被撕开时产生的裂隙，比如由地壳运动的冲力造就的高山峡谷或者是雷电的力量所形成的闪电。这里可以将其定义为：位于两个具有相反特征的事物之间，它的边缘是两个事物两个相反特征的尺度与界限。因此，它自身具备能够统筹两个事物的轮廓。海德格尔认为，作品中的艺术形象就是这样一个处在中间地带的裂隙，因为艺术形象具备了两个具有相反特征的事物争执性的相互结合。艺术形象是大地丰富性的载体，虽然它以大地为基础但始终无法脱离大地。大地的丰富性始终无法被穿透，当我们尝试着分解它时，它就不再显现为原本的自身而成为他者。

在海德格尔看来，艺术作品中的艺术形象所具备的敞开与自行锁闭的两重特征具备这样一个中间地带的特征，它将世界与大地的对抗性凸显出来，使它们特征上的分裂得到体现，但是它又使得这两个具有相反特征的因素相互结合在一起。因此，在海德格尔看来，是艺术形象而不是艺术家将世界与大地的争执固定成为一个形态。作品的被创作存在体现为被带入轮廓的争执，艺术家的创作过程是争执的实现过程之一，另一个实现过程就是作品之保存。海德格尔说："作品之保存意味着：置身于在作品中发生的存在者之敞开性中。"②艺术形象是存在者可靠性的体现，艺术形象的建立为存在者设置了空间，让存在者在敞开领域如其所是地展开，世界也因此建立。世界建基于大地，大地之丰富性被一同带入敞开领域，大地之丰富性的这种涌现却并不是完全公开，由于它的自行锁闭特征，它的涌现体现为一切返身隐匿之所，大地便成为一切涌现者的庇护者。世界与大地的争执即在这样一个过程中得到了实现。

四、真理自行置入作品

在理解海德格尔"真理自行置入作品"这一思想之前，首先要了解"真理"在《本源》一文中的含义。在海德格尔看来，传统哲学中的真理被看作为一个现成的、可追寻的对象，传统真理观的符合论强调主观与客观符合，思想与存在符合，语言与事情符合，这是认识论意义上的真理。正是这种思想形成了传统哲学真理的符合观。对此，海德格尔提出了他的见解，真理关涉到存在者之存在的无蔽，也就是使存在者处于敞开的领域并且为它全部的丰富性设置自由

① ［德］海德格尔：《林中路》，孙周兴译，商务印书馆 2017 年版，第 58 页。

② ［德］海德格尔：《林中路》，孙周兴译，商务印书馆 2017 年版，第 59 页。

延展的空间，从而区别于传统哲学的真理观与思想模式。真理之所以在艺术作品中生发，并不是说将现成的、外在的真理放入作品之中，而是说这种生发就起源于真理自身的自行置入作品。这就意味着真理不是某个显而易见的东西被放在作品中，而是在艺术作品中世界与大地的争执过程中自行置入。“置入”并不是指机械地把某一个现存的事物放在作品中，而是指真理在一件作品中的生成或者绽出。“自行”这两个字意味着：导致真理生发的争执不是艺术家人为地设定在作品之中，而是作品因素内在的“源始”争执。这种源始争执体现为：世界与大地并不是被艺术家人为地放置在作品里的现存之物，世界是由作品建立的，而大地也是作品制造的，世界与大地的争执不是以艺术家的意志为转移，而是由世界与大地的本质决定的。也就是说，当艺术形象被创作出来之时，它就独立于艺术家而存在，它所承载的意蕴也与艺术家的意愿脱离开来。因此，作品中的世界与大地不是艺术家所掌控的，更不是由艺术家人为或者机械地设定在作品中。海德格尔认为，争执是由世界与大地的本质所决定的，争执的实现过程只是它们原本就具有的潜在性所呈现出的一种存在状态。“艺术是真理的自我创造，这一含义必须根据这种根源的斗争关系来理解。”①

海德格尔在文中谈道：“作品的被创作存在意味着：真理之被固定于形态中，形态乃是构造，裂隙就作为这个构造而自行嵌合。被嵌合的裂隙乃是真理之闪耀的嵌合。这里所谓的形态，始终必须根据那种摆置和集置来理解；作品作为这种摆置和集置而现身，因为作品建立自身和制造自身。”②裂隙就是指两个具有相反特征的事物的中间地带，是这个中间地带构成了世界的意蕴和无法被穿透的艺术语言。艺术语言具有两种特性：一是开放性，它是意蕴的基本特征。因为艺术语言中的意蕴不是机械生产的产物，无法以某种统一的标准去量化它。二是封闭性，比如绘画不同于音乐，它只能诉诸人的视觉而不是听觉，其表达能力必然受其自身特性的束缚。因此，艺术语言的局限性或者说封闭性是其另一个基本特征。而“裂隙”处于两者的中间地带，同时具备开放性与封闭性的两重特征。对海德格尔而言，这个中间地带就是指艺术形象，是它承载了意蕴并开启了一个敞开的领域。形象由艺术语言构成，并将其丰富性带入敞开领域，但是艺术语言自身始终无法被穿透，当我们试图用科学的方法分析、

---

① ［日］今道友信：《存在主义美学》，崔相录、王生平译，辽宁人民出版社 1987 年版，第 105 页。

② ［德］海德格尔：《林中路》，孙周兴译，商务印书馆 2017 年版，第 55 页。

检测、量化艺术语言的成分时，艺术形象就会在此过程中被拆解，不再显现为其自身。

结　语

在海德格尔看来，对于“艺术是什么”的提问是传统哲学思维事物的提问模式，其中已经包含某种预先设定的成见，即将被提问的事物当成先定的对象，将被考究的事物被当成对象就使得事物本身走向“非其本身”，从而脱离源初的事物本身。因此，海德格尔反对把艺术当成“对象”或“一种东西”。他自己是这样说的：“艺术作品绝不是对那些总是现成的个别存在者的再现。”①在海德格尔看来，艺术作品的本源应该由艺术本身在其“在世存在”的自我创造的本真过程中自我显现出来。而这种显现离不开艺术作品中的世界与大地。世界与大地是既密切又争执的两重关系，正是两者的双重性，使得它们的不同特质在艺术作品中相互补充：艺术作品中的世界依靠大地来构筑自身，大地依赖世界显现自身。这种显现就是在世界与大地的争执中生发出来的无蔽状态。

海德格尔对《农鞋》的世界与大地的分析，旨在使艺术作品“自显自说”，因此必然涉及作为艺术品的画作与真理的关系问题。真理的原意是“真正的存在”，在希腊文里就是“无蔽”，即存在的敞开、无遮蔽的状态。真理自行置入作品的过程可以理解为：艺术家运用艺术语言建构出艺术形象，而正是艺术形象所承载的意蕴构成了作品中的世界，并将艺术语言的丰富性一同带入敞开领域。而制造大地，大地在作品中始终显示为自行锁闭者，成为一切涌现者的返身隐匿之所。因此，当存在者是其所是并且如其所是地在作品中被开启出来，真理就在世界与大地的争执过程里生发出来。

在海德格尔看来，艺术作品的本源不是现实世界，更不是艺术对现实的模仿，就如他自己所说：“真理乃是某种无时间的与超时间的东西。”②真理在海德格尔这里被理解为一种非自然时间的自为状态，意味着一种根本性的生成力量，“凭借于大地和世界的争端是原初的争端并是本源性的，它创立了真理，正如它在艺术中所发生的那样，它使人的历史中的一切‘争端’成为可能”③。

① ［德］海德格尔：《林中路》，孙周兴译，商务印书馆2017年版，第23页。

② ［德］海德格尔：《林中路》，孙周兴译，商务印书馆2017年版，第25页。

③ 彭富春：《论海德格尔》，人民出版社2012年版，第80~81页。

这使得世界成为世界，使得存在者成为存在者。“世界却是由这幅画开启呈现。海德格尔所说的本源是一个介定词而不是被介定词，也就是说，它具有一种进行规划的主动性，它不是被任何外部力量预先规定好的，而是自己就意味着一种规划的方向。作为介定词，它勾勒世界，于是我们便恍然大悟地看到了世界。所谓艺术作品的本源，就是指艺术作品作为真理的自行置入，自己拥有这种主动规划而让世界现身的力量。他的本源不待外寻，就在自身之中。”①

海德格尔以《农鞋》为例所探讨的艺术作品中的世界与大地，抛开了传统二元论当中建立在认识论基础上的物理时间维度中的客观世界与现实世界。他是将其放在人的生存层面上展开，视其为在主体的生存活动中生成的世界，因此具有一定的个人主观因素。在海德格尔看来，是主体(农妇)的存在将那些各自独立的事物牵连为一个有内在关系的世界。艺术作品就是引领观者观看并领悟这个世界的途径。这样一个作为存在的自我显现的艺术作品，当其在观者面前呈现之时，同时也就把《农鞋》所关联的一切在世过程中所遇到的因素，再次地表演了它本身从“有蔽”到“无蔽”的存在过程。也就是说，这幅作品的“自我显现”在观者面前召唤它本身在世过程所遭遇的那些源初事物，让它们显示出来。

（作者单位：武汉大学哲学学院）

① 王茜：《艺术作品中的世界问题——从梵高的〈农鞋〉开始》，载《文艺争鸣》2018年第8期。

场所精神与诗意居住

——舒尔茨对海德格尔的回应

叶子新

现代建筑建设显现出从外延扩展到内涵增质的转变，严控增量，激活存量，优化结构成为当今时代的主题。内涵增质的核心在于重新赋予现代建筑以意义，那么如何重新赋予现代建筑以意义呢？路易斯·康的著名提问：“建筑物想成为什么？”为建筑师重新寻找现代建筑的意义提供了思路。康从基本存在于世的视角，回到建筑的起源，将建筑视为某种聚集世界的事物，天地之间的居住方式。建筑处于人与事物的世界之中，并揭示世界真面目。当人们能够倾听事物的述说，将其注入建筑设计中，让建筑建筑化，开敞接收万物，人们的居住就可以达到诗意的境界。在重新寻找现代建筑的意义之前，需思考几个问题，建筑的意义是什么？现代建筑是怎样失去意义？又该如何重建建筑的意义？提起建筑的意义，人们总会想起建筑的文化，因为文化彰显意义。以中国建筑为例，在中国建筑界大力倡导弘扬传统文化的大背景下，如何在现代化语境中解读传统文化成为建筑师一直以来的困扰。很多建筑师会陷入“大屋顶”“小亭子”“坡屋顶”“马头墙”等语言形式的泥潭而不能自拔，而忽视中国传统文化的精神核心。形式乃是传神表意的手段，随着时代的发展，建筑形式语言的变化会有无穷的可能性，总在所谓“中国元素”上做文章，会束缚建筑语言的创新，从而造成千城一面，万楼一貌的现象。吉迪恩将此种困境的原因归属于思想与情感的分离，“原来知识与情感是彼此孤立的。因此我们获得一项似是而非的结论，当今的感情已成为比思想更为困难的事情了”①。建筑未能以感情的同等水准将实际的知识再予吸收并加以人性化，这是 19 世纪工业革命

① ［瑞士］希格弗莱德·吉迪恩：《空间·时间·建筑：一个新传统的成长》，王锦堂、孙全文译，华中科技大学出版社 2014 年版，第 602 页。

劳动分化使现代建筑技术化所带来的遗产。

一、现代建筑技术化的危机与转折

现代建筑规定于技术化而拒绝其本性，技术化遮蔽了生成的发生而导致其陷入感情与理智输入因不同水平差别而形成分离的危机，因此现今建筑的问题正是建筑技术化本身。但什么是建筑技术化，这首先表现为对技术自身本性的探讨，进而揭示建筑技术化架构的根本特征。

1. 技术与建筑技术化

从词源上分析，古希腊语中技术一词是“techne”，源于印欧语系的词根“tek”，依照波尔科尼的说法，意思为“把木板房里的木质品装订在一起”①。“techne”可能意味着房屋建筑。随着社会生活的发展，人类从巢居、穴居的居住方式过渡到干阑式、半地面式、地面式房屋，对建筑技术的要求也越来越专业化，木匠(tekton)由此诞生。在前荷马时期，技术主要是指木匠的手艺、窍门与技巧，后在荷马史诗中逐渐引申成为生产性的技能或手艺。为什么是木匠引申出具有普遍适用意义的技术概念，而不是其他？柏拉图在《斐莱布篇》中，苏格拉底提出木匠是所有技术活动中的典型的观点，他说道：“我认为，建造的技术使用了最多的措施和工具，最求精确性，这使它比大部分其他形式的知识更有技术性”②，因此，建筑技术活动是所有技术活动的语义本源。

建筑技术活动自古有之，其本质是数学思维与工程思维、计算机技术的结合，其目的是解决建筑工程中的问题。早期技术手段是基于欧几里得几何体来解决建筑设计中定位、尺度、比例等问题，形成特定形态与空间秩序，如埃及金字塔和凡尔赛宫的平面构图和几何的密切关系。模数概念引入后，模数以计算性数列展开建筑构件标准化，以数列体系协调建筑元素，控制由梁、柱椽构件到开间、进深、屋高的建筑系统，如古典柱式比例在古希腊神庙建筑中的应用。随着建筑尺度、样式的多元化发展，其营建过程日益复杂，建筑结构受力等物理性能分析需求日益迫切，物理仿真手段突破了非标准形态结构分析难

① 文成伟：《古希腊技术哲学思想研究》，人民出版社 2017 年版，第 25 页。

② ［古希腊］柏拉图：《柏拉图全集》(第三卷)，王晓朝译，人民出版社 2003 年版，第 246~247 页。

题，实现了力学性能导向下的建筑“找形”，如高迪的圣家族大教堂的悬链模型。20世纪40年代，计算机的诞生为建筑技术带来了巨大的变革，人类文明开启了赛博空间(Cyberspase)，图形信息建模首次实现了数据与图形在虚拟空间中的融合，并由一维建模拓展到三维建模。随着NURBS曲面算法、BIM理念的推广与引入，图形信息建模工具日益多元化。计算机能力的不断提升导致针对声、光、电、热等建筑环境交互过程模拟的技术手段被开发出来，如早期包括DOE-2、Concept等，后来出现交互界面更为友好的EnergyPlus、Radiance等。针对复杂形态建筑的交互过程模拟的瓶颈，精度更高的性能预测工具也相继出现，如对吉芭欧文化中心的风环境模拟。受复杂性科学思维、混沌理论影响，建筑自组织生成逐步受到关注，克里思蒂诺·索杜提出的生成设计理论拉开了算法生成设计研究序幕，促发了建筑设计过程由结果导向向过程导向的转变。乔·弗雷泽权衡了建筑设计过程中的自组织生成需求与性能目标控制需求，提出了进化建筑设计理论，运用算法生成设计方法，实现以建筑和环境性能驱动下的建筑形态空间生成设计。

从早期建筑技术到现代建筑技术的发展过程中，可以发现早期的技术是一种手工技术，主要建立在世界的经验和常识的基础上，是守护性的、诗性的解蔽，它尊重和聆听存在，使存在显现。早期技术的表现形态是“物”，“物”是存在的自然绽放，是天地人神集聚和反映。现代技术是一种机械技术，建立在精密的自然科学基础上，呈现出“限定”和“强求”的特征，因此其解蔽不是早期技术的诗性解蔽，而是一种“促逼”。从表面上看，“促逼者”是人，但其实人也是一个被“促逼者”，真正的“促逼者”是技术。现代技术“摆置人，逼使人把现实当做持存物来订造。那种促逼把人聚集于订造之中。此种聚集使人专注于把现实订造为持存物”①。这种把人聚集起来，使之去订造作为持存物的自行解蔽的要求，海德格尔称之为架构(Ge-stell)。架构是现代技术变成技术化，即技术的极端化形式的本性。建筑技术化是技术化危害建筑，因此架构也是建筑技术化的根本特征。

建筑技术化将建筑视为一种目的与手段的关系，而不是人存在的立足点，其背后是严格的科学逻辑和实用技术主义。自文艺复兴之后，西方文化对现实日趋数量化和抽象化的倾向逐渐蔓延到建筑中来，使得建筑成为逻辑的世界而

① [德]海德格尔：《海德格尔选集》，孙周兴选编，上海三联书店1996年版，第937页。

非生活的世界。舒尔茨以20世纪功能主义建筑为代表指出："一方面，功能主义将建筑的功能数量化、物质化；另一方面，技术理性的进步虽然使自由流动空间成为可能，但并没有重温巴洛克空间的超自然性。相反，它使建筑本身沦为统一性和逻辑性的牺牲品，而无法成为富有意义的形式。"①但从建筑发展的角度上来看，西方历史上任一时期的建筑都承载着那一特定时期的人对世界和自己的存在意义之理解的象征形式，功能主义也不例外。舒尔茨指出："那些认为功能主义者只关注效率的看法其实是一种误解。像其他伟大的历史运动一样，它首先关注的是意义，也就是如何给予人类一个存在的立足点的问题。"②因此，舒尔茨对功能主义的不满针对的是以功能主义为名而粗制滥造、均质化，缺少识别性的庸俗功能主义。建筑的技术化使得建筑只是技术逻辑的堆积品，而不是承载人们日常生活的立足点，建筑并没有扎根于其固有风土和文化所在的场所中。

2. 现代建筑技术化的危机

当今技术化作为架构将建筑设置为持存物的过程已经显示出建筑技术化时代的危机，此危机是架构本身，建筑技术化时代表现为危机的时代，其源于架构隐蔽生成的后置，后置是危机的根本特性。构架对生成的后置显示为架构对存在自身的设置，架构设置了物的存在而使其不再呈现物化，架构控制了物却拒绝对物的守护，守护是让真理显现，架构拒绝守护便是去除了物的真理，至此世界荒芜化。技术化构架导致了物的荒芜，物在荒芜中发生着世界的拒绝。因为架构，世界不世界化，物不物化，建筑不建筑化，建筑成为技术化的能量库而已，其不再依循自然本性而涌现于大地。架构这种促逼着的、订造式的解蔽遮蔽了古希腊技术顺从存在、诗性的解蔽，使聚集性的"物"沦为一种资源和材料，丧失其本源性和集聚性。

技术化的构架导致了当今世界的荒芜，最终表现为对语言的设置。架构将语言设置为信息，将自然语言逐渐消除并转化成信息语言的过程便得以显现。自然语言作为语言的自然化形态保藏了语言作为道说的本性，一般表现为方言。"自然本已植根于生成，道说涌动于自然而涌现于生成。"③语言因其本性

① ［挪］克里斯蒂安·诺伯格-舒尔茨：《建筑-意义和场所》，黄士钧译，中国建筑工业出版社2018年版，第17~26页。

② ［挪］克里斯蒂安·诺伯格-舒尔茨：《西方建筑的意义》，李路珂、欧阳恬之译，王贵祥校，中国建筑工业出版社2005年版，第204页。

③ ［德］海德格尔：《在通向语言的途中》，孙周兴译，商务印书馆2004年版，第252页。

而获得自然性，这种自然性的语言拒绝被形式化，然而语言自身言说的道说相应与生成的自行剥夺而表现为沉默。自然语言抗拒形式化而成其自身，但当今技术化构架已然强力将自然语言设置为形式化的信息语言。信息语言是语言的持存物形态，仅是符号化的工具性语言，此技术化的语言不再指引人的在世存在，也不再成为人存在于世的居住家园。语言不再作为家园指引性思想的倾听以及居住的建筑，当今时代的思想逐渐成为技术化的设计，剥脱了让居住的发生，建筑越来越变成满足物质功能需要，谋求意志实现的劳动或活动手段，而非守护世界的让居住。因此，居住也不再呈现思想与建筑的同一以及人归于生成的存在本性，而只是安守于技术贫困化时代的生存意志。此种居住割裂了建筑与思想本性化的关联。

舒尔茨面对无家可归的危机，提出了“环境危机”的观念。“环境危机”首次出现在《建筑意向》中，主要指现代环境视觉语言混乱即非场所的问题。舒尔茨认为意义即关系，只有和谐的视觉语言关系才存在意义，混乱的视觉语言关系是不具有意义的。舒尔茨将关注点放置到建筑、城市空间和形式以及其存在的意义。这一系列问题的关键是将思想限制在数学或定量的范围，将感情范畴减少到体验或主观愉悦的范围导致思想与情感的不协调，失去了与生活的世界的联系。这种不协调是怎样发生的呢？如何使建筑重新回归生活呢？回顾建筑发展史可以知道，从维特鲁威的《建筑十书》中提出的坚固、实用、美观三大原则，并将人体的自然比例应用到建筑的丈量上，到文艺复兴期间，各种建筑理论接踵而出，如菲拉雷特率先将一个小棚屋作为建筑的起源，弗朗切斯科·迪·乔治·马蒂尼研究建筑与人体的关系，帕拉第奥强调建筑与建筑所在场所之间的联系，上述所有论述都体现了生活世界中建筑的自然属性，一切存在的事物的存在方式是因为存在，反映了思想与情感的统一。直到笛卡儿理性主义思想的复苏，几何体被表现为唯一确认的形体，人的参与被降低到一个主观的感官印象中，使思想与情感之间首次出现断层，背离了建筑应遵循生活的世界的固有根基，如让·尼古拉·刘易斯·迪朗将建筑构成视为形式主义的原子论观点，建筑是由若干相同的基本粒子组成的。在这种背景下，现代主义开启了反对形式主义的序幕，重新建立建筑与事物本身关系即生活的世界的观念，试图再建思想与情感的联系，回归到建筑本源。沙利文提出“形式追随功能”的口号，莫霍伊·纳吉运用了这一口号并申明“为生活而设计”的观点，然而结果并不尽如人意，现代主义建筑陷入危机，舒尔茨认为这种危机的主要原因是“为生活而设计即没有依照生活的世界的文脉，也没有依照自然的功能关系来解释。实际上，在与事物面对面时，现代主义的追随者依然视自己为主体，使自己与生活的世界渐行渐远”①。现代主义者更多关注的是功能概念的延伸，而鲜少在建筑与日常生活之间建立一种新的关系，生活的发生是复杂的，唯有以此为基础，才能使思想与情感得到协调统一，让建筑重新回归日常生活并继续现代主义被中断的目标。

舒尔茨认为要想延续现代主义的目标，需对以世界的存在结构为基础进行更为深刻的理解。“存在不是表示一种数学关系，而是表示日常生活的空间，在这个空间中，任何事物都有自己的场所，并且，所有这些场所在相互合作中创造了一个环境的整体，让所有的生活在其中发生。”②舒尔茨对海德格尔“存在”一词的理解表达了场所是一个生活的世界的有形表现，建筑是场所的艺术，在早期场所是显而易见的存在，将个性传递给居住者，然而在第二次世界大战之后，现代建筑技术化的增长使得对建筑形式信息语言的运用日益频繁，人们开始了有关失去场所的讨论，引发了对生活的世界的新理解的急迫需求。

3. 现代建筑技术化的转折

当今建筑技术化的危机源于生成，而建筑本性的重生便是呈现生成的守护，正如荷尔德林所说：“危机所在，拯救生长。”③此拯救并不是以另外的一种方式来取代当前危险的生活方式，而是去思考这种危险并且去学会应对这种危险。“拯救不仅是使某物摆脱危险，拯救的真正意思是把某物释放到它本已的本质中。”④架构作为一种促逼着的解蔽，它本身就蕴含着救渡的可能性。人们只有“唤醒沉思之思，这对限制和克服现代技术来说是必要的。当沉思的思想在任何可以的机会哪里考虑到对自然和世界的强求和限定时，它或许能在人与存在的关系方面准备新的基本的并允许事物和世界具有自己特性和自身性的关系”⑤。

---

① ［挪］克里斯蒂安·诺伯格-舒尔茨：《建筑——存在、语言和场所》，刘念雄、吴梦姗译，中国建筑工业出版社 2013 年版，第 26 页。

② ［挪］克里斯蒂安·诺伯格-舒尔茨：《建筑——存在、语言和场所》，刘念雄、吴梦姗译，中国建筑工业出版社 2013 年版，第 27 页。

③ ［德］海德格尔：《不莱梅和弗莱堡演讲》，孙周兴译，商务印书馆 2018 年版，第 72 页。

④ ［德］海德格尔：《海德格尔选集》，孙周兴选编，上海三联书店 1996 年版，第 1193 页。

⑤ ［德］冈特·绍伊博尔德：《海德格尔分析新时代的技术》，宋祖良译，中国社会科学出版社 1993 年版，第 231~232 页。

传统意义上的思即哲学和科学之思，它建立在主客观二分思想的基础上，完全剥离了存在者是存在的存在者，使人类遗忘存在，无家可归，要实现返乡，寻找家园，先需思考。“这种思是属于存在，因为它被存在抛入存在真理中而且为此境界而被存在起作用的；这个思所思的就是存在。”①“思是存在的，因为思是由存在发生，是属于存在的。思同时是存在的思，因为思属于存在，是听从存在。”②我们只有踏上沉思之路，才能重获人类的存在之根基，这就是技术的转折，即如何重新对待建筑技术化。海德格尔并不简单地反对技术，相反他认为技术是人的本质力量的显现，然而技术一旦僭越它的边界，成为人类的主宰，人就被技术所形成的架构支配了，人在大地上的存在就会被连根拔起。因此，面对技术可以采取“对于物的泰然任之”和“对神秘的虚怀敞开”这两种关于思的生存态度的转变，一方面“我们让技术对象进入我们日常世界，同时又让它出去，就是说，让他们作为物居住于自身之中”这种态度就是海德格尔所说的“对于物的泰然任之”③。另一方面，现代技术本质体现在对物一味地促逼和索取，是自然完全暴露在光明之下，没有半点隐秘，这就要求我们“对技术世界中的隐蔽的意义保持开放的态度”④，才能让神秘自由地显露。

现代建筑技术化的转折之处在于建筑诗意居住之思。海德格尔认为不能从建筑艺术或技术维度追问建筑与居住之间的关系，而应该把两者纳入一切存在之物所属的领域进行沉思。那么，如何将两者都纳入沉思之境呢？即需要通过纯粹语言（诗歌语言）来进行。诗、思、语言三者与建筑和居住有什么关系呢？在海德格尔看来，思想与建筑都属于居住。为了诗意地居住在家园之中，诗人作诗并运思，踏上寻找家园的旅途。⑤

二、场所精神的语言建构及意义

当今社会，人们正从物的工业化社会走向场所的后工业化社会，物的价值

① ［德］海德格尔：《海德格尔选集》，孙周兴选编，上海三联书店1996年版，第400页。

② ［德］海德格尔：《海德格尔选集》，孙周兴选编，上海三联书店1996年版，第361页。

③ ［德］海德格尔：《海德格尔选集》，孙周兴选编，上海三联书店1996年版，第1239页。

④ ［德］海德格尔：《海德格尔选集》，孙周兴选编，上海三联书店1996年版，第1240页。

⑤ 张贤根：《海德格尔论建筑与居住》，载《孝感学院学报》2003年第5期，第88页。

由其能带给我们什么样的讯息所决定，而物与我们的信息交流又是由进行这一活动的场所所规定的。在物对人类有决定性影响和支配作用的工业化时代，人们对于物背后的场所及其精神表现得较为迟钝。那么场所到底是什么，如何复活场所及其精神呢？

1. 场所与场所精神

场所是环境的具体化，是行为与事件的发生。舒尔茨认为场所是由具有物质的本质、形态、质感及颜色的具体物质所组成的一个整体。这些物的综合决定了一种环境的特性，亦即场所的本质，一般而言场所都会具有一种特性或气氛。因此场所是定性的、整体的现象，不能够约简其任何的特质，诸如空间关系，而不丧失其具体的本性。① 场所精神，舒尔茨进一步解释道："其来源于古罗马，根据古罗马人的信仰，每一种独立的本体都有自己的灵魂，守护神灵这种灵魂赋予人和场所以生命，自生自死伴随着人和场所并决定他们的特性和本质。"②相较于其他，场所精神概念的重新挖掘更体现出西方自古以来人对自然理解的隐喻思维。

场所分为自然场所和人为场所。自然场所是一个聚落聚集的地方，此地方与一般以机能或视觉描述的地方不同，此地方在大地之上、苍穹之下、天地之间，所有的自然场所都由天与地的具体特质所决定，这些特质在环境层次中成为日常生活中的综合舞台即地景。扩展性是地景的独特品质，扩展的情形如何主要是由地形条件做决定的，地形亦即对场所的描述，它通过不同的地表起伏变化创造出方向性和界定的空间。如何从整体上理解自然场所，舒尔茨认为需从物、秩序、特性、光线和时间这几个方向出发，物和秩序是属于空间性的，特性和光线是指场所的一般气氛，时间是恒常与变迁的向度，在任何时刻中使生活事件成为一个特殊的场所，并赋予其精神意义。在天与地主宰的自然场所中，舒尔茨以地景原型以及尺度上的差异将其分为浪漫式地景、宇宙式地景、古典式地景和复合式地景。浪漫式地景以北欧森林为代表，为大地所主宰是大地的地景，不轻易地耸立迎向天空，其特性是由一系列不可理解的细节交织而成的。宇宙式地景以沙漠为代表，在沙漠中，大地并没有提供给人足够存在的

① [挪]诺伯舒兹：《场所精神：迈向建筑现象学》，施值明译，华中科技大学出版社2010年版，第7页。

② [挪]诺伯舒兹：《场所精神：迈向建筑现象学》，施值明译，华中科技大学出版社2010年版，第18页。

立足点，沙漠中没有一个独特的场所形成一个连续性的中性地表，而天空的秩序不因大气的变化而有所模糊，所以在沙漠中，人面对各种自然力量，体验了绝对的宇宙特质。古典式地景以希腊罗马环境为代表，表现出在清晰而独特的场所中所具有某种有意义的秩序。复合式地景是前三种地景的混杂形式。地景决定了存在意义或内涵，居住在其中，不仅仅意味着寻找到庇护所，更意味着去理解既有环境为一组内部从超大到微小的尺度层次。在浪漫式地景中，定居是指在各尺度层次中的耸立，大地是最直接的力量，神性隐藏于其中；在宇宙式地景中定居的意义则相反，包被的花园或天堂变成终极目标；在古典式地景中，人发现自己置身于和谐的中间，可以向外，也可以向内。

人为场所是自然场所中的聚落，首先从住宅到村庄到市镇；其次是连接这些聚落的路径和转换自然为文化地景的各种元素，如果这些聚落与环境的关系是有机的，则聚落在其中扮演着焦点的角色，环境这被浓缩或诠释在此焦点中。集中性和包被性是人为场所的基本特质，其核心是集结，为了达到集结的目的，于是便有了链接内部与外部的开口，而建筑物凭借其连接天地的优势与周围环境产生关联，使人为环境包括人造物或物成为内部的焦点，强调聚落的集结功能。人为场所在一定程度上反映了人对自然场所在和一般存在情境的理解，因此舒尔茨依据自然场所以建筑为焦点将人为场所分为浪漫式建筑、宇宙式建筑、古典式建筑和复合式建筑。浪漫式建筑以中世纪城镇建筑为代表，具有多样性、活泼而动态的特性和强烈的气氛，且志在表现，其建筑造型是一种自我成长的结构而非出自组织，类似生命本质的建造；宇宙式建筑以伊斯兰建筑为代表，表现出明显的一致性和绝对的秩序，是一个整合的逻辑系统，其建筑造型是静态的而非动态的，其主要目的是需要而非表现。古典式建筑以希腊式建筑为代表，表现出可想象性和明晰的秩序，其组织可以用逻辑的观点去理解，而其本质需依靠移情作用。古典建筑的特性是具体的表现，同时每个元素都有清晰的个性，其建筑造型并非动态也非静态的，而是孕育着有机的生命，似乎是个别元素刻意组合而成的结果，同时给人以归属于自由的感受。复合式建筑是以前三种建筑形式为原型的杂糅建筑形式。人为场所的价值在于使人居住的同时开放对世界的体验，即定居与自然的场所精神，同时又透过人为场所精神的集结向世界展开。

地景与聚落是场所结构最重要的组成部分，其可以用空间和特性的范畴来进行描述，空间是构成一个场所的元素，是三维的组织。集中性、方向性、韵律感是具体空间的主要特质，而空间边界则是形成连续或不连续空间特质的主要因素。海德格尔曾说，边界不是某种东西的停止，而是某种东西在此开始出现。特性是描述场所普遍的气氛，它一方面意味着最为广泛、综合和全面的整体气氛；另一方面是具体、实在的形式以及限定空间元素的实质。空间组织对特性的形成具有某些限制，不同的空间可能会有不同的特性。构成一个场所的建筑群的特性，经常浓缩在具有特性的装饰主题中，这些装饰主题可以将场所的特性转换到另一个场所中，使特性和空间在边界结合在一起。

怎样复活场所及其精神，需在场所的变迁历史中寻找答案。在古希腊哲学中，使用"场所"一词最多的当属亚里士多德。他认为宇宙是由多个场所组成的，每个场所都有与之相对的原理和法则的存在，在不同的场所中，物质也表现出不同的性质。但这样的思考方式有别于用单一法解释世界的观点，且古希腊神庙建筑主要是根据数学原则进行精确的设计，所以在一段时间内，亚里士多德被评为落后于世道的迷信家，场所观念就此埋没。到古罗马时期，人们逐渐在追求建筑外观美感的同时，也开始注重建筑内部的体验，在内部空间设计问题上，个人主观问题开始浮出水面。在外观设计中，虽然通过数学计算可以使之获得客观美感，但对于内部空间，比起建筑各部分的比例，材质、光照等用数学无法计算的要素占据着重要的问题，对建筑场所问题的思考又重新回到人们的眼前。随着中世纪建筑的发展，建筑场所的丰富性得以完全复活，建筑的形态会根据其所在场所产生微妙的差异，如同样是哥特式建筑，在南欧就强调水平性，在北欧则更重视垂直性。到文艺复兴时期，其思维方式是将建筑视为客观存在的，追求普遍美感的事物，因此以数学为基础的建筑设计又重新回到建筑设计中。但建筑竣工后，人们发现根据建筑各个部分的尺寸形成的数学秩序和实际使用过程中能否感受到美之间存在较大的落差，这是因为建筑客体与人类主体的关系复杂且不稳定的关系造成的。巴洛克时期将建筑作为主观而非客观存在来对待的新趋势，孕育了古典建筑从未有过的建筑动态美，尤其在室内设计上，建筑体验是随着多样的、主观的移动而改变，最终形成建筑外部客观，内部主观的现象。19 世纪这种现象愈演愈烈，空间概念的引入以及空间技术的发展，这一时代成为客观构造论(建筑外观)和主观空间(建筑内部)论分裂、摇摆、变形的时代，直到工艺美术运动提倡恢复场所，主客观分裂的现象才有了整合的趋势，作为恢复场所的具体策略，工艺美术运动着眼于生产这一人类活动，使与场所共生的工匠复活，从生产的立场是场所复活，这是其关注的本质。但这项运动企图复活中世纪性质的生产活动与当时不断发展的工业化浪潮完全相悖，导致场所复兴的失败。现代主义运动依然以生产为媒介，继续统合客观构造与主观空间，但现代主义以单一产品的大量生产作为工业生产活动的基础，不同的场所的生产活动被这种工业化的方式破坏了，形成场所经济基础的当地材料和工匠被工业社会的生产形式破坏，正逐渐消失。虽然如阿尔瓦·阿尔托等现代建筑设计师已经意识到这些破坏给人类造成的危害，并提出地域主义建筑，着眼于当地材料及加工技术，对现代主义建筑设计方法提出改良意见，这也是后期现代主义主要发展的趋势。但这种趋势被后现代主义所打断，后现代主义建筑风格加速了场所的丧失，在全世界新建的后现代主义摩天大楼如雨后春笋般将世界变得更加千城一面。①

从上述的场所的发展历史可以发现，重建场所及其精神的关键在于主客观的整合与生产。17 世纪，笛卡儿就指出主观与客观的对立是哲学最大课题，18 世纪英国经验主义尝试使用主观的，从个人经验出发的自下而上的方式而非客观的、自上而下的方式来填补这一空缺。随后康德将人类的认知能力划分为感性与理性，试图解决主客观分裂的问题。而海德格尔的兴趣不在于强调主客观对立，而在于其中寻求过渡。他将建筑比喻为桥，桥连接河两岸，将周围存在的场所整合为一个整体。生产来源于场所对万物的接纳、孕育与生成，建筑场所是将生产与大地融为一体的日常生活的立足点。

2. 场所精神的语言建构

建筑的场所精神如何具体表达为建筑自身的语言系统，这是建筑师们需要进一步探讨的问题。我们以建筑居住语言为例来探讨上述问题，因为建筑的本性在于让居住。从词源上分析，在古英语和古高地德语中建筑一词是“buan”，指停留、停于，意味着居住。“只有当我们能够居住，我们然后才能建筑。”居住关切此在的存在，居住之于建筑是根本性的。②

舒尔茨认为居住意味着在人与给定环境之间建立一种有意义的关系。这种关系就是一种认同和定位，认同与具体形式有关，而定位则与空间秩序相联系，认同与定位是居住建筑的总体结构和共有特征。一方面，人们在定居时会重新发现自己，其存在于世也因此而确定；另一方面，人作为一个旅行者，总是在旅行的路上，会对居住地做出选择，在选择居住地时，人们也因此选择了

---

① ［日］隈研吾：《场所原论：建筑如何与场所契合》，李晋琦译，刘智校，华中科技大学出版社 2014 年版，第 14~30 页。

② 张贤根：《海德格尔论建筑与居住》，载《孝感学院学报》2003 年第 5 期，第 88 页。

与其他人之间的一种伙伴关系。这种辩证的离开和来回，道路和目标，就是存在“空间性”的实质，而这种空间性又是由建筑来完成的。①

人们用建筑来为自己的存在于世创造生活空间，从总体上看，建筑包括体现与容纳，即人造形式和经过组织的空间。而人造形式与组织空间又具有普遍的特性，它们体现在不同的环境层次中，对这些不同的环境层次进行分类即建立环境类型。人造形式经过组织的空间和建筑类型构成了完整的建筑居住方式，形成了三种基本居住建筑语言即形态学、空间结构学和类型学。形态学关注人造形式的面貌，人造形式被理解为在天地之间的存在，即建筑作品的站立、升起和开口。站立是与大地的关系，升起是与天空的关系，而开口则是与环境的相互作用及内部与外部的关系。站立体现在对建筑基座和墙体的处理上，使之贴近大地，升起体现在建筑的线条和轮廓形式上，表达一种与天空的积极关系，开口体现在墙体的内外关系上。总之，形态学是研究楼、地面、墙体等建筑的具体结构，或者说是研究建筑的边界。形式的特征尤其边界来确定，海德格尔说：“边界并不是事物终止的地方，而是正如希腊人所认识到的，边界是事物开始显现的地方。”②空间结构学关注空间秩序即空间的组织。中心、通路和领域是组织空间的基本组成元素。空间结构的另一个基本组成元素便是水平和竖向的明确区分。水平方向与大地有关，而竖直方向则与天空相连，他们共同构成了人们存在于世的一种方式。类型学关注居住方式的表现形式。类型是建筑学的本质，表现为对建筑原型的探讨，原型可以被定义为居住的方式，通过空间组织和设计的基本原则体现出来。类型本质的意义是普遍的，而单个作品的类型主题的变体显现出对某种具体环境的适应。③

建筑设计包括两个方面的过程，首先运用人造形式和经过组织空间的基本原则将居住方式转变为一种类型实体；其次是根据具体的环境场所来调整建筑类型。众所周知环境场所是根据时间和空间的变化而不断变化的，想要使建筑语言彰显场所精神需要回归到建筑的本源，从此时、此地、此人中寻找答案，发现他们和建筑之间的联系，用最直接的建筑语言来回应场所精神，只有尊重

---

① ［挪］克里斯蒂安·诺伯格-舒尔茨：《居住的概念-走向图形建筑》，黄士钧译，中国建筑工业出版社 2012 年版，第 11 页。

② Martin Heidegger. *Poetry*, *Language*, *Thought*. Harper &Row Publishers, 1975, p. 154.

③ ［挪］克里斯蒂安·诺伯格-舒尔茨：《居住的概念-走向图形建筑》，黄士钧译，中国建筑工业出版社 2012 年版，第 24~27 页。

这些关联，尊重建筑创作中的底层逻辑，才有机会建立人存在的立足点。建筑设计并非功能、形式等各方面的简单叠加，而应于时间、地点和使用者建立一种特定的关联后，用当代适宜的手法来解决当地的建筑问题。具体表现为：首先将历史看作一个连续且不断叠加的流程，历史的原真性不再以一种封闭的法则或系统呈现，而是在充分尊重原始状态的基础上不断叠加新的历史过程；其次是新介入的元素即保持对既有环境的尊重，又有限地介入到现存空间中，使既有空间特征与新的空间的适应性平衡，其所传递的信息既是对过去的眷念，又是对未来的投射；再次是探索既有建筑，环境场所与当下社会的运作、功能需求以及文化圈层产生交集的系统性工作；最后是锚固于场地的物质存留，又游离于场地的诗意呈现，建筑的目的既在于包含过去，又在这些过去中转向未来。在总体布局上摒弃了忽视时间脉络对空间特质作用的模式化、图案化设计方式，而是从对既有环境的空间脉络出发，从场地肌理着手开始设计，努力营造富有时间厚度的建筑空间，以寻求场地的活化与再生以及场所记忆的诗意呈现。

3. 建筑场所精神语言建构的意义

语言是建筑形式的共性特征。海德格尔说过语言是存在的住所，“住所”一词意味着所有存在的东西都是通过语言来了解的，所有的东西都被保留在语言当中。没有语言，世界就无从表达，世界就贮藏在语言之中，当人们述说时，语言中所存有的东西就会显现出来，在述说中，人们揭示了事物而不是表达了自己。根据海德格尔的定义，述说使用词句将真理表达出来，在古希腊“敞开”的概念中，真理是敞开的，同时又是遮蔽的。也就是说，当事物的某些方面被揭示出来时，事物的其他方面依然被遮蔽。我们不可能拥有全部的真理，而只能在某些时候揭示真理的某些方面。那么人们是怎样述说的呢？海德格尔说诗歌用形象述说，诗歌让我们真正居住下来。这也就是说在述说时，人们创造了揭示世界的图形，提供了存在的根基。这些形象敞开了事物作为构成相互反射这个世界中相互联系的部分属性。“地、天、神、人……各自以自身的方式反射其他要素的存在……这种反射并不描绘其相似性，而是照亮了四重要素，并使它们在一种简单的隶属关系中恰当地显现自身，这种恰当的反射使四重要素自由地各显其性，同时也把这些本质相互联系的自由要素的纯真属性结合在一起。”①形象因而使不可见的东西显现出来，让人们居住下来。语言是

① Martin Heidegger. Poetry, Language, Thought. Harper &Row Publishers, 1975, p. 179.

共享的，作为存在的住所，语言是作为共同世界的一部分。因此语言不仅帮助人们从属于大地，而且也帮助人们互相从属。①

当今世界是建筑语言被摒弃的时代。人们把现实缩减为可以度量的东西，把具体的地方变为抽象的空间，结果日常生活世界逐渐消失，人们成了事物中的陌生人。因此建筑场所精神语言的构建担负起了使建筑回到建筑本身的意义，即要恢复人们的自然理解，将建筑理解为存在于世的方式，理解建筑的集聚功能，思考建筑，揭示建筑的建筑性。②

三、诗意居住的实现及精神路径

1. 语言家园下的诗意居住

现代技术化的架构使人赖以存在的基础被连根拔起，人类的生存因此处于无根基的状态，科学技术已经成为现代人人生在世的基本生存情态，技术对人的统治实质上导致了人的存在的沉沦，因此迫切需要以诗意居住之思打开自我拯救之路。

如何通过诗意居住之思打开自我拯救之路呢？以艺术打开真理，以语言汇通四方，传递神性的光辉。海德格尔通过探索艺术作品、艺术家和艺术的关系开启存在真理通达要死者的途径，用艺术和诗构建起真理显现的通道。艺术和诗的通道为真理自上而下的显现提供了可能，但是还不能完成。正如现实生活中有了路但还缺乏交通工具的话，人们往往不能到达目的地。海德格尔寻找的交通工具便是语言，他将语言理解为大道的运行，存在的真理从神圣那里派送出来，经由诸神、诗人、思想者这一系列符号的转传，最后到达大地上的要死者。语言作为大道无声的言说，传递着来自神圣者的暗示，当大地上的要死者能够以神性度量自身，便能聆听神圣的话语，人地人神共居的视域被打开，当要死者与神彼此面对，神性的光辉祛除了要死者向死而生的忧心，使要死者以向无限的自由的可能性超越，实现诗意地居住，进行自我的拯救。

在艺术、语言、神性中，语言在海德格尔晚期的“诗意居住”概念中最

---

① ［挪威］克里斯蒂安·诺伯格-舒尔茨：《居住的概念——走向图形建筑》，黄士钧译，中国建筑工业出版社2012年版，第109页。

② ［挪威］克里斯蒂安·诺伯格-舒尔茨：《居住的概念——走向图形建筑》，黄士钧译，中国建筑工业出版社2012年版，第131~133页。

为重要，因为存在真理的实现要借助艺术、诗这些本真的语言，从言说的方式上看，他已经不再用形而上学的形式化语言，而是诗意的道言。海德格尔用道言开启诗与思的对话，以诗意之思揭示存在的真理，并使存在者进入澄明之境，以诗性之思与诗性拯救的道路开启现代人的未来，使人回归本真的存在状态。

一般来说，人们把语言看作是人类相互间交流的工具，语言是主体间迸发的活动等，这些观点表明语言属于西方形而上学的主客体二分的思维体系，语言担当的是人与人之间沟通交流的作用。海德格尔则颠覆了一般意义上的语言观，从存在论的角度来理解语言，“从存在论上讲，并不是我们说语言，而是由于我们能听到空廓宏大的大道在言说，或处于语言的橼构开启境域中，我们才能够开口讲话和思想”①。语言由神圣者给出，诗人从诸神那里接受的语言并不是神实际给出的词语的意思，而是作为神的符号的闪现。只有在语言中，人才能思考存在、依于存在，关于此，彭富春在《无之无化》中有这样一段描述：“在海德格尔思想发展的第三阶段，语言形成的主要原因却是语言自身以及道，它作为道在诗意语言中走向语言。”他引用海德格尔的一句话：“诗意的道说首先将自源的面目带向显明，诗意的道说首先让要死者居住于大地之上，苍天之下和神性之前。”②这表明语言如何使存在者诗意居住在大地上，诗意的道说能够将天地人神处在一种彼此汇通的境遇中，这种诗意的道说让要死者能够具有大道，从而诗意居住在大地之上、天空之下和神性之前。因此语言不仅是存在的家园，而且是存在者的家园。语言是存在者家园的目的是指明人归属于大道，人总是在道说中倾听存在的神性的召唤。人之所以能聆听是因为大道已经赋予人以语言这个居住之所，人已经在道说中了。

在语言家园下的诗意居住是基于人地人神的四重合一。在神与人进行着语言的交换中，诗意越加丰富，语言存在的方式就是对人发出呼唤，对世界万物发出呼唤，而人在本真的存在中所说的则是对语言的呼唤的应答。在这呼唤应答的过程中交换着的一切都是以诗的要素进行的道说，人的应答愈是富有诗意，他的言说也就愈自由，他对自己未预见之物的敞开也就越多，那么他的纯

① 张国杰：《通向诗意栖居之途—海德格尔诗意之思的阐释》，吉林大学2010年博士学位论文，第58页。

② 彭富春：《无之无化——论海德格尔思想道路的核心问题》，上海三联书店2000年版，第154页。

真性也就越大，诗意就是这样在人与神进行语言交换的过程中产生。①

在语言家园下的诗意居住即“语言自身即是人的家园，因为它诗意地道说，亦即如此，它呼唤四元，此四元作为地方的地方性使人的居留成为可能”②。

2. 回归日常生活世界的建筑

日常生活世界是人们对前科学世界的一种经验，是人们在学会将自己与世界分离前，把世界看作一种分离的客观存在之前对世界的一种体验。海德格尔通过对人的日常共在的剖析来对日常生活世界进行了深刻的理解。海德格尔在哲学宗旨是追问“在的意义”，他认为西方传统形而上学一向从现成的、被给定的东西即在入手来探讨存在的意义，结果都没能真正理解在是什么，因此，其主张从此在，即人的存在入手来揭示存在的意义。此在通过在世而展开自身的本质意义，海德格尔用被抛入和烦来揭示此在的在世结构，此在的在世是从被抛入状态开始的。人被抛入世界之中，一方面与手边之物打交道，另一方面需同他人打交道；前者被理解为繁忙，后者被理解为烦神。烦由此就为此在的基本在世结构而内在于共同此在(即共在)的世界中，海德格尔由此展开了对日常共在世界的分析。③

海德格尔在《存在与时间》中从多方面描绘了日常共在的方式。如他用闲谈、好奇等来描述此在的日常存在方式，并把闲谈和好奇等几种方式统称为沉沦，即人由本真的存在状态向非本真状态的沉沦，也即此在的异化。在海德格尔看来，日常生活世界是一个全面异化的世界、一种非本真的状态。关于日常生活的异化，他认为首先日常主题把本已的此在完全消解在他人的存在方式之中，与无个体性的常人认同，结果造成一种未分化的平均状态；其次日常生活的主体在逃避自由的同时，也推卸责任；最后日常生活的主体间的交往同样具有异化的性质。“互相关心、互相反对，互不相照、望然去之，互不关涉，都是烦神的可能的方式。而上述的最后几种残缺而淡漠的样式恰恰表明日常的平

① 张国杰:《通向诗意栖居之途—海德格尔诗意之思的阐释》，吉林大学2010年博士学位论文，第70页。

② 彭富春:《无之无化——论海德格尔思想道路的核心问题》，上海三联书店2000年版，第154~155页。

③ 衣俊卿:《理性向生活世界的回归——20世纪哲学的一个重要转向》，载《中国社会科学》1994年第3期，第119~120页。

均的相互共在的特点。这些存在样式又显示出不触目的与不言而喻的性质，这类性质为日常世界内的他人的共同存在所固有，亦如为烦忙每日所及的用具的上手状态所固有一样。”①总之，海德格尔视野中的日常生活世界是一个全面异化的世界。

如何消解日常生活世界的全面异化，还需从日常生活世界的本源即天地人神的四元世界中去寻找原因。从建筑场所的角度，舒尔茨也认为建筑作为处于人和事物的世界之中，并揭示世界本来面目的主体，应考虑日常经验的生活世界，因为生活世界构成了真实的现象，它包括自然中的全部真实事物，人们通过真实的生活世界得以规避各种成见的束缚去把握事物的本质，在建筑思维中如何回归还原到事物的本质呢？他认为应该重视场所，场所不是抽象的地点，它是由具体事物组成的整体，事物的集合决定了场所的环境特征。因此场所是质量上的整体环境，人们不应该将整体场所简化为空间关系、功能或结构组织等各种分析范畴，因为这些均不是事物的本质，而是成见，因此需要用现象学的方法，回归到对真实场所的整体把握之中。

（作者单位：华中科技大学建筑与城市规划学院）

① ［德］海德格尔：《存在与时间》，陈嘉映、王庆节译，生活·读书·新知三联书店1987年版，第149页。

克罗齐艺术史观探析

王圆圆　马宏宇

克罗齐是著名的美学家，对其的研究多集中于他的美学思想。事实上，克罗齐在其著作中也多论及艺术史观念，他的艺术史观也是其艺术思想中的重要一部分。在某种意义上而言，克罗齐的艺术思想是其美学观念和历史观念的延伸，下文中以克罗齐的重要美学著作《美学纲要》出发，结合克罗齐的美学思想，进而阐释克罗齐的艺术史观念。

一、克罗齐美学思想述略

克罗齐的美学思想经由朱光潜先生的译介在国内广为传播，我们熟知的是他的经典美学著作《美学原理》，它是克罗齐关于美学思想的系统严谨的著述。《美学纲要》从严格意义上讲，并非严谨的学术著作，而是对克罗齐《美学原理》中美学思想的补充阐释与简化理解，是克罗齐应德克萨斯州赖斯学院的邀请准备的一篇讲稿，但是正如克罗齐在书中意文版序中所说："这本小册子不仅浓缩了关于同样内容的、原来的我的著作的较重要概念，而且这些概念的表达也有着更好的内在联系和更加明晰，而这在我十二年前的旧《美学》中是不足的。"①书中论述了"艺术是什么""关于艺术的一些偏见""艺术在心灵和人类社会中的地位""批评与艺术史""美学史的起源、阶段和特征""艺术表现的整一性"等问题。该书的论述摒弃了概念的累加与严谨的逻辑，但并不代表他的论述缺乏系统和说服力，克罗齐以史学家的视野与美学家的哲思将艺术与美予以本体性，证明了美并不是神秘而不可言说的。本文的诸多论述就建立在他的

① ［意］克罗齐：《美学原理：美学纲要》，朱光潜译，人民文学出版社 1983 年版，第 197 页。

《美学纲要》的基础上。

克罗齐是新唯心派的代表，主要观点“艺术即直觉”的表现论，极力强调艺术的非科学、非认识、非生活、非经验性质，有浓厚的大陆理性主义色彩。就欧洲近代哲学来说，主要的成就是康德、黑格尔那一线相承的唯心派哲学，克罗齐是这一派的集大成者。克罗齐更重要的意义还在于：“美学的活动也曾被误认为同伦理、经济及逻辑的活动相混，而克罗齐则把他们区别开来，从而证实了审美活动的独立性。”①

克罗齐的艺术哲学系统大部分是从发挥和纠正康德与黑格尔的学说得来的。康德研究理性，把它分为三个阶层：知解的、实用的与审美的。在知解的阶层，理性显现为知的功能，目的在求真；在实用的阶层，它显现为形的功能，目的在求善；在审美的阶层，它显现为审美的意识与合目的的意识，目的在求美。他的三部杰作：《纯粹理性批判》《实践理性批判》《判断力批判》就分别讨论这三种理性。黑格尔哲学的精华在辩证法和它所依据的“相反者的同一”，有正反合三项，是一个三一体。克罗齐将心灵的活动分为两度四阶段，知与行(即知解与实用)两度。四个阶段为：知包含直觉(个别事物形象的知)与概念(诸事物关系的知)；行包括经济的活动(目的在求个别的利益)与道德的活动(目的在求普遍的利益)。直觉、概念、经济、道德这四个阶段不在一个平面上并列，所以不能算是心灵活动全体的四部分，每一阶段都是完整的、具体的、真实的；心灵在每一阶段都以它的全体真实性出现，被称为具体共相或“相异者的统一”，是在黑格尔“相反者统一”思想上的纠正。这四个阶段相当于美、真、益、善四种价值，在直觉中，真实界以美显现；在概念世界中，真实界以真显现，余类推。美、真、益、善各是真实界的一度，在它那一度，就表现为全体真实界。简言之，传达美的价值的直觉，既有依附性也有独立性，既是二度四段中的一部分，同时它自身也是一个完整的统一体。四个相互交融又各自独立的“相异者”共同构成了真实界的演变，而“真实界的演变就是心灵活动的生展”。因此，克罗齐把他的全部哲学称为“心灵的哲学”。

克罗齐的直觉就是想象或意象的构成，艺术只构成意象，不产生概念。直觉不是被动的感受，而是主动的创造；主动者是心灵，被动者是直觉下的物质。在克罗齐看来，美是“表现”。艺术是直觉，直觉即表现，完全是心灵的

① 涂纪亮等：《当代西方著名哲学家评传》，山东人民出版社 1996 年版，第 2 页。

活动。克罗齐不仅将直觉作为其心灵哲学的逻辑起点，打破了西方哲学中传统的心物二元的范式，提出了艺术与直觉独立的美学建构，而且使艺术与审美跳出了传统的窠臼，走向了更广阔的世界。“艺术存于创造者与欣赏者的创造与欣赏那个活动中，不存在传达出来的文字或其他符号。”①欣赏就是再造，所以艺术是常新的、无限的。

朱光潜先生对克罗齐的美学思想批判有十条，主要有三点：一是对直觉即艺术的命题中直觉与物质的关系的疑问；二是艺术传达问题；三是艺术价值问题。基于朱光潜先生的批判，笔者认为克罗齐的艺术思想中有几个问题需要探讨。首先他夸大了直觉的作用，克罗齐对于艺术是直觉的界定中，试图说明一切事物皆是直觉所生的意象，而直觉仍不能不有所依据，因此克罗齐夸大了直觉的作用，却对方便假立的物质没有言说清楚，正如朱光潜所说：“事实上，科学的、实用的、美感的三种活动在理论上虽有分别，在实际人生中并不能分割开来。美感的人是抽象的，在实际上并不存在。”②换种方式理解，或许克罗齐提出“艺术即直觉”的彻底唯心主义艺术哲学观是一种论述的策略，为了使美学独立得更彻底，将审美与心灵的距离无限拉近，克罗齐选择了彻底的唯心主义观，而抛弃了传统的心物二元论；其次，艺术传达问题。克罗齐把传达看作物质的事实，认为传达并不重要。按照他的说法，艺术是心灵的活动，人们的心中只要直觉到一个艺术形象，那么就完成了艺术的创造。他甚至以断臂的达·芬奇为例，作为一个伟大的艺术家，即使达·芬奇的双臂不存在了，只要艺术家在脑海中完成了艺术形象的创造，不用在画布上展现出来，他也完成了艺术创造。可是这种类似于直觉的自言自语能够推动所谓人类的心灵史发展吗？克罗齐显然没有给出答案。再次，艺术价值的问题，即普通所谓美丑问题。他将美与丑定为正价值和负价值，那么，美与丑的标准又该如何界定？涉及比较就应该有价值判断，而克罗齐是反对价值判断，这是他自相矛盾之处。此外，美与丑既然都是心灵的活动和直觉的反应，那么直觉是否也有高下和优劣之分呢？克罗齐似乎也没有注意到这个问题。

正如克罗齐本人所言，“哲学家应伴随着一种谦虚的骄傲，即意识到，在某个确定时刻，如果涉及的领域更广阔或尽可能大些，那么他的答案就要受到

① 朱光潜：《朱光潜全集 4·谈修养·谈文学·克罗齐哲学述评》，安徽教育出版社 1988 年版，第 385 页。

② 朱光潜：《文艺心理学》，复旦大学出版社 2009 年版，第 149 页。

当时历史的限制，而不可能自封具有全面的价值，或自封是什么最终的答案”①。克罗齐的思想也并不是为了一劳永逸地解决艺术的问题，而是为构建艺术哲学真理这所永远的新房子添上了一座带有里程碑式意义的旧房子。

二、克罗齐对艺术本质的认识

克罗齐对“艺术是什么”问题的探讨，亦是对艺术本质问题的思考。艺术的本质问题关系到以何种逻辑建构艺术史，以何种标准书写艺术史。克罗齐对艺术本质的认识亦是它美学思想大厦的基石。

克罗齐在谈论艺术是什么的时候，首先阐释的是“艺术不是什么”的问题，反驳了几种我们惯常对艺术的印象和理解。克罗齐认为艺术不是物理类的结构、不是快感类的心理，也不是伦理道德上的褒贬与知识上的真假，克罗齐彻底否定了艺术具有的概念知识的特性，得出了“艺术即直觉”的定义。他用“意象性”作为艺术直觉的根本性特征，将艺术与哲学、历史也区别开来。克罗齐所谓的“直觉”与艺术内部之中蕴含的情感、意象、象征、理念因素交织，“艺术死于思考与判断”，将艺术“抒情的直觉”与普通的直觉相区别。显然，克罗齐在反驳其他用艺术外部的特征为艺术下定义的同时，他也意识到必须借助概念，定义才能构成结构。他用了一个绝妙的比喻来表达观点，他将真理喻为一座永远翻新的房子，“而这座永远崭新的房子永远要靠旧房子的支持，旧房子几乎像凭借魔法似的永远包含在新房子里面”②。

克罗齐也并不主张将艺术分崩离析地分解成各个面目全非的残体。对于常规的艺术的“内容与形式”“直觉与技巧”“自然美与艺术美”这样二分的探讨方式，克罗齐是反对的。他认为内容和形式并不是艺术，“内容和形式的关系才是艺术的”；而技巧也并不是艺术的末流与对立，它是艺术情感与灵魂状态自然而然的流露。在谈论自然美与艺术美之间的关系时，克罗齐说道：“和艺术相比，自然是愚蠢的；人不叫自然开口，自然就是哑巴。”③他强调了人的审美

① ［意］克罗齐：《美学原理：美学纲要》，朱光潜译，人民文学出版社 1983 年版，第 205 页。

② ［意］克罗齐：《美学原理：美学纲要》，朱光潜译，人民文学出版社 1983 年版，第 205 页。

③ ［意］克罗齐：《美学原理：美学纲要》，朱光潜译，人民文学出版社 1983 年版，第 240 页。

主体性与创造性，人是美的缔造者。将表现与美相区别，将艺术与美放入各种鸽子笼式的体裁框架中，克罗齐认为这也是对美的一种偏见，而这些偏见造成了无法理解美的本质。

正因为克罗齐反对将艺术分解，强调直觉的完整性和心灵的整一性，因此他又进一步提出了"艺术表现的整一性"，即艺术表现的普遍性和统一性。基于艺术既非概念也非判断，而是纯粹的抒情的直觉的思想论断，克罗齐认为艺术表现是形式的个人与宇宙底蕴的结合，而艺术直觉与表现的纯粹决定着艺术表现的完美与整一。这种纯粹直觉，在某种意义上，克罗齐指的是包含抒情、热烈的激情情感。从根本上看，克罗齐的艺术整一性的源泉来自于他对艺术本质意义的理解，他认为艺术是理解人类精神的一个基本环节，对艺术整一性的理解即是对心灵的丰富性与整一性的诠释。这种"整一性"是贯彻到克罗齐的整个艺术思想的，在艺术批评领域亦如此，他肯定了艺术批评首先必须是审美的批评，"不是工匠加乎于艺术品，而是哲学家加乎于艺术品"，具有再现艺术和表现艺术的特性，但是由于批评对于艺术概念的依附性，使得艺术批评将艺术划分等级或者把艺术搞得支离破碎，沦为伪审美批评和伪艺术批评。他对批评的观点最后落脚到对待历史的态度上，"真正彻底的批评是对已经发生的事情的平静的历史叙述，历史是唯一真正能加诸人类活动的批评"。① 而克罗齐所谓的历史，更确切地说是心灵史。那么，艺术批评对于历史的叙述，本质上是对人心灵史的观照与哲思。

三、艺术史即心灵史

克罗齐的艺术哲学思想被称为"心灵哲学"，他的艺术史观中的核心观念即"艺术史即心灵史"，是其心灵哲学思想在艺术史观念中的体现。正如克罗齐反对将艺术划分为各种各样的体裁和类型，克罗齐也反对把艺术史或者文学史视为体裁史，他认为艺术史即心灵史。

克罗齐的艺术史观是建立在他的美术史观的基础上的。他在探讨"美学史的起源、阶段和特征"时，回溯了美学作为一门科学在人类精神文明发展中的脉络。他以 17 世纪为界，将美学发展分为两个阶段：史前阶段和有史阶段。

① ［意］克罗齐：《美学原理：美学纲要》，朱光潜译，人民文学出版社 1983 年版，第 289 页。

美学的史前是以神学与形而上时代为主，从古希腊文明到意大利文艺复兴时期，美学不是以肯定而明晰的概念出现，它以诗或艺术概念、艺术行为与艺术判断等存在哲学家们的思想之中。美学的出现是和近代哲学同时出现，所以将17世纪近代哲学的出现为界，有史阶段又分为四个小阶段，即："1. 先康德美学阶段，主要探讨审美功能，以及审美功能在其他心灵功能中的地位；2. 康德美学和后康德美学阶段，这个阶段的特点是形而上学的唯心主义已经成了强弩之末，心灵的功能脱去了片面的性质；3. 实证主义和心理主义阶段，延续至19世纪末；4. 当代美学阶段，尽管摆脱了形而上学和实证主义的束缚，却没有脱离哲学范畴，是一种审美的心灵哲学形式下重新研究艺术问题。"①

由此可见，克罗齐认为当代美学的发展伴随着心灵哲学的建立；反之，没有当代美学的建立，没有心灵哲学的发展，则当代哲学的发展也无法建立。正如克罗齐所言："不建立美学，要想建立心灵哲学是不可能的。"②克罗齐认为当代哲学的建立基础是心灵哲学，而心灵哲学的基础是当代美学，追根溯源，当代美学的根本则是一种审美的心灵哲学形式。因此，克罗齐在论述艺术在人类社会中的地位时除了强调艺术的意象性和独特性，他多次重申了艺术的心灵属性。他的艺术史观是其美学史观和美学思想的延伸，也必然是以"心灵哲学"为基础，是一种符合心灵发展逻辑的艺术史观。

本质上，克罗齐对于人心灵的发展是对黑格尔的辩证法与相反者统一的思想的继承。心灵的独立性和依存性决定了艺术的独立性与依存性，而心灵"又是诸综合的综合，它是真正的绝对，是纯粹的活动"③。艺术又借助了艺术的统一完成了自身的统一。克罗齐"心灵的统一"延伸至"艺术的整一性"。同时，"艺术表现的整一性"以及艺术作品的整一性、不可分性等观点也是对其"心灵的统一"哲学思想的注脚。

由克罗齐的"艺术史即心灵史"的观念出发，亦可理解克罗齐的一些艺术史方法和艺术批评的论断。譬如艺术风格的问题。艺术史中注重艺术家主体与艺术风格之间的关联，布封有"艺术风格即个人"的观点，艺术家个人的性情、

① ［意］克罗齐：《美学原理：美学纲要》，朱光潜译，人民文学出版社1983年版，第312页。

② ［意］克罗齐：《美学原理：美学纲要》，朱光潜译，人民文学出版社1983年版，第300页。

③ ［意］克罗齐：《美学原理：美学纲要》，朱光潜译，人民文学出版社1983年版，第262页。

人格等都是艺术风格形成的重要因素。但是克罗齐从他的艺术史观出发，批判了“风格即人格说”，他认为“如果要从某人所见到而表现出来的作品去推断他做了什么，起了什么意志，即肯定知识与意志之中有逻辑关系，那就是错误的”①。他否定了艺术风格与艺术家人格之间的关系，其实也批判了将艺术家与艺术品之间画上等号，他的这一论断归根结底仍萌生于他的“艺术即直觉”的理念。对于“风格与人格”问题，克罗齐批判道：“许多艺术界传记中的传说都起于风格即人格一个错误的等式。好像一个人在作品中表现了高尚的情感，在实践生活中就不可能不是一个高尚的人，或是一个戏剧家在剧本中写的全是杀人行凶，自己在实践生活中就不可能没有做一点杀人行凶的事。”他否定了艺术作品与艺术家人格之间的关联。其实，关于艺术风格与艺术家人格的问题上，中国古代文人画价值体系中即有“画品即人品”之论，将画家的人品与艺术成就相联系。用克罗齐的这一观点再来审视“画品即人品”这一观念，亦会有新的思考。

四、艺术史中的非“进步”原则

克罗齐对艺术史的发展中最反对的观点，就是艺术史中的“进步”论调，亦可视为艺术史中的“进步规律”的批判。“进步”与“进化论”存在一定的联系。“进化”一词源于达尔文的进化论，也对全球的史学、政治学、伦理学等学科产生过重要影响。“进化论”隐含有进步的逻辑。中国的“新史学”理论即源于“进化论”，民国时期的艺术史学家，如滕固、陈师曾等人受“新史学”巨擘梁启超的影响，即主张一种历史的艺术进化史观，以历史进化之眼光观照整个中国艺术的变迁，用生长于衰亡、进步或退化等观念来诠释中国艺术史，注重对艺术史系统的研究及艺术史发展规律的探讨。②

“进步”之论常与“分期”和“分类”相联系，克罗齐认为艺术史中经常所采取的分期或者分类的艺术史书写方式是一种“进步”逻辑下的艺术史书写，他批判了以往较为普遍的艺术史分类方法。艺术史中常把艺术分为三个时期：①东方时期，理念与形式不平衡，形式溢于理念；②古典时期，理念与形式平

---

① ［意］克罗齐：《美学原理：美学纲要》，朱光潜译，人民文学出版社 1983 年版，第 62 页。

② 乔志强：《论梁启超“新史学”对民国时期美术史研究的影响》，转引自《朵云》第 67 集《中国美术史学研究》，上海书画出版社 2008 年版，第 11 页。

衡；③浪漫时期，理念与形式又不平衡，理念溢于形式，这也是犯了上述错误。又有人把艺术分为三类：①东方艺术，形式不完善；②古典艺术，形式完善；③浪漫艺术，形式与内容都完善。他认为这样的分类中以理念和形式的完善与否作为衡量艺术的标准，其中所隐含的“进步”论是错误的。克罗齐对“进步”或者“退步”的评价标准予以说明，他认为“古典的”与“浪漫的”两词，在它们的许多意义之外，又得到进步的或退步的时期那么一个意义，所谓进步或退步，是看它是否实现了某一种假定的艺术理想。①

虽然克罗齐提及了“进步”与“进步律”“进化律”无关，并阐释了所谓“进步”的概念，认为“进步”不过就是人类活动那个概念本身，哲学史和美学史中的每一位哲学家和美学家的思想都是建立在之前的思想和观点之上，都包含有对于进步的看法和判断标准。他认为“人类历史的每一个叙述都用进步这个概念作基础”②，显然，这种具有普遍性质的“进步”论调是无法符合艺术独特的本质属性的，所谓的“进步”或者“进步律”将艺术史以及人类历史的发展逻辑简单化和程式化。因此，以“进步”为标准，则极易陷入一种假设的规律。他认为这种假设的规律就是否定历史本身，否定使具体事实有别于抽象观念的那种偶然性、经验性和不可确定性。③ 克罗齐对艺术“进步”论的批判，并不是否认艺术会进步，他也并非消解了艺术发展以及艺术高下与优劣的评判意义。他只是反对用这种带有想象性的以线性时间为轴，单线性的进步观点。他从艺术的本质“直觉”出发，“直觉是个别性相，而个别性相向来不复演。把人类艺术造作的历史看成沿一条前进和后退的单线发展，所以完全是错误的”④。从克罗齐的逻辑出发，所以将艺术史作为单线的看法必然是错误的。

克罗齐的艺术史观根本上还是出于他对艺术本质的理解，以及其艺术哲学的根本理念。克罗齐认为“人类在审美方面是无所谓进步的”⑤。对于艺术而

① ［意］克罗齐：《美学原理：美学纲要》，朱光潜译，人民文学出版社 1983 年版，第 149 页。

② ［意］克罗齐：《美学原理：美学纲要》，朱光潜译，人民文学出版社 1983 年版，第 144 页。

③ ［意］克罗齐：《美学原理：美学纲要》，朱光潜译，人民文学出版社 1983 年版，第 144 页。

④ ［意］克罗齐：《美学原理：美学纲要》，朱光潜译，人民文学出版社 1983 年版，第 147 页。

⑤ ［意］克罗齐：《美学原理：美学纲要》，朱光潜译，人民文学出版社 1983 年版，第 149 页。

言，很难说野蛮人的艺术比文明人逊色，因为他表达了野蛮人的心灵印象和情感，他认为“每一个人，乃至每一个人的心灵生活中每一顷刻，都各有它的艺术的世界，这些世界彼此不能在价值上作比较”①。克罗齐强调艺术的独特性，无论是方法论上，还是书写逻辑、观念建构上，在根本上还是要从艺术本身出发，确立专属于艺术的历史，即专门的艺术史。

实际上，克罗齐也提出了他所认为的符合艺术本质的“进步”，即“审美的作品的历史现出一些进步的周期，但是每周期有它的特殊问题，而且每周期只能就对于那问题说，是进步的”②。所以，克罗齐认为的艺术史所要书写的是艺术的历史，是基于艺术家的作品和所解决的艺术问题进而确立他在艺术史中的价值和地位。“我们不能说明某一个艺术作品是什么，除非从某一个艺术的概念出发，确定该作品的作者所要解决的艺术问题，再看他是否把那问题解决了，或是在某一点他想要解决而失败了，失败的程度如何。”③对于艺术史与整个人类的总史之间的关系，克罗齐则认为艺术史当然遵循它本身的规律，即艺术，但是艺术史也从总史中获得其历史的推动力。总史是从属于整个心灵的，而绝不属于从其余的心灵形式中分裂出来的某种心灵形式。④

五、结语

总之，克罗齐的艺术史观来自他的美学思想，这是他的艺术理论的根源。克罗齐美学思想过于强调情感与直觉，反而使美学沦入一种新的附庸，艺术作为人类心灵直觉的种种关系的表现，在克罗齐的美学思想之中，美学无疑成为心灵的注脚。因为美学思想与生活的脱离，克罗齐美学被经验美学家杜威称为“贫血的艺术”。因此，由其美学思想中而来的艺术观念和艺术史观等，也会存在同样的问题。虽然克罗齐主张“艺术史即心灵史”，批判艺术史中的“进步”原则，但是克罗齐并没有建构起一种在具体的艺术史书写中行之有效的方

① ［意］克罗齐：《美学原理：美学纲要》，朱光潜译，人民文学出版社 1983 年版，第 148 页。

② ［意］克罗齐：《美学原理：美学纲要》，朱光潜译，人民文学出版社 1983 年版，第 147 页。

③ ［意］克罗齐：《美学原理：美学纲要》，朱光潜译，人民文学出版社 1983 年版，第 147 页。

④ ［意］克罗齐：《美学原理：美学纲要》，朱光潜译，人民文学出版社 1983 年版，第 289 页。

式。他对艺术史中“非进步”原则的批判是中肯的，当代的诸多艺术现象也佐证了此观点，譬如西方现代派绘画回归原始艺术和古代艺术等艺术现象，但是毋庸置疑的是，作为一种艺术史叙述策略，“进步”论尚是可取。

此外，对于克罗齐的美学思想之于当下的中国艺术发展亦有所感悟。中国传统的艺术是讲究诗意与意境的，而西方的艺术本质上是宗教的，宗教的艺术是心灵、伦理、社会、人文等多种的综合。因此，西方的艺术很难做到纯粹，即达到克罗齐所指的艺术表现的完美整一。克罗齐的“美学”思想，无疑是受当代西方哲学的影响。西方近代哲学向内转，越来越关注人内在的心灵与灵魂状态，西方把目光也转向了东方。正如德国现代著名哲学家马丁布伯论东方精神价值所指出的，是因为东方拥有完全不同于西方的单一精神特质，东方的精神具有拯救西方颓废文化的力量。所以，当代西方艺术的美与创造逐渐变得以人的精神、心灵内核为艺术表现与创造的主体，逐渐走向精神的诗意。而中国当代的艺术表现某种程度上却在逐渐弱化传统，艺术变得更加商品化、功利化，亦步亦趋地追随西方。当西方在寻求东方精神的精神救赎与庇护时，我们捡起了西方的传统，却又达不到西方传统艺术中宗教层面的深度与意识。如何使现时代的艺术更加贴近我们心灵的温度，这是我们当代美学家、艺术家、艺术史学家需要思考的问题。

（作者单位：武汉工程大学艺术设计学院、武汉理工大学艺术与设计学院）

时尚与身体审美市场

齐志家

时尚在当代生活中扮演了重要的角色，并引起了规模广泛的关注。时尚作家们认为，当代“时尚就是一种近乎于现代世界中心的现象”①。身体文化与身体典范在当代的新进展使得时尚问题实际上成为身体的时尚问题。而在社会经济、文化与美学的综合发展中，时尚的社会实践主要围绕的是一个关于身体的审美市场。时尚媒介总是善于描述不同种类的日常时尚事件并传播各种时尚故事，来满足大众的时尚好奇心。我们也很容易梳理时尚著作中的一些时装发展的宏大理论。诸如“滴流理论”(凡勃伦)、“移动的性感部位理论”(拉弗)、“人性二元性”(西美尔)、“情境理论”(苏珊·凯瑟)、“身体情境实践”(乔安妮·恩特韦斯特尔)。② 但时尚本身的多维复杂性，涉及诸如艺术、设计、商业、制造业、技术以及零售业等领域。时尚从来不是一件事或一个产业所能概括的，它存在于当代社会的多重网络中，需要在经济和文化实践的全方位来讨论。法恩和利奥波德认为，研究时尚“需要理解高度碎片化的生产方式与同样多变且往往反复无常的需求模式之间的相互关系”③。由此，我们首先要思考时尚的当代内涵；其次要思考当代时尚的身体问题；最后要探索一个基于身体

---

① [挪]拉斯·史文德森：《时尚的哲学》，李曼译，北京大学出版社 2010 年版，第 3 页。

② 参见 Veblen, Thorstein. *The Theory of the Leisure Class: An Economic Study of Institutions*. New York: Mentor, 1953. Laver, J. *A Concise History of Costume*. London : Thames and Hudson, 1995；[德]西美尔：《时尚的哲学》，费勇译，文化艺术出版社 2001 年版；苏珊·凯瑟：《服装社会心理学》，李宏伟译，中国纺织出版社 1999 年版；[英]乔安妮-恩特维斯特尔：《时髦的身体——时尚、衣着和现代社会理论》，郜元宝译，广西师范大学出版社 2004 年版。

③ 转引自[英]乔安妮-恩特维斯特尔：《时髦的身体》，郜元宝译，广西师范大学出版社 2004 年版，第 1 页。

的审美市场，以及它如何区分于其他市场。

一、时尚

从报架上的时尚杂志到充斥各类时尚素材的报刊页面，从源源不断的时尚明星八卦到翻新不断的时尚故事和时尚秀的全球化传播足以见证时尚的惊人影响力。当代几乎没有人能脱离时尚的影响，它也被一些时尚作家称为当代世界的一种典型特征。但是，一方面是过剩的时尚消息，另一方面却是理论界的沉默。我们对非常熟悉的时尚现象在历史和社会层面的理解却非常缺乏。以往，理论界认为时尚是琐碎肤浅之物，不值得为其浪费只言片语；但时尚对现代生活的巨大影响又促使我们必须研究时尚。当代社会的时尚及其逻辑已突破服装衣着领域的限制，渗透到了现代生活的几乎所有领域。任何声称与时尚绝缘的人，实际上往往都已经是“时尚世界的子民”。时尚持续的“逐新”，不仅影响我们的购买，更深刻地影响了我们的行为方式、思考方式以及对生活的感知，没有任何时代的普通人像今天的人一样害怕落伍。时尚甚至体现出一种重构社会秩序的力量，它“既使得公众的质疑得以扩展，也使个人思想和表现呈现出更大的自律”①。

“时尚”无疑是一个难以定义的词。对于这个语词，无论在内涵还是在外延上，我们都存在多重的理解。在日常的谈论中，时尚所包含的领域不仅指服装衣着，而且也可能有效适用于设计与艺术的其他门类。甚至，人们也认为在政治、科技以及其他更为广泛的人们生活世界的领域存在时尚。当然，在各种生活设计门类中，较之其他日用起居对人们情致的陶冶，服装时尚的激变更新导致的审美上的引导更为显著。就服装本身而言，服装不仅是身体的延伸，而且具有社会学、美学和心理学等方面的功能，将象征、交流与扮靓集于一身。不过，这些功能并不能使之成为时尚，而是服装具备的某种性质构成了“时尚”。对于现代服装而言，更能代表它的面貌的恰恰是上述特征功能以外的逐新求变的时尚性质。时尚往往作为一种革新机制、一种意识形态而作用于现代世界可以想到的领域，诸如建筑的时尚、设计的时尚、学术思想的时尚。所谓的“为了变化而变化”的说法就是指革新变化不是因为某种必要的、或是理性

① ［法］吉乐斯·利浦斯基：《时尚与现代社会的前景》，杨道圣译，载《艺术设计研究》2012 年第 4 期，第 8 页。

的原因，诸如用旧了、出现更好的替代物，而只是因为有改变的欲望，也正如拉斯·史文德森在《时尚的哲学》里就曾揭示了时尚标准的虚妄性。①

现代意义的服装时尚特指西方中世纪晚期以来遵循持续变化更迭的风格化的时尚，而区别于传统的那种基于习俗并相对稳定的衣着风尚。它既是一个源于西方的概念，又是一个现代性的概念。时尚被认为只能在等级制式微与动摇的社会里产生出来；时尚的现代性本身区分于古代和传统的保守、稳定与封闭，是指不断变化的观念、追求风格及变化的速度。与传统服装相比，现代服装时尚拓展了更为重要的现代性内涵，这主要是指时尚具有一种迅速而持续的款式变迁的性质。现代服装不仅是服装衣着自身而且还有某种观念话语构成了时尚。首先，就衣着的本性而言，它是人类一种修饰自己的普遍习性，它表示为一种修饰规划的行为过程。因此，一方面我们认识到时尚不仅明确无疑地与衣着相关，而且时尚就是一种服装衣着本身；另一方面我们也认识到时尚区别于日常普通的衣着，它相关于一个特殊的衣着系统。其次，从其特殊性来看，时尚的衣着是体现当下审美趣味的衣着，是当下流行的衣着。原因在于，时尚并不是影响日常普通衣着的唯一决定因素，时尚不过是某个特定时期影响衣着的一个主要力量。正是在这个特定时期，时尚对衣着产生了重要影响，而且，这种影响往往聚集了其他社会因素(诸如阶级、性别、种族等)并以之为中介才能实现。由此，时尚为日常衣着提供原材料，不仅提供衣着本身，而且提供有关衣着的话语以及衣着的理想观念。这些话语往往将一般的衣物表达为有意味的并且可欲的。时装不仅仅是一种商品，它还是被赋予了某种风格的衣物的品质。因此，时尚既是一种现实的衣着又是一种话语建构的特殊衣着。

那么，什么是这种现实衣着呢？首先，一种现实的衣着就是指真实的服装，它区别于书写的(或描述的)服装。其次，一种真实的衣着意味着衣物本身和穿着于身体上的服装，但只有穿着于身体的服装才是一种现实给予的衣着。这是因为没有人的身体，衣着还是尚未完成的。最后，这种现实给予的服装必然是一种具体化的依赖于身体的实践。身体是穿着的物理基础，是服饰衣着的起点，也是服饰行为的最深远的根源。“衣着”实际上是“穿衣”的结果。由此，衣着不能从它所修饰的身体中分离出来，身体的重要性不仅在于它是衣着的起点，而且在于身体自身始终处于社会建构之中带给衣着以意义。因此，

---

① 参见[挪]拉斯·史文德森：《时尚的哲学》，李漫译，北京大学出版社2010年版，第28页。文中认为，它持续的变化取消了普遍真理存在的可能性，使其不可能决定未来。

我们强调现实衣着是身体的衣着实践。

与此同时，关于衣着的话语既包括服饰的话语也包括身体的话语，甚至应该是作为一个整体的衣着身体的话语。关于服装衣着的话语无疑是社会学、美学、心理学的综合的话语，但现代服装还要更多地追逐“时尚”。当然，今天的时尚话语仍存在多元纷争。比如巴特的时尚研究，就选择了书写的服装，而不是真实的服装进行分析。他借助于符号学来处理时尚时，并没有把它当做实践中的社会现象，而只是去分析时装杂志中的流行论述。最终时尚被理解为一种抽象的力量或理念的存在。① 威尔逊通过描述人们在服装博物馆遭遇到的那种服装无言的垂挂时所感到的不适，反思了身体的重要性。那些服装无言的垂挂仅仅能显示衣物是怎样被制作的，但它不能显示衣服怎样被穿着以及人的感觉。在此，衣装、身体以及人自身(自我)是作为一个整体被想象到的。特纳指出，有一个和人类有关的明显的事实，这就是人类拥有身体而且他们就是身体。② 换言之，身体构成了自我的环境，它和自我不可分割。恩特维斯特尔则进一步认为：人类的身体还就是衣着的身体。③ 由此可见，当代衣着的话语凸显出身体层面的重要性，衣着使身体社会化并赋予其意义与身份。

社会心理学层面往往把时尚作为一种行为方式，通过调查个体对于服装的感觉或是团体的着装行为来研究时尚。这种研究有利于发展出一种时尚的人类学视野，但却仍然类似于传统、古代的着装行为相似的特别的着装行为。并且，这种特别还只关联于心理行为的特殊性，这无疑存在着把时尚简化为心理学的危险，它主要是忽略了美学(外观)风格的演变。今天，服装还是一种文化对象，一种用于表达在社会中传播的思想欲望和信仰的美学媒介。时尚逻辑重构的是一个魅力和短暂的社会。时尚正完成自己的历史使命达到其权力的巅峰。在沿着消费主义和大众传播之路前行的民主中越来越具有核心的地位，甚至成为现代集体生活的组织原则。“时尚历程在自由社会的形成中具有策略性的地位，它不再只是一种装饰物、一种集体装饰性的附件，它是社会大厦的关键。”④

① [法]罗兰·巴特：《流行体系——符号学与服饰符码》，敖军译，上海人民出版社2000年版，第3页。

② [英]布莱恩·特纳：《身体与社会》，马国良、赵国新译，春风文艺出版社2000年版，第54页。

③ [英]乔安妮·恩特维斯特尔：《时髦的身体——时尚、衣着和现代社会理论》，郜元宝译，广西师范大学出版社2005年版，第1页。

④ [法]吉乐斯·利浦斯基：《时尚与现代社会的前景》，杨道圣译，载《艺术设计研究》2012年第4期，第6页。

时尚其实是一连串工业的、文化的同时也是美学活动的结果，这当然要求超越纯美学的探讨。时尚被多重的社会网络所交织，它是工业的对象、是大众媒体关注的对象、是广告和意识形态，涉及传播技术以及众多社会领域。它需要把对时尚理解的注意力放在作为一种社会-经济实践的层面，而非仅仅某种独立的美学话语的时尚。时尚在本质上是琐碎的、短暂的、矛盾的对象，并且，一个由短暂和审美幻象所建构的体制，如何能在历史上扎根，又为什么是在西方而非其他地方率先扎根？在一个被技术统治、理性驯服的时代，又怎能同时是一个充满了非理性时尚的时代？人们又是如何将浅薄与多变的形式概念化并解释为一种不变的体系？在这些层面，我们对时尚的理解还远远不够。

二、身体问题

在日常用语中，衣着是指“打扮”“装扮”而修饰身体的行为。在人类学的文献里，衣着指人们为了修饰身体而对身体所做的一切。它表述的是比时尚或装束更加普遍性的修饰活动。早期人类学往往关注普遍性，它注意到人类有一种修饰自己的普通的习性。① 在所有文化中衣着与饰物被不断发现并找到证据，作为一种人类普遍习性，曾在 19 世纪引起人类学学术兴趣。但是一旦这种对饰物、衣着的描述揭示了衣着作为人类普遍习性的事实。人类学的兴趣转向了对人类的装饰行为的具体实践及特殊衣着的具体实践的研究。在此，衣着用来描述人类为了使形体在他们的眼里变得更有吸引力，而对身体所做的一切。他们认为，衣着表示一种行为，这种行为强调遮盖的过程，而饰物则突出了形体改变的美学意味。

衣着的习俗将身体转换成某种可以被认可的并且有文化意义的东西。与此同时，身体对衣着意义也是不可或缺的，衣着总是身体的衣着。个体在时空中的存在就是身体，身体构成了自我的环境，它和自我不可分割。个体自我的着衣行为就是为社会世界准备身体，着衣既是身体的私密性经验，又是身体的公开表达。人类的身体都是衣着的身体，而社会世界是衣着的身体的世界。赤裸在几乎所有的社会情境中都是不合适的，衣着是社会生活的基本事实，所有的人都以某种方式给身体着衣。没有一种文化会听任身体毫无装饰。衣着就意味

① ［英］乔安妮·恩特维斯特尔：《时髦的身体——时尚、衣着和现代社会理论》，郜元宝译，广西师范大学出版社 2005 年版，第 48 页。

着将身体社会化并赋予其意义与身份的一种手段。

伴随着后现代思想的来临，身体问题得到思想界前所未有的关注。近年来，身体文化、身体美学等相关问题受到了理论界的持续关注。这些关注中，对于当代社会被商业化、时尚化的身体的讨论格外激烈，也最为人诟病。现实情形是，一方面是由“人造美女”“厌食症”等极端身体现象诱发的对这个被市场化、符号化的时尚身体的严肃的理论批判与声讨；另一方面则是时尚审美在时尚产业体系的运作下越来越推崇这个表面化、审美化的身体，并且它正深刻地影响我们的行为、思考方式以及对生活节奏的感知。这种矛盾情形也进一步促使我们深化对时尚审美及其身体问题的研究。当前成果表明，时尚研究正在由传统从“心灵”出发（作为理念的时尚）的研究转向一种从“身体”出发（作为身体衣着实践的时尚）的研究。并且，时尚及其身体审美现象作为消费社会和全球审美化的一个强有力例证得到了理论界的关注。发展到当前，时尚身体不仅作为时尚研究的热点，而且成为审美文化、身体研究的典型例证。

在时尚研究中，时尚身体正在成为时尚审美研究的热点问题。首先是身体问题在时尚的多学科研究中硕果累累。艺术史注重到身体化设计的当代趋势（王受之）①；时尚变迁的社会理论开始反思“身体化”的思想根源和社会意义（威尔逊、乔安妮）②；文化研究则注重到时尚中身体的审美文化和价值意义（罗兰-巴特、鲍德里亚）。③ 这些研究都注意到了时尚和身体的密切关系。但是，在乔安妮、威尔逊等人看来，就对时尚的本性理解而言，这些研究仍然倾向于时尚与身体的分离，时尚仍然被纯粹理论化的把握，被作为神秘抽象的理念来对待，这些都导致过于决定论和简单化地诠释时尚。乔安妮主张从“切身化”的角度、从时尚复杂社会系统来研究时尚，主要提出了关于时尚和身体的“情境身体实践”的洞见。④ 威尔逊则强调“身体总是衣着的身体，而任何与身体无关的谈论都搔不到痒处”⑤。由此可见，在时尚与身体的关系上，这种

① 王受之：《世界时装史》，中国青年出版社2000年版。

② ［英］乔安妮-恩特维斯特尔：《时髦的身体——时尚、衣着和现代社会理论》，郜元宝译，广西师范大学出版社2005年版。

③ ［法］罗兰·巴特：《流行体系——符号学与服饰符码》，敖军译，上海人民出版社2000年版；［法］让-鲍德里亚：《消费社会》，刘成富等译，南京大学出版社2008年版。

④ ［英］乔安妮·恩特维斯特尔：《时髦的身体——时尚、衣着和现代社会理论》，郜元宝译，广西师范大学出版社2005年版，第94页。

⑤ ［英］乔安妮·恩特维斯特尔：《时髦的身体——时尚、衣着和现代社会理论》，郜元宝译，广西师范大学出版社2005年版，第5页。

“身体化”的理解就明确地与传统“忽视身体”或“身体缺席”的心灵化的时尚理解区分开来。那种无关身体的时尚观念实际上是一种“身心”“内外”二元哲学思想模式的产物。因此，在当代，时尚直接是以身体为中心的时尚，时尚问题也转化为时尚身体的问题。

其次是在对时尚身体的社会审美意义的揭示上取得了新进展。在对现代自我的建构意义上，森尼特认为，时尚在现代城市生活中被用来炫耀和自我表达。① 埃利亚斯认为，20 世纪的身体被视为自我的容器，展示着一个人的个性与本真性。威尔逊认为，时尚作为现代经验的一部分，它是城市经验的中心，还是大都会的一种生存技巧。② 史文德森认为，当代自我认同就是依赖于“身体方案”。③ 乔安妮用“身体性自我”来区分前现代“自然性”自我。费瑟斯通认为，当代的身体已成为身份的基础。可见，区别于传统理论中时尚更多注重与区分于集体的个体相关；当前的时尚理论则强调作为身体的自我，时尚身体因此而在当代获得了作为社会认同的意义。

再次是对于时尚身体的被规划性、消费性等当代审美特性的揭示。吉登斯和贝克提出“反身计划”的观念，认为现代自我越来越在乎自身，包括自身的外表以及自身外表的设计和直接由自身来设计外表的能力。④ 费瑟斯通认为，消费文化中的身体，隶属于目的在于摆布身体，使之看上去富有性感和魅力的大量的训练技巧，隶属于各种约束磨炼形式来制造身体的美和最大限度地快乐。谢林认为，20 世纪许多身体计划像节食健美之类，旨在对身体的外表获得一种有效控制以及增强个人获得更多满足的能力。与此同时，鲍德里亚认为，在消费社会，身体是最美的消费品。⑤ 在乔安妮那里，身体以各种我们看不清的方式与时尚的生产与消费相联系。

在消费社会与审美文化的研究中，时尚身体问题作为当代社会与文化的典

① ［英］乔安妮·恩特维斯特尔：《时髦的身体——时尚、衣着和现代社会理论》，郜元宝译，广西师范大学出版社 2005 年版，第 89 页。

② ［英］乔安妮·恩特维斯特尔：《时髦的身体——时尚、衣着和现代社会理论》，郜元宝译，广西师范大学出版社 2005 年版，第 88 页。

③ ［挪］拉斯·史文德森：《时尚的哲学》，李漫译，北京大学出版社 2010 年版，第 75 页。

④ ［英］乔安妮·恩特维斯特尔：《时髦的身体——时尚、衣着和现代社会理论》，郜元宝译，广西师范大学出版社 2005 年版，第 91 页。

⑤ ［法］让-鲍德里亚：《消费社会 》，刘成富等译，南京大学出版社 2008 年版，第 120 页。

型例证被讨论。

首先是消费社会与身体消费主义问题。当代社会作为消费社会也主要是推动人的身体为中心的消费，尤其是消费社会流行的大众文化在主体上就是身体的消费文化。费瑟斯通认为，消费文化的内在逻辑取决于培养永不满足的对形象消费的需求。舒斯特曼的研究认为，我们的文化仍然是一种在经济上受到身体形象市场助长的挥霍的资本主义所驱使的文化。身体自我风格的形成促成了一个巨大的商业市场。通过刺激我们对于形成自我身体风格的欲望，滋养着化妆、时装、饮食、运动及美容业。① 可见，在消费社会语境下，身体消费成为时尚的中心。

其次是关于身体消费的审美批判。在鲍德利亚、费瑟斯通的研究中，符号学与消费文化理论结合在一起。此类研究认为，身体被认为是最美的消费品，消费社会容许毫无羞耻的表现身体，并进一步认为，当代社会身体的本质就是身体的符号化，消费符号基本的构成规则就是对青春美丽健康性感等身体形象神话的个性化与时间性的表达。乔安妮认为，消费文化和享乐主义是一起诞生的。现代消费主义的基本冲动是要在现实中去体验他们在想象中的那些戏剧性效果。她注意到身体消费的虚妄与符号特征。韦尔施注重了身体的审美化，他认为，在全球审美化的时代，审美化现实无处不在，社会生活中充实着关于身体、心灵和心智的全方位的时尚设计。② 鲍德里亚还指出了身体消费的过度欲望化倾向。利浦斯基认为："消费主义被表达为缺乏整体的谋划，被个体狂欢诱惑而陷入昏迷之中。被快餐文化、广告、剧场政治而幼稚化。"③

三、身体审美市场

在浪漫主义美学看来，审美和艺术一直是抵抗经济中心主义和异化现象的基本依托。但奥利维耶·阿苏利的《审美资本主义》认为审美的动因成为当代经济增长的动力。审美活动已从经济因素的对立面转化为经济发展的动力。无

① ［美］理查德·舒斯特曼：《身体风格》，宋艳霞译，载《艺术设计研究》2012年第4期，第12页。

② ［德］沃尔夫冈·韦尔施：《重构美学》，陆杨、张岩冰译，上海世纪出版社2006年版，第9页。

③ ［法］吉乐斯·利浦斯基：《时尚与现代社会的前景》，杨道圣译，载《艺术设计研究》2012年第4期，第6页。

独有偶，这种经济与美学的联姻，正越来越得到经济学家和美学家们的认同。他们认为，“日常生活审美化”是对体验经济时代的一种描述，甚至认为我们就处在一个体验经济的时代。① 在这个体验经济时代，审美化被作为一种策略来促进经济的发展，同时，在经济活动的诸多环节的审美化又拓展着审美的领域。“体验经济”，又被称为审美经济、美学经济。它就是要利用美学知识和审美因素来促进经济发展。

审美的基础是“品味”这种想象性的情感性的东西，是对物质性、现实性的超越与否定。但现在，这种想象性情感性的东西成为一种可售卖的具有经济价值的商品。在经济学家称为经济审美化的当代社会，事物的美学特征如外观或风格往往被进行商品化，并形成所谓的审美市场。所谓时尚身体审美市场是指时尚市场中主要围绕身体审美价值的市场。所谓审美市场，是将事物的美学(感性)特征如“外观”或“风格”进行商品化，在市场上进行定义、计算和售卖，并以此获得利益的市场。当然，要进一步区分出以美学要素为核心商品的市场，而不是美学要素仅仅作为一种附属特征的市场。在审美市场中，美学特征并不是作为一种装饰附加到商品上，它本身是商品，是计算商品经济价值的核心要素。②

我们确实知道时尚以及时尚身体的许多事情，诸如了解设计师的作品，并能进行文化分析以及确立时尚的重要意义。并在实际的现实生活中，被时尚媒介所记录和传播的一茬茬的“身体形象”所包围，被时尚机构不厌其烦地关于每一季“身体美”的夸耀所触动。但是，我们对这些不断被更新的“身体美学”特征的背后却知之甚少。也就是这些所谓的不断变换的“美学特征”到底是如何被赋予审美价值的？又如何能够总是处在持续的更新之中？对此，我们往往所知甚少。因此，这要求我们深入理解时尚系统和产业内部的运作机制及始作俑者，也就是要进一步探讨关于时尚身体审美的内在机制。

显然，外观与风格本身作为结果容易描述，但仅仅停留在话语间的阐释之中，而身体美的审美价值是在实际的时尚市场中具体运作的结果。那些不断变化的所谓身体美的“看点”，是由具体内部人士集体选择的一个动态过程所最终达成的。在此，时尚审美是一个实际的结构、一种具体的机制。诸如，外观与风

① 叶朗：《美学原理》，北京大学出版社 2009 年版，第 314 页。

② 转引自[英]乔安妮·恩特维斯特尔：《时尚的美学经济》前言，陈芳、陈晨译，载《艺术设计研究》2012 年第 1 期，第 6 页。

格所代表的审美价值如何在经济活动中被产生出来，则还需要追问。尽管不可能给予一个最完善的理论，但这种理论性的追问无疑会增进身体审美市场的认识。

作为一种文化产业，当代时尚业是围绕着对传播和符号体系的控制而组织起来的。时尚市场与身体紧密相关，尤其是与身体美学关系密切。乔安妮提出关于时尚的“审美市场”观点，认为这是一个把文化和经济编织起来的特别市场，是关于时尚审美趣味的市场，并指出这个市场的特性就在于其审美趣味的不稳定和变换性。此外，在赫伯特·布鲁默看来，时尚并不是一种神秘的力量，决定一季时尚风向的是时尚机构之间的关系和集体选择的过程。时尚是一些内在力量的表现，是由时尚机构、社会和文化关系等相关因素共同决定，尤其被设计师、时尚买手和时尚记者等关键人物所掌控。在对于时尚风向的预测、选择过程中，内部人士往往表现出某种默契和相似性。① 因为他们沉浸在同样的文化环境中，并在同样的信息资源中寻找创新灵感。所谓的新灵感、新趋势，是由社会关系网络来共同选择的。

时尚体系中的身体审美活动是一个动态的、社会化的系统运作过程。时尚身体审美的内在运作主要由时尚参与者的具体审美劳动过程来实现。以往的身体审美研究一般倾向于针对抽象的“身体的意象”进行思想阐释，注重考察物质性的、活生生的身体，诸如模特的身体、实际衣着的身体。要特别指出的是，在此主要研究的不是这些身体的“看点”在每一季中具体是什么，不是时尚的“风格”本身，诸如光洁的皮肤、牛仔裤或漂亮的面孔；而是相反，将重点关注这些“风格”或“看点”如何在时尚系统的内部运作中由参与者们共同选择所形成，也就是身体的美学特征如何在时尚的审美市场上获得价值。就审美市场及参与者而言，时尚模特和时尚买手两类人士对其贡献突出。围绕模特的系统工作创新了每一季的身体美，而买手的系统工作则是每一季身体美的文化中介。

在时尚市场上，每一季“身体美”的风格或看点都无不体现着经济价值与文化要素的无缝交织。尽管在当代商品和服务都已风格化、审美化了，并成为商品的一部分，但在此我们主要探讨身体美学要素作为核心商品的市场。而并不是对时尚领域的所有市场或审美市场的全面概述。比如在设有时装店的时尚会所，他们的成功很大程度取决于美学体验的经济学。他们的卖点可能是风格，但并不重点卖外观或风格，他们卖的是服务、配套的接待，美学要素对其

① ［英］乔安妮·恩特维斯特尔：《时尚的美学经济》前言，陈芳、陈晨译，载《艺术设计研究》2012 年第 1 期，第 5 页。

很重要，但不是市场中唯一的交换价值。而对时尚模特业和时装业，“外观”或“风格”是交易的本质特征。作为“身体美”的典范，模特的审美价值，也就是所谓的“看点”，既与长相相关，又有不稳定性和变化性，必须通过市场的工作人员共同作用使其稳定凸显。并且，时尚市场还是模特运用身体结合时尚知识来表演的风格展示，他们是身体美学传播过程中的重要环节。模特本身由设计师、经纪人、模特经纪公司来挑选、推介及管理。他们是审美市场商机萌发的开端之处。时尚市场与身体相关，与身体美学密切相关。时尚业的产品本身是为身体展示而制作，并以身体展示和表演，来体现产品的审美风格。模特的审美劳动就在于运用身体结合时尚知识来演绎并展示审美风格。

作为生产和消费之间的审美中介人，时尚买手负责从时尚体系内部生产的众多身体美中选择每一季的“身体美”推荐给消费者。对时尚买手而言，时装不仅仅指衣服，也是指在更复杂的层面上推动身体美的要素。服装不能脱离身体，服装对身体的关联是为了使身体达到某种风格，衣服对身体的遮蔽和显现的样式变化本身就使身体成为美的游戏之所。时尚买手凭借对身体审美市场的理解进行采购，拥有身体美学的观念与知识，以及关于消费者选择的知识。就时尚运作的有机整体而言，身体审美市场中的内部参与者往往都是作为审美中介而发挥作用，他们的选择往往会通过反馈来影响未来的选择，选择是动态的，而最终的“看点”是被集体选择与接受的。模特、经纪人和买手作为审美中介人，主要是作为身体风格、流行趋势、审美品位的媒介。

身体审美市场是把文化和经济无缝编织起来的一种社会实践活动，理解这个市场需要特别的知识。而且，在这个市场中，审美价值不断地进出于时尚与身体之中。再者，审美价值自身取决于美、风格、设计等内在属性，这些价值很大程度都是由模糊性、高度不稳定性和商品所代表的文化层面所决定的。审美市场中关于感觉的知识，是这个特殊市场中的关键知识，它是通过所遭遇的对象而不断获得的市场经验逐步形成的。诸如经纪人和买手往往使用非常相似的比喻来形容这些知识。这些知识是关于身体表演和展示方面的美学知识，很难用准确语言表达，因为它们在很大程度是源于本能的感觉，往往涉及“直觉”的重要性以及过人的眼光。这当然是指独特的敏锐的感觉力，这种能力也往往只能在“工作”中获得，在市场中磨炼而得。① 而且，在审美趣味的不稳

① ［英］乔安妮·恩特维斯特尔：《时尚的美学经济》前言，陈芳、陈晨译，载《艺术设计研究》2012 年第 1 期，第 7 页。

定性与变换性要求下，对身体的美学特征如何从审美市场获得价值的问题上，这些时尚界的关键人物在选择时往往表现出惊人的相似性。他们往往沉浸在同样的文化环境中，在同样的资源中为新的流行趋势寻求灵感，通过同样的素材得出新一季的趋势和品位的新灵感。① 因此，这些内部人士是在一样的网络系统中培养出了同样的美感和得出了一样的身体知识。

（作者单位：武汉纺织大学时尚与美学研究中心）

① ［英］乔安妮·恩特维斯特尔：《时尚的美学经济》前言，陈芳、陈晨译，载《艺术设计研究》2012年第1期，第6页。

造型艺术美学

意不在于画故得于画

——文人画的三个基本观念

范明华

什么是文人画？这个问题历来有不同的说法。从绘画主体即画家的身份来说，广义的文人画包括所有"文人"的绘画，它与非文人或没有文化的工匠的绘画相对；狭义的文人画主要指隐居不仕和带有隐逸思想倾向的"文人"的、具有"业余"性质的绘画，它与服务于宫廷的职业画师的绘画相对。但从精神实质上说，文人画也可以说是表现了文人的审美理想和趣味的绘画。现代画家和学者陈师曾曾在《文人画之价值》一文中说："何谓文人画？即画中带有文人之性质，含有文人之趣味，不在画中考究艺术上之工夫，必须看出许多文人之感想，此所谓文人画。"①陈师曾的这个定义是迄今为止最具影响力的一个说法。但对于何谓"文人之性质"，何谓"文人之趣味"，以及何谓"文人之感想"，文中并无明确的界定，而只有一些零散的描述，如"首重精神，不贵形式""发挥其性灵与感想""离形得似，妙合自然"，等等。②

笔者认为，文人画的一个最大特点，也是它最根本的主张，可以用一句很通俗的话来概括，那就是：不为画而画，或者不把画仅仅当成画。这一特点或主张前人曾经有过很明确的说法，如唐代的张彦远、南宋的邓椿和明代的陈继儒。张彦远在《历代名画记》中说："意不在于画，故得于画矣。"③邓椿在《画继》中说："画者，岂独艺之云乎？"④陈继儒在《题自画》中说："儒（陈继儒自

---

① 陈师曾：《文人画之价值》，见刘梦溪主编：《中国现代学术经典：鲁迅·吴宓·吴梅·陈师曾卷》，河北教育出版社 1996 年版，第 813 页。

② 陈师曾：《文人画之价值》，见刘梦溪主编：《中国现代学术经典：鲁迅·吴宓·吴梅·陈师曾卷》，河北教育出版社 1996 年版，第 814、817 页。

③ （唐）张彦远：《历代名画记》，人民美术出版社 1963 年版，第 25 页。

④ （宋）邓椿、（元）庄肃：《画继·画继补遗》，人民美术出版社 1963 年版，第 113 页。

称——引注)家作画，如范鸱夷(范蠡——引注)三致千金，意不在此，聊示伎俩。又如陶元亮入远公社(东晋高僧慧远的白莲社——引注)，意不在禅，小破俗耳。若色色相尚(注重形貌色彩——引注)，便似富儿持筹握算，俗僧以钟鼓礼忏。此何足污我神笔!"①这几句话的意思都是说，画家作画，应有更高的追求，而不应以"画"为最终目的。

所谓"不为画而画"或者"不把画仅仅当成画"，具体来说主要有三点，即：把画当成悟道或明理(这是以学问入画)，当成作诗(这是以诗歌入画)，当成书写(这是以书法入画)。而由此衍生出来的审美趣味，也可以概括为三点，即：重道理(理趣)，重意境(意趣)，重笔墨(笔趣、墨趣或笔墨趣味)。道理、意境、笔墨三者，在中国古代文人画家看来，是判定绘画作品质量和品格高低的基本标准，也是他们所谓"士气""逸气"或"书卷气"等的具体表现。

一、重道理："艺"与"道"的贯通

清代画家张岱说："夫画一艺耳……艺成而下，即道成而上矣。圣贤之游艺，与夫高人逸士寄情烟霞泉石间，或轩冕巨公不得自适于林泉，而托兴笔墨以当卧游，皆在所不废。世之传画，良有以也。"②又范玑说："画论理不论体，理明而体从之，如禅家之参最上乘，得三昧者，始可以为画；未得三昧，终在门外。"③张岱、范玑两人，虽然一个说"道"，一个言"理"，但意思是一样的，那就是把"道"或"理"作为绘画所应追求的最高目标，而把绘画本身和绘画的表现方式看作是悟道或明理的手段。

在中国古代画论中，以"道"或"理"论画是一个很古老的传统，这个传统来自于先秦哲学中以"道"为宇宙人生究竟根源的思想。如儒家创始人孔子说："士志于道"④，又说"志于道，据于德，依于仁，游于艺"⑤，孔子在这里谈

① (明)陈继儒：《白石樵真稿》，王凯符选注，首都师范大学出版社2010年版，第218页。

② (清)唐岱：《绘事发微》，见王伯敏、任道斌主编：《画学集成》(明-清卷)，河北美术出版社2002年版，第432页。按：此处"艺成而下，即道成而下"一语，源自《乐记·乐象篇》中所说的"德成而上，艺成而下"。

③ (清)范玑：《过云庐画论》，见王伯敏、任道斌主编：《画学集成》(明-清卷)，河北美术出版社2002年版，第719页。

④ 《论语·里仁》，见程树德：《论语集释》(第一册)，中华书局1990年版，第246页。

⑤ 《论语·述而》，见程树德：《论语集释》(第二册)，中华书局1990年版，第443页。

的是"士"之作为"士"的基本要求，同时，这个"道"，也可以说是他对"艺"的基本规定，或者说是他对"艺"所持有的基本态度，即在他看来，"艺"不过是"士"通向"道"的一种方式或手段。自汉武帝实行"独尊儒术"的政策以后，儒家思想上升到国家意识形态的层面，特别是自隋唐实行科举制度而又以儒家思想作为考试内容之后，孔子的上述看法也就很自然地成为历代读书人和以"士"自居的文人士大夫所信奉的人生准则或目标，同时影响到他们对艺术的态度和看法。在先秦哲学中，不仅儒家有这样的看法，道家也同样是以得"道"为人生的最高理想，并把一切艺术看作是得"道"的方式或手段，如庄子说："所好者道也，进乎技矣。"①庄子所说的"道"和"技"，与孔子所说的"道"和"艺"，在内涵上并不一样，但它们之间的关系却是相同的。在庄子那里，理想的人格不是"士"，而是"真人"(以及所谓"至人""神人""圣人"等)，因此"道"也可以看做是他对"真人"的基本规定，以及他对如庖丁解牛、轮扁斫轮、津人操舟、佝偻者承蜩之类出神入化的"技"的基本规定。

总之，中国传统哲学或传统"学问"乃是一种"道学"或"道理"之学。②揭示、领悟这种"道"或"道理"并将它贯彻到整个人生，是这种哲学或学问的根本目标。由于这种看法来源于"以道自任"(余英时语)的"士"，因此也就很自然地成为文人士大夫包括遁迹江湖或山林而具有文化教养的隐士的价值取向，并成为他们谈论一切事物、包括艺术的基本立场。

在中国绘画美学史上，从"道"或"理"的角度看待、讨论、评价绘画始于南北朝。③ 如南朝宗炳《画山水序》中说："圣人法道而贤者通，山水以形媚道而贤者乐……夫以应目会心为理者，类之成巧，则目亦同应，心亦俱会。应会

① 《庄子·养生主》，见(清)郭庆藩：《庄子集释》(上)，中华书局1961年版，第119页。

② "理"作为哲学概念晚于"道"，但在《庄子》《荀子》《韩非子》等书中均已出现"理"的概念，如《庄子·知北游》中说的"圣人者，原天地之美，而达万物之理"。

③ 这是与汉末魏晋以后大量文人参与绘画创作和主导绘画理论建构、独占绘画评论话语的事实分不开的。中国绘画在东汉以前基本上是工匠的事情。东汉以后、特别是汉末魏晋以后，便有大量的文人士大夫参与绘画创作，如著名画家荀勖、张墨、卫协、王廙、顾恺之、史道硕、戴逵、陆探微、宗炳、王微、顾骏之、谢赫、毛惠远、张僧繇、杨子华、田僧亮、曹仲达等人，都不是普通的工匠，而是有知识、有文化的朝廷官员或江湖隐士。这些人物的出现，大大提升了绘画的地位，改变了汉魏以前绘画多半出自工匠之手的局面，形成了主要基于文人喜好的绘画语言、价值标准和思想主张。这些都为日后文人画的产生和流行奠定了基础。

感神，神超理得，虽复虚求幽岩，何以加焉？又神本亡端，栖形感类，理入影迹，诚能妙写，亦诚尽矣。”①又谢赫《画品》中评陆探微的画说：“穷理尽性，事绝言象。”②自宗炳、谢赫以后，这类说法极多，如上引张岱、范玑的说法即属此类。

中国绘画美学中所说的“道”或“理”，就其思想来源而言，主要源于儒、道、禅三家的思想，但在不同画家那里又有不同的表现。就其思想内容而言，则主要涉及对天地万物的体认和对人生终极目标的探寻。因此，中国古代绘画所要表现的“道”或“理”，也主要涉及两个层面：一是天地万物本身的“道”或“理”；二是人生的“道”或“理”。前者为天地之道，在思想上主要来源于《周易》所说的“生生”之道，间或也包括庄子关于天地万物皆为“气积”的理论。这种“道”或“理”，清代画家石涛称之为“乾旋坤转之义”③，其在绘画中的表现则是包括阴阳、动静、刚柔、开合、顺逆等变化在内的、有规律性的和节奏化的画面形象，而在绘画理论上则常用“神”“气韵”“生气”“生机”“生理”“生意”等概念来表示；后者为生活之道，在思想上多与儒道禅三家的人生哲学，尤其道禅两家的人生哲学(包括生活态度、人生理想、价值观念和审美趣味等)有关，它在画面上通常呈现为一种理想形态的生活世界图景，或悠然玄远、平和宁静的精神境界。尤其是在文人画中，所谓生活之道多半是以道禅思想的面目和超尘脱俗的艺术境界出现的，其主要特征是“追求一种与皇室贵族富丽堂皇的生活不同的风雅趣味，经常有由于仕途失意而产生的与道家、玄学、佛学禅宗相连的隐逸思想，但在根本上又不离儒家的思想。……追求着一种天然、含蓄、悠远、平和的美……并且高度重视艺术家的个性情感的表现”④。

文人画所具有的这些特征，包括陈师曾所说的“首重精神，不贵形式”“离形得似，妙合自然”等特征，以及宋元以后更加注重“寄意”“遣兴”的绘画观

① (南朝)宗炳：《画山水序》，见王伯敏、任道斌主编：《画学集成》(六朝-元卷)，河北美术出版社2002年版，第12~13页。

② (南朝)谢赫：《画品》，见王伯敏、任道斌主编：《画学集成》(六朝-元卷)，河北美术出版社2002年版，第17页。

③ (清)石涛：《苦瓜和尚画语录》，见王伯敏、任道斌主编：《画学集成》(明-清卷)，河北美术出版社2002年版，第299页。又宗白华先生说：“中国画所表现的境界特征，可以说是根基于中国民族的基本哲学，即《易经》的宇宙观：阴阳二气化生万物，万物皆禀天地之气而生。”(见宗白华：《艺境》，北京大学出版社1987年版，第117页)

④ 刘纲纪：《文征明》，吉林美术出版社1996年版，第2页。

念，总的来说是中国古代哲学注重“道”“理”而不重视“艺”“技”——准确地讲，是不以“艺”“技”为局限的思想，在绘画理论和文人画中的一种具体的表现。或者说，由苏东坡等人倡导并由董其昌等人予以鼓吹的“士人画”和“文人画”，并不是一种突然发生的、孤立的艺术现象，而是自先秦以来以“道”或“理”为宇宙人生究竟根源的思想，以及六朝以来受玄学、佛学思想影响的文人士大夫的生活观念和人生理想，逐渐向绘画渗透的必然结果。

二、重意境：绘画与诗歌的结合

文人画的“风雅趣味”“首重精神，不贵形式”“离形得似，妙合自然”等特征，以及注重“寄意”“遣兴”的绘画观念，是与诗歌向绘画的渗透或绘画与诗歌的融合分不开的。

在先秦时期，诗是用以记事和“言志”的雅言、韵语，“诗教”是孔子教授弟子的基本科目，也可以说是孔子心目中的“士”或“君子”必备的修养。因受儒家思想的影响，诗也成为古代读书人专有的技能和代表其社会身份与教养的象征。由于诗在中国文化中的特殊地位，以及把诗作为文人或“士”的专门技能和必备修养的传统，因此，以文人或“士”为主体的文人画必然会受到诗的影响。陈师曾说：“试问文人之事何事邪？无非文辞诗赋而已。之材料，无非山川草木、禽兽虫鱼及寻常目所接触之物而已。其所感想，无非人情世故、古往今来之变迁而已。”①中国文人所具有的这种诗人的禀赋，是画与诗两种不同艺术相互融合的基础，同时也是注重“寄意”“遣兴”的文人画必然兴起的重要契机。

在中国绘画史上，画与诗发生关系的历史可以追溯到东晋画家和文学家顾恺之。《晋书·顾恺之传》中记载：“恺之每重嵇康四言诗，因为之图，恒云：‘手挥五弦易，目送归鸿难。’嵇康《赠秀才入军诗》云：‘目送归鸿，手挥五弦，俯仰自得，游心泰玄。’”这个记载明确指出顾恺之曾以嵇康诗为题材作画，并试图在画中表达诗中所蕴含的意趣（“目送飞鸿”的神情）。这种以诗为题作画或试图用绘画的语言来表现诗的意境的例子，在诗歌创作异常发达的唐代有很多②，如郭若虚《图画见闻志》卷五记载：“唐郑谷有《雪》诗云：‘乱飘僧舍茶

① 陈师曾：《文人画之价值》，见刘梦溪：《中国现代学术经典·鲁迅吴宓吴梅陈师曾卷》，河北教育出版社1996年版，第814页。

② 唐代画家、尤其是山水画家中，有不少人同时也是著名诗人，如卢鸿（卢鸿一）、郑虔、王维、张諲、刘方平、刘商、顾况、张志和、萧祐等。

烟湿，密洒歌楼酒力微。江上晚来堪画处，渔人披得一蓑归。’时人多传颂之。段赞善善画，因采其诗意景物图写之，曲尽潇洒之思。持以赠谷，谷珍领之，复为诗寄谢云：‘赞善贤相后，家藏名画多，留心于绘素，得事在烟波，属兴同吟咏，功成更琢磨。爱余风雪句，幽绝写渔蓑。’”①

这种诗画融通或融合的传统在宋代得到了延续，并且成为一种自觉的审美追求和独特的审美趣味。郑午昌在《中国画学全史》中认为，宋代以后的中国绘画开始进入“文学化时期”。而所谓“文学化时期”，一个显著的标志就是文学(诗)向绘画的渗透。在宋代，“画是有形诗，诗是无形画”的说法非常流行，当时翰林图画院的图画考试，也常以诗为题，如“野水无人渡，孤舟尽日横”之类。同时，很多著名画家同时也是著名诗人，如擅长画竹的文同，南宋叶梦得说：“文同……善画墨竹，作诗骚亦过人。”②在这样的文化背景下，用文学的或诗的眼光、标准来看画、论画、评画便成为一种普遍的趋势，尤其是成为当时文人特有的一种价值取向和“风雅趣味”。其中苏轼就是一个最典型的代表。他在《书鄢陵王主簿所画折枝二首》之一中说：“诗画本一律，天工与清新。”③他认为诗和画在审美境界上是一体的，即诗和画的最高境界都是“自然”(“天工”和“清新”，实质上均属于“自然”的范畴)。此外，他还极力推崇诗画皆擅的王维，认为他的诗画彼此相通，说：“味摩诘之诗，诗中有画；观摩诘之画，画中有诗。”④苏轼的这两个看法后来成为人尽皆知的经典名言，并被后世文人画家奉为圭臬。苏轼之后，有关诗画相通、画必有诗意的说法很多，如元吴太素《松斋梅谱》中所说的“写梅作诗，其趣一也”之类。

绘画与诗歌，一为造型艺术，一为语言艺术，二者并不是一个东西。但它们之间可以相通互补，这种相通互补并不表现在形式上，而表现在精神上，具体来说，即表现在情感和想象上。

在中国古代，关于什么是诗的问题有许多不同的说法，如言志说、缘情说、兴象说、意境说、性灵说、神韵说等。但就中国诗的特点而言，则有一个

① (宋)郭若虚：《图画见闻志》，人民美术出版社1964年版，第129~130页。

② (宋)叶梦得原著、逯铭昕校注：《石林诗话校注》(卷中)，人民文学出版社2011年版，第87页。

③ (宋)苏轼：《书鄢陵王主簿所画折枝二首》，见《苏轼全集》(上)，上海古籍出版社2000年版，第351页。

④ (宋)苏轼：《书摩诘蓝田烟雨图》，见《苏轼全集》(下)，上海古籍出版社2000年版，第2189页。

比较一致的说法，即“比兴”，或者叫做“兴寄”。中国诗的最大特点或特长不是叙事而是“比兴”或“兴寄”，也就是借物言志、借物抒情的意思。因为重点在言志或抒情(广义上即重点在“心”而不在“物”)，因此，诗对于物的描绘必有所取舍。这一点，本来与中国绘画自魏晋六朝以来的审美追求是一致的。中国绘画一直以来都反对把单纯描写事物的形色相貌作为它的目的，而主张揭示出潜藏于形色相貌之中的内在精神。自宋以后，画与诗的这种偏重内在精神的审美要求，在庄禅思想和“诗画一律”的观念的影响下日益凸显出来，使得绘画逐渐偏向于“写心”和“写意”，尤其是在元以后，个人心意或情感的表达更成为一种普遍的要求。如上引吴太素《松斋梅谱》中说：“古人以画为无声诗，诗乃有声画，是以画之得意，犹诗之得句。有喜乐忧愁而得之者，有感慨愤怒而得之者，此皆出一时之兴耳。……所以喜乐而得之者，则枝清而癯，花闲而媚；忧愁而得之者，则枝疏而槁，花惨而寒；感慨而得之者，枝曲而劲，花逸而迈；愤怒而得之者，枝古而怪，花狂而大。……凡欲作画，须寄心物外，意在笔先。正所谓有诸内必形于外矣。”①由这一段论述可知，画之所以可能与诗融通，或者画与诗连接起来的纽带，首先是情感。从美学上说，画与诗的融合，即意味着绘画也要像诗一样有所“寄托”，或表现出某种耐人寻味的“意思”，如清代画论家盛大士所说的：“作诗须有寄托，作画亦然。旅雁孤飞，喻独客之飘零无定也；闲鸥戏水，喻隐者之徜徉肆志也。松树不见根，喻君子之在野也；杂树峥嵘，喻小人之昵比也。江岸积雨，而征帆不归，刺时人之驰逐名利也；春雪甫霁，而林花乍开，美贤人之乘时奋兴也。”②盛大士所谓“寄托”，即古代诗学中所谓“比兴”。在这种情况下，画家所要表达的就不是一种客观的物象，而是物象所具有的情感特征或象征意味。

此外，诗作为一种语言艺术的另一个特点是长于想象。想象的特点是可以离开眼前的现实，或者说可以不受当下视觉经验的局限。因此“诗画一律”的说法，包括“画是有形诗(无声诗)，诗是无形画(有声诗)”之类的说法，实际上是为中国绘画不注重形色相貌描绘而注重内在精神表达的观念张目，或者说是为文人绘画“首重精神，不贵形式”“发挥其性灵与感想”“离形得似，妙合自然”之类审美趣味和要求预设的一个理论依据。

---

① (元)吴太素：《松斋梅谱》，见王伯敏、任道斌主编：《画学集成》(六朝-元卷)，河北美术出版社2002年版，第726页。

② (清)盛大士：《溪山卧游录》，见王伯敏、任道斌主编：《画学集成》(明-清卷)，河北美术出版社2002年版，第494~496页。

画与诗的融合或诗向画的渗透，对于文人画来讲，最主要的一个影响是绘画中以情感和想象为基础的意境的创造。在中国美学史上，“意境说”最初是出现在唐代王昌龄、皎然、司空图等人的诗歌理论中。因此，中国绘画、尤其文人画之重视意境或“境界”，主要是受到了诗歌理论的影响，也是受到了宋代以后倡导“诗画一律”的美学主张的影响。在中国绘画史上，有关绘画意境或境界的描述在文人画占据画坛主流的明清时期尤其多见，如清代画家布颜图认为，“山水不出笔墨情景。情景者，境界也”。又说：“情景入妙，为画家最上关捩。”但“境界因地成形，移步还影，千奇万状，难以备述”，最关键的是要令观者产生出如“飘然有霞举之思”“旷然有千里之思”“浩然有湖海之思”“悠然有濠上之思”“爽然停骖待晚之思”“凄然而动闾里之思”“欣然有入市沽酒之思”“倏然有课农乐野之思”之类超离现实的想象与情思，或“能令观者目注神驰，为画转移”。① 布颜图的这些说法，与唐以后注重诗歌意境或境界的理论，可谓一脉相承。

三、重笔墨：画法与书法的兼容

书法作为文字的书写，是表达思想的手段，也是文人士大夫的专擅(不识字或知识水平很低的工匠自然谈不上什么书法)。秦汉以后，随着文字的统一、文字数量的增加，以及书写工具和材料的完善，文字的书写逐渐成为一门具有审美意义的艺术。到了东汉时代，书法和书法理论都已达到了很高的水平。从时间上讲，书法成为文人们崇尚的、高雅的艺术要比绘画早，这也与文字的书写是文人必备的技能这一事实有关(文人可以不画画，但必须会写字。画工能画画，但不一定能写字，甚至不识字)。

当文人还没有参与绘画创作的时候，书法与绘画之间并没有什么直接的关系，但自从文人参与绘画创作之后，书法与绘画的关系便成为一个无法回避的问题。最早谈到这个问题的是三国时的曹植和南朝时的颜延之等人，但最明确谈及书画关系并主张“书画同体”的是唐代的张彦远。在《历代名画记》中，张彦远不仅指出三代以前存在“书画同体而未分”的事实，而且还以顾恺之、陆探微、张僧繇、吴道子等人的绘画为例，提出了“书画用笔同法”“工画者多善

① 参见(清)布颜图：《画学心法问答》，见王伯敏、任道斌主编：《画学集成》(明-清卷)，河北美术出版社 2002 年版，第 494~496 页。

书”“画之臻妙，亦犹于书”等命题。① 张彦远的这些看法在宋代时得到了许多画家和理论家的响应，如北宋郭若虚在《图画见闻志·叙制作楷模》中说：“画衣纹林木，用笔全类于书。”②郭熙在《林泉高致·画诀》中说：“世之人多谓善书者往往善画，盖由其转腕用笔之不滞也。”③而且，按照米芾《画史》的记载，在宋代还出现了将书法笔法融入绘画创作的画家，如“章友直……善画龟蛇，以篆笔画，亦有意。又能以篆笔画棋盘，笔笔相似。”又：“江南陈常以飞白笔作树石，有清逸意。人物不工。折枝花亦以逸笔一抹为枝，以色乱点花，欲夺造化，本朝妙工也。”④米芾对章友直、陈常这种以书入画的画法很为赞赏，以为别具一格，出人意表，尤其是陈常的画，画法虽不取工细，但能巧夺造化并富有清逸的意趣(意境)。而米芾书中所说的“有意”“不工”“逸笔”“清”“逸”等，也正是后世文人画非常典型的艺术特点之一。

元代以后，张彦远提出的“书画同体”“书画用笔同法”“工画者多善书”“画之臻妙，亦犹于书”等，逐渐变成了“以书入画”或“工画如书”的艺术主张(其中，“书画同体”也多改称为“书画同源”)。而把书法引入绘画，或在绘画中表现书法的意趣，也成为文人画家标榜“士气”“逸气”“书卷气”等的一种特殊的审美趣味。如赵孟頫在《秀石疏林图卷》的题款中说：“石如飞白木如籀，写竹还须八法通。若也有人能会此，方知书画本来同。”⑤柯九思在谈到画竹时也说：“写竿用篆法，枝用草书法，写叶用八分法，或用鲁公撇法。木石用折钗股、屋漏痕之遗意。”⑥明清时期，由于文人画的独占地位，“以书入画”或

① (唐)张彦远：《历代名画记》卷一、卷二，人民美术出版社 1963 年版。按：张彦远本人擅长书法，是当时以八分书知名的书法家，他提出这些看法既与他的个人志趣有关，同时也与唐代书法文化高度发达的时代背景有关。唐代是一个书法兴盛的时代。国家以书法取士，社会上也普遍喜爱书法，因此当时的文人，虽然不必都称为书法家，但至少可以说是懂得书法的。更何况，在唐代的画家当中，也有不少人在当时就被视为书法家或兼工书画的艺术家，如李元昌、阎立本、殷仲容、薛稷、李思训、卢鸿、郑虔、王维、张志和、宋令文、韩滉等。被称为唐代“第一”的大画家吴道子，虽然不以书法见称于世，但据张彦远的记载，他也曾向当时的书法大家贺知章和张旭学习过书法。而吴道子的画，据张彦远的说法是最长于用笔，线条遒劲飘逸，这种艺术效果的形成，自然离不开书法的影响。

② (宋)郭若虚：《图画见闻志》，人民美术出版社 1964 年版，第 9 页。

③ (宋)郭熙：《林泉高致》，见王伯敏、任道斌主编：《画学集成》(六朝-元卷)，河北美术出版社 2002 年版，第 301 页。

④ (宋)米芾：《画史》，见王伯敏、任道斌主编：《画学集成》(六朝-元卷)，河北美术出版社 2002 年版，第 415 页。

⑤ 转引自周积寅编著：《中国画论辑要》，江苏美术出版社 1985 年版，第 574 页。

⑥ (元)柯九思：《丹邱题跋》，见俞剑华：《中国画论类编》(下)，人民美术出版社 2000 年版，第 1070 页。

“工画如书”遂成为一种被广泛认同的看法，并成为文人画美学中不可或缺的主导观念。有关这方面的论述非常之多，如王世贞《艺苑卮言》中说：“郭熙、唐棣之树，文与可之竹，温日观之葡萄，皆自草法中来，此画与书通者也。”① 唐寅说：“工画如楷书，写意如草圣，不过执笔转腕灵妙耳。”②董其昌说：“士人作画，当以草隶奇字之法为之：树如屈铁，山似画沙，绝去甜俗蹊径，乃为士气。”③张岱《跋徐青藤小品画》中说：“今见青藤诸画，离奇超脱，苍劲中姿媚跃出，与其书法奇崛略同。……故昔人谓‘摩诘之诗，诗中有画；摩诘之画，画中有诗’。余亦谓青藤之书，书中有画；青藤之画，画中有书。”④。

陈师曾说：“文人画不但意趣高尚，而且寓书法于画法，使画中更觉不简单。”⑤这种“不简单”，主要体现在以下三个方面：

第一，“寓书法于画法”，即画法与书法的结合，为绘画摆脱形似的束缚，并由此走向“写意”提供了可能。因为书法是一种抽象的表现艺术，早期中国画论中讲的“象物”“象形”“图形”“存形”“载形”等都不是它的职能，而抒情、写意则是它的主要长处。元代画论家汤垕说：“画梅谓之写梅，画竹谓之写竹，画兰谓之写兰，何哉？盖花卉之至清，画者当以意写之，不在形似耳。”⑥清代画论家华琳也说：“夫作画而不知用笔，但求形似，岂足论画哉！作画与作书相通，果如六朝各书家能学汉魏用笔之法，何患不骨力坚强，丰神隽永也。”⑦由这些论述可知，画法与书法的结合，在绘画创作上的首先意义就是解除形似的束缚，从而使画家所要表达的“意思”、情感或精神旨趣能够更加鲜明、更加自由地表现出来。

第二，因为摆脱了形似的束缚，同时也就赋予作为绘画表现媒介的笔墨以独立的审美价值。这种价值，也就是文人画家所追求的“笔墨趣味”。从绘画

---

① 转引自周积寅：《中国画论辑要》，江苏美术出版社 1985 年版，第 579 页。

② 转引自周积寅：《中国画论辑要》，江苏美术出版社 1985 年版，第 578 页。

③ (明)董其昌：《画旨》，见王伯敏、任道斌主编：《画学集成》(明-清卷)，河北美术出版社 2002 年版，第 215 页。

④ (明)张岱：《张岱诗文集》，上海古籍出版社 2014 年版，第 386 页。

⑤ 陈师曾：《文人画之价值》，见刘梦溪：《中国现代学术经典：鲁迅 · 吴宓 · 吴梅 · 陈师曾卷》，河北教育出版社 1996 年版，第 816 页。

⑥ (元)汤垕：《古今画鉴》，见王伯敏、任道斌主编：《画学集成》(六朝-元卷)，河北美术出版社 2002 年版，第 712 页。

⑦ (清)华琳：《南宗抉秘》，见王伯敏、任道斌主编：《画学集成》(明-清卷)，河北美术出版社 2002 年版，第 696 页。

史上来看，注重笔墨趣味的表达，正是苏东坡、米芾以后文人画的一个主要特点，其极端形式是所谓“墨戏”或“墨戏画”。在宋元以后的文人画中，笔墨常被视为一种具有独立观赏价值的绘画表现媒介，并被认为是区分绘画艺术价值高低的重要依据。文人画的这种对“笔墨趣味”的偏爱，与魏晋至唐代绘画和画论中的注重“用笔”还不一样。在魏晋至唐代的绘画和画论中，“用笔”仍然是以描绘具体物象为目的，或者说，仍然服务于描绘物象这个绘画的基本职能。而文人画的崇尚“笔墨趣味”，则有以笔墨为独立欣赏对象，并把“气韵”“生气”“生意”等抽象的精神意味直接落实到笔墨的倾向。

第三，“寓书法于画法”，或画法与书法的结合，同时也是文人画在艺术风格和审美品格上追求“简”“雅”“脱俗”的一种体现。清代画论家盛大士《溪山卧游录》中说：“画有以丘壑胜者，有以笔墨胜者，胜于丘壑为作家，胜于笔墨为士气。”①文人画家们玩味笔墨，视笔墨为绘画艺术价值的基本表现，除了为了摆脱形似的束缚和外物的束缚之外，还有试图摆脱因袭的、程式化的技法的束缚的意义在内。文人画家们认为，高雅而独具特色的笔墨，可以起到祛除“蹊径”“习气”“俗气”，进而彰显“士气”“逸气”“书卷气”等的作用。所谓“蹊径”“习气”“俗气”，主要指的是因袭、固化的表现技法，如清代画论家王学浩所言：“王耕烟云：‘有人问如何是士大夫画？曰：只一写字尽之。此语最为中肯。字要写，不要描，画亦如之。一入描画，便为俗工矣。”②“描”是一种刻板精细的表现技法，与“写”的生动简洁正相反对。而打破这种表现技法的束缚，以此别开生面，独辟蹊径，也是文人画家所谓“士气”“逸气”“书卷气”的应有之义，同时也是文人画家以画为寄、以画为悟道明理之具、以画为表现“意思”或意境之具或以画为表达个人思想情感之具的当然之义。

（作者单位：武汉大学哲学学院）

① （清）盛大士：《溪山卧游录》，见王伯敏、任道斌主编：《画学集成》（明-清卷），河北美术出版社 2002 年版，第 661 页。

② （清）王学浩：《山南论画》，见王伯敏、任道斌主编：《画学集成》（明-清卷），河北美术出版社 2002 年版，第 641 页。

吴门诗画中的“茶事”主题及其美学意蕴

刘　耕

饮茶之习俗在中国古代有着非常悠久的历史。唐宋以来，文人越来越多地参与到茶事之中，将饮茶发展为一种充满审美意趣的生活方式，在品茶中澄净心灵，获得充盈的生命体验。而围绕茶事，亦诞生了大量的诗文和绘画。吴门画派即有大量“茶事图”存世，撰写了大量关于茶事的诗歌。这些绘画与诗歌，不仅呈现出吴门文人品茶之情境，更表达出他们对生活之淡泊自适的喜好，对心灵之宁静澄明的颐养。品茶题材诗画的大量出现，与吴门文人的生活理想有着密切的关联。

一、吴门画派的茶事图

关于茶事的绘画，可上溯至唐代，如阎立本的《萧翼赚兰亭图》，不过此画已佚，现有宋人临本。现藏台北“故宫博物院”的《宫乐图》，则描绘了宫廷仕女品茶奏乐的场景。图中，宫女们围坐在一张长桌旁，桌中置一大茶釜，有宫女正持长柄茶勺从茶釜中舀茶水。另有宫女捧瓷茶碗待饮。宋代和元代绘画中，关于茶事的绘画也不少见，如故宫博物院藏《卢仝烹茶图》。

不过，到明代的吴门画派，“茶事”这一题材迎来了它的巅峰。明代饮茶之方式，较之前代有所不同。《万历野获编》载：“饮茶精洁无过于近年，讲究既备，烹瀹有时，且采焙俱用芽柯，无碾造之劳，而真味毕现。盖始于本朝，然在宋已有之，特以散片为下等，故搢绅皆不贵之耳。”①宋人将茶经碾碎烘焙等种种工序，制为团茶，以为上品，故有“大小龙团”等贡茶，而散片则为下品。唐代陆羽《茶经》中即叙述造团茶之工序，即“采之，蒸之，捣之，拍之，

① （明）沈德符：《万历野获编》（补遗卷一），文化艺术出版社 1998 年版，第 858 页。

焙之，穿之，封之，茶之干矣”。宋代蔡襄之《茶录》、黄儒之《品茶要录》，以及传为徽宗所作之《大观茶论》中均对团茶的制造和吟咏颇有讨论。明太祖朱元璋认为制造龙凤团茶劳民伤财，故下诏罢造龙团。“国初四方供茶，以建宁、阳羡茶品为上。时犹仍宋制所进者，俱碾而揉之，为大小龙团。至洪武二十四年九月，上以重劳民力，罢造龙团，惟采茶芽以进。”①龙团茶的罢造，影响到茶的饮用方式。“今人惟取初萌之精者，汲泉置鼎，一瀹便啜，遂开千古茗饮之宗。”①故明人直接采摘芽茶以煮沸之泉水泡饮，形成一种普遍的风尚。沈周《石鼎》诗道：“老夫饱饭需茶次，笑看其间水火攻。”①即以石鼎煮沸水泡茶。这种煮茶泡茶之法，无须经过碾造之工序，在沈德符看来，精致简洁，且能保留茶的真味。《长物志》亦称：“而我朝所尚又不同，其烹试之法，亦与前人异，然简便异常，天趣悉备，可谓尽茶之真味矣。”②不仅简便，且得天趣。总之，明代的饮茶法，不仅无制造团茶之劳烦，饮用时也无须炙茶、碾茶、罗茶等复杂程序③，便于文人悠闲而为，又保留了茶叶原本的形、色与味道等。茶具也多有变化，如因泡茶之需要，而出现各式之茗壶，尤以宜兴之紫砂壶为上品。《阳羡茗壶系》称：“壶于茶具，用处一耳，而瑞草名泉，性情攸寄，实仙子之洞天福地，梵王之香海莲邦。审厥尚焉，非曰好事已也。故茶至明代，不复碾屑和香药制团饼，此已远过古人。近百年中，壶黜银锡及闽豫瓷，而尚宜兴陶，又近人远过前人也。”④在周高起看来，茶并非一种个人的爱好，而是性情之所寄，如道教的仙境和佛教的净土一般，可以为人提供生命的寄托。明代饮茶之方式，优于前人；与之相应，明代所尚之宜兴陶壶，趣味上也远胜过前人之茶具。

总之，明代的饮茶方式大大简化了茶的工序，淡化了茶艺的技巧性，亦使茶的味道更加清淡。品茶者的注意力亦从感官的刺激上，更多地转向心灵的涵泳优游，转向茶事的意境和氛围。由此，这也促成了此类题材绘画的转变。

吴门画派关于“茶事”的绘画达几十幅。这些“茶事图”分为两类：一类是直接以茶为题的绘画，如《品茶图》《茶事图》等；另一类是虽不以“茶”为名，但对“茶事”有所描绘的绘画。

① 沈周：《石田诗选》，《沈周集》，上海古籍出版社2013年版，第720页。

② 文震亨：《长物志》，重庆出版社2010年版，第203页。

③ 饮用团茶之具体程序，可参照蔡襄：《茶录》，明刻百川学海本。

④ （明）周高起、董其昌：《阳羡茗壶系·骨董十三说》，中华书局2012年版，第11页。

第一类绘画像：沈周：《醉茗图》《为吴匏庵写虎丘对茶坐雨图》。文徵明：《茶事图》（现藏台北“故宫博物院”）、《品茶图》（现藏台北“故宫博物院”，疑为仿作）、《茶具十咏图》（现藏北京故宫博物院）、《乔林煮茗图》（现藏台北“故宫博物院”）、《惠山茶会图》（现藏北京故宫博物院）、《林榭煎茶图》（现藏中国国家博物馆）、《烹茶图》。唐寅：《品茶图》（现藏台北“故宫博物院”）、《事茗图》①（现藏北京故宫博物院）。仇英：《煮茶图》（现藏上海博物馆）、《煮茶论画图》（现藏吉林省博物馆）、《赵孟頫写经换茶图》（现藏美国克利夫兰美术馆）、《换茶图文徵明书心经合璧》（现藏台北“故宫博物院”，疑为仿作）。陆治：《烹茶图》……

第二类绘画像：沈周：《芝鹤图》。唐寅：《山水册》《琴士图》。文徵明：《吉祥庵图》《猗兰室图》《影翠轩图》《真赏斋图》。仇英：《东林图》《画园居图》……

这些图像中，除《惠山茶会图》等绘画中，茶事是发生于郊游之地，其他的图中，茶事往往在文人书斋中进行，和观画、焚香等活动一起展开。而且，这些绘画几乎都没有直接对饮茶的描绘，而是通过童子煮茶等活动，以及精洁的茶具等来暗示饮茶的发生。

沈周《芝鹤图》中，风炉之上正放置着一把单柄壶，应是正烧茶汤中。《东庄图》册之《拙修庵图》中，铜炉之上放置着单柄提梁壶，桌上则摆着茶盏、茶托、茶壶等茶具，梁上悬着的似乎是装泉水的泉罐。

唐寅画中饮茶场景的描绘颇多。如《事茗图》②中，陈事茗桌上放置着提梁茶壶和茶盅，俱为白色。陈事茗似在沉思，亦似在回味。童子在风炉旁挥扇煽火，茶几上摆满各式茶具。《品茶图》③中，岩树丛密之下，茅屋中一文士戴幅巾而坐。画中共有三个事茶的童子，正屋中童子在风炉旁煮茶，炉上一只白色提梁壶。侧屋中两童子，一个提着一只执壶，另一个则注视着茶碗和茶匙（或为筋）。这一画面似乎为点茶，即将茶末置入碗中，一边以汤瓶倒沸汤，一边以筋击拂水面，搅拌茶末与茶汤，汤面泛起浮沫如雪乳。点茶在宋代颇为流行；随着饮茶方式的转变，点茶法在明代已越来越少见。唐寅《山水册》④

---

① “事茗”为别号，但亦与画意相符。

② 纸本设色，手卷，31.2cm×10.9cm，北京故宫博物院藏。

③ 台北“故宫博物院”藏，《胡氏书画考三种》著录，清嘉庆刻本。

④ 台北“故宫博物院”藏，纸本设色，纵21厘米，横57.8厘米。原应为扇面，后装帧为册页。

一开中，童子正以火箕往风炉中夹炭火，炉旁有茶碾、茶罐、茶托和茶碗，还有一只筥，应为装炭之用。其中茶碾为碾碎茶饼成末而用。泉罐为青铜器，内置杓，造型比较像罍。这里描绘的整个煮茶的情境、器具多与《茶经》中所叙之器物相似，显得比较古雅，亦非明代中后期所常见之饮茶法。图未必是对真实饮茶场景的描绘，也可能是参照古代绘画而作，或许是根据文献如《茶经》等所形容的器物与事类而作。他为杨季静所画的《琴士图》中，同样有煮茶的画面，画面中也陈列着各种斑驳的青铜器，古意盎然。

文徵明《惠山茶会图》①中，泉水上有草亭遮蔽，亭畔一张长方桌，上面罗列各种茶具，有青铜的泉罐、茶床、茶刷、茶盅与茶托，似乎为冰裂纹青瓷的执壶等，风炉上则有一白色的汤壶正在煮茶汤，种种器皿，都颇为精致典雅，亦比较符合明代的饮茶习惯。又文徵明《茶具十咏图》，此图题诗等与台北“故宫博物院”所藏《茶事图》②完全一样，区别在于画面。其中，《茶事图》中两文士对坐于长方桌两侧，一文士手握白色茶盅，另一文士身前有茶壶(据颜色或为砂壶)与茶盅。右侧室中有童子烧茶，炉上是一把单柄砂壶。另一幅藏于台北“故宫博物院”的《品茶图》，图中的饮茶情境与此相似，同样是文士对坐，区别是两只茶盅都置于桌上，炉上之壶的造型有些怪异。而北京故宫的《茶具十咏图》中，则是文士独坐于席上，身畔有白色的茶壶，以及茶托与茶盅。左侧屋中童子正以火箕送炭。

这些茶事图，无论是否以茶事或品茶为题，其画面的重点并不在品茶之上，而旨在表现一种理想的文人生活。不过，品茶在这种生活以及图像中却有特别的意义。与茶相关的母题的存在，使视觉性的图像中增加了“味”的想象。它提醒观者，画中的文人生活，不仅包含可见的书画器物等，亦包含不可见的“味”的享受。因而，当观者沉浸于画中的氛围，通过想象，他的其他感官亦被调动起来。如吴门画派画中常有听泉，听风等母题，是以图像来表现听觉。而焚香、煮茶等母题，则是对嗅觉和味觉的暗示。如此一来，审美的体验更全面、更丰富，而观者亦更能浸入绘画的情境之中。

但茶之味，不仅限于味觉。“味”亦代表了一种对日常生活的整体的审美体验。它使观者跳出对具体物象的观照，通过其心灵和想象，获得对其生活之

① 北京“故宫博物院”藏，1518年作。

② (清)端方《壬寅消夏录》称《品茶十咏图轴》：“画幅绢本高三尺七寸，宽八寸，水墨画，茅屋竹篱，二老对坐品茶，一僮别室为炊，一老潢桥而来。屋后孤松百尺，旁有杂树，流水远山，备然物外。”

整体情调和意蕴的把握。我们在吴门画派的斋室图中可以看到，画中人的目光，往往不在茶、不在画，不在任何一件具体的事物上，而是朝向友人，或面向画面虚空处。唐寅《事茗图》题诗道："日长何所事，茗碗自赍持。料得南窗下，清风满鬓丝。"茗碗在手，文人赏的是日长无事，清风拂面，悠游自在的心境。

二、诗与画：茶事与文人生活

吴门文人之所以如此强调茶事的意义，并对其进行大量的描绘，其实是以茶为寄托。正如上文所言，茶之味，关系到文人日常生活的整体情调和意蕴。对茶的喜好，是在表达一种对审美化的日常生活的向往。

吴门文人有大量关于饮茶的诗歌。如沈周诗道："细吟满啜长松下，若使无诗味亦枯。"①松下长坐，汲泉煮茶，口齿噙香。不过，品茶之中，诗人所喜好的并非仅是茶的味道，更是在品茶之雅事中妙契于心，又吟之于口的诗情。眼前的清景，口中的清味，唤起诗人的无限诗思，赋予茶事更丰富的意味。

沈周还有诗云：

> 松寮竹榻古且静，人影凌乱灯含葩。殷勤小行颇展敬，酾酒莫及先烹茶。更添香炷侑清啜，坐久不觉蒲牢挝。三杯破冻聊尔耳，俗虑脱臆如人爬。浮生岁月聚散过，抚事感老徒兴嗟。净方频来亦夙契，敢惜片语偿烟霞。②

悠悠静夜，诗人与老僧共坐承天寺中，松寮竹榻，焚香烹茶，吟赏烟霞，细品其中滋味，不觉钟声之响。茶不仅清除寒意，亦助人洗脱胸臆。俗虑一清后，诗人心中泛起浮生聚散，年华老去的感喟。茶之清味，荡涤尘垢，激活了心灵的诗兴，使诗人对人生忽然有了更洒脱旷达的领悟。

又如唐寅《和沈石田落花诗其八》中云："匡床自拂眠清昼，一缕茶烟扬鬓丝。"茶烟缭绕，与悠然的心境相应。唯有闲来无事，才能消受此懒散悠缓之乐。

文徵明诗文中关于茶的记叙更多。无论是闲居独处，还是和友人小集，茗

① 沈周：《月夕汲虎丘第三泉煮茶坐松下清啜》，《石田诗选》卷二，明正德刻本。

② 沈周：《暮投承天习静房与老僧夜酌复和清虚堂韵一首》。

饮都是他颇为喜好的雅事；而友人也知其所嗜，或以茶相待，或相邀茶会，或寄送好茶与名泉，以遂其好。如1505年，宜兴吴大本寄茶与徵明，而郑太吉则雪夜送惠山泉来。泉水到时，徵明即酌泉试吴大本茶，诗云：

> 醉思雪乳不能眠，活火砂瓶夜自煎。白绢旋开阳羡月，竹符新调惠山泉。地炉残雪贫陶穀，破屋清风病玉川。莫道年来尘满腹，小窗寒梦已醒然。①

清泉佳茗既至，徵明迫切想一尝滋味，乃至不能入睡，起来亲自煎茶。佳茗入腹，洗净妄念烦尘，苏醒梦中之人。

这里砂瓶不知是否指紫砂壶。“白绢”句，阳羡指形容吴大本所寄之阳羡茶，月形容“团茶”之形，白绢则表示保藏之精良。阳羡茶古来即为名茶。五代毛文锡《茶谱》即载常州有“阳羡春”茶。竹符调水，则用当时茗事之典故。②惠山泉为名泉，唐张又新《煎茶水记》载：“无锡县惠山石泉水第二。”③“活火砂瓶”的煮茶法，《阳羡茗壶系》中曾盛赞，所谓：“壶供真茶，正在新泉活火，旋沦旋啜，以尽色、声、香、味之蕴。”④不过，这里文徵明所饮若为团茶，则此“煎茶”可能类似唐代之法，将茶末投入沸水中煎饮。考虑到诗词用典的习惯，明代饮茶风俗，以及文徵明自己绘画中对茶事的描绘，这里所谓“阳羡月”，也未必真是团茶，可能只是对阳羡茶的指代。

携惠山泉烹阳羡茶，为吴中之乐事。昔日，苏轼即有诗句，畅想这一雅趣：“雪芽为我求阳羡，乳水君应饷惠山。”⑤文徵明《煮茶》诗云：“绢封阳羡月，瓦缶惠山泉。至味心难忘，闲情手自煎。地炉残雪后，禅榻晚风前。为问

---

① （明）文徵明：《文徵明集》（上），周道振辑校，上海古籍出版社1987年版，第179页。

② “文衡山先生诗有极似陆放翁者，如《煮茶》句云：‘竹符调水沙泉活，瓦鼎烧松翠鬣香。’吴中诸公遣力往宝云取泉，恐其近取他水以给，乃先以竹作筹子付山僧，候力至，随水运出以为质。此未经人道者，衡老拈得，可补茗社故实。”见李日华：《六研斋二笔》卷二，明崇祯七年刻本。

③ 杨东荪：《中国古代茶学全书》，广西师范大学出版社2011年版，第25页。

④ （明）周高起、董其昌：《阳羡茗壶系·骨董十三说》，中华书局2012年版，第78页。

⑤ 《次韵完夫再赠之什某已卜居昆陵与完夫有庐里之约云》，《苏文忠公全集》续集卷二，明刻本。

贫陶谷，何如病玉川。”①诗中描绘与用典均与前首相似，又云“至味心难忘”，可知对惠山泉煮阳羡茶之滋味念念不忘。

文徵明49岁时曾同诸友赴惠山酌泉试茗，诗云：“千年遗智在，百里裹茶来，洗鼎风生鬓，临兰月堕杯。解维忘未得，汲取小瓶回。”②清风吹鬓，明月在手，何等潇洒落拓。又《煎茶》诗云：“老去卢仝兴味长，风簷自试雨前枪。竹符调水沙泉活，瓦鼎然松翠鬣香。黄鸟啼花春酒醒，碧桐摇日午窗凉。五千文字非吾事，聊洗百年汤饼肠。”③待清茶洗净脏腑后，观万物自得，任光阴悠然。

文徵明《茶具十咏》，为追和皮日休陆龟蒙所作。诗与序题于图上，诗意与画意交融互渗。

画上题记道：

> 嘉靖十三年岁在甲午，谷雨前三日，天池虎丘茶事最盛，余方抱疾偃息一室，弗能往与好事者同为品试之会。佳友念我，走惠二三种，及乃汲泉吹火烹啜之，辄自第其高下，以适幽闲之趣。偶忆唐贤皮陆辈茶具十咏，因追次焉。非敢窃附于二贤后，聊以寄一时之兴耳，漫为小图遂录其上。衡山文徵明识。④

徵明虽因病不能与友人同赴茶会，但得佳茗之馈，亦得以在家中自烹自酌。

昔日，皮日休以《茶中杂咏》十首寄送陆龟蒙，而陆龟蒙亦作十首相和，一时传为佳话。在皮日休看来，茶具应形之于诗，方不致有缺憾。这些诗虽名《茶具十咏》，但只有“茶籯”“茶灶”“茶焙”⑤“茶鼎”⑥“茶瓯”⑦等为茶具，如

---

① (明)文徵明:《文徵明集》(上)，周道振辑校，上海古籍出版社1987年版，第119页。

② (明)文徵明:《文徵明集》(下)，周道振辑校，上海古籍出版社1987年版，第863页。

③ (明)文徵明:《文徵明集》(下)，周道振辑校，上海古籍出版社1987年版，第1031页。

④ (明)文徵明:《文徵明集》(上)，周道振辑校，上海古籍出版社1987年版，据《茶具十咏图》有改动。

⑤ 为烤茶而用。

⑥ 煮茶而用。

⑦ 类似后世之茶碗茶盏。

“茶坞”为种茶之所，“茶人”谓采茶者，“茶笋”指芽茶，“茶舍”为煮茶之屋舍，而“煮茶”则描写煮茶之活动，皮诗中道：“香泉一合乳，煎作连珠沸。时看蟹目溅，乍见鱼鳞起。”其中，“连珠沸”“蟹目溅”“鱼鳞起”均形容茶汤沸腾之情状，《茶经》载：“其沸如鱼目，微有声，为一沸。缘边如涌泉连珠，为二沸。腾波鼓浪，为三沸。”①第二沸时应“出水一瓢”，以竹筴搅拌茶汤中心，将茶末从中心倒入，当烧至滚沸，“势若奔涛溅沫”，则以之前舀出的水倒入，“而育其华也”，因此而形成的波纹，应与“鱼鳞起”比较相似。由此可知，皮日休诗中所叙的煮茶，基本和陆羽强调的方式相合。

皮日休在诗中咏叹茶对于自己生活的重要性，“每为遇之疏，南山挂幽梦”，茶叶唤起自己“悠然见南山”的归梦。“满此是生涯，黄金何足数”，不以黄金为贵，只望在品茶中寄托自己的生涯。

陆龟蒙和诗中，《茶瓯》一首道：“岂如珪璧姿，又有烟岚色。”唐代的茶瓯之底多为玉璧形，故称“珪璧姿”。烟岚色形容瓷器烧制之精美，色如烟岚。《煮茶》一首道：“闲来松间坐，看煮松上雪。时于浪花里，并下蓝英末。倾余精爽健，忽似氛埃灭。不合别观书，但宜窥玉札。”诗人志趣高洁，闲坐松间，以松雪煮茶，不仅清爽自己的精神，更涤除内心沾染的尘埃。

文徵明的和诗，亦是对品茶者之人生旨趣的全面展示。如《茶舍》中云：“夜闻林豹啼，朝看山麋逐。粗足办公私，逍遥老空谷。”②形容茶舍中逍遥物外，融身于自然中，与麋鹿为友的生活。又《茶焙》一诗云：“体既静而贞，用亦和而燠。朝夕春风中，清香浮纸屋。”以君子之德性形容“茶焙”，有贞静之品质，一旦能得到任用，也能有平和温热之功，德风之“清香”随春风满溢。而《煮茶》诗则云：“花落春院幽，风轻禅榻静。活火煮新泉，凉蟾堕圆影。破睡策功多，因人寄情永。仙游恍在兹，悠然入灵境。”③在幽静的氛围中，诗人活火煮茶，看一轮月影堕于清泉中。对他而言，茶不仅消除困意，亦可寄托情感，更能带引人的精神超越至一片“灵境”，仿佛一场仙游之旅。精神的超越，与品茶中心灵的澄净有关。在《茶具十咏图》中，青山之下，松柏之间，有书斋二间。文人独坐于席上，身畔摆放三件茶具。童子在侧室煮茶。文人的目光

① 杨东荪：《中国古代茶学全书》，广西师范大学出版社2011年版，第12页。

② （明）文徵明：《文徵明集》（下），周道振辑校，上海古籍出版社1987年版，第1215页。

③ （明）文徵明：《文徵明集》（下），周道振辑校，上海古籍出版社1987年版，第1217页。

飘于画外，精神仿佛超越至“灵境”。而灵境并非遥远不可及之地，就是当下悠然恬淡的意境。

三、茶与文人境界

在吴门文人的茶事中，茶多与闲静的意趣相关。文徵明诗云：“就中别有闲缘在，竹榻风炉自煮茶。”①《中庭步月图》题道：“十月十三夜与客小醉，起步中庭，月色如昼。时碧桐萧疏，流影在地，人境俱寂，顾视欣然，因命僮子烹苦茗啜之。还坐风檐，不觉至丙夜。东坡云：‘何夕无月，何处无竹柏影，但无我辈闲适耳。’”②闲静之中，宜烹茶饮啜，久坐细品。世间自有清景无限，但人们种种操持忙碌，心灵为烦扰所盘踞，任月色竹影满目，也无心观瞻。“闲适”意味着一种人生哲学上的取向，亦是文人的一种人生境界。繁忙之人陷溺在尘世的涡流中，处在与人、物一种紧张的关系下，任美景与时日在身旁匆匆而逝，这是一种生命的耗丧。“闲适”之人则能将心灵从外物的拘挛中解缚出来，涤除尘垢，以心灵昭明之觉性来观照万物，体会万物流转生灭之幻美中的深意，使生命获得一种超越感和永恒感，譬如月光与竹柏影，夕夕处处常在，俗人无“闲适”，则不可见。文徵明诗道，“书卷茶炉百虑融”③，说茶能消融人种种的烦虑。而静，除了心灵的平宁外，亦表达一种超越外在表现，呈露湛然心体的境界。“静”作为理学、心学与禅宗共同强调的心性功夫，虽然具体内容不同，但都追求通过静养来显现一个真实的、恒常的心体或性体，而非停留于“静”的表象和形式。心性澄静，即可不被外物扰乱，从容应物。文人在品茶中，多次提到通过茶的清醒和洗涤，洗出澄澈之心，来观照外物。

饮茶涉及味觉，在中国古代哲学与诗文中，“味”常常与心灵微妙的契会相关。如《老子》说：“道之出口，淡乎其无味。”“淡乎其无味”，形容道不具有五味等具体的味道，当然也不具备具体的声音和形象。对道的体悟，应超越感官的表象，在心灵的宁静与淡泊中去领会道。苏轼提出“发纤秾于简古，寄

---

① （明）文徵明：《文徵明集》（下），周道振辑校，上海古籍出版社1987年版，第960页。

② 庞元济：《虚斋名画录》卷八，《明文待诏中庭步月图轴》，清宣统刻本。

③ （明）文徵明：《文徵明集》（上），周道振辑校，上海古籍出版社1987年版，第398页。

至味于淡泊”。最高妙的味道，寄寓于淡泊的风格和意境中。超越色声香味之感官和形式美，疏烟淡墨，逸笔草草，自有一种深远意味。而“茶之味”，符合文人这种诉求。文徵明在诗中写道，“贫有茶香适淡欢”①，茶香，与诗人淡泊之欢乐相融适。又“茗杯书卷高人味，争遗朱门肉食知”②？茗杯书卷之中的淡泊意味，唯高人能体会，非纵情酒肉享乐之辈所能知。

明代的饮茶，恰恰保留了茶之本味，不似唐代还要在茶中加盐等调料，亦不似宋代初期茶中还杂有龙脑等香料，却自有一种清香。形容茶时，常常强调的是一种“清味”。清与淡相似，同样也表达对感官之浓烈的超越，和名利等俗事的不萦于怀。不过清更强调对心灵的一种洗练和清益。文人煮茶，除以名泉之清水外，还以松上雪等。郑太吉为文徵明送惠山泉时，“青篛小壶冰共裹，寒灯新茗月同煎”③，清泉与冰雪，共置于青色篛壶中；寒灯之下，月影叆叇于茗叶间，何等清寒洁净的意境！《红楼梦》中曾写妙玉收梅花上的雪来煮茶。文徵明诗中多次提到，茶能洗除自己肺腑中的尘垢，如“松根自汲山泉煮，一洗诗肠万斛泥”④，“珍重古人披拂意，尽驱尘俗破昏眠”⑤；“风檐瓦鼎燃湘竹，夜久香浮乳花熟。银杯和月泻金波，洗我胸中尘百斛”⑥；“十年味此如有得，一洗尘虑胸怀澄”⑦，等等。这些诗句中，茶和香一样，有着涤清和苏醒心灵的妙用。区别在于，茶侧重于“洗尘”，而香则侧重于“去秽”。尘偏于心灵的烦恼，而秽则偏于心灵的污浊。

茶还有丰富的禅宗意味。禅宗公案中常常出现茶，如《景德传灯录》卷九载虔州处微禅师语录道：“师问仰山：‘汝名什么?’对曰：‘慧寂。’师曰：‘那

① （明）文徵明：《文徵明集》（上），周道振辑校，上海古籍出版社1987年版，第167页。

② （明）文徵明：《次韵谢郡博雪中》二首，见《文徵明集》（下），周道振辑校，上海古籍出版社1987年版，第908页。

③ （明）文徵明：《雪夜郑太吉送惠山泉》，见《文徵明集》（上），周道振辑校，上海古籍出版社1987年版，第178页。

④ （明）文徵明：《谢宜兴吴大本寄茶》，见《文徵明集》（上），周道振辑校，上海古籍出版社1987年版，第178页。

⑤ （明）文徵明：《袁与之送新茶荐以荣夫新笥赋谢二君》，见《文徵明集》（下），周道振辑校，上海古籍出版社1987年版，第372页。

⑥ （明）文徵明：《中庭步月图》题诗，见《文徵明集》（下），周道振辑校，上海古籍出版社1987年版，第830页。

⑦ （明）文徵明：《寿味泉丁君七秩》，见《文徵明集》（下），周道振辑校，上海古籍出版社1987年版，第831页。

个是慧那个是寂?'曰:'只在目前。'师曰:'犹有前后在。'寂曰:'前后且置。和尚见什么。'师曰:'吃茶去。'"①又如益州大隋法真禅师有语录道:"问:'生死到来时如何?'师云:'遇茶吃茶遇饭吃饭。'"②这些公案中,"吃茶"表达意义都是:须从理智思虑的遮蔽中解脱出来,回归生命当下直接的体验,注重自性的觉悟。

《珊瑚网》中著录有《碧筠精舍记并诗卷》,中有蔡羽书记、吴宽、都穆、王宠等人题诗,和文徵明和诗。其中,文徵明和吴宽诗道:"阴敷鸭脚树,翠剪虎须蒲。境寂心同远,僧闲兴不孤。覆碁松下石,破茗竹间垆。欲举无生话,相忘话亦无。"③这些诗作于天王寺,吴宽、文徵明、蔡羽等吴门文人时常去寺中游玩,焚香品茗,与僧闲话。文徵明的这首和诗,和上述的禅宗公案有相似的意蕴,"欲举无生话,相忘话亦无",在静谧的意境中,心灵也从俗尘中超越,诗人和僧人在松下对弈,在竹间煮茶。他们早已忘却了"无生话"这些佛理,亦无须再言说佛理,不如细细品味茶香,融身于当下这片意义充盈的世界。茶之禅,涤除尘染,斩断言语和世俗的羁绊,直指当下真实自足的生命。

明代中晚期文人生活和物质文化的丰富,是对一种审美化、艺术化的生活的追求;亦是对自性、对生命之真实状态的一种体证。虽然我们或可用"日常生活审美化"来标示这一生活,但它与西方这一概念的差异是很大的。不过,这个问题已非本文所能解决。总的来说,吴门文人的茶事图,除对文人日常生活的如实呈现外,亦在文人群体中交换、建立着共同的生活价值和信念。而这一价值认同又进一步塑造着文人的生活世界。

(作者单位:武汉大学哲学学院)

① (宋)释道源:《景德传灯录》卷九,四部丛刊三编景宋本。
② (宋)释道源:《景德传灯录》卷十一,四部丛刊三编景宋本。
③ (明)汪砢玉:《珊瑚网》卷十五法书题跋,清文渊阁四库全书本。

论柏泉鱼拓的审美价值

张　昕　黄晓琪　王　珺

一、柏泉鱼拓发展环境概况

（一）地理环境

湖北省位于华中地区，地势西高东低，中间为被誉为“鱼米之乡”的江汉平原。江汉平原地势平坦，土壤肥沃，河网交织，湖泊密集，渔业和农业较为发达，武汉的鱼拓技艺便在这片沃土中发展起来。

武汉东西湖区柏泉地区历史久远，各类手工技艺繁多。柏泉鱼拓的传承人张氏在宋元时期由江西辗转迁往武汉柏泉，家族名人辈出。柏泉张恒鱼拓技艺高超，口口相传，流传至今。武汉柏泉古镇地处武汉市东西湖区西北近郊，南临汉口，北依府河，东与天河机场隔河相望。张柏公路、银柏公路、五环公路纵穿南北，东柏公路、武汉市外环线、吴新干线横贯东西，旅游交通便利。自古以来，柏泉山清水秀、人杰地灵，为东西湖文脉所在地。柏泉的自然环境秀美，北部山岗林地高低起伏，面积近万亩，堪称武汉天然森林公园；南部平原广阔，杜公湖、罗塞湖等湖泊星罗棋布，4 万亩府河湿地环绕。杜公湖省级湿地公园内芦苇依依，水鸟浅吟，渔业资源相当丰富。

（二）历史渊源

鱼拓最早起源于中国的碑拓技术，据说在宋朝就出现了用墨制作的鱼拓，但无翔实的史料和鱼拓作品可查。最早的文字和作品记载出现于 1839 年的日本，那时的鱼拓称作“鱼折”，又称为“胜负图”，是为了参加比赛而拓印下来的，通过测量鱼拓作品上鱼的长度来决定胜负。由于鱼折技术主要传承于具有

1000 多年历史的碑拓技艺，后便改称“鱼拓”。① 鱼在中国自古以来就有“年年有余”“吉庆有余”“多子多福”的寓意。在社会整体生产水平不发达的古代，人们常将鱼拓画挂在家中，用来欣赏和收藏，以表达对美好生活的向往与期盼。后随着照相技术的传入，鱼拓技艺逐渐衰弱。

二、柏泉鱼拓的审美特征

（一）技艺美

早期鱼拓使用墨汁作为染料，其图像只单纯用来比较鱼的大小，也称为“胜负图”。后期鱼拓更多地作为艺术作品出现在生活中，制作者将墨汁进行调和，使之出现了墨的浓淡变化，鱼拓作品有了轻灵通透之感。后来随着社会的发展，颜料的运用使鱼拓技艺真正“活”了起来。在创作技法上可分为直接鱼拓和间接鱼拓。

直接鱼拓（见图 1），首先是将活鱼用洗涤剂洗掉身上黏液，保证鱼鳞不脱落，将鱼放在干净的泡沫板或橡皮泥做的鱼枕上摆出形态，使鱼在拓印的过程中稳固。用纸塞入鱼口中使鱼形挺括，并把鱼的鳍展开整理好，用纸或布吸去鱼表面多余的水分。鱼身越干燥，附上去的宣纸就越不易破。其次将准备好的水墨颜料用毛笔刷至鱼身，一般按鱼本身的颜色深浅调 3 种颜色，鱼的背部深色、中间稍浅、下面淡色。颜色过渡部分要用刷子或毛笔在鱼身上完成晕色，使颜色渐变自然。在此过程中，颜料水分不宜过多，刷子尽量一口气刷至鱼尾，补色次数越少效果越佳。为了还原鱼的真实面貌以及鱼出水时的颜色和形态，将鱼拓纸适度喷湿，然后覆盖在鱼身上，均匀地按压拍打或用刷子刷，确保鱼身的颜料被拓印到纸上，将宣纸轻轻揭起。最后，用毛笔修饰鱼眼和鱼嘴部分。需要注意的是，只有眼睛等部分可以做拓后修饰，其余部分均不可修饰。

间接鱼拓则是在洗净的鱼体上覆纸，然后用棉球在纸上打色而成。鱼拓爱好者多使用直接鱼拓法，方便快捷，能够多次拓印。

鱼拓艺术从创意到技法，都给人带来耳目一新的感受。由于整个创作过程都由“鱼”自身完成，且都是一次拓成，有比较大的偶然性，这是鱼拓艺术独

① 徐峥：《谈谈鱼拓艺术》，载《文学教育（下）》2011 年第 5 期。

特的艺术语言，也是鱼拓制作的乐趣之处。其创作过程便于观赏，趣味十足。

图1　张恒作品《观沧海》

(二)形式美

鱼是我们生活中常见的活态生物，鱼拓技艺将鱼的生动性、活态性以瞬间永恒的方式留在了平面载体上，使鱼的形体姿态用比绘画更加真实、便捷的方式保存下来，追求真实的同时又不同于摄影艺术的直接，而是将作者的主观想法与水墨技法融入其中，其视觉效果加深了鱼拓的意境。

鱼拓技艺继承了中国拓印的技法，又在材料之上加以创新，将鱼儿的美活灵活现地展现出来。鱼拓作品因鱼的种类、颜色不同而产生不一样的作品效果。常见的鱼拓对象有“四大家鱼”——青鱼、草鱼、鲢鱼、鳙鱼。除了常见的“四大家鱼”，湖北最有特色的鱼类当属武昌鱼。鱼的形体、色彩的不同使作品极具差异性与趣味性。

鱼拓技艺区别于传统中国画、油画、水彩、书法，摄影等表现形式，是一种独立而又综合的艺术形态。从鱼的姿态到鱼的细节，将鱼的曲线美和通透感展现得淋漓尽致，能够更加清晰地描绘水墨画泛起涟漪的轻盈、空灵的效果。鱼拓拓出的鱼的形态大小和真鱼别无二致，所拓鱼鳞纹理清晰，鱼鳞从靠近头部的位置到尾部逐步变小，疏密排列也由稀疏到密集；鱼腹颜色减淡，墨量也有所控制；鱼尾和鱼鳍线条流畅，自然真实；整个鱼身过渡自然，立体感十足。鱼拓作品色彩艳丽，活灵活现，不仅单条鱼栩栩如生，多条鱼的“叠拓”更是生动传神，极具艺术性(见图2)。

图 2　张恒作品《双鱼》

(三)内容美

鱼在早期人类的社会生活中扮演着重要角色：一方面它为人类提供了重要的食物来源；另一方面它象征多子、丰收和富有，是原始人类对美好生活的寄托和向往。因此，原始人类十分崇拜鱼，认为鱼有灵，进而在各种宗教活动中用鱼祭祀天地、日月、山川以及祖先等神灵，可以将这些行为通称为“祭鱼”。① 武汉多处墓穴均发现“祭鱼”的痕迹。

人类社会早期，先民们选择依水而居，与鱼的联系极为密切。鱼是人类早期用来果腹的食物之一，鱼多子且繁殖快，人类早期对鱼的崇拜便是生殖崇拜，祈求多子与繁衍，解决人类早期的生存问题。“随着社会的发展，道教以鲤鱼为圣物，认为鱼龙可互化，主张阴阳和合，可以助寿。这是鱼化龙传说和鱼鸟纹在汉代大量出现的主要思想根源。随着道教影响的逐步扩大，鱼的一些形象特征渐渐融入龙纹，鱼也经常被视为龙的化身。”②在民间也有“鲤鱼跃龙门”的传说，常用来比作寒窗苦读最后金榜题名的学子。鱼被赋予了祥瑞的含义，逐渐演变为一种祈求吉祥的符号或图腾。武汉是鱼米之乡，码头文化与渔猎文化在武汉人心中是一种别样的情怀。人类最早是靠天吃饭，摘野果、野菜，进行狩猎等。在与大自然的磨合中，逐渐驯化了水稻和牲畜等，开垦菜

① 袁广阔、崔宗亮：《仰韶文化鱼纹研究》，载《中原文化研究》2018 年第 6 期。

② 宁波、刘顺、何琳：《中国古代鱼文化的隐喻意象与历史演化》，载《中国渔业经济》2017 年第 4 期。

地，养殖家禽。对野生鱼类的驯化使渔民们在渔业养殖中产生满足感。

从最早的鱼多子的生殖崇拜，到“鲤鱼跃龙门”的图腾崇拜，再到对鱼类驯化的获得感，将这些因素联系起来，水乡渔人对水产养殖的钟爱便不难理解了。鱼拓艺术既代表了鱼文化的吉祥含义，寄托了人们对美好生活的期盼，又延续和保留了对渔业收获的乐趣和兴奋感，同时还成为一个有益身心的艺术休闲方式，代代传承。

(四)生态美

鱼拓——生态美的表达载体。鱼拓艺术，本质上是生态性和艺术性的综合载体，具象而直观地传达了一处环境的生态性能。所谓生态性，是指生物同环境的统一。在宏观水平上，生物的个体与群体对环境条件的依赖性是绝对的。由于鱼类的水生特性，其各种生理特性和体表特征，必然对水体、对环境有绝对性的依赖性。换句话说，柏泉鱼拓艺术就是这一自然地理区域生态性的直观呈现，是自然性与艺术性的统一。

鱼拓艺术，也是人与自然融合共存的体现。鱼拓艺术的产生和发展与当地的生态环境密不可分，鱼类生态环境良好，鱼类多样且产量高，当地居民物质生活得到保障，逐渐产生了精神需要，所谓“一方水土养一方人”，鱼拓艺术的诞生，是人与生态和谐共存的表现，也是人与鱼类主客体之间的统一。我国众多民间工艺都体现了这一点：年画、剪纸、刺绣等艺术中许多吉祥图案，例如“年年有余”中莲花和鱼的形象，不仅体现了人们对生活富足的向往与期盼，也体现了艺术性与生态性的高度融合。

三、柏泉鱼拓的审美价值

(一)返璞归真，妙造自然

鱼拓技艺的独特之处在于拓，鱼身、鱼鳞、鱼鳍等皆可通过拓印于纸上清晰呈现，经由色墨的浓淡渲染，其形态大小与真鱼无异，鱼鳞纹理清晰，鱼鳍条条可见，将鲜鱼神色和形态表现得淋漓尽致。一幅好的鱼拓作品细节生动形态逼真，在色彩运用之上，既要注重鱼的固有色，又要根据鱼儿游在水中的光影变化和审美习惯加之创造；还要通过诗书画印的结合，使作品既具有西方古典艺术写实的“真”，又具备中国水墨画“生气远处、秒造自然”的“真”。

鱼拓技艺涉及一种独特的"真"，这是一种在生命的实践的同时对艺术作品空间营造的虚实探究。我们通过鱼拓技艺可以对鱼进行完整的生命还原。不仅是它的形、色，甚至鱼的情绪，对世界的感受都能呈现出来。鱼拓最后一步以鱼的点睛收尾，如画龙点睛一般，鱼的形象霎时就在画中活灵活现，别有生趣。从鱼的眼睛里我们能够更清晰地看到鱼与我们世界的不同，使我们可以更加审视自我，从中找寻人存在的价值。鱼拓技艺给鱼创造了另外一种飞舞的空间：纸上空白皆是鱼自由的天地，营造出"虚实相生，无画处皆成妙境"之境界(见图3)。①

图3　张恒作品《武昌鱼》

(二)丰富多彩，历久弥新

鱼拓经传统的宋画和早期的碑拓中演变而来，与传统的碑拓和文物拓印一脉相传，融合中国水墨画、书法和西方绘画等元素，是一种写实与写意相结合的艺术表现形式，兼具实用性和艺术欣赏价值，体现了中华祖先的智慧，更蕴含着丰富的鱼文化。民间把鱼看做是家族兴旺、人丁众多、吉祥富贵的象征，鱼拓中的鱼来源于生活中真实存在生命体，拓完后还可以回归自然作为有机养料，是中华祖先利用自然资源，与自然和谐共生的活态范例。

鱼，除了食用价值外还是一种文化象征，亦是一种文化载体。古时，鱼的

① (清)笪重光：《画筌》，关和璋译，人民美术出版社1987年版，第18页。

形象在通信、凭证、彰显身份地位等方面是一种文化载体。唐代诗人李商隐《寄令狐郎中》咏有："嵩云秦树久离居，双鲤迢迢一纸书。"古人互通书信时，信纸常状以双鲤，表达思念之情。如"鱼笺""鱼素""鱼符""鱼契""鱼书""鱼鼓"等"符号"，更是古时人与人交往的情感支撑、文化积淀。远古时代的彩陶器物纹样上就出现了鱼纹，这是早期鱼崇拜的体现。在祖先们的眼中，鱼具有超强的繁殖能力和"再生"的神力，寄托着祖先的生死观，祈求着繁衍的旺盛，赋予了先民对美好生活的向往。汉代画像砖、石刻上刻的鱼形纹博大雄壮，造型上追求变体神似，具有"升天"的诉求。宋、明瓷器上鱼纹清丽脱俗，体现出追求清雅的审美；清代民间美术作品中的鱼纹，线条质朴，敷色浓艳，装饰性强，具有强烈的视觉效果。

在漫漫历史长河中，鱼类以"信者"的身份脱离出来，成为一个艺术形式的载体、独立的审美对象，再经由鱼拓技艺的改造成为一个融合多种元素的艺术载体。它的"身份"介于工艺与艺术品之间，并完美地将中西元素结合，成为当今艺术的创新形式，积淀着深厚的传统鱼文化，是亟待保护的传统手工艺。

四、柏泉鱼拓艺术的传承与衍生借鉴

（一）鱼拓技艺的价值

从鱼的"身份"、鱼纹形状演变来看，鱼拓体现了中国民俗信仰观、审美观变迁的印记。无论是作为媒介的身份、人们信仰的对象、还是审美的载体，它都承载着华夏民族对美好生活的追求和审美情感的积淀，更蕴含着人们几千年来的精神、道德观念和民俗思想。鱼拓技艺由我国传统的宋画和早期的碑拓中转变而来，经过多年的发展，逐渐由传统手工艺演变为新兴艺术形式和艺术载体，同时具有深厚的中国传统文化底蕴。时至今日，鱼拓技艺不但能保留和延续收获的乐趣，还可以成为一个有益身心的艺术休闲方式。由于鱼拓技艺可操作性强，利于普及，尤其适合进入中小学课堂，可使学生们乐在其中，提高学生的动手能力和艺术创新能力，丰富鱼类知识，增强爱护环境的意识并从中提高美学修养。还可让学生对民间艺术有切身的体验，激发学生对民间艺术的兴趣，从而更好地去了解家乡、热爱家乡，增强他们的民族自豪感。中国鱼拓艺术正处于发展阶段，继承鱼拓艺术的精髓和本质、探索鱼拓作品的表现形式以及实现鱼拓作品的真正艺术价值，是当下亟待着手的工作。

（二）保护措施与成效

第一，鱼拓艺术进校园。鱼拓艺术中蕴含着丰富的鱼文化，并表现出精湛的鱼拓制作技艺，在美术鉴赏课上，可选择中国鱼文化中历代鱼纹文物和鱼吉祥图案两个课题进行教学，并穿插柏泉街地域性鱼文化讲解，鉴赏传统鱼拓作品及现代文创产品，以激发学生的兴趣，增强其对地域文化艺术的喜爱，提高其审美鉴赏能力，为鱼拓艺术培养未来的传承人。在实践操作课上，由于鱼拓艺术便于操作，容易上手，可使学生们融入其中，亲身体会自己鱼拓作品的完成，便于提高其自信力和民族自豪感，真正实现寓教于乐。

第二，与旅游业相结合。鱼拓产业可“形成一个‘游（旅游）、钓（垂钓）、拓（鱼拓展示）’三位一体综合性水乡旅游产业”①。如形成集约化产业，以鱼拓为核心内容，建设鱼文化主题展示体验馆；以鱼文化、鱼拓技艺展示以及参与制作体验三个主题进行展开，不仅可以普及关于鱼的知识，还可推广鱼拓技艺，提高知名度和支持度。另如设置展览馆，展示国内外鱼拓作品，宣传地方旅游文化和鱼拓文创产品，如文创衫、挂历、书签、包包（见图 4、图 5）、笔记本、手机壳（见图 6）等，推进文创旅游产品规模化升级，让地方鱼拓艺术产品进入文创商店和旅游景区，扩大其影响力。体验馆应以鱼拓技艺的教授与体验为一体，不设年龄、门槛，也可进行长期课程培训。

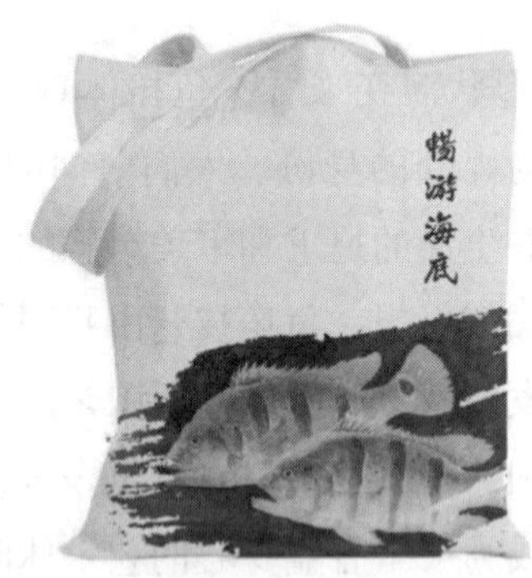

图 4　张恒设计文创产品《吉鱼系列手提袋——畅游海底》

① 黄永良、卢海英：《舟山“鱼拓”休闲文化的内涵与发展对策研究》，载《浙江体育科学》2015 年第 4 期。

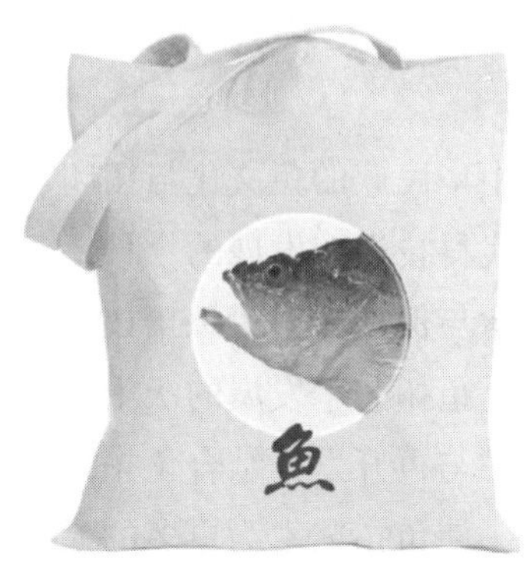

图 5　张恒设计文创产品《吉鱼系列手提袋——鱼》

图 6　张恒设计文创产品《吉鱼系列手机壳》

第三，选择构建公共教育平台。联合地方高校、中小学或私人艺术机构，建立课外兴趣体验活动基地，推广鱼拓技艺，提高其知名度；与美术馆、博物馆、文化馆联合举办公益体验活动，使市民都能参与其中。

第四，扩大影响力。结合政府、企业、民众力量，国内外定期举办鱼拓文化节；也可结合媒体手段进行纪录片拍摄，举办大型展览比赛活动，并与地域文化相连接，提高市场认知度，形成品牌效应。

五、结语

鱼拓技艺将千百年来中华民族的鱼文化与拓印、水墨等技法结合，实现了精神与技法的统一。在现代科技迅速发展的今日，各类非物质文化遗产逐步被社会大众所知，并得到传承与保护，但对鱼拓技艺的保护相对缺乏。武汉作为九省通衢的中部大城市，是鱼拓艺术发展的沃土，相关部门应增强对鱼拓技艺这项非物质文化遗产的保护与再开发，结合鱼拓技艺的特点与自身优势，进行合理的传承与衍生品制作，使鱼拓艺术为更多的人所知。在传承与发展鱼拓艺术的同时，提高大众的审美能力与鉴赏能力，利用鱼拓的便捷性与观赏性，使大众在趣味性活动中娱乐身心，达到人类与自然的和谐统一。

（作者单位：湖北美术学院）

《营造法式》中的工匠精神及其美学价值

刘思捷

《营造法式》(下文简称《法式》)是北宋时期由国家颁布的建筑法典。由《法式》可知，宋代建筑技术有着复杂性、卓越性、精致性和艺术性的特点，营造这些体系复杂的木构建筑及相关的构筑物，体现了宋代官手工业工匠精益求精、精雕细琢的精神。中国古代的工匠精神蕴含了对制作成果的认真负责、对极致标准的严格奉行、对精湛技术的不懈追求的特点，是当下中国的非物质文化遗产，值得今天的建筑师学习。

在中国古代，工匠有民匠和官匠之分，将作监管理的是官匠。虽然有观点认为古代官匠的劳动中渗透了一些强制劳动的剥削色彩，然而历朝历代的官匠管理制度不同，相比之下宋代是较为宽松的。从秦汉到唐代中期，官手工业作坊中的工匠及其他服务人员的劳动是无偿的，即为官府服役，但唐中叶之后开始向雇佣制度转型，宋代为官府劳动的工匠可以收取报酬。但元代之后制度再改，工匠被编入“匠籍”，轮番为官府服役，直到明中期才开始匠役改革，但还需上交匠银以代替服役，清代康熙二十年后再次改革，工匠凭自愿为政府劳动，且可以获得不低于市值的报酬。

由此可知，宋代官匠的管理制度在中国古代历史中都属于相对人性化的。为政府劳动的宋代工匠可以根据个人能力差异和劳动成果领取相应酬劳，《法式》中的“功”就是用来规定这个的。其中，尤其是手艺高超的匠人更是颇受尊重。正因为此，宋代工匠展现了非凡的主观能动性和创造力，而宋代建筑技术在中国建筑史上的巅峰与成熟地位，与宋代的工匠精神不无关系。

一、工匠制度

工匠精神的根源与基础是工匠制度。《唐律疏议》中“物勒工名”①的责任

---

① 岳纯之点校:《唐律疏议》，上海古籍出版社 2013 年版，第 425 页。

制在中国古代沿用已久，是确保建筑质量的有效制度之一，宋代也沿用该法，且工匠的赏罚与此挂钩。此外，建筑的成功往往需要大量工匠的合作，大到宫殿群，小到一座单体建筑，无不是工匠们通力协作的结果。可见在大型建筑工程中，对于人和材料的管理制度至关重要，只有在合理的制度下，才能出现有效的分工合作，好的工匠习惯才能得到良性循环，包括技术创新、节省材料、提高效率、重视质量，等等。相较于其他朝代而言，宋代在官匠的行政管理制度上更为人性化，其中包括固定酬劳、额外的奖励和假期等，这在当时具有一定先进性，对宋代官匠发挥主观能动性和创造性，起到了积极的促进作用，为工匠精神的产生提供了土壤。

关于宋代官手工业法律文化，从整体制度文化背景来看，宋政府在刑罚、功限、酬劳、考核、传承及福利六个方面对工匠实施的管理制度。总的来看，宋代政府对于官匠的管理是奖惩结合，尤其注重技术传承和匠人的晋升降级，以保障优秀技术得以延续，技术高超的工匠得以重用。

在此基础上，《法式》针对工匠制度也有专门的规定，其侧重点在于质量管理方面。邹其昌教授(2016)曾将中国古代的工匠分为管理型工匠(大匠、百工)、智慧型工匠(哲匠、意匠)、技术高超型的工匠(巧匠、艺匠)和一般性“工匠”四类。① 从宋代官式建筑的营造来看，这四类工匠都参与其中。将作监中的官员即管理型工匠，修内司、东西八作司、竹木务、事材场等将作监管辖下的十个官署中的军匠、民匠、奴婢和罪犯中，大部分都属于一般性工匠，也是从事劳动的主体人员。其中，民匠和军匠中存在一定人数的智慧型工匠和技术高超型工匠。彩画作的画工部分属于智慧型工匠，部分属于技术高超型的工匠。

《法式》用于质量管理的策略主要包括对工匠所用功限、料例、工序等进行的相应规范。对比可知，以上制度分属于两种性质。前两种是相对强制性的规范与制度，后两种则辅助意义更大。

功限和料例的定值意味着工匠的劳动成果和所用材料都有依据标准，功的规定表现得非常细致，其中劳动成果的数量、工种的精细度和技术难度都被考虑进去，不少工种采用了 0.01 功(1 厘功)为最小单位，这就保证了这一制度的可操作性。同时，料例即对所用材料制定的制度标准，《法式》将各种做法

① 邹其昌：《论中华工匠文化体系——中华工匠文化体系研究系列之一》，载《艺术探索》2016 年第 5 期。

进行归类，并列举出其所对应的材料数量，这一制度具有强制性，有利于培养工匠节约用材的习惯，并进一步促使节约文化的形成。功限和料例的强制性规定是针对所有工匠而言的，这一工匠制度在强制的同时也有教育性。

工序标准同样具有强制性，但这一制度更多的是针对一般性工匠而言，因为《法式》虽然对工序标准有着极为详细的规定，但大多是基于重复性和基础性劳动，对于难度较高、艺术性较强的劳动，这方面规定不多。

上述制度对于工匠提出了强制性的要求，但这些要求是建筑质量的保证，通过工匠制度的强化与教育，使工匠形成营造习惯，并进而演化为一种带有自觉性的行为文化，这对于管理而言具有重要意义。

相比上述两项制度内容而言，《法式》所采用的材分模数制更接近于辅助性手段，从现代意义上看，是借助数学、物理、管理学的理论知识，争取提高营造效率。其中虽然也涉及强制性的成分，但更多的是行为文化对制度文化的影响。材的运用历史悠久，但材分模数制是直到《法式》才得以确定的制度，其中蕴含着李诫及他所代表的北宋工匠对于木作制度的探索与创新。

《法式》中的工匠制度是李诫站在管理、经济、制度的高度对整体营造的把握，他制定的制度是基于当时技术的总结、提炼和升华，他本人作为管理型工匠，将管理转化为主动的责任感，充分体现了具有自我责任意识的工匠精神。然而，更重要的是，这些制度不是李诫个人凭空想出来规范其他工匠的，而是在修法过程中，他“稽参众智”①，从广大工匠群体中获得的灵感。进一步说，这些具有强制性、教育性和辅助性的工匠制度是来源于工匠，同时作用于工匠自身，这更加体现了北宋时期工匠们积极参与的高度责任意识。

二、专业精神

《尚书》载“惟精惟一，允执厥中”②，即说明在儒家思想中，不偏不倚、用心专一对于治世的重要性。这一思想在中国古代的影响格外深远，故宫中和殿中间悬挂的匾额上也是引用的这句话。正如引言所述，中国古代的制器行为与古代的道器观紧密相连，从先秦开始，思想家们就普遍认为道器相互统一，制器应从于道。例如，《管子》“诸侯之地，千乘之国者，器之制也。天下乘马

① (宋)李诫:《营造法式》，中华书局 2015 年版，法式序，第 1 页。

② 陈戍国:《尚书校注》，岳麓书社 2004 年版，第 15 页。

服牛，而任之轻重有制。……不知任，不知器，不可，为之有道”①。这是主张“为器”须遵循“道”。因此，在工匠行为文化中，存在着明确的分工，工匠秉承“惟精惟一”的专业精神，各司其职。

先秦时期就已经存在“百工”之说，可见手工业领域的分工意识很早就已萌芽，从源头上来看，这与中国古代的师徒制度有关，但这同样孕育了工匠们执着的专业精神。从《法式》的编修方式来看，法条全部应用各工种门类进行命名，它是以“术业有专攻”的视角进行编修，对各工种技术做法和用功用料分而述之，井然有序，互不干涉。

各工种之间的分离为专业精神创造条件，这使得工匠的注意力完全集中于本职行业中。即使在当今社会，大量的工作者也苦于海量碎片信息的干扰，专注力对于工匠精神的重要性反复被提及。事实上，对本职工作的专业精神是深入、精通、进而创造的必要条件。尤其是一些具有高难度的专业技术，若非秉承专业精神，就很难了解其中最核心和本质的内容，技术失传就是源于此。例如《梦溪笔谈》记载了一种早期的凸面镜，其制作精良，能真实反映人的形象，然而“此工之巧智，后人不能造”②。

《法式》之中对十三个工种的技术、功、料分别记载，许多做法已经为当今学者破解，但部分技术仍引发了学者们的各抒己见，例如“安勘、绞割、展拽”等。

事实上，在《法式》的记载中，关于木工工种的记载篇幅最为丰富，虽然这与中国古代建筑以木结构为主的事实相关，但也并不能说明其他工种没有丰富的内容和高度的艺术性。尤其是，中国古代官式建筑一向都装饰有精致的纹样及雕饰，但《法式》用于纹饰的笔墨相较于木结构而言还是比较少的，例如“竹作制度”中“护殿檐雀眼网”一条记载了“于雀眼内，间织人物及龙、凤、华、云之类”③。这是用竹篾编织龙纹、凤纹、花纹和云纹，即使是现在来看也是极高难度的编织艺术了，但《法式》“图样”中却没有绘制案例。从本质来看有两点原因：一是这种编织艺术是工匠主观能动性的体现，是他们高超技艺的结晶，本身具有千变万化的特点，不便于将其限定在“式”这一法律框架中；二是因为这些优秀的工匠本身具有极高的专业精神，致力于呈现出最好的艺术

① 黎翔凤：《管子校注》，中华书局2004年版，第89页。

② （宋）沈括：《梦溪笔谈》，上海书店出版社2003年版，第163页。

③ （宋）李诫：《营造法式》，中华书局2015年版，法式十二，第8页。

形态，为受众感到赏心悦目而服务，这也就没有再进行规定的必要了。

三、求精态度

虽然现代建筑往往视功能为生命，但精益求精是体现在功能和审美的统一上，二者缺一不可。明代李渔曾指出："予尝谓土木匠工，但有能识字记账者，其所造之房屋器皿，定与拙匠不同，且有事半功倍之益。"①这说明两点：一是古代的文人、士大夫、贵族认为制造房屋器皿不能只满足基本功能，二是古代优秀的匠人在制器上须以文化人的品位为参考标准。高雅精致的房屋器皿虽出自工匠之手，但却是为了迎合统治阶级和文人士大夫的审美，这是供求关系决定的。因此，能够迎合这一审美的工艺必然非常考究，"纵有家财万贯，不如汝瓷一片"的民间说法，也是源自北宋汝窑烧制的瓷器将精雅素净的宋代文人审美发挥到了极致。正如朱熹所述："言治骨角者，既切之而复磨之；治玉石者，既琢之而复磨之，治之已精，而精益求精也。"②总之，如果没有工匠们精益求精的态度，这些烙印着文化韵味的房屋器皿就不可能出现。

这种精益求精的态度包括两部分内容，一是技术上的精益求精，二是艺术上的精益求精。由于我国古代工匠往往集创造、设计、制作于一身，具有高度的专业性和执行力，因此对于结果有较强的控制力，他们一方面是设计创造者，一方面又是具体施工人员。在这种情况下很少会出现设计和成品有巨大反差的结果，因为即使出现问题也可以在过程中进行调整。因此，无论是技术还是艺术上的精益求精，都需要工匠通过自身的不懈追求去贯彻，也需要他们在经验总结的基础上，对工艺进行改善、对技术进行提升、对艺术进行升华、对作品进行完善。

在技术方面，潘谷西先生曾指出，"《营造法式》的成功不仅反映出李诫娴熟的建筑专业知识，更重要的是表现出了作者的创新精神"③。首先，《法式》作为一部现在可知的中国古代最早的、用于规范大规模建筑营造的法规文献，其本身就是一大技术创新。其次，《法式》所反映的规范成熟的建筑技术，也充分体现了北宋时期工匠们对技术精益求精的态度。例如，现存唐代遗构的材

① (清)李渔：《闲情偶寄》，浙江古籍出版社1991年版，第143页。

② (宋)朱熹注：《四书集注》，岳麓书社1985年版，第76页。

③ 潘谷西、何建中：《〈营造法式〉解读》，东南大学出版社2005年版，第3页。

断面比只是接近于 3∶2，但是在《法式》中已经被完全确定下来。以材份制统一整座建筑的构件尺寸，简化构件加工和拼装过程，并将这一制度与礼制密切地结合起来，这种系统性也是在《法式》这一文献中才得以明确的。例如，铺作（明清称斗拱）的形式经历了从多元向统一发展的历程，即使在宋、辽、金建筑之中，也能看到与《法式》规定相异的形式。尤其是补间铺作向柱头铺作趋同，阑额降至柱间后，铺作与梁栿的拉结，形成圈梁，这些都是在保障出檐深度的同时大幅提升了檐下的稳定性。在不同体量的建筑之中，生起和侧脚的尺寸关系也得到明确的规定。这些都是源自匠人的长期实践经验的总结，如果没有精益求精的态度，建筑技术就不会有如此长远的进步。

在艺术方面，《法式》是结构功能和形式审美兼具的典范，从其中规定可知，但凡肉眼可及的构件，几乎都做了装饰处理。包括做出瓣、入瓣、卷杀、下凹曲线等，总的来看就是尽量少留直角，多留弧形的边角，这一装饰方法即使在现代工业产品或家具中仍然是最为常用的设计策略。因为从设计心理学的角度来看，相较于直角或者直线，圆角或者圆形看起来更柔和。此外，相较于曲率不变的正圆中截取的弧线，从曲率有变化的抛物线中截取的弧线则更为舒展柔和，总之，只有通过一定的变化才能减弱僵硬感。① 从这一点来看，《法式》中对于构件的卷杀或出瓣也符合该特点，往往作出曲线但并不是正圆。这一点体现出宋代工匠们对于构件装饰的精雕细琢和匠心独运。

此外，宋代的铺作不仅具有较强的结构作用，装饰性也非常可观，尤其是自宋代开始，栱件越来越细化，尺寸也开始变小，重栱计心造的应用越来越多，也成为后世斗栱向装饰性发展的转折点。

总之，《法式》是宋代工匠们在手工劳动的条件下，精细处理材料，认真打磨结构，完善建筑技术，创造建筑艺术。这些在现代人来看仍叹为观止的作品，正是他们精益求精态度的杰作，他们表现出的是一种主动的自我责任和自我要求，是一种最高的美。

（作者单位：武汉纺织大学传媒学院）

① ［美］鲁道夫·阿恩海姆：《艺术与视知觉》，滕守尧、朱疆源译，中国社会科学出版社 1984 年版，第 617 页。

书以移情

——论审美移情在书法艺术中的体现

吴胜景

书法艺术是一门体现人性心灵的艺术，也是一门极具抽象形态的造型艺术，它通过线条的刻画来表现物体形象与审美意象，在一定程度上反映出书家的情感心绪与品格修养。在与外物的相互观照中，书法审美体现了人的主观审美精神的物化，蕴含了审美主体对自然界万事万物的发生、发展规律的认识，揭示了人对宇宙之中生命的理解。在书法审美认识与实践中，人的情感可以伴随着审美移情而发生转化，最终达到人物合一、心手合一的理想状态。

一、审美移情的认知

（一）“移情”的概念阐释

“移情”一词由“移”与“情”组成，“移”者，“迁”也，在汉语词源上有两层意思，一是挪动，如愚公移山；二是改变、变动，如坚定不移。“情”，本义为感情，也可指人的本性，又引申为状况。

“移情”一词非始于中国，本是用于心理分析的一个词语，源于西方近代心理学的研究。在19世纪由德国的一位实验心理学家罗伯特·费舍尔正式提出后，“移情”一词便成为心理学上的一个研究范畴，也从此引起西方的心理学家和美学家对“移情”这一心理现象进行了广泛、系统的实证与探索。

根据当前研究理论成果，一般可以认为，移情是人通过直观体验，让主观意识寄于实践活动，把内心的情感和思想注入客体对象并使之带有一定主观意蕴，从而达到一种意想不到的理想结果。

现代意义上的“移情”一词虽非源于中国，但在中国美学范畴下，移情之说是带有“借喻”的指向和“托物言志”的意味，而比较接近“移情”一词的说法最早出现于《伯牙水仙操》之中：“吾之学不能移人之情……先生将移我情！”①是说伯牙身陷困境，触景生情，而得至情佳曲的移情妙悟。明朝张大复在《梅花草堂笔谈》中说：“天上月色能移世界……人在月下，亦尝忘我之为我也。”②张氏通过“移世界”的说法来传达美的形象之转换妙用。此外，尚有康有为的“能移人情，乃书之至极”③的说法，则是真正体现了书法移情的审美意义。

（二）西方审美移情与移情说

移情并非模仿，它体现了人的主观情感与客观事物之间的交流与转换，也是直观体验与情感直接结合从而使知觉表象与情感相融合的过程；通过移情可使人物一体、使天人合一，更强烈地表达主体内在的强烈情感。

因此，审美移情是人们在进行美感体验时产生的一种特殊的心理现象。在一定条件下，人们对外物进行审美观察时，通过不断地感知与内心观照，使观察对象与人的审美情感发生关系，从而相互之间产生影响，在自觉或不自觉中让自己主观的思想感情、意志品质赋予大自然中本无感情色彩的外物，使客观事物在某种意义上具有人的思想感情、意志品质等。

审美移情理论是由德国心理学家立普斯最早提出和确立的，在他的《空间美学》与《论移情作用》中，他认为一切美的欣赏，都是从美所考察的对象引起的，美的本质和核心就是移情现象，因此美产生的根源离不开主体的移情活动。美感的出现是因为审美主体在审美过程中把自己的情感与意志投射到了审美对象上，将审美主体自身的情感与审美对象融为一体，是“由我及物”和“由物及我”的过程，从而让物出现了“有我之境”。对于这种审美体验，立普斯称之为一种心领神会的“内模仿”。在审美移情产生的过程中，立普斯更强调人的主观能动性。其实，关于审美移情的理论，德国心理学家费肖尔父子通过不断地研究与总结，早就提出了“移情说”的理论概念。他认为移情是关于美和审美本质的学说，审美感受发生的关键性在于主体与对象之间达到了感觉和情感的共鸣。但无论是立普斯的审美理论，还是费肖尔的移情说，甚至德国美学

---

① 宗白华：《美学散步》，上海人民出版社 1981 年版，第 16 页。

② 宗白华：《美学散步》，上海人民出版社 1981 年版，第 20 页。

③ 康有为：《广艺双楫》，载《历代书法论文选》，上海书画出版社 1979 年版，第 846 页。

家栗卜斯的情感移入论，这些理论都对移情做了有根据的分析与解读，揭示了移情在审美意象过程中所起到的重要作用，也为近现代艺术家进行艺术创作和审美体验活动提供了值得借鉴的前提条件与理论依据。

二、书法的“审美移情”表现

书法作为一门艺术表现形式，需要融入作者的审美情趣与情感流露。在从事艺术实践的时候，人与物、人与作品都可能会产生共鸣，从而发生一定的情感转移，故而“移情”的方式便成了书法艺术进行构思、创作、欣赏等系列过程中一种不可小觑的艺术转化手段；无论是由外物姿态所产生的意象移情于人，还是人的主观情感移情于艺术作品，都有可能使艺术家创作作品时产生出诸多不可预见(意想不到)的审美效果。

(一)通过外物意象对书家产生的审美移情(物→人)

朱光潜在《文艺心理学》中谈道：“人在观察外界事物时，设身处在事物的境地，把原来没有生命的东西看成有生命的东西，仿佛它也有感觉、思想、情感、意志和活动，同时，人自己也受到对事物的这种错觉的影响，多少对事物产生同情与共鸣。”①据心理学试验研究证明，人容易受外来环境影响，从而影响人的心境，并会产生一定的情感表现。比如许多人遇到阴天下雨，心情就会黯然，意志偏于消沉；遇到晴空万里，则心情豁然舒朗，生活富有激情。甚至春夏秋冬的季节特征都会影响人的情绪变化，比如看到秋叶枯草，但会让人产生如黛玉葬花般的伤感与悲寥；看到春暖花开，则会心胸激荡，兴致盎然。这些情形在中国古代文人的笔下则尤为平常，其实这些都是由于外物意象给人们带来的不由自主的移情体现，对于书家的艺术创作中的情感变化亦是如此。

书法艺术创造的本质是形式的创造，但形式的真正来源是自然界，只有自然界丰富的变化形态才提供了创造新形式的一切可能。毛泽东在1942年《在延安文艺座谈会上的讲话》中说过：“一切种类的文学艺术的源泉究竟是从何而来的呢？作为观念形态的文艺作品，都是一定的社会生活在人类头脑中的反映

① 朱光潜：《文艺心理学》，复旦大学出版社2011年版，第12页。

的产物。"①可见，生活源泉是艺术创作的主动力，一切艺术作品创作必然能找到其隐藏艺术的原型，书法艺术也不能完全例外。因此，当书家看到大自然中外物的某些色彩或形态变化，会让其不由得"触景生情"，产生出艺术冲动，从而再付诸于艺术创作当中去。汉代蔡邕《九势》"夫肇书自然，自然既立，阴阳生焉；阴阳既生，形势出矣。……势来不可止，势去不可遏，惟笔软则奇怪生焉"②。书家一旦从大自然中得到审美移情体验，便会涌出"势来不可止，势去不可遏"的最佳创作状态，从而产生"有意味的形式"（克莱夫·贝尔）的作品。

美感源于人作为类本体对自然与生命所产生的觉悟或意识，故而中国古代书家很注意观物，并转移到内心观照。晋代王羲之《兰亭集序》中曾言："仰观宇宙之大，俯察品类之盛，所以游目骋怀，足以极视听之娱，信可乐也。"③通过观天地与自然之形态变化，从而娱情。清代刘熙载在《书概》中说："学书者有二观：曰'观我'，曰'观物'。观物以类情，观我以通德。"④所以说，对于艺术或审美的观物，并不是简单的观看。观物，也叫应物或感物，而应物、感物则包括触情、动心、生思、感神、通神、游心、得意、明理、兴象、成境等诸种活动。韩愈在《送高闲上人序》中说过："（张旭）……观于物，见山水崖谷、鸟兽虫鱼、草木之花实、日月列星、风雨水火、雷霆霹雳、战斗歌舞、天地事物之变，可喜可愕，一寓于书。"⑤因此，观物不仅是向外的，更是向内的，即它必须将物内化为心，为觉、为感与思，而后借此以超越眼前之物与当下之心的系缚，达到"同自然之妙有"，并"本乎天地之心"的心理感应。此一过程，即《庄子·人间世》所谓"循耳目内通而外于心知"的过程。

因此，古代书家从观物到内心观照并从而得到审美移情的比比皆是，最典型的如王羲之养鹅、观鹅、写"鹅"，张旭观公孙大娘舞剑，都是通过对外界事物的观察，感受自然界的自然而然所带给主观的情感体验。由此产生一种创

---

① 《毛泽东选集》(第3卷)，人民出版社1991年版，第860页。

② (汉)蔡邕：《九势》，见华东师范大学古籍整理研究室：《历代书法论文选》，上海书画出版社2004年版，第6页。

③ (晋)王羲之：《王羲之尺牍集》，人民美术出版社2016年版，第12页。

④ (清)刘熙载：《艺概》，见华东师范大学古籍整理研究室：《历代书法论文选》，上海书画出版社1979年版，第716页。

⑤ (唐)韩愈：《送高闲上人序》，见华东师范大学古籍整理研究室：《历代书法论文选》，上海书画出版社1979年版，第292页。

作灵感或者创作冲动，并通过艺术家的主观筛选、提炼能力，转化为其创作原动力。前人常讲书家在创作时要做到“胸中有竹”，但这个“竹”从哪里来呢？它必定要像清代郑板桥说的那样，要先对“眼中之竹”（自然之物）有所领悟（所谓“晨起看竹”的“看”，并不是一种科学意义上的观察，而是一种艺术或审美意义上的领悟），它所代表的是一种艺术的眼光或审美的领悟，从而使“眼中之竹”进行视觉与情感之间的转移，即为移情，然后才产生了“胸中之竹”（心中或意中之物），最后才有可能成就“画中之竹”或“手中之竹”（艺术之物）的意味，唐代画家张璪所说的“外师造化，中得心源”的核心内涵即是如此。

（二）人的主观情感移情于书法作品（人→物）

1. 书家在书法实践中的移情体现

“书，心画也”（汉代扬雄的《法言·问神卷第五》）。一幅书法作品的创作过程，就是书家的内心情感付诸于笔纸之间的体验过程。因此，“书，如也，如其学，如其才，如其志，总之曰，如其人而已”①。“写字者，写志也。”②不同的性情的艺术家必然会在他所创作的书法作品中体现出他的性格、人品、素养，以及他当时的创作环境与心理动态。“笔性墨情，皆以人之性情为本。是则理性情者，书之首务也。”③所以朱光潜认为，人的创作状态与当时的环境与心情有关，“同是一个书家，在正襟危坐时写的字是一种意态，在酒酣耳热时写的字又是一种意态；在风日清和时写的字是一种意态，在风号雨啸时写的字又是一种意态”④。因此才有了王羲之“写《乐毅》则情多怫郁，书《画赞》则意涉瑰奇，《黄庭经》则怡哀怿虚无，《太师箴》又纵横争折”⑤的不同情感流露。好的书法作品，需要做到“能移人情，乃书之至极”。古来书法精品无不是如

① （清）刘熙载：《艺概》，见华东师范大学古籍整理研究室：《历代书法论文选》，上海书画出版社 1979 年版，第 715 页。

② （清）刘熙载：《艺概》，见华东师范大学古籍整理研究室：《历代书法论文选》，上海书画出版社 1979 年版，第 714 页。

③ （清）刘熙载：《艺概》，见华东师范大学古籍整理研究室：《历代书法论文选》，上海书画出版社 1979 年版，第 715 页。

④ 朱光潜：《文艺心理学》，见《朱光潜全集》，安徽教育出版社 1987 年版，第 241 页。

⑤ 朱光潜：《文艺心理学》，见《见朱光潜全集》，安徽教育出版社 1987 年版，第 241 页。

此，现以三大行书的创作过程的移情体现为例。

其一，王羲之所书的《兰亭集序》。《兰亭集序》历来被认为天下第一行书，但王羲之之所以能够作出千古佳作《兰亭集序》，是由当时的外部环境与他本人的心理状态决定的，时在“暮春之初”，会稽兰亭正是“天朗气清，惠风和畅”之时，四周“崇山峻岭，茂林修竹”“清流激湍”，王、谢等一众文人做修禊之事，“一觞一咏”，众人心情格外舒畅，便“快然自足”，因“感慨系之”而“以之兴怀”。此种情形，“放浪形骸”，身心畅爽，一如“解衣般礴”的自由状态。王羲之借着酒兴，物我两忘，一挥而就写下了这篇文书俱佳的妙品之作。此笔性墨情，是超脱一切功利的，是自然而然的自由状态。其气度、其风骨、其神韵，是无法再去复制的，因此即使王氏本人后来也无法再生。所以移情的实现是需要人物互观，情感互得，天人合一，它既是偶然而得，也是必然之果。

其二，颜真卿所书的《祭侄文稿》。此文写于“安史之乱”之时，颜家一门忠烈，颜真卿之兄颜杲卿父子平定叛军不幸被俘，安禄山面对宁死不屈、骂不绝口的杲卿等人，先是对其剐肉煮汤分食，又拔断其舌头敲断骨髓致死，并断足枭首示众，其惨状令人不忍卒读。因此颜真卿为其侄颜季明收尸安葬之时，心中悲不自胜而至于此，其痛恨之情罄竹难书。故而所书祭文情绪激昂，用笔疾厉跌宕，字里行间，血泪淋漓，虽秃笔而就，墨色干渴，但通篇气势惊天地、泣鬼神，可令观者动容，可使闻者落泪，其创作情感之挚烈溢于言表。这种移情，使书法作品所表达出的完全是一种毫无保留的感情宣泄，是颜真卿心灵深处的倾诉和独白，也是他民族气节与爱国精神的彰显。因此，颜真卿的这幅《祭侄文稿》书法作品应该是主体情感诉之于物的移情体验的最好代表。

其三，苏东坡的《寒食诗帖》。此帖写于苏轼因“乌台诗案”被贬黄州三年时的寒食节，当时霪雨霏霏，天气清冷，环境极其恶劣，最主要的是苏轼感到前途无望，此刻由物及人，不禁情景交融，形影相吊之下，便不自觉地流露出了孤寂苦闷的心情。当书写这篇诗稿时，看得出苏轼初始状态的情绪相对比较稳定，但随着笔墨的流动，心中那份痛楚与凄苦的情感便不由自主地移情到了作品当中，所以写到后面之时，让人明显感到书者的运笔开始急促奔放，字体结构也随性开张变动。倘若仔细品读这幅作品行进的过程，会让人感到通篇似有波浪推动之感，几乎就是一曲情绪起伏的乐章在触动人的心弦。

陈绎曾曾经指出，书家在书写作品的时候，“喜即气和而字舒，怒则气粗而字险，哀即气郁而字敛，乐则字平而字丽。情有重轻，则字之敛舒险丽，亦有深浅，变化无穷”①。艺术创作就是主观强烈的情绪在不自觉的移情过程中融入于作品，从而让作品通过情感的融入不断地得到升华。所以才有了三大行书的动人之处与绝妙之气，才会使艺术审美展现出更强烈的艺术感染力，最终出现“无意于佳而佳”的最佳创作状态。

任何艺术当然都需要创新，书法艺术也亦如此，但这种创新不是强加于心的，不是书家刻意而为的，需要真情实感，即真性情，而真性情则是我们对生命有了最高认知后由内到外的自然流露，而这种主观情感的出现与爆发往往是由外事外物带来的，它往往是具有偶然性的，但对于真正成熟的艺术家来说，它的产生却又具有一定的必然性。书家把其心性、修养、情感倾注于创作当中，心理伴随着生理的不自觉模仿，从而产生反映主体性格与情趣的作品面貌，反过来说，作品也通过它的表象特征与内在特质间接地展现了艺术家的精神之美。所谓“字如其人”“书如其人”即是如此。

2. 观赏者在赏鉴书法作品时的移情体现

“(字)不但是抒情的，而且可以引起移情作用的。”②一幅优秀的成功的书法作品，是蕴含着一定的审美意象在里面的。它的艺术形式、它的美感特质、它的感情色彩，是要能传递出一定的审美信息的。在进行书法创作时，要使观赏能够从中得到一定的审美意象，并且让观者愿意与作品接近，走进作品中去，和作品对话，与书家间接对话，让观者感受到书家的审美情趣，感受到书家当初的创作状态与内心情感体验过程，最终使观者与作品、观者与书家之间产生情感共鸣，得到一致的审美体验。这就是观赏者与书法作品之间的移情转换。所以，“性情得于心而难名，形质当于目而有据，故拟与察皆形质中事也”③。

观赏书法作品，其实就是面对这种造型艺术进行的审美体验，它的实现首先需要观赏者具备一定的审美鉴赏能力，要能够通过书法作品表象看到作品所蕴含的内在审美特质。需要特别注意的是，观赏者参与书法审美评判的态度非常重要，往往在观照一幅作品之前，观者可能对这幅作品的创作主体——书家，会有一定的了解，或者道听途说，或者非常熟悉，并会无形中对这个书家

① 陈绎曾：《翰林要诀》，见《历代书法论文选》，上海书画出版社 1979 年版，第 490 页。

② 朱光潜：《文艺心理学》，复旦大学出版社 2011 年版，第 12 页。

③ （清）包世臣：《艺舟双楫-答三子问》，见华东师范大学古籍整理研究室：《历代书法论文选》，上海书画出版社 1979 年版，第 667 页。

及其作品的普遍形态产生一种主观性的认知判断，比如书家的人品好坏、处事态度如何、书体风格走向、国内书坛名望等，甚至会有一个预定的审美决断，并由于观者的主观审美好恶倾向，对客体呈现出非常明显的或美或丑的审美倾向。当真正面对作品并进行审美参与时，内心潜藏的审美判断必将会产生一种心理暗示。它或是自觉的，也或是不自觉的，但是无论如何，这种心理暗示将会影响到当下的审美参与过程，并影响到观者的审美参与积极性。一旦这种审美情绪移情于审美体验过程，作品就会被赋予观者这个主体的情感与审美倾向，而最终影响了审美结果判断。正如朱光潜所说："如果一件事物你觉得美……必定会在霎时霸占住你的意识全部，使你聚精会神地观赏它、领略它，以至于把它以外一切事物暂时忘去。"①反之亦然。因此，一个真正的书法赏鉴者，一定不能受外界因素干扰，也不能提前预设一个审美判断意识，需要树立一种积极的、正确的、客观的审美主动参与意识，能够沉下身心，真正用心观照，并与作品打成一片；否则赏鉴者也不可能同作品产生移情转换，或者无法体现审美的真实性，就无法感受到作品的美感，更无法体会书家的审美体验与创造过程。所以，朱光潜先生说："我们说柳公权的字'劲拔'，赵孟頫的字'秀媚'，这都是把笔墨的痕迹看做是有生气、有性格的东西，都是把字在心中所引起的意象移到字的本身上面去。"②只有如此，才最终为审美移情的产生提供了可能性。

美国美学家苏珊·朗格这样说："如果我们说，我们在某种方式中理解他人的情感，我们是指我们以一种总括的方式理解他为什么悲伤或高兴，激动或漠不关心，那就是我们要知道的引起他态度的东西。"③对此，朱光潜先生深有感触，他通过自身参与书法审美的体验过程，深刻感受到了审美移情对他所产生的内心深处的那种无与伦比的震撼，因此他说："移情作用往往带有无意的模仿。我在看颜鲁公的字时，仿佛对头巍峨的高峰，不知不觉地耸肩聚眉，全身的筋肉都紧张起来。模仿它的严肃，我在看赵孟頫的字时，仿佛对头荡漾的柳条，不知不觉地展颐拢腰，全身的筋肉都松懈起来，模仿它的秀媚。"④故

① 朱光潜：《文艺心理学》，见《朱光潜美学文学论文选集》，湖南人民出版社 1980 年版，第 47 页。

② 朱光潜：《文艺心理学》，复旦大学出版社 2011 年版，第 12 页。

③ 转引自蒋孔阴：《二十世纪西方美学名著选》，复旦大学出版社 1988 年版，第 39~40 页。

④ 朱光潜：《文艺心理学》，复旦大学出版社 2011 年版，第 12 页。

而，当“一点一画变成性格和情趣的象征，使观者觉得生气蓬勃”①。这是鉴赏者移情体验得到了实现。所以，当我们真正用心感悟书法作品时，我们内心当中潜在的审美觉悟才被真正地激起和唤醒，才会得到最纯正的艺术审美享受，并有了身心娱乐的幸福、舒畅的感觉。古往今来，正因为有了许多成功的审美移情体验，书法形态在人们的意象中才产生出姿态万千的审美意味，也就有了高峰坠石、万岁枯藤、铁画银钩、筋骨血肉、千里阵云等丰富、鲜明的审美意象出现。

三、书法“审美移情”的形成基础

朱光潜在《宇宙的人情观》中指出：“‘移情作用’是把自己的情感移到外物身上去，仿佛觉得外物也有同样的情感。”②通过前面的分析，已经足以看出移情在艺术审美体验中的关键性，它为书法艺术审美意象的丰富变化带来无限的可能因素，但是通过现象看本质，这种移情体验产生的审美基础是什么？主观的情感与外物之间是如何产生联系的？

（一）审美生理基础

“艺术审美活动，都具有一定的生理基础，审美心理需要一种特殊的形态，这种形态是渴望在艺术审美的过程中找到超越自身的独特品质，也是一种和艺术品本身的心理交流活动。”③

移情的产生，需要人的生理产生一系列的心理应激反应，离开了人的心理感受，审美就失去了其应有的意义。审美是人作为不同于一般禽兽的高级动物的本能，因为人有眼、耳、鼻、口、舌，从而产生视觉、听觉、嗅觉、味觉，用来感受不同的美感，当然也可以通过口发出声音，通过肢体做出动作，从而创造美。因而人有感觉、知觉，人有情感变化及审美意识。低级认识论认为：“感官的感受、想象、虚构，一切混乱的感觉和情感。”但是人有劳动实践能力，对于事物的形态变化，人也有认知辨别表象的能力，阿恩海姆说：“一个

① 朱光潜：《文艺心理学》，见《朱光潜全集》，安徽教育出版社 1987 年版，第 241 页。

② 朱光潜：《谈美——给青年的第十三封信》，开明书店 1932 年版，第 27 页。

③ 蔡静：《浅析康德审美活动的三要素》，载《陕西广播电视大学学报》2013 年第 3 期。

视觉式样所包含的东西并不仅仅是落到视网膜上的那些成分。”①审美是人的根本特性，但是投射、审美对象的生成，或对象的审美化存在，依赖于主体的意识活动，即只有当某个事物成为被人感知、沉思和凝神观照的对象时，它才可能是审美的对象。因此，鲍姆嘉通说：“感官印象的混合描写，心象，以及真实的异界的虚构，都是极有诗意的。”②审美，首先是个体身体性的，它需要从身体的感觉包括视觉、听觉、触觉、嗅觉等出发。审美的核心是情感和想象力，激起和唤醒是实现审美的手段和方式，因此，“我们必须以另外一种更为重要的方式，去探索由视网膜所记录下来的这一可见的‘刺激式样’之内的那个隐藏的式样”。所以，审美需要通过审美观察及审美判断来寻找感性的观念（“印象”）的明晰性，也就是找寻“言外之意（象）”，从而“通过言内所及的在场的东西显现出隐蔽在背后的无尽的画面的透莹性”③。

但是，不同的事物带给人的生理感受不尽相同，其隐藏的式样也会略有差异。张怀瓘在《书议》中说：“夫草木各务生气，不自埋没，况禽兽乎？况人伦乎？猛兽鸷鸟，神采各异，书道法此。”④所以，对于书法审美意象来说，美感是现实、感觉和联想等综合作用的结果，而不只是心理学或哲学意义上所说的那样一种简单的感觉和式样。

自然（包括以自然形态存在的生活现实）是艺术唯一的来源，人们对自然界万事万物的认知、辨析能力皆来自自然。书法审美所需要的艺术之心是态度、感知、想象、直觉等多种心理素质的综合，自然之物必须经过“心”的含摄与观照才能转换生成艺术之物，此“心”便是艺术之心，“各以其情而遇”。通过含摄观照与转换生成便是移情的发生过程。在移情现象中，审美主体方面的情绪和情感与审美对象发生关系，并通过对审美对象的联想和想象得到实现，不仅是主观的感受，而且是心灵情感的外射，把这种情感外射到我们感知的事物中去，最终达到主体、客体的统一。

（二）审美移情体验的养成

艺术批评家罗格·佛莱说：“在现实生活中，一般人实际上只限于运用符

---

① 邵斯宇：《阿恩海姆审美直觉心理学理论研究》，载《吉林大学》2017年第6期。

② 卢临节：《中国现代诗化小说研究》，载《武汉大学》2012年第10期。

③ 吕鑛：《论视觉审美中的物性化体验》，载《南京大学》2013年第5期。

④ 向净卿：《道家思想与张怀瓘书法美学》，载《书法》2018年第6期。

号标记来分辨周围的事物，一旦分辨出它们是些什么东西之后，便不再进一步对它们作更多的观察，这样一来，就使得差不多所有有用的事物都以不同的方式或多或少地打上了这样一种无形的标记。只有当一件事物的存在是供人们观赏只有当我们真正地观看它们，就像一件中国装饰品或名贵的宝石引起的那种观赏一样，只有这时才能使所有的人(包括那些最普通的人)在这种观看中采取艺术的态度，即从日常需要中抽象出纯视觉表象的艺术态度。"①这在一定程度上说明了审美体验养成的重要性。

因此，书法家必须充分发挥创作主体的审美主观能动性，参与情感体验，注重移情的产生，才能为创作出更好的作品提供机遇。但是，审美移情并非随意而为，它的出现需要达到一定的前提条件，一是参与审美体验的审美主体要具备一定的书学素养与专业技法功底；二是要具备较高的审美辨别能力；三是创建出适宜的审美移情环境。只有这样，通过审美主体的观察能力、筛选能力、提炼能力、判断能力，以及长时间的情感积累，在一定的审美环境下，才会使移情得到完美的体现。因此，审美能力培养与训练就显得非常重要，并为审美体验的养成提供实现的基础。但是，审美移情体验的养成又是审美主体通过长期审美体察与积累的结果，并非短时期的效应。

审美移情的养成需要经验的积累。所谓"经验"，即生活，可以是生活状态，也可以是生活方式；可以是学习是经历、是体验，也可是实践与创造，它是多种感觉和心理的混合体，包括机体感觉、感官印象、心理记忆、潜意识、无意识等在内。所以经验的养成既是艺术创造的不断体验与积累，也是审美体验与训练的过程；尤其是审美训练，它是培养一个具备审美能力的审美主体的核心问题。对于训练，鲍姆嘉通是专门做了讲解，首先，他说："自然才能不便于保持，有可能下降、衰退，为此，就要提倡审美训练。"提出了注重审美训练的重要性；其次，他又说："对于审美训练，我要求达到一定的和谐。"②说明了训练的目的不但是让人具备有一定水平的审美能力，还要达到一定的要求，就是最终达到"和谐"的审美状态，"既要求精神达到和谐，又要求情感达到和谐"③。这是训练与经验积累的结果。

---

① 魏华：《远：中国山水绘画空间的美学研究》，载《武汉大学》2017年第5期。

② [德]鲍姆嘉通：《鲍姆嘉通说美学》，高鹤文、祁祥德编译，华中科技大学出版社2018年版。

③ 黄兆楠：《论〈闲情偶寄〉中戏曲美学的大众化追求》，载《湖南师范大学》2018年第6期。

无论任何艺术形式，移情的产生必须以自然为模拟对象为创作意象。自然模拟对象，就是自然界中的各种自然物，它激发人的内心情感体验，才会有真正审美情感的产生，才会创造出真正的艺术品。但艺术不是对自然的简单再现，而是对自然的主动发现。伽达默尔："看到这个图像的此在就是逗留在形成这一图像的惊异感之中。"①艺术对自然的发现是对自然中最具有生命特征和意味的形象的萃取与加工。虽然，艺术来源于自然，但艺术服从的并不是自然的规律，而是人性的法则，包括审美的、心理的法则。艺术并不是按照美学家或艺术理论家的定义和设想来发展演变的。感性认识是表象在逻辑分辨下的总和，并达到美的完善。超越再现和表现，同时也超越形式的限制，是艺术不断创新的出发点。

对于审美移情的产生，兴趣的建立也很重要。对此，哈贝马斯认为："一般说，兴趣即乐趣，我们把乐趣同某一对象的存在或者行为表象相联系。兴趣的目标是生存或定在。因为，它表达着我们感兴趣的对象同我们现实欲望的能力的关系。这就是说，要么兴趣以需要为前提，要么兴趣产生需要。"②夏夫兹博里也提出了自己的见解："趣味(TASTE)是人的本性天然存在的一种专门欣赏美的器官，一旦我们采取非功利的态度去注意事物时，趣味判断就在瞬间不加思索地完成。"③故而，在古今书坛上，就有了欧阳询陶醉于索靖的书迹当中，在碑下痴卧三日谛观而不愿归返的典故；也有了爱石如命的米芾因偶获古人一张佳作而难以自持，忘情狂奔的情形；还有当陆游看到好的书法作品，"方病不药而愈，方饥不食而饱"④的神奇效果。这些异于常态的举止与表现，皆是兴趣使然的结果，也在无形中为移情的产生创造了充分而必要的条件。

(三)书法形态审美移情的转换建立

书法是一门通过线条表现物体形象与审美意象的抽象的造型艺术，因此曾经就有"形象"说、"抽象"说、"意象"说、"线条"说、"造型"说、"情感"说

---

① 孙丽君：《伽达默尔晚期思想中的精神能量与图像》，载《文艺理论研究》2018年第5期。

② 陈秀端：《魏晋美学主体性探析——从王羲之〈兰亭集序〉谈起》，载《职大学报》2015年第4期。

③ 孟凡生：《从"静观"到"介入"——论审美经验的当代建构与复兴》，载《华东师范大学》2017年第5期。

④ 贺贵富：《陆游的"气理"书学观》，载《中国书法》2013年第8期。

等诸多论断。书法源于象形文字的产生，而象形文字即是大自然界万事万物意象化的概括形式，“近取诸身，远取诸物”，并“依类象形”。因此书法艺术离不开事物本来应具有的特征符号，也就有了“书画同源”的说法，这是书法作为艺术形式的本质来源。

移情不是对事物的直接模仿，而是依靠意象的传递，所以移情离不开意象，通过意象的产生与传递，使人与物之间互通，并产生审美意义上的共鸣，从而达到移情的目的。因此，移情是一种心领神会的“内模仿”(立普斯)，“内模仿”是一种深层意义上的“模仿”，“模仿”自然物意象当中的形与质，反映自然物的形体与动态美，重在体现外物所带给主体的审美意象感受，这和书法通过线条表现物体形象与审美意象的审美意义相通，因此二者体现出一定的“异质同构”存在特性。宗白华说：“中国人以书法表现自然意象。”①因此，书家应具备审美移情产生的审美能力，充分感受自然界的形体与动态之美，通过“观物取象”，找到外物与书法意象的契合点，把这种内心所产生的强烈感受融入书法线条变化当中，从而创造出事物的抽象美感。

蔡邕《笔论》中说：“为书之体，须入其形，若坐若行，若飞若动，若往若来，若卧若起，若愁若喜，若虫食木叶，若利剑长戈，若强弓硬矢，若水火，若云雾，若日月，纵横有可象者，方得谓之书矣。”②此论主要是强调书法的形态和意象把握的重要性，但更重要的是要有体现出线条与结构的丰富变化，这个变化是要建立在一定对外物有着深厚感知的审美体验基础上，一是要体现出事物的动态美感，“若坐若行，若飞若动，若往若来，若卧若起”，通过坐、行、飞、动、往、来、卧、起这些最丰富也是最常见的肢体动作，形象地让人感受到书法作品中汉字结体变化所产生的动态美感；二是情绪色彩的流露，“若愁若喜”，可以让人联想到人的情感变化，愁则双眉紧蹙，喜则神情舒朗，从而表现出字体的开张程度；三是生活当中事物的形态特征，“若虫食木叶”，悄无声息，循序渐进，“若利剑长戈，若强弓硬矢”，气势畅达，力贯千钧，此一弱一强，对比分明，生动形象；四是自然界的天象特征，“若水火，若云雾，若日月”，水火的流动性，云雾的飘渺，日月的灿烂，立刻使书法作品展现出更丰富多彩的画面感。

---

① 宗白华：《中西画法所表现的空间意识》，见《美学散步》，上海人民出版社 1981 年版，第 141 页。

② (东汉)蔡邕：《笔论》，见华东师范大学古籍整理研究室：《历代书法论文选》，上海书画出版社 1979 年版，第 6 页。

所以，书法移情的建立需要依赖于书法形态的意象转换。董其昌通过对比王羲之与李邕的书法而得出结论：“右军如龙，北海如象。”(董其昌《跋李北海缙云三帖》)袁昂在《论书表》中说“王羲之书如谢家子弟”“羊欣书如婢为夫人”，这些都是作品的意象移情于观者，也是观者主观情感移情于作品的审美体验。卫铄在《笔阵图》中形象地对书法不同线条的基本特征做了如下规定：“(横)如千里阵云，隐隐然其实有形。(点)如高山坠石，磕磕然实如崩也。(撇)陆断犀象。(心钩)百钧弩发。(垂露竖)万岁枯藤。(横折弯外钩)崩浪雷奔。(横折弯内钩)劲弩筋节。”①但这种规定，不是科学理性的逻辑性判断，而是主体非理性的审美意象移情于书法形式。同样，孙过庭在《书谱》中也对抽象的书法线条进行了形象的描绘，从而表达出了他的审美想象，“观夫悬针垂露之异，奔雷坠石之奇，鸿飞兽骇之资，鸾舞蛇惊之态，绝岸颓峰之势，临危据槁之形；或重若崩云，或轻如蝉翼；导之则泉注，顿之则山安；纤纤乎似初月之出天崖，落落乎犹众星之列河汉”②。草书是中国书法中最能体验书家主观审美意象的一种书体，历来也把草书当作书法审美评价的最高水平，所以历代关于草书的意象表达极为丰富。崔瑗在其《草书势》中这样写道：“观其法象，俯仰有仪，方不中矩，圆不副规。抑左扬右，兀若竦崎，兽跂鸟跱，志在飞移，狡兔暴骇，将奔未驰。”③作为“书圣”王羲之之子，王献之的草书比其父更雄秀超众，多为人称颂，所以李嗣真评价为“如丹穴凤舞，清泉龙跃，倏忽变化，莫知所成。或蹴海移山，或翻波簸岳”④。张怀瓘高度概括为“悬崖坠石，惊电遗光”⑤。

总之，正是由于通过书法形态多角度的意象转换，才为书法移情的建立提供了丰富的源泉。无论是高峰坠石、万岁枯藤，还是千里阵云、日月星辰，书法意象的生成，不是拘泥于某一个具体事物的个别特征，是需要对自然界一切

---

① (晋)卫铄：《笔阵图》，见华东师范大学古籍整理研究室：《历代书法论文选》，上海书画出版社1979年版，第23页。

② (唐)孙过庭：《书谱》，见华东师范大学古籍整理研究室：《历代书法论文选》，上海书画出版社1979年版，第125页。

③ (晋)卫恒：《四体书势》，见华东师范大学古籍整理研究室：《历代书法论文选》，上海书画出版社1979年版，第16页。

④ (唐)李嗣真：《书后品》，见华东师范大学古籍整理研究室：《历代书法论文选》，上海书画出版社1979年版，第135页。

⑤ (晋)张怀瓘：《书议》，见华东师范大学古籍整理研究室：《历代书法论文选》，上海书画出版社1979年版，第149页。

外物的高度概括，“囊括万物，裁成一相”。从而由个别到一般，由特殊到普遍的过程，因为它是确定的，但又是不确定的，它具有一定的所指，但又不是具体的，它是模糊的审美意象表达。

但是，对于如何抓住情感强大的再造能力，让移情的转换成为一种自发的常态，从而帮助作品达到一种理解的境界。黑格尔做出了如下规定：“这种理性内容和现实形象互相渗透整合的过程中，艺术家一方面要求助于常醒的理智力，另一方面也要求助于深厚的心胸和灌注生气的情感。”①因此，在书法审美移情建立的过程中，任何参与者都需要对生活、对自然、对艺术体现出深刻的感悟能力。

四、审美移情对于书法创作的重要性

书法本是超功利的艺术审美体验方式，它介于理性与非理性之间，也有人称之为超理性。因为过于理性则会导致太刻意，太刻意则会导致人为性的造作气、俗气，过于非理性又会导致散乱与无序，性情太自由狂放反让作品失其规矩。通过审美移情则使书法在同类映象中获得灵感，在理性与非理性共融的创作状态下，艺术家的作品创作效果就会“无意于佳而佳”②。因此，好的艺术作品，即使创作者本无意而为，但通过不经意的移情，可能会产生出比其在理性情况下要丰富很多的充满激奋之情的艺术效果，也给欣赏者留下遐想的审美空间。

因为移情的最终结果是“达其情性，形其哀乐”。通过移情，可使人毫不掩饰自己的感情，诸如王羲之、颜真卿、苏轼等人皆是如此，所以才有了三大行书这些脍炙人口的千古名篇。

由于移情所导致的“无意于佳乃佳”的艺术审美效应，所以大多这样的审美体验过程是偶然性的，充满了不确定的因素，所以它不可复制，也不可模仿，因此怀素在《自叙》帖中说：“志在新奇无定则，古瘦漓骊半无墨。醉来信手两三行，醒后却书书不得。”

通过移情转换，艺术家有时会突然出现一种豁然开朗的境界，“一旦豁然贯通焉，忘情笔墨之间，和调心手之用，不知物我之有间，体合造化而生成之

① 张晶：《审美情感与审美构形》，载《现代传播》2017 年第 2 期。

② 源于苏轼《论书》中的“书初无意于佳乃佳尔”。

也，而后为能学书之至尔”①。所以，为了寻找这种最佳的创作状态，“(张旭)嗜酒，每大醉，呼叫狂走，乃下笔。或以头濡墨而书。既醒，自视以为神，不可得利也”②。所以才有了“巅张”的称号，也有了众多不可得利的狂草神品。“吾(苏东坡)醉后能作大草，不可复得也。”③苏东坡作为一个相对文人气息浓郁的大文豪尚能如此，不得不说是移情的巨大作用所使然。

此外，对于观赏者来说，其参与审美移情的过程也非常重要，他们不但会从作品中得到一定的审美体验，也会通过作品内含的情感感受书者的创作状态，与作品、书者产生共鸣，从而得到最大化的审美效果，甚至观赏者通过自身的情感移情，也会使审美体验产生意想不到的审美感受，这种感受甚至与书家本人创作初衷完全不同也未可知，一如“心手相师势转奇，诡形怪状翻合宜。人人欲问此中妙，怀素自言初不知”④。这种近似奇异的审美现象，可以说是移情之移情的再造效果，是双重移情之后所产生的审美体验。

总之，在书法审美认识与实践过程中，通过移情作用，可使审美主体的情感与外物之间发生不同程度的意象转化，并由此及彼，由彼及此，最终达到心物合一的理想状态。这里所谓的“心物合一”，不是简单的符合，也不是机械的重合，而是化物为心，寄心于物，体现“气韵本乎游心”，同时跳出心与物的双重局限，将心与物统合于至道的大美，这将是移情的最大妙用，也将在最大限度上彰显书法这门独特抽象艺术的艺术魅力。

（作者单位：武汉大学哲学学院、乐山师范学院文学与新闻学院）

① 解缙：《春雨杂述》，见华东师范大学古籍整理研究室：《历代书法论文选》，上海书画出版社1979年版，第499页。

② 张固也：《新唐书·艺文志补》，吉林大学出版社1996年版，第1页。

③ (北宋)苏轼：《论书》，见华东师范大学古籍整理研究室：《历代书法论文选》，上海书画出版社2014年版。

④ (唐)戴叔伦：《戴叔伦诗集校注》，蒋寅校注，上海古籍出版社1993年版，第12页。

内向超越与心灵复归的统一
——论中国古典园林中的“远”境表现

屈行甫

与其他传统艺术如文学、绘画(尤其是山水画)类同，中国古典园林也有着十分突出的“意境”特征和丰富表现，正如陈从周先生所讲：“文学艺术作品言意境，造园亦言意境”“意境因情景不同而异，其与园林所现意境亦然。”① 而园林的意境既在实景之中，又在实景之外。实景是引子，通过这个媒介使人产生无穷的联想和想象，从而营造出意境来。也就是说，意境的产生有赖于园林中景致的经营，不过仅有物质性的实景是不够的，还需要人的情感去融贯实景，借此达到情与景之间的交融互渗，并呈现出有意味、有情趣的感性世界，这就是所谓园林的意境。有意味、有情趣的感性世界就是诗情画意的境界，这也是中国传统艺术中所致力于呈现的世界。中国古典园林意境的营造与山水画等艺术门类在根本上别无二致，而有异曲同工之妙。②

学界对意境理论及中国古典园林意境的研究成果丰硕。首先，针对意境理论，有的从《周易》、老子的《道德经》等追溯意境的思想基础，有的从唐代诗歌美学中寻找中国艺术意境的最初表述。比如王国维、宗白华、李泽厚等。其次，对园林中意境的表现，多数学者援用了文艺理论中关于意境的一般性观点，并结合园林自身的特征加以阐释和进一步的深入研究。比如，陈从周将王国维《人间词话》的境界说引入到园林美学中来，而刘敦桢认为所谓园林的“诗情画意”，不过是将诗画中所表现的意境应用到园林中而已。③ 持类似观

---

① 陈从周：《说园》，同济大学出版社 1984 年版，第 55 页。

② 创作两者的主体大多是传统意义上的文人士夫。虽然除文人主导的私家园林外，还有不少皇家园林、寺观园林等古典园林遗存，但它们的建造深受文人艺术观念的影响，在意境的营造及表现上也是如此。

③ 刘敦桢：《苏州古典园林》，中国建筑工业出版社 2015 年版，第 12 页。

点的还有彭一刚，他认为，造园与诗、画创作在古代文人那里是等量齐观的，它们都是文人艺术家追求意境美的方式。① 此外，潘谷西、周维权、金学智对园林意境也有较为详细的论述。可以说，这些前辈大家的看法一语中的，基本上总结了中国古典园林的意境内涵。不过，相对山水画研究者对于山水意境的细致分析来说，他们的研究成果多是基础性和概括式的。有关意境营造的很多问题还没有阐释清楚，比如古典园林的意境是怎样实现的？有哪些特征？以及其体现出的美学思想是什么？因此，对中国古典园林意境的持续和深入研究是非常必要的。

基于学界对中国古典园林意境的研究有待深化的现状，本文将尝试从园林意境与山水意境的契合点着手，探求“远”境营造的相关问题。纵观中国画论史，对山水画意境的描述和阐释有很多，其中，尤其以郭熙的“三远”说最为著名，并产生了重要的影响。所谓平远、深远、高远不仅是构图的方式，还是对山水意境的描述。时至今日，“远”成为传统山水画意境的经典概括。② 如前所讲，园林意境与山水意境是相通的。而同是传统文人士大夫创制的园林也追求着“远”的意境表现。以此为出发点，本文将着重研究中国古典园林“远”境是如何彰显的？或者说它呈现的手段和方式是什么？进而探求其美学观念的实质。当然，首先有必要阐明“远”的概念和意蕴。

一、中国传统文化语境中“远”的内涵

远，本是指一种距离，包括时间、空间两个方面，后来也衍生成一种心理感受。《说文解字》中讲“远，辽也”，意指距离大、长。“远”成为一个重要的概念，大约可以追溯到老子。在老子思想中，“远”被用来描述“道”。《道德经》第25章讲：“有物混成，先天地生。寂兮寥兮，独立不改，周行而不殆，可以为天下母。吾不知其名，强字之曰‘道’，强为之名‘大’。大曰逝，逝曰远，远曰反。”③远，极也。④ “远”就是“玄”（玄，远也），“远”通向“道”。而“道”自身是不可测度的无限和终极，因此可以说，“远”是超越有限而趋于无限的。自此，经老子的阐发，“远”一跃成为具有深厚思想意蕴的词汇，并逐

① 彭一刚：《中国古典园林分析》，中国建筑工业出版社2015年版，第11~12页。

② 叶朗：《美学原理》，北京大学出版社2009年版，第270页。

③ 陈鼓应：《老子今注今译》，商务印书馆2011年版，第169页。

④ 宗福邦等：《故训汇纂》，商务印书馆2003年版，第2307页。

渐渗透到中国传统文化的诸多层面。及至魏晋时期，玄学开始把“远”作为其追求的最终目标。① 同时，魏晋士人也把“远”作为精神境界的称谓，用以指代主体精神不受束缚、自由超脱的状态。《世说新语》中描述魏晋名士玄言清谈的句子中就频繁地出现“远”字，比如讲王夷甫“雅尚玄远”，李廞“清贞有远操”，嵇绍“清远雅正”，等等。在这种时代背景下，出现了跟“远”密切相关的山水诗和山水画。表达和呈现“远”的境界成为这一时期的艺术主题和审美趣味的代表。

著名田园诗人陶渊明有“结庐在人境，而无车马喧。问君何能尔？心远地自偏”②的佳句，此处的“远”是指一种心境，是一种超世绝俗的心灵境界。诗人通过素朴、淡雅的诗句传达出的是对回归自然（即事物的本然状态“道”）、超越现实的局限而达到精神解脱的追寻和渴求。对“远”的追求在山水画传统中表现得更为突出。有学者认为，山水画在本质上就是和“远”的概念密切关联的。③ 这是很有见地的。魏晋士人刻意逃避世俗社会的纠缠，钟情于自然山水的景致。而正如南朝宋的画家宗炳所讲“山水质有而趣灵”，山水之景虽然是有形的物象，但却有内在的灵质和理趣。文人士大夫陶醉于山水美景的情趣之中，也在山水之间寻求着心灵的超脱。进而，他们以山水画的创作突破了有限形质的局限，将自然的趣味表现出来。更为重要的是，在这一艺术形式中心灵超越了现世的羁绊，实现了主体精神的自由。而其中“远”的营造最能传达出这层超越的内涵来，因此，自山水画诞生以来，就非常注重“远”的表现。比如展子虔的画有“山川咫尺万里”之势，朱审的画“平远极目”，而董源的《潇湘图》则将山水之远展现得淋漓尽致。及至后来，远景、远势、远思、远意等逐渐成为传统山水画家所追求的目标和旨趣。

北宋时期郭熙的“三远”说较为典型地传达出了山水画的意蕴特征，同时也是对中国传统文化语境中“远”内涵的重要阐发。在郭熙之前，山水画界对远的使用多是描述层面上的，意指空间和心理上的远。而郭熙将山水画中远的表现分为平远、深远、高远三类，即“自山下而仰山颠谓之高远，自山前而窥

① 值得注意的是，虽然魏晋时期“远”的内涵与老子所谓“远”都有超越的意思，但又有所不同。后者所讲的“远”是对道本身特征的概括，侧重于客体层面，而前者更多的是对主体精神状态的描述。

② 徐正英、阮素雯注评：《陶渊明诗集》，中州古籍出版社 2012 年版，第 157 页。

③ 叶朗：《中国美学史大纲》，上海人民出版社 2011 年版，第 228 页。

山后谓之深远，自近山而望远山谓之平远”①。并且，“三远”不仅是构图法和创作法，也是审美观照方式，更是对山水画意境特征的概括。如他所讲“高远之势突兀，深远之意重叠，平远之意冲融而缥缥缈缈”②。如此，“远”就可以被理解为审美主体观照物象时心灵所产生的一种物我交融的空间体验。这大大地深化了“远”的内涵，自此，“远”作为山水画的意境而存在。“远”将创作者和鉴赏者从有限的时空带入无限的意境时空之中，也就是“画外之景”“象外之象”，从而使得山水画的意境愈加深邃。而后，韩拙又提出了新的“三远”，即“有山根边岸水波亘望而遥，谓之阔远。有野雾暝漠，野水隔而仿佛不见者，谓之迷远。景物至绝而微茫缥缈者，谓之幽远”③。这是对郭熙“三远”说的补充和扩展。而且韩拙讲的“三远”与平远有着密切的联系，可以看作是对平远的进一步阐发和总结。

经由山水画理论升华的“远”境论影响深远，并扩展到受传统文人士夫主导的园林中，正如宗白华所说的，郭熙论山水画的观点也是园林艺术的基本思想。④ 以画入园、因画成景的造园思路逐渐成形，而“远”的意境也随之在古典园林尤其是文人园林中彰显。

二、中国古典园林“远”境的类型

传统的园林除皇家园林外，其规模都不大，尤其是私家园林(文人园林)的体量以小著称，可谓道地的微型空间。但是，古典园林的风味和韵致十足，很值得品鉴和回味。正所谓“步移景换”，在闲庭信步的游园过程中，园林给人的视觉感受和心理体验都是变化多端而又有诗情画意。尤其是在近距离的观赏中，局促的园林空间被放大，观赏者的目光由近及远，而心灵也因此开阔，并在情景交融中营造出“远”境——超越俗世的烦扰进入内在自我的本真状态

① (宋)郭熙：《林泉高致》，见俞剑华：《中国画论类编》，人民美术出版社 1986 年版，第 639 页。

② (宋)郭熙：《林泉高致》，见俞剑华：《中国画论类编》，人民美术出版社 1986 年版，第 639 页。

③ (宋)郭熙：《林泉高致》，见俞剑华：《中国画论类编》，人民美术出版社 1986 年版，第 662 页。

④ 宗白华：《空间意识与空间美感：中国园林建筑艺术所表现的美学思想》，见江溶、王德胜：《中国园林艺术概观》，江苏人民出版社 1987 年版，第 6 页。

中。依照意境的构成方式与特征来看，古典园林的远境表现可分为深远、高远、平远，以及与平远有关的阔远、迷远、幽远等类型。①

(一)深远

深远是中国古典园林意境营造最为典型的类型之一。正所谓“境贵乎深”，深才有意境的表现。这里的深是指园林空间的延展和纵深。文人园林本身的空间就不大，而品园者进入园林中，眼前一览无余，就缺少韵味，自然没什么深远可言了。假若人的视线是流动曲折向前的，眼前的景致不断地变化，那就是很有风味的。所以，古代的造园者特别注重在狭小的空间里营造出深邃、幽深的远境。那么，有哪些表现“深”的空间感受的方式呢？首先是曲，即迂回曲折，正如恽南田所说“不曲不深也。一勺水亦有曲处，一片石亦有深处。绝俗故远”。② 曲径通幽，营造了幽隐与宁静的氛围，从而体现出一种与俗世远隔的心态。园林的廊道、山石、洞壑、湖池、驳岸、石桥、小径、围墙等景点的设计无不体现了曲的特点。正是这些元素的构造增添了情趣和韵味，同时也营造出曲深、幽远的意境来，所谓曲径通幽是也。就形色各异的通廊来讲，大多是极尽曲折蜿蜒，很少有像凡尔赛宫园林那样规则直线的通道。明代计成在《园冶》中讲“今予所构曲廊，之字曲者，随形而弯，依势而曲，或蟠山腰，或穷水际，通花渡壑，蜿蜒无尽”③，阐释了廊道迂回曲折的法则。所谓“之字曲”，乃是与呈直角的曲尺曲相对比，是一种更为自由灵活的廊道延伸方式。它的特点是不规则，所以显得曲折，尤其是随着廊道地形、地势的不同，不仅呈现出走向的多样变化(“弯”)，还体现出轮廓线的高低错落(“曲”)，给人不可穷尽的感觉。比如，留园、拙政园、颐和园中的曲廊、复廊、回廊等。

其次是用分隔与串联的方式造成园林空间的渗透及层次的丰富变化，借此呈现出幽深、迷离的距离感来。比如隔景、对景、障景等空间处理的方式。隔景是借用粉墙、复廊、树丛、山石、漏窗等虚实相伴的元素分隔园林，这样园林内部的空间就被分为若干层次，而且相互之间的渗透增添了园林的纵深感。一眼望去，视线则被层层变化的景致所吸引，而明暗交错、重叠的空间则给人

① 这里园林远境分类的方式是借鉴郭熙“三远”说以及韩拙新“三远”说而来的，依据的是中国古典园林与传统山水画远境表现的共通性。

② (清)恽南田：《南田论画》，见沈子丞编：《历代论画名著汇编》，文物出版社1982年版，第328页。

③ 陈植注：《园冶注释》，中国建筑工业出版社1988年版，第91页。

一种幽静而不可窥测的深远感。而对景在古典园林中的运用更为广泛，它是使景色呈现在特定的门洞或者窗口中。由于是透过一层或者多层的网格去观看，因此框中所对景色显得尤为含蓄、幽深。比如拙政园中透过枇杷园的门洞“晚翠”向北部望去，中景和远景交错穿插、参差错落、愈远愈深。中景部分，园林中部水面两岸的景致及石板桥横陈在视线中，而远处的石台及置于其上端的雪香云蔚亭掩映在葱翠的绿植之间，隐约可见，尤显得深邃、静谧。这种景深的表现方式在传统山水画中也多有运用，比如元代画家王蒙的《具区林屋图》就以树石、洞壑的复杂组合渲染出了深远的感觉来，而又不失通透。至于障景则多用于庭院的入口处，其设置很讲究，也很重要。传统文艺的审美理想是含蓄蕴藉，刘勰《文心雕龙》中的“隐秀”一词就是很好的概括，正如他所讲“文之英蕤，有秀有隐”“夫隐之为体，义生文外，秘响傍通，伏采潜发”。① 作文著述以有言外之意而为妙，强调在隐秘的形式中追寻丰富的内涵和意蕴，反映在园林营建中就是注重藏和隐。有藏才有深，有隐才有远。通过巧妙的隐藏之法，把部分的景致遮挡起来，而不是一下就全显露出来，这样既能增强园林空间的层次感，又能营造出深而又深、远而又远的感受来。

(二)高远

正如郭熙在《林泉高致》中所讲“自山下而仰山巅，谓之高远”“高远之势突兀”，高远指的是自低处往高处望去所产生的一种高耸、远峙的感觉。园林中高远的表现也是如此，它不以海拔高度取胜，而是指一种势及其产生的心理感受。不过，高远这种意境形态在园林中还是不容易实现的。除了少数皇家园林能够囊括地势高低错落的山湖景观，大部分的私家园林尤其是江南地区的处在闹市街巷中，既无有利的地势可凭靠，又无足够的空间可利用。然而，古代造园者凭借着他们的智慧，匠心独妙，在咫尺山林中展现了高远的妙境。比如苏州的沧浪亭，“沧浪”二字取自楚辞“沧浪之水”的典故，有高韬隐遁、去俗自娱的意味。园区中沧浪亭的位置经营也正展现了这一趣味的特征。亭子建基于土丘的最高处，并有复廊和石径通往它。自西北角的石桥往上走，至沧浪亭距离虽不长，但山林矗立，枝叶繁盛，而高处的亭子则气势轩昂、独立高标，有一种别样的高拔和壮观感，殊为难得。传统山水画中也有类似的高远意境的营造方式，比如明代仇英的《桃源仙境图》。自山脚望去，设置在半山腰的楼阁

① (梁)刘勰：《文心雕龙》，郭晋稀注译，岳麓书社2004年版，第387页。

顿有高大之势，与沧浪亭的气势颇为神似。

高远之境在大型的皇家苑囿中展现得更为突出。较为典型的是颐和园，园中万寿山海拔有百米之高，规模也不小。清皇室正是利用这种难得的地势，在山上造高台、建楼阁，营造了金碧辉煌、气势恢弘的皇家园林风范。其中，位于山顶的佛香阁最为显眼。自山下仰望，八角的阁楼雄伟壮观，气势撼人，迥出天际之势。

然而，高远的营造作为古典园林意境表现的一部分，是丰富园林美感的形式之一，但与园林整体的审美理想是不太一致的，只能应用在园林的局部。尤其是在文人园林中，更不宜过分凸显高远的意境。这是因为高远之境高峙、突兀的气势容易对心理造成压迫，引发心灵的冲突与紊乱，从而不利于陶养、安顿心灵。① 所以在古典园林中，除了颐和园、承德避暑山庄等皇家园林利用天然的优势营造出高远之势来，占大多数的私家园林并没有过多地追求高远的表现，而是以深远、平远等意境类型的营造为主。

(三)平远

平远是园林意境营造中关键的环节，它更切中造园者的心理感受和需求。中国古典园林不仅是游览观赏的对象，更是心灵自由自在游戏的场所。所以，园林的设计最终要符合宁静、冲和、淡远等审美标准。平远在这方面表现得尤为突出，正如郭熙所讲“平远之境冲融而缥缥缈缈”。

而何谓平远呢？“自近山而望远山”是也。平远不是视线的平视，而是视线向前不断地延伸。可以说，平远是自近处而望远处所产生的平衍邈远的感受。这是一种平灭了冲突和矛盾的审美体验形态。视线所及之处，园林中没有高耸的建筑或假山等障碍物，并且整体空间、距离的设置也不局促，就会使整个人放松、舒缓，而不会有心理上的紧迫、压抑感。由此呈现一个宁静冲融的世界，这就是平远之境的特点。

在园林中，平远的呈现不在于动人心魄的建筑以及绚丽多彩的景观元素，而在于空间的设计和经营。因应着园林空间自身的特点，在近景、中景、远景

① 朱良志讲：“主客之间的冲突断杀是此境的基本特点，高远之作易于产生壮美感。而中国画家在绘画表现时尽量避免这种冲突，高远虽为画中胜境，但自我性灵居之实难，难以避免一种痛苦的体验过程。”而且，不唯山水画中的高远之境，中国古典园林中的高远表现也有相同的特征。以上引文参见朱良志：《中国美学名著导读》，北京大学出版社 2004 年版，第 176 页。

的设计中，平和冲融的意境自然就展现出来了。有助于营造平远意境的方式有很多种，比如平面布局的对比、引导等。其中，疏密的对比是凸显平远的重要方法。平远并不意味着景观布局的整齐合一、均匀不变。在古典园林的营造中，造园者也同样遵守着谢赫六法中的“经营位置”理念。整体来看，古典园林的空间设置并不以科学的度量来界分区域，其内部的山石树植、亭台楼阁的分布也没有呈现出几何学的规律与特征来，而是因地制宜，依势布局。不同区域间造园要素的对接与疏密程度，极具变化性，从而营造出一种开合变换、张弛有度的节奏感和韵律感。这对平远意境的营造是相当重要的。假若园中景观平缓展开，保持着均匀整齐的排列，整体布局就是松散、平淡的，那将是非常单调乏味的。如此一来，所谓的平远之境将言之无物了。尤其是在规模较小的园林或庭院中。因为这样的院落本身就非常小，假如没有表现节奏变化的要素经营，就会显得园林景色平平，进而很难谈得上意境和情趣了。此外，与疏密对比同样重要的是空间的起伏与层次变化。只是相比深远而言，平远之中的高低错落更为平和舒顺，如春风拂面，令人心旷神怡。比如，就拙政园中部景观而言，自梧竹幽居向别有洞天方向望去，主景区十分开敞，水面舒阔，山石、亭台逐渐后退，愈远愈小，愈远愈淡，而远处的北寺塔湮没在视线的终端。与拙政园渊源颇深的文徵明也在他的作品中表现了类似的平远之境，比如《浒溪草堂图》，其局部的意境特征与拙政园别无二致。

(四) 阔远、迷远、幽远

阔远、迷远、幽远是平远的延伸和展开。三者与平远一样，都强调由近及远而营造出的空间感，有平远有类似之处，不过，在意境的营造技巧方面，并没有超出平远的范畴。客观地说，三者各有特点，又有所不同，深化了平远意境的内涵，丰富了赏园者的审美体验。其中，阔远的特点是意境的开阔，舒朗，有茫茫一片，一望无际的感觉，可谓是平远在空间上向四周扩展的极致。阔远之境多在皇家园林、苑囿中呈现。比如颐和园，从万寿山上高处的楼阁俯瞰昆明湖、十七孔桥等景点，一片辽阔开朗，至远处水天相接，可谓阔远之极。而自佛香阁向西山方向望去，远处的山丘、植被连成一片，绵绵不绝，广阔无边。

迷远之境也有苍茫不尽的意思，不过对比阔远来看，它营造出迷离恍惚、烟雾缭绕的感觉，这是阔远所不及的。与其他远境类型不同，迷远的表现不仅需要园林硬件配置的要求，还要借助独特的天气条件。一是烟雾之气的笼罩。

不论是春夏秋冬，假如视觉空间中烟霭飘渺，远处的山石、树植若隐若现，这样就容易给人以迷蒙的感觉。二是四时风雨的衬托。风雨本是惯常的自然现象，不过与园林中景致的结合却能营造出想象不到的意境来。在梅雨季节，风雨交加，雨点打在池水、花木上，园中景观全笼罩在朦胧迷离的风雨中，混沌一片，恍恍惚惚，若有若无，难以辨别。

幽远的特点是"幽"，不过与深远所营造出的幽深不同，前者强调的是终极的玄妙，意在微茫惨淡；而后者突出的是藏与隐的智慧，意在幽静深邃。幽远是远境中最富玄学意味的，如同"道"一样，近于无和空，但并不是一无所有的空空如也，而是超越视觉感受的淡远妙境。呈现在园林景观中，幽远意境有几个特点，一是空茫，即"景物至绝而微茫缥缈"。视线中景致淡不可寻，真可谓到了荒天迥地的境地。越是惨淡处、越是虚无处，越能领略到幽远的妙不可言来，正所谓"乘之愈往，识之愈真"。二是孤寂。这里不是说人心理层面的孤独、寂寞感，而是指幽远本身所具有的特征。幽远的营造是超越实景，由实入虚，直抵自然的最深处，一味直往，绝无挂碍，因而是孤迥特立、静寂寞落的。

三、"远"境的美学意蕴

以上是对中国古典园林中远境形式的简要概括。相比之下，深远、高远、平远三种主要的意境类型各具特点。其中平远之境是最适宜于颐养性灵的，既"可行可望"，又"可居可游"，所以造园者巧思妙想，在平远的基础上拓展出了阔远、迷远、幽远等更多的表现形式。然而，考虑到园林这种造型艺术的视觉性和空间感的要求，造园者又要从全局出发，凸显深远、高远的意境表现，在有限的空间中呈现出"多方胜境"。

纵然有不同之处，但不可否认，各种类型的远境营造的价值指向是一致的。可以说，园林中"远"的表现不仅是空间和心理感受上的距离之远，更是一种审美体验或者说生命体验中的远。正如皎然所说："远非如渺渺望水、杳杳看山，乃谓意中之远。"①

一方面，"远"的意境是超越性的。它的营造为鉴赏者提供了想象的空间和诗意的享受，更重要的是为鉴赏者心灵的内向超越提供了契机。造园、品园

① （唐）皎然：《诗式校注》，李壮鹰校注，人民文学出版社2003年版，第71页。

的过程是为了体验超世脱俗的生命趣味，园林空间的布局和经营也以体现这种内向超越的心灵体验为最终准则。远的空间是有限的，但人的心灵世界是无限的，而远的境界是在心灵体验中生发出来的。因此，远是超越之远，远也是在心灵的内在超越中完成的，远是人心之远。

另一方面，远境的营造又实现了心灵的复归。生活于烦扰世界中的人们总是被功名利禄等现实问题所纠缠，心灵不得安宁、和畅。但正如老子所讲，“重为轻根，静为躁君”，宁静、闲和的心境才是最本真的状态，才是心灵的归宿和家园。

因而俗世中被烦恼羁绊的人们一直寻求着返璞归真，见素抱朴，就像陶渊明所说的“羁鸟恋旧林，池鱼思故渊”。可以说，园林中远境的营造就是复归心灵本真的引子，它使人远离了俗世的烦扰，并在幽静恬淡的氛围中安顿了性灵。

总结来看，远境的超越性与对心灵的复归是一体两面，合而为一的。正是在内向超越中回到了心灵的家园。这是中国古典园林中远境表现的美学特质。

（作者单位：华中科技大学建筑与城市规划学院）

表演艺术美学

戏剧的诗性：西方戏剧的现象学还原

赖俊威

戏剧的本质问题长久以来被学界局限于哲学或艺术的框架之内，进而导致两种思想极端：一是过度关注戏剧的永恒性；二是完全抛开戏剧的本性。两者皆易忽略历史与文化的相对性以致戏剧本质更加含混不清。众所周知，观念本难以摆脱语言附加其上的经验桎梏，戏剧在此意义上反倒变成了非戏剧。以现象学的方法介入戏剧的思考，能够在极大程度上解构现有的经验格局，继而重构戏剧的原始本质。这具体表现为“悬置”所有关于戏剧的定义和解释，回到起点甚至起点前把握最切近原始戏剧的朴素状态：戏剧如是——从词性出发并依据最简化的汉语结构——可概括为“人演给人看”。那么，“演”和“看”这一组动词在人与人之间究竟有何意味发人深省？这种最精简、最直观的戏剧描述在时间轴上直接回到比戏剧古代形态①更早的原始形式：戏剧怎是？毋庸置疑，戏剧古代形态在一定程度上依然是基于既定的戏剧概念或审美意识加以阐发的，继而能笼统地概括为具有戏剧化(和戏剧有关)或包含戏剧特征的行为。这种阐释显然是一种以果证源的倒推思路，不可否认，其具有一定的启发性，但却免不了经验的误差。目前学界普遍认为，戏剧史意义上的最初相对完整且系统的西方戏剧形态应当追溯至古希腊戏剧。鉴于古希腊的“理论(theoria)理性”思想背景，古希腊人以看(theorein)的方式洞见真理，戏剧在与诗歌关联甚密的基础上应运而生。此间，亚里士多德的《诗学》作为当时经典的戏剧理论著作具有承前启后的作用，“前戏剧”(戏剧诞生之准备阶段)的核心问题——人的行动、模仿原则、洞见真理、肉眼观看之间的关系——是恢复戏剧原始形式的要津。首先，戏剧初孕育于诗歌，借助诗歌对戏剧的研究变得顺理成章；

① 基于发生学，古代戏剧形态在戏剧理论史上主要可描述为以下几种情况：巫术说、歌舞说、游戏说及宗教祭祀说。

其次，戏剧的原始本性从现象学角度而言是作为一个在者而“存在”①，而且这种存在终究离不开作为“此在”②的人，最终需要通过模仿人的行动逼近作为“发问者”的人之本性。暂且将戏剧的这种体现此在之存在的性质指称为戏剧的“前戏剧性”，即戏剧的诗性，这种诗性决定了普遍用来定义戏剧本质的“戏剧性”：戏剧以自我澄澈之态显现于人，同时伴随“人诗意地居住”，其中“演”和“看”皆为此服务。

一、戏剧的一种反思方式

戏剧的本质大体可概括为：“戏剧性”和“前戏剧性”。简言之，戏剧性，即戏剧是什么；前戏剧性，即戏剧本如何。黑格尔认为，只要“经过反思，最初在感觉、直观、表象中的内容，必有所改变”③。当真正开始思考戏剧时，必须寻找一种能够最大限度地切近戏剧本身的反思方式。这种方式能够让戏剧如其所是——直观戏剧的本质。从始基的角度出发，前戏剧性在本源层面比戏剧性显得更为俱足彻底，戏剧的本质只有在“前戏剧性——戏剧性”的生成道路上方能得以显现。概言之，戏剧源自前戏剧性并归于戏剧性。

“戏剧是由演员扮演角色，当众表演情节、显示情境的一种艺术”④，这是《辞海》对“戏剧”一词的定义。《牛津英语辞典》亦对戏剧有所阐发：“适合在舞台展现的散文与诗作，其中的故事是通过对话和行动加以描述的，同时伴随人的姿态、服装与布景以呈现真实的生活。”⑤以上两种定义皆从戏剧艺术观念的角度展开说明，并非现象直观意义层面的戏剧本性，反而忽视了作为重要前提的前戏剧性。我们知道，任何事物皆由其本源生发并展开，事物的显现并

---

① “存在”(德文，Sein；英文，Being)即存在本身，不是别的什么，它以其自身的方式呈现，本质上不同于实体(entities)被发现的方式。参阅 Martin Heidegger. Being and Time, translated by John Macquarrie & Edward Robinson，1999，pp. 22-26.

② “此在”即“发问的存在者”，指的是那个对“存在”优先地领会和发问的特殊的在者(人)，其本身具有与存在问题密切关联的存在者属性。参阅 Martin Heidegger. Being and Time，translated by John Macquarrie & Edward Robinson，p. 28.

③ 黑格尔：《哲学全书》第一部，转引自北京大学哲学系外国哲学史教研室：《西方哲学原著选读》(下卷)，商务印书馆 1982 年版，第 388 页。

④ 辞海编辑委员会：《辞海》，上海辞书出版社 1990 年版，第 563 页。

⑤ THE OXFORD ENGLISH DICTIONARY (VOLUME III). Oxford: The Clarendon Press, 1978, p. 640.

不在本质上决定于其他外在事物；否则就是站在事物之外寻找事物的本源，只会导致事物墨守成规而孤立静止，事物终将非其所是。所以，对戏剧本性的思考务必回到戏剧最初的原始形态。这里的形态并不是所谓的与戏剧相关的那些古代行为，而是能够相对独立体现戏剧性的戏剧形态——古希腊戏剧。在方法上，构成戏剧的诸多元素都需加以“悬置”，戏剧理所当然地变成一种“悬置物”(自身被给予之物①)，即把不以人的主观意识为转移的、作为客观实在的过去“悬置”不论——因为它们终归都已成为某种心理层面的体验：“认识在其所有展开的形态中都是一个心理的体验，即认识主体的认识。它的对立面是被认识的客体。”②倘戏剧通过这种真实的“本质直观”③被把握，那么应当能够呈现出“绝对的自明性”④，因为“不仅个别性，而且一般性、一般对象和一般事态都能够达到绝对的自身被给与性”⑤。所谓“现象即本质”——直观的现象正是某种不可能与它的显现相异的东西。综上，现象学无疑是探讨戏剧本性的一种非常值得借鉴的理论方法，但这种通过“本质直观”的路径或过程依然存疑：总会有一个经验的主体参与其中，而这经验化的行为该如何达到悬置后的先验呢？目前相对合理的解决方案是始终落于前戏剧性的思考并围绕前戏剧过渡到戏剧这一范围展开。

思考前戏剧性，意味着戏剧传统观念中演员与观众之间的差异关系、舞台时空、表演行为、观众行为、表演内容、艺术观念等元素都可能成为戏剧本性的遮蔽，因为它们作为部分的构成元素都不是从无到有的戏剧之先，无法真正道说戏剧本质。然而，这样一个笃定的事实是毋庸置疑的：戏剧离不开人，无论是戏剧还是前戏剧，离了人便没了存在的意义。戏剧表现为人“演”给人“看”，即人通过“演”这种手段在人与人之间塑造“看与被看”的关系。逮至现代戏剧，这种人物关系所涉及的角色业已涵盖演员、观众、编剧及导演等。那么，这种通过演出呈现的关系最初象征什么？戏剧为什么能够成为这种关系的

① 胡塞尔在《现象学的观念》指出：“我们认为被给予性就是对象在认识中构造自身。”

② [德]埃德尔·胡塞尔：《现象学的观念》，倪梁康译，上海译文出版社1986年版，第21页。

③ 正如胡塞尔所言，直观是本质性的，不仅是朝向本质，直观本身也是本质性的。

④ [德]埃德尔·胡塞尔：《现象学的观念》，倪梁康译，上海译文出版社1986年版，第45页。

⑤ [德]埃德尔·胡塞尔：《现象学的观念》，倪梁康译，上海译文出版社1986年版，第47页。

具象媒介？“演”在戏剧之初到底占据怎样的位置，如何比现实本身更能“看”到真相？

二、戏剧的生成与形态

(一)戏剧的发生：认识

人类创造戏剧，享受戏剧，后来又不断认识和概括戏剧。东、西方戏剧不约而同地塑造出如此相似的建基于人的精神形态。从人类原始历史的出发，“人类的经验所遵循的途径大体上是一致的；在类似的情况下，人类的需要基本上是相同的；由于人类所有种族的大脑无不相同，因而心理法则的作用也是一致的”①。基于人类学，每一种精神形态都反映着人类的某种共同需要，戏剧亦不例外。按照现在普遍的理解，戏剧是一种相对复杂的综合性的艺术形态。所谓综合性，一则表示在戏剧之前，诸多艺术形态(音乐、舞蹈、神话、史诗、绘画等)已被人类创造；二则意味在这些精神形态的基础上，戏剧得以发展。所以，戏剧的发生及人类对戏剧的认识，皆为人类自我认识的一部分。认识戏剧，即认识自我。同作为人类自我的存在，戏剧本身如何以区别于其他艺术形态的样态揭示人类自身？所谓“每一种艺术具有其独特的必须单独‘学习’的‘语言’”②。

纵观历史长河，任何一种精神形态都不可避免地携带人类属性，即时代与社会的烙印。戏剧诞生前夕的古希腊，正在向民主制靠拢，进而拉开了数场全民性的庆典。戏剧在这样一片沃野上开始酝酿，一开始就与民主、自由的民风休戚相关。自僭主庇西士特拉妥把祀祝酒神的歌舞表演引入雅典起，到埃斯库罗斯通过两个演员的组合形成对话、动作乃至冲突，再到索福克勒斯将演员增加到三个③……戏剧初见模样。戏剧与这种酒神庆典的形式似乎有着某种关联，至少具有全民性的演出特征。从字源学出发，戏剧(theatre)，源于古希腊语 theatron，意为“看的场所”。古希腊的演出场地常设在露天，布景十分简

① [美]路易斯·亨利·摩尔根：《古代社会》上册，杨东莼等译，商务印书馆 2009 年版，第 8 页。

② [匈]卢卡契：《审美特性》第二卷，徐恒醇译，中国社会科学出版社 1991 年版，第 439 页。

③ 余秋雨：《戏剧理论史稿》，上海文艺出版社 1983 年版，第 4 页。

单，依观看者需求而采用空间立体感较强的设计，常与 theatre 相提并论的 drama，也源自古希腊语 dran，意为“做”，具体指的是目睹所作所为的发生。观众被安排到合理的空间内，辅以各种巧妙的设计，最终能够很好地观看演出。戏剧恰是一种建立在“看与被看”基础的交流形式：既不是盲目地看（天生残缺或处在黑暗之中），也不是肤浅地看，而是一种切中事物本性的洞见。这种“看”的行为，基于古希腊理论（theoria①）理性的思想，是古希腊人体认识世界和自我的直观方式，即回到那整体的存在者，正如丹纳《艺术哲学》对古希腊环境作出的生动描绘：“碧蓝的爱琴海中，星罗密布的云石岛屿非常美丽，岛上疏疏落落的有些神秘的树林，扁柏，月桂，棕榈，青绿的草坪，小石遍地的山丘上长着零星的葡萄藤，园中长着美丽的果子，山坳里和山坡上种着一些谷物；但供养眼睛，娱乐感官的东西多，给人吃饱肚子，满足肉体需要的东西少。这样一个地方自然产生一批苗条，活泼，生活简单，饱吸新鲜空气的山民。”②在这样一个无比透明的理想空间里，即在相对于混沌（chaos③）的有序、完整的世界里，人的共在达到一种近乎完美的原始状态，彼此之间通过“看”形成最直接的认识关联，显得如此惬意而从容。随着戏剧的诞生，“看与被看”的关系也不只局限于随着时间流逝的“供养眼睛，娱乐感官”的现实生活，至少包含了两个事件（或两种世界）：①演出的角色完成在虚构世界里的事件；②表演者与观众完成在现实世界里交流的事件。两个事件并存于一个时空，表演者和观众（被看者与看者）同时同地处于两个世界之中。观者参与到如节日庆典一般的戏剧中，与表演者共属于这种节日气氛，共同获得与诸神相似的看点，并分享来自诸神的澄澈，这种带有宗教神秘主义色彩的沟通方式并未阻碍古希腊人直观地认识世界及自我。戏剧作为模仿行动的事件，揭示了传统戏剧范式的本质，即“戏剧没有过去和未来，只有即刻的瞬间与即刻的行动”④。行动的本性是展现，意味在“完整的存在者”（如亚里士多德多所言，事件由开

① Theoria：古希腊语 Theorein（观看）的名词形式，本义指的是观看人的本性。伽达默尔认为，古希腊的理论研究者（Theoros）是节日代表团的参与者，即节日庆典的观赏者，通过参与庆典获得神圣的合法性。可见，这种理论理性直接决定了节日和公共生活的同契性，也是导致戏剧诞生的思想源头（戏剧和庆典关系密切）。

② ［法］丹纳：《艺术哲学》，傅雷译，生活·读书·新知三联书店 2016 年版，第 270 页。

③ Chaos：混沌，古希腊讨论世界开端的一个重要术语。

④ ［瑞典］威尔玛·梭特：《迈向戏剧事件——符号学、解释学在欧洲戏剧研究中的影响》，沈亮译，载《戏剧艺术》1998 年第 2 期。

端、中间、结尾组成)中向自身聚拢而成为“相”(eidos①)。对戏剧而言，表演者专注于自身的显现，与之相对的观赏者亦只能与行动共在而别无他为，因为观者只是对展现中的“相”进行观看并保存，进而实现明彻。所以，戏剧首先关注的是认识人的有序行动，继而才是人。以行动事件为核心的戏剧包含三个不可或缺的要素：观者、被观者及二者置身其中的场所。戏剧作为事件在真实的时间、真实的地点出现，进一步说明戏剧的发生还要基于现实的剧本。但是，该剧本绝非简单的文字，要领依然在于真实的行动。简言之，戏剧是由人(表演者、观众)、场所及剧本构成的达到彼此澄明的一种模仿真实行动的洞见真理的形式。

(二)戏剧的核心：模仿

戏剧的第一次完整性、系统性的论述，载于亚里士多德的《诗学》。②《诗学》是西方戏剧理论的开山之作和奠基石。需要注意的是，亚里士多德的戏剧理论同时发生在其美学思想框架之内：诗是对现实的模仿。戏剧和诗的模仿功能不可分割。古希腊的诗(poiesis)具有“创制”之义，是“行动”(poiein)的特定结果，扮演着诗意的述说者角色。行动，是古希腊一个极其普遍的动词，和诗搭配使用能够最大限度地揭示诗的性质。亚里士多德认为，史诗、悲剧、喜剧、酒神赞歌以及大部分双管箫乐和竖琴乐实际上都是模仿③，相互之间的差别在于“模仿的媒介、对象及方式的不同”④。其中，和酒神、日神赞歌一样，戏剧(悲剧和喜剧)也兼用各种媒介如节奏、歌曲和韵文，差别在于前者是同时使用，后者则是交替使用。⑤ 这里的“交替使用”简单地讲，指的是歌曲用

---

① 古希腊语 idein(看)的名词形式，意指首先看到的是表示事物典型特征的外貌，进而是内在特征和本质内容。参见柏拉图《会饮篇》210b、《斐多篇》91d、《国家篇》389d、《巴门尼德篇》132a。

② “行动的艺术”(the art of poiein)，指的是首先去“做”(make or do)，其次作诗(make poetry)。(Aristotle. *On Poetics*, translation by Seth Benardete and Michael Davis. South Bend, Indiana: St. Augustine's Press, 2002, p. 1.)。

③ Aristotle. *On Poetics*, translation by Seth Benardete and Michael Davis. South Bend, Indiana: St. Augustine's Press, 2002, p. 2.

④ Aristotle. *On Poetics*, translation by Seth Benardete and Michael Davis. South Bend, Indiana: St. Augustine's Press, 2002, pp. 2-3.

⑤ Aristotle. *On Poetics*, translation by Seth Benardete and Michael Davis. South Bend, Indiana: St. Augustine's Press, 2002, p. 4.

于歌唱，韵文用于对话。这在媒介运用方面体现了戏剧作为诗的模仿的灵活性特征。“模仿”(mimesis)一词在《诗学》里约莫出现 80 多次，在很大程度上能够作为诗学的核心概念来理解诗的本性，即戏剧的本性——人的本性。因为产生诗的两个原因①都是出于人的天性，模仿的对象必然是行动中的人，人的品格从行动中表现而来，即品格由行动养成。② 比如，喜剧模仿更坏的人，悲剧模仿更好的人。这种借人物的动作来模仿的作品，被称为戏剧(dramata)。模仿，是人天生区别于其他动物的本能，人在孩提时就已具备，而且人对模仿物总有快感。我们一面在“看”，一面在求知，进而断定某物为某物。显而易见，物的本性是通过“看”伴随着求知行为来显现的。基于人的模仿天性、天生的音调感和节奏感，出于这种与生俱来的“看”的能力，富于资质的人不久便作出了诗歌，进而创作了戏剧。作为模仿人的行动的诗歌被分为两种：赞美诗和讽刺诗，因为人的行动有高尚和低劣之分。由于诗的这种差异性，后来有的讽刺诗人变成了喜剧诗人，有的史诗诗人变成悲剧诗人，因为喜剧和悲剧比讽刺诗和史诗显得更伟大且更受到重视。《诗学》对戏剧如此推崇，甚至超越了诗(抒情诗、史诗)，这恰好印证了“看与被看”背景下的理论理性。质言之，在模仿的基础上，戏剧开始获得了不完全等同于诗的戏剧本性，戏剧逐渐显现自身。

当今，诸多戏剧模仿说，如巫术的模仿、神的模仿和世俗的模仿等，在根源上都是一种对象化的表现，有悖于戏剧“模仿人的行动”的宗旨。这种模仿方向的转变，意味现在的戏剧(或戏剧学)不再以自我澄明揭示此在的存在作为唯一目的。戏剧的发展不再奠基于人(虽然戏剧依然为人服务)，戏剧的本性不再是人纯粹的交流模式，而是更多地沦为一种被思考或被愉悦的对象。这种戏剧思维的改变(戏剧逐渐衍化为对生活的戏剧化反映)是值得商榷的。对戏剧本质的把握，应当回到戏剧与人的自我澄明及其纯粹的关系上，尤其是建基于人的悲剧，因为“悲剧比史诗优越，更能够达到它的目的”③。换言之，悲剧比史诗更切近人的本性，进而表现戏剧的诗性。

---

① 一个是“模仿的本能”，另一个是“对模仿作品的快感”。

② Aristotle. *On Poetics*, translation by Seth Benardete and Michael Davis. South Bend, Indiana: St. Augustine's Press, 2002, pp. 4-5, 9, 11.

③ Aristotle. *On Poetics*, translation by Seth Benardete and Michael Davis. South Bend, Indiana: St. Augustine's Press, 2002, p. 7.

(三)戏剧的典型：悲剧

悲剧是体现戏剧本质的核心剧种。与史诗相比，悲剧受时间限制，不纯粹使用韵文。悲剧的媒介是分布在不同部分的具有节奏和音调的语言，模仿方式是对人物动作的模仿，而不是通过叙述，进而通过怜悯和恐惧得以“净化”(katharsis①)。关于悲剧中的“净化”作用，亚里士多德认为人应该有怜悯与恐惧之情，但要适度：这两种情感太强或太弱的人，都能够且应该通过观看悲剧以养成适度的情感习惯。

从构成角度出发，悲剧主要包含六个成分，即“情节”(story)、“性格”(character)、“言词”(talk)、“思想”(thought)、“形象”(opsis)和“歌曲”(song-making)②，其中情节、性格和思想是模仿的对象，言词和歌曲是模仿的媒介，形象是模仿的方式。首先，最重要的当属情节(悲剧的灵魂)，即事件的安排。因为，悲剧的基础在于模仿人的行动、生活和幸福(人的幸与不幸取决于行动③)，而不在于模仿人；悲剧的目的在于模仿某个行动，而不在于人的品格，人的品格是由其性格决定的，不是行动。“没有行动的悲剧不是悲剧，但没有性格的悲剧不失为悲剧。”④尽管不善于运用其他的成分，只要情节布局得当，悲剧一定能够产生悲剧的效果。作为情节的两个无形成分“突转”(peripeteia⑤)和“识别”(anagnŏrisis⑥)同时出现时就能让人感到“惊心动魄”(*psuchagŏgei*⑦)。情节还有一个有形成分，即“苦难”(suffering)，作为情感的

---

① 作宗教术语或医学术语，分别意为“洗净”和“宣泄”。Aristotle. *On Poetics*, translation by Seth Benardete and Michael Davis. South Bend, Indiana: St. Augustine's Press, 2002, p. 18.

② Aristotle. *On Poetics*, translation by Seth Benardete and Michael Davis. South Bend, Indiana: St. Augustine's Press, 2002, p. 20.

③ Aristotle. *On Poetics*, translation by Seth Benardete and Michael Davis. South Bend, Indiana: St. Augustine's Press, 2002, pp. 20-21.

④ Aristotle. *On Poetics*, translation by Seth Benardete and Michael Davis. South Bend, Indiana: St. Augustine's Press, 2002, p. 21.

⑤ 突转：指的是按照可然律和必然律的原则转向相反的方面。Aristotle. *On Poetics*, translation by Seth Benardete and Michael Davis. South Bend, Indiana: St. Augustine's Press, 2002, p. 30.

⑥ 识别：指的是从不知到知的转变。Aristotle. *On Poetics*, translation by Seth Benardete and Michael Davis. South Bend, Indiana: St. Augustine's Press, 2002, p. 30.

⑦ “*psuchagŏgei*” referred originally to the leading of souls into or out of Hades and therefore to a kind of sorcery and black magic. 如巫术和黑魔法让人感到灵魂出、入酆都城一般。

基础，是毁灭和痛苦的行动。其次，行动中的人物性格，展示人物所作的抉择，倘若没有一点东西能让讲话者去选择或者逃避，那么这样的话语则没有性格。① 再次，思想是让人物于当时当地讲出能说的且合时宜的话的能力。从次，言词即通过言词表达，无论是韵文还是口头，都是通过语言来进行交流。然后，歌曲具有言词所不能及的功效，因为它比言词更加悦耳。最后，形象(opsis)的“有序(装饰)”(kosmos)必然是悲剧的成分之一。“形象的有序”在整体上意为：戏剧的可见特征(包括舞台布景、服装、演员的进场和离场等)②第一时间被系统地安置在舞台上。以上六个成分，共同构成了悲剧，同时也从本质上构成了戏剧。

从发生学角度来看，事件如何妥当安排是悲剧的首要之事。悲剧，是对一个严肃、完整且有一定长度的行动的模仿③，能给人留下鲜明的印象。“完整”，指的是事件有头、有身、有尾，处在一个承上启下的完美结构布局当中。“长度”，指的是情节的长度以易于记忆为限，其限度只要能够满足情节的有条不紊，则是适当的。正如别的模仿艺术一样，事件情节所模仿的只限于一个完整的行动，事件的各个行动被统一起来而不能随意删减，否则整体性就会改变。如果有这样一部分可有可无，同时并没有引起显著的影响，那么它就不是整体的有机部分。④ 由此可知，悲剧所要描述的是按照可然律和必然律可能发生的完整的事，悲剧所强调的还有模仿的行动能引起恐惧和怜悯之情。对此，情节的创作者(诗人)在安排情节时应当注意以下几点：①不能写好人由顺境到逆境；②不能写坏人由逆境到顺境；③不能写极恶的人由顺境到逆境。因为这些情况都不能引起恐惧和怜悯之情。悲剧在于呈现普通人(不十分善良，也不十分公正的人)⑤深陷厄运是由于其犯了错误。⑥ 可见，悲剧从始至

---

① Aristotle. *On Poetics*, translation by Seth Benardete and Michael Davis. South Bend, Indiana: St. Augustine's Press, 2002, p. 23.

② Aristotle. *On Poetics*. translation by Seth Benardete and Michael Davis. South Bend, Indiana: St. Augustine's Press, 2002, p. 18

③ Aristotle. *On Poetics*, translation by Seth Benardete and Michael Davis. South Bend, Indiana: St. Augustine's Press, 2002, p. 17.

④ Aristotle. *On Poetics*, translation by Seth Benardete and Michael Davis. South Bend, Indiana: St. Augustine's Press, 2002, p. 26.

⑤ Aristotle. *On Poetics*, translation by Seth Benardete and Michael Davis. South Bend, Indiana: St. Augustine's Press, 2002, p. 33.

⑥ 此处的“错误”，并不是道德上的缺陷，而是指代“看”事不明所犯下的错误。这又回到了戏剧“看与被看”的诞生原则：是否洞见了真理。

终是以人的天性为出发点，悲剧从来也都是为无差别的人而生的，这也充分体现了戏剧与生俱来的普适性。那么，由悲剧所引起的恐惧和怜悯之情是如何得以呈现的呢？形象和情节都能够引起这种情感，尤其是情节。悲剧不能给我们每一种快感，只能给我们一种它能给到的快感。① 悲剧在根本上就是人性自身的澄明，就是人生存于世的一种方式，正如海德格尔所言：人生在世，终将走向死亡存在。悲剧的特征及内容，在根源上体现了戏剧之于人的“戏剧性”和“前戏剧性”，即戏剧的本性和诗性。

三、戏剧的本性与诗性

（一）戏剧的本性：戏剧性

关于“戏剧性”的概念，可谓莫衷一是。《中国大百科全书·戏剧卷》就“戏剧性”词条的英文注释是 theatricality②（观看视角的戏剧性），而其所引用的奥·施莱格尔与威廉·阿契尔的观点均带有明显的文学色彩，对戏剧的本性形成理论遮蔽。美国的乔治·贝克认为“戏剧性”涉及三个方面：①戏剧的题材；②激起情感反应的戏剧结构；③舞台呈现。③ 他进一步比较小说家和戏剧家：认为二者都是从“共同的元素即情节、人物和对话入手的。如果他们都善于从他们的故事或者人物中分辨出那些可能为别人在情感上感兴趣的东西，亦即他们具有所谓的‘戏剧感’”④。这是从戏剧的构成和实现技巧来讨论戏剧性的，依然没有完全回到戏剧自身。古斯塔夫·弗莱塔克认为“戏剧性”是“那些强烈的、凝结成意志和行动的内心活动，那些由一种行动所激起的内心活动……行动和激烈的情感活动本身并不具有戏剧性”⑤。这只是一种基于主观心理特征

---

① Aristotle. *On Poetics*, translation by Seth Benardete and Michael Davis, South Bend, Indiana: St. Augustine's Press, 2002, p. 35.

② “theater”源自古希腊语“theatron”，意为“观看的场所”，即被人们普遍称为“剧场”。“theatricality”则强调的是一种“观看”的行为。

③ ［美］乔治·贝克：《戏剧技巧》，余上沅译，中国戏剧出版社 1985 年版，第 9~10 页。

④ ［美］乔治·贝克：《戏剧技巧》，余上沅译，中国戏剧出版社 1985 年版，第 10 页。

⑤ ［德］古斯塔夫·弗莱塔克：《论戏剧情节》，张玉书译，上海译文出版社 1981 年版，第 10 页。

的描述。黑格尔在论述"戏剧诗"时也曾提及戏剧性概念："真正的戏剧性在于由剧中人物自己说出在各种旨趣的斗争以及人物性格和情欲的分裂之中的心里话。正是在这种话中抒情诗和史诗的两种不同的因素可以渗透到戏剧里而达到真正的和解。"①这是一种基于人物的提法，是通过人来限定戏剧的做法，未能让戏剧真正实现自我显现。事实上，"戏剧性"长期被冠以戏剧特征之称，与戏剧的其他特征(如综合性、剧场性等)齐观，这是导致戏剧性混乱的症结所在。因为戏剧性从来都不能简单地概括为戏剧的审美特征或艺术特征，因为首先需要厘清戏剧的本性。人们首先需要"承认戏剧的质朴，剥去戏剧的非本质的一切东西"②，戏剧性要从根本上摆脱对象审视的框架才能得以真正显露，即回到纯粹的"看与被看"的戏剧之源。

《诗学》在分析赞美诗和讽刺诗时第一次使用到"戏剧性"这个概念。亚里士多德认为，创作严肃诗的荷马是个真正的诗人，因为只有他的模仿既尽善尽美，又有戏剧性。"戏剧性"(dramatikas)作为戏剧(dramata)的形容词表达，广义上指的是行动。具体地讲，"模仿的戏剧性"(mimeseis dramatikas)就是对行动的模仿。那么，行动就是戏剧性的核心表意。再者，行动又是无差别的人的行动。进言之，戏剧的戏剧性关键在于体现无差别的人的行动。"斯坦尼斯拉夫斯基以极其鲜明、准确的公式，说明了行动的这种最高作用：'在舞台上应该行动。行动、能动性，就是戏剧艺术的基础。'。"③戏剧性的根本在于对行动的模仿——没有行动则不成悲剧(戏剧)——然后再去模仿行动中的人。当然，并非所有的行动均能体现戏剧性。其中，能够体现戏剧性的情况主要有两种：①情节有安排，着意于一个完整的、有开头、中间和结尾的行动；②通过模仿表现行动中的人物。戏剧性的实现需要满足行动的逻辑性——达到目的的行动。这种达到目的的行动逻辑因何产生？这得回到戏剧之前的戏剧之于人的意义——戏剧的诗性。

(二)戏剧的诗性：前戏剧性

人们通常或将戏剧视为各种元素组成的综合性艺术，或将戏剧当做艺术创

---

① [德]黑格尔：《美学》第三卷下册，朱光潜译，商务印书馆1977年版，第257页。

② 耶日·格洛托夫斯基：《迈向质朴戏剧》，魏时译，中国戏剧出版社1984年版，第12页。

③ [苏]格·尼·古里叶夫：《斯坦尼斯拉夫斯基体系讲座》，中国戏剧家协会编辑，中国戏剧出版社1957年版，第53页。

造和欣赏的作品，或将戏剧看成一种研究分析的对象……这些思考皆没有回到戏剧的起源——回到戏剧本身，回到人本身，回到人类更高级的、更自觉的非对象性的创造性活动。① 戏剧从诞生之始就是人类生存与建构世界的一种诗意方式，前戏剧性预示戏剧得以诞生的戏剧诗性，正如海德格尔对“人诗意地居住”(Poetically Man Dwells)②的阐释：回到思想的发端，才是最原始、最直观的自我显现。那么，在思想的发生之所，不禁要追问存在、虚无及存在的真理。传统形而上学的历史追问的是存在者，思想本身不思考存在，那么不仅遗忘了存在，同时还遗忘了虚无，因为它只有存在者。存在的真理应当是从遮蔽处去蔽而得，万物(包括戏剧)也是从黑暗中涌现出来。真理即非真理，意为自身遮蔽的本源性。海德格尔对此围绕作为迷津的“林中空地”③作出阐发：虚无成为“思想的事情的规定”，“它要求停留于那始终追寻的同一的同一性”，“那思想已思的，是存在者意义上的存在；那思想未所思的，是作为虚无的存在；那已思中未思的，正是那给予去思考的”。④ 戏剧的前戏剧性，正是人们需要去思考的关于戏剧未思的存在，正是于林中空地凭借自身的拒绝而敞开自身的体现。诗意在《诗学》中被视为一种创造，被海德格尔进一步理解为接受，因为诗人终究只是一个听说者，即听语言在言说。人的生存，意味着人居住在“大地”⑤上从事各种活动。最初，人作为能死者与要死者，只有在此世界现身，万物才显现其存在。那么，人的居住就是人的存在，所谓的诗意就是作为一种测度(vermessung)让居住：人在世界上是接受而不是给予他所归属的尺度来测度他的本质。⑥

戏剧作为人生存与存在的方式，直观上是综合肢体动作、语言、音乐及舞台道具等诸多因素使人进入以戏剧为言说的世界。戏剧的世界本质上是一种基于接受的创造性转换：来源于日常的世界且超越日常世界。人在戏剧世界中生

① 邹元江：《论非对象化》，载《广西师范大学学报(哲学社会科学版)》2004年第3期，第44页。

② 德国诗人荷尔德林(Hölderlin)的诗句。

③ 林中空地：首先是一个空寂的地方，一片森林形成遮蔽，光照在中间的空地形成阴影，万物则显现。

④ 彭富春：《无之无化——论海德格尔思想道路的核心问题》，上海三联书店2000年版，第4页。

⑤ 海德格尔将“大地”概括为天、地、人、神四元一体。

⑥ Martin Heidegger. Poetry, Language, Thought, translated by Albert Hofstadter, 1999, p. 221.

存，即显示自身的存在。戏剧显现人之存在的本性，即隐含在戏剧本性的前戏剧性中。人通过表演者的“被看”和观众的“看”显示自身趋于完整的形象；人通过情节的设置显示自身的处境；人通过表演者的声腔显示自身的声音；人通过戏剧的语言显示自身的语言；人通过戏剧的思想显示自身的思想。与此同时，戏剧通过对人的揭示也揭示了自身：作为存在的显示，存在自身拥有诗意，诗意源于存在而达于真理。“戏剧作为诗的艺术作品”①，成为诗意活动的主要方式之一，其所未思之思（前戏剧性）承载于诗意的转向。艺术的本质是存在者的真理自行置入作品②，真理只在真理自身所开启的冲突和领域中建立。③ 所以，戏剧变成了存在自身的显露。戏剧世界的种种发生（已思、未思、已思中的未思），终归是人存在其中并进入澄明之境的证明。戏剧的前戏剧性决定了戏剧在本性上是诗意的。显然，“什么是戏剧”？已不复是最重要的命题，戏剧本身用以显现存在的这种戏剧的诗性才是当今需要关注的焦点——戏剧伴随“人诗意地居住”。从诗意的本性出发，诗意的戏剧世界，即真正的生活世界，问题的关键是我们该如何进入这戏剧本该呈现的世界？首先，戏剧当以澄明之态向人显现；其次，随着戏剧本身的发展，构成戏剧的各种元素需要得以朴素而直观地还原，这也是现代戏剧创作与欣赏需要直面的一个重要课题：作为艺术的现代戏剧如何呈现其精神形态。

（作者单位：武汉大学哲学学院）

① ［德］黑格尔：《美学》第三卷下册，朱光潜译，商务印书馆 1979 年版，第 241 页。

② 海德格尔：《林中路》，孙周兴译，商务印书馆 2015 年版，23 页。

③ Martin Heidegger. Poetry, Language, Thought, translated by Albert Hofstadter, 1999, p. 61.

从《梁山伯与祝英台》和《罗密欧与朱丽叶》看中西戏剧之差异

张雅梦

戏剧这棵艺术的常青树是在社会的发展中不断被赋予新生命的。《罗密欧与朱丽叶》最早是流传在意大利的民间故事，几经传诵最后经过文学巨匠莎士比亚的改编创作才成为现在我们所耳熟能详的舞台剧。《罗密欧与朱丽叶》所描绘的是一对青年男女为了爱情不惜背叛家庭，最后双双自杀殉情的悲壮爱情故事。无独有偶，中国戏曲《梁山伯与祝英台》和西方话剧《罗密欧与朱丽叶》有着异曲同工之妙。我国不同剧种对《梁山伯与祝英台》都有过精彩的诠释和演绎，其中越剧的表现独领风骚。其唯美典雅、外柔内刚的舞台表现极具江南灵秀之气，不仅让观众感受到越剧艺术的独特魅力，更使之感受到中国传统文化的丰富内涵。

毫无疑问，至死不渝的爱情是两剧共同的主旋律。但由于各自不同的历史渊源和文化浸染，两者又表现出迥异的风格特征，其所反映的也是中西方戏剧艺术的差异。因此，本文试以中西爱情戏剧的代表作品《梁山伯与祝英台》和《罗密欧与朱丽叶》为例，从舞台语言、表现手法和审美特点三个角度进行对比分析来简要阐释中西戏剧艺术之差异。

一、舞台语言的差异："含蓄咏叹"与"直接激昂"

西方戏剧的一个突出特点就是人物大段的对话和心理独白，其主题、剧情、人物及戏剧冲突也都是通过这些华美典雅且富有文采的对话来得以实现的。比如，剧中朱丽叶对罗密欧的大胆表白就是通过抒情诗一样的语言来展现她恬静优美、聪慧勇敢的性格和对美好爱情的向往以及对不确定未来的迷惘。两个人对爱情义无反顾的盟约誓言更是将以上特点展现得淋漓尽致。剧中许多对话运用了比喻、拟人、象征、对比、夸张等修辞手法。譬如："那边窗子里亮起来的是什么光？那就是东方，朱丽叶就是太阳！起来吧，美丽的太阳！赶走那妒忌的月亮，她因为她的女弟子比她美得多，已经气得面色惨白了。既然她这样妒忌着你，你不要忠于她吧；脱下她给你的这一身惨绿色的贞女的道服，它是只配给愚人穿的。那是我的意中人；啊！那是我的爱！"这段极富激情的表白中，罗密欧把朱丽叶比喻成美丽的太阳来表达自己对她的倾慕和赞美，同时又将月亮比拟成有嫉妒心的人，让美丽的太阳赶走嫉妒的月亮，以此来象征着用坚贞的爱情来对抗世俗仇怨的愿望，进而抒发他们对自由爱情的渴望："罗密欧啊罗密欧，为什么偏偏是你罗密欧呢？否认你的父亲吧，抛弃你的姓名吧，我也不愿再姓凯普莱脱了。罗密欧啊，抛弃了你的名字吧；我愿意把我整个的心灵，赔偿你这一个身外的空名。"这样的抒情，让观众看到那个被锁在深闺的幽怨少女已然情窦初开。她毅然决然地向家族发起挑战，反抗的最强音从她的心底发出："只有你的名字才是我的仇敌！"朱丽叶对爱情深情坚定的态度和试图冲破封建势力的坚强意志都是通过这些极富激情、铿锵有力的台词表现出来的。"嘘！罗密欧！嘘！唉！我希望我会发出呼鹰的声音，招这只鹰儿回来。我不能高声说话，否则我要让我的喊声传进厄科的洞穴，让她的无形的喉咙因为反复叫喊着我的罗密欧的名字而变成嘶哑。"此时观众眼前的朱丽叶已不再是原来那个天真烂漫的羞涩姑娘，而是一个不顾一切、为爱献身的勇敢女神。这才是纯洁的爱情！这才是伟大的爱情！一段又一段慷慨激昂的台词让观众看到，爱情悲剧不只有血和泪，留给观众更多的实则是那些美的享受。

如果说《罗密欧与朱丽叶》中的语言风格是激情澎湃的惊涛骇浪，那么《梁山伯与祝英台》的语言风格则更像是幽幽山谷里的涓涓细流。和前者截然不同的是，《梁山伯与祝英台》突出表现了中国戏剧艺术的文学性和音乐性。剧中念白与唱腔相和，演员们边说边唱，边唱边说，唱段在形式上也接近词牌体例，讲究平仄、对仗和押韵，这就使得整部剧的唱词更加动听且有吟咏之味。譬如那段著名的《十八相送》，祝英台说："青青荷叶清水塘，鸳鸯成对又成双，梁兄啊梁兄，英台若是女红妆，梁兄你愿不愿配鸳鸯？"梁山伯说："配鸳鸯，可惜你英台不是女红妆。"祝英台说："眼前还有一口井，不知道井水有多深。你看这井中两个人，一男一女笑吟吟……"这里，祝英台用浓郁的抒情和委婉含蓄的唱段向心爱的人敞开了心扉。同时，这一系列唱词也将她知书达理又调皮可爱的淑女形象刻画得栩栩如生。当祝英台说"我家有个小九妹，梁兄可否愿婚配”时，梁山伯随即问道：“九妹今年有几岁，九妹与你可相像?”祝英台回答“品貌就像祝英台”，梁山伯高兴得迅即回答“多谢贤弟来玉成”。通过这些唱词也让观众看到了梁山伯稍显呆傻的性格特征，但这正是他的可亲可爱之处。梁山伯是一个内心有着丰富感情的厚道人，是一个性格内敛书生气十足的老实人。也正因为他是这样的一个人，才会在婚变时异常悲愤以至于最后郁郁而亡。纵然都是以悲剧收场，但不同于《罗密欧与朱丽叶》带给观众那种惊涛骇浪般的情感冲突，《梁山伯与祝英台》则是在缓慢的节奏中推动剧情的发展，引起观众的情感波澜，意味深远隽永，令人回味无穷。

二、表现形式的差异：“心物”呈现与“外物”模仿

从戏剧舞台的表现形式来看，虽然《罗密欧与朱丽叶》和《梁山伯与祝英台》都突破了古典戏剧理论的“三一律”，但在舞台表现上两者却是截然不同的。西方话剧着重于人物对话，以故事为主，因而故事情节、情节中的人物、人物性格及复杂情感在故事情节中的展示等就成为西方话剧的主体。而中国戏曲却并非以故事为核心，而是特别关注如何将一个已经真相大白的故事，以演员极其艰奥的童子功练就和行当程式加以唱、念、做、打，手、眼、身、法、步等极其复杂化的艺术形式得以呈现。简而言之，西方话剧实则是以“外观”感受为主体的“外物”模仿，而中国戏曲则是以“心观”领悟为主体的“心物”呈现。

《罗密欧与朱丽叶》就具有十分典型的写实风格，故事从现实生活入手，矛盾冲突从焦点处展开。大幕拉开不久，两个家族的仇恨就牢牢地抓住了观众的心，罗密欧与朱丽叶的感情变化也通过不同唱词来得以展现，其情节紧凑，环环相扣，直至最后步入高潮，观众甚至连喘气的机会都没有，仿佛自己身处情境之中无法自拔。舞台上，一场一景，舞厅就是舞厅，花园就是花园，活生生就是现实的再造。而戏曲《梁山伯与祝英台》却并非如此。其采用了浪漫主义和现实主义相结合的创作手法，突出表现了中国古典艺术之美，为观众创造了极为丰富的艺术空间。全剧按照时间顺序向观众娓娓道来，梁祝二人同窗数年深情厚谊，先是草桥结拜，分离之际又是十八相送依依不舍，有唱有白，辞藻优美，载歌载舞，一咏三叹，尽显江南莺飞草长的旖旎景色，也烘托出梁祝两人感情的曼妙美好。整个舞台把众多美的意象与中国古典特色巧妙结合，形成一幅幅浓墨重彩的中国画。布景随着剧情的转换而不断发生改变，春夏秋冬

四季次第展开的极致景色也与人物的对白、唱词及情感的变化契合得天衣无缝。尤其是象征梁祝二人美好爱情的精灵——“蝴蝶”的出现，配合小提琴协奏曲悠扬的旋律，加上演员唱、念、做、打，手、眼、身、法、步等极其复杂化的表演形式，将浓郁的江南风韵展现得淋漓尽致，也让观众深刻感受到了梁祝爱情的凄婉动人。与西方话剧以故事为主、注重写实不同，中国戏曲将这种虚实结合、亦真亦幻的写意手法运用于舞台的表现形式上是极具视觉冲击和艺术感染力的。

中西戏剧之所以在舞台表现形式上能够产生如此大的差异，与其各自深厚的文化底蕴是密不可分的。在西方哲学中，上帝拥有着真理，他们创造万物，可以在直觉中触物及真。人类面对着上帝创造的物自体，只有通过模仿才能把握世界；从另一个方面来说，出于真的信仰，人类也在因果、对比、时空、数理逻辑中去掌握真实。总的来说，西方话剧的写实论传统，正是在模仿物自体和理性地把握真实这两者间的互动中幻化成丰富的表现形式。而中国戏曲由于受道家思想的影响，不注重写实的人生，转而注重意境的呈现。其更多地强调气韵生动，没有动，也就没有了戏。这里所说的动作，并不是生活中的行动，而是一种舞动。在舞动中带来的不仅是空间感的流动，还有演员和观众的情感互动。此外，中国戏曲也讲究神境，为此它尤其注重虚实的合理运用。虚空可以营造出一种陌生化的感觉，它是一种对观众的邀请，要他们以想象来参与。为此，中国戏曲多以演唱的形式得以展现，声音的高低、强弱、轻重构成了流动的情感线条的挥洒，在唱者与听者间的互动中韵味十足。此外，中国戏曲的听和看实则隐含着巨大的对话空间，这种对话有着一种若即若离、神秘莫测的美感。在观众的参与下，演员与其瞬间的契合将会带来无穷的韵味。即使没有对话，听众们仍然能够感受到形式的美妙，即舞蹈、杂技、武打所带来的轻松与热闹。正如印度诗人泰戈尔所赞叹的：“中国文化使人民喜爱现实世界，爱护备至，却又不至限于现实得不近情理。”

三、审美特点的差异：“由美致真”与“以真达美”

正如前文所述，我们不难发现，西方话剧推崇的是对客观世界的真实摹写。诚如体验派代表人物斯坦尼斯拉夫斯基所认为的那样，戏剧必须摒弃虚假，揭示生活的真实，要求演员通过内心体验“化身于角色”，达到“我就是他”。演员的表演要力求与事物实际的分寸、大小丝毫不差，戏剧的情节也要严格遵循生活的逻辑和顺序。可以说西方话剧就是截取生活的横断面，所有行动都被放置于一个特定的场景中来完成；在同一场景中，情节的进展时间应使观众感觉与现实生活中的时间大体一致。在舞台背景上，西方话剧主要采用自然主义风格，不论是花草树木，还是小桥湖泊，都要极尽真实地照搬到舞台上，甚至池中的游鱼也都要看得真真切切。因此，西方话剧舞台表演极力掩饰“演”的痕迹，力求真实地模仿现实，目的就是使观众产生逼真的幻觉，相信舞台上所发生的一切，从而完全地投入情境并被彻底地打动。而中国戏曲则不然，它脱影于生活，又高于生活、美于生活。它不仅不追求对客观对象的真实还原，反而还会通过变形、放大、夸张等手法，刻意打破外部事物的逼真感觉，达到“离形得似”“得意忘形”的效果，由此可见戏曲表演所追求的实则是神似而非形似。一套程式可以通过节奏的变化、刚柔的差异，演绎出无数性格，究其根本，不惟其肖，而取其“意”也。

因而不难发现，在观看西方戏剧的时候，观众往往会在移情后聚精会神地观看戏剧。由于周围的一切都是现实世界逼真的再现，因而观众很容易沉浸其中无法自拔，难以区分究竟是现实还是演出。譬如 1909 年发生在芝加哥戏院的枪击事件就很能说明这一问题。1909 年，芝加哥一家戏院上演歌剧《奥赛罗》，观众席上突然发出一声枪响，将扮演伊阿古的演员威廉·巴茨击毙。过了一会儿，当开枪人清醒过来发现自己杀了人，于是便用枪对准自己的太阳穴开了一枪，当场身亡。事后，这两名死者被埋葬在同一墓穴中，墓碑上镌刻着这样一句铭文：“哀悼理想的演员和理想的观众。”这则事故充分说明西方观众在看戏时已经将自我完全融入到人物角色之中。从入戏的角度上说，开枪击毙埃古的这名观众有其合理性。但是当他从戏剧中走出来，回归现实中的自我时，对自己的自戕是清醒后的悔恨。而在欣赏中国戏曲时，类似的事件是绝对不可能发生的。因为在观看中国戏曲时，观众常常会在间离中保持着一种轻松感。如在观看《梁山伯与祝英台》时，我们与其说对梁祝二人凄美的爱情故事而感到扼腕叹息，不如说对演员柔美的身段、悦耳的唱腔、美轮美奂的舞台布景大为赞赏。因而观众以“坐在戏园子的边厢下面，靠着柱子，闭着眼睛，凝神危坐，微微地摇晃着脑袋，手轻轻地敲着板眼，聚精会神地欣赏那台上的歌唱，遇到一声韵味十足的唱，便像是搔着了痒处一般，从丹田里吼出一声‘好！’。若是发现唱出错了，便毫不容情地来一声倒好”①这样的身体姿态来

① ［德］本雅明、陈永国等编：《本雅明文选》，中国社会科学出版社 1999 年版，第 316~322 页。

欣赏中国戏曲也就不足以为奇了。

当然，中西戏剧对演员的要求也大不相同。由于西方话剧重视体验派的表演，人物形象在表演前是尚未完成的，因而它要求演员在导演的启发下每天晚上都激发出某种逼近其所扮演角色的感情冲动和情绪，只有在这种被激发出来的感情冲动和情绪的表现过程中，人物形象才能逐步显露出来，直至最终塑造完成。而中国戏曲表演则是展示某种已经完成的形式动作，它并不服从情感的指令，而是服从"纯粹的表演"的旨趣，将已经或歌或舞化的形式动作充分冷静地呈现出来。当然这一切都是建立在演员艰奥的童子功基础之上的。中国戏曲对演员的表演有着详细的规定，臂膀的高低、口型的大小、手势的开合、脚步的前后等都极为讲究，演唱要求"声要圆熟，腔要彻满"，即使是念白也要做到悦耳动听。不仅要在观众面前呈现出美轮美奂的画面，而且还要着重强调三度空间的雕塑感。盖叫天称之为"四面八方的学问"，提出演员要时刻"注意自己的动作，身段有分寸，好看，又要照顾到每个观众的视线。不论哪个角度看，都能清楚看到你的表情，你所亮的身段的优美姿势"。正是因为戏曲演员自小就接受如此高标准高难度的训练，才使得中国戏曲完全可能、也可以"胡乱排一两次，至多三次"就登台"欺骗观众"而不会演砸，因为观众看的正是这极具表现力的形式美。

因此，中国戏曲艺术实则是让观众轻松感受形式美的展示呈现过程，即"怎样做"；而西方体验派戏剧则是让观众在情节悬念中紧张感受人物形象的体验表现过程，即"做什么"。后者的关注焦点在情节故事即"真"的反映，前者的关注焦点则在形式意味即"美"的创造。① 一个注重表演"角色"，另一个注重表演"行当"。总之，西方话剧偏爱逻辑、写实，追寻对社会生活、人的行为的完美模拟，以真达美；而中国戏曲则注重灵感、顿悟，讲求一种审美上的体悟，由美致真。

（作者单位：武汉大学哲学学院）

① 邹元江：《对"戏曲导演制"存在根据的质疑》，载《戏剧》2005 年第 1 期。

论阿尔托残酷戏剧的空间观

杨　阳

残酷戏剧是法国戏剧家安托南·阿尔托戏剧理念的核心，他所发表的论文、宣言、信件与所尝试的戏剧实践无一不在进行着理念阐释的尝试。阿尔托一生中只接触过两次东方戏剧，一是在马赛海外殖民地博览会上观看柬埔寨舞蹈，二是在巴黎欣赏印度尼西亚巴厘民间戏剧表演，但他却对东方戏剧中内在而又模糊的形而上学进行了颠覆传统的片段想象与焕然一新的范式解读。其中，阿尔托在理论探索阶段提出了总体戏剧、本质戏剧、炼金术戏剧的理念，这三者实际上构成了从属残酷戏剧的概念表达。

他所强调的残酷不是肉体意义上的痛苦或撕裂，也不是受难意义上的暴虐或流血，“对精神而言，残酷意味着严格、专注及铁面无情的决心，绝对的、不可改变的意志”①。但残酷自身必然包含着追求绝对纯粹意义上的残酷性：“我所说的残酷，是指生的欲望、宇宙的严峻及无法改变的必然性，是指吞没黑暗的、神秘的生命旋风，是指无情的必然性之外的痛苦，而没有痛苦，生命就无法施展。”②凡是起作用的就是残酷，纯粹的戏剧应该按照这个极端作用的观念来更新自己。这种表达方式一方面构成了对日常语言的反叛与决裂，另一方面指导着对空间观中身体在场、符号语言、戏剧同谋所展开的布置与重审，从而带来真实而严峻的内心沉淀。

一、空间与身体在场

阿尔托在精神错乱与身体疾病的双重羁绊下，如同他在中医针灸治疗中所

---

① ［法］安托南·阿尔托：《残酷戏剧：戏剧及其重影》，桂裕芳译，商务印书馆 2014 年版，第 108 页。

② ［法］安托南·阿尔托：《残酷戏剧：戏剧及其重影》，桂裕芳译，商务印书馆 2014 年版，第 109 页。

感受到的模糊不清的恐惧及恰切到位的精确，阿尔托将身体这一具有敏感性、脆弱性、潜在性的范畴融入到对戏剧理念的思考之中。正如福柯在评论阿尔托的残酷戏剧时提道："与虚空相结合的肉体痛苦和恐惧的空间，合在一起，正是艺术作品本身，正是高耸在艺术作品空缺的深渊上的峭壁。"①残酷戏剧空间观中的身体在场即身体将动作联结为纽带，并达到真正抽象化的艺术价值，由此"人们可以从这里抓住空中的理念，而且正值它们在抽象中嬗变的时刻"②。当戏剧安置好、放大好这种身体在场，观演者以身体去观看身体，见证了与表演者的身体同在、时空同在，这是戏剧本身不同于具有复制本性的影视表演手段的独特魅力所在。

具体而言，首先这种身体在场体现在：戏剧与瘟疫都离不开身体，不是在于其感染性，而是潜在的残酷本质的显露；它们作为"一种危机，以死亡或痊愈作为结束。瘟疫是一种高等疾病，因为在这场全面危机以后只剩下死亡或者极端的净化。戏剧同样是一场疾病，因为它是在毁灭以后才建立起最高平衡，它促使精神进入谵妄，以激扬自己的能量"③。"从人的观点看，戏剧与瘟疫都具有有益的作用，因为它促使人看见真实的自我，它撕下面具，揭露谎言、懦弱、卑鄙、伪善，它打破危及敏锐感觉的、令人窒息的物质惰性。它使集体看到自身潜在的威力、暗藏的力量，从而激励集体去英勇而高傲地对待命运。而如果没有瘟疫和戏剧，这一点是不可能的。"④因此，一出真正的戏不仅可以扰乱感官的安宁，所召唤出的强大力量还可以通过身体的表达将精神引向冲突的根源。

其次，阿尔托不仅以身体在场解构身体，还以身体在场解构心灵，并进一步提出通过对身体尺度的调节可以充盈感情与人格："任何激情都以器官为基础。演员在身体中培植激情，同时又给身体添加了机能。"⑤演员以呼吸的尖锐

① [法]福柯：《疯癫与文明》，刘北成、杨远婴译，生活·读书·新知三联书店2012年版，第267页。

② [法]安托南·阿尔托：《残酷戏剧：戏剧及其重影》，桂裕芳译，商务印书馆2014年版，第117页。

③ [法]安托南·阿尔托：《残酷戏剧：戏剧及其重影》，桂裕芳译，商务印书馆2014年版，第29页。

④ [法]安托南·阿尔托：《残酷戏剧：戏剧及其重影》，桂裕芳译，商务印书馆2014年版，第30页。

⑤ [法]安托南·阿尔托：《残酷戏剧：戏剧及其重影》，桂裕芳译，商务印书馆2014年版，第165页。

性挖掘自己的人格，这是因为呼吸可以点燃生命，使之在自身养分中燃烧。即使某种感情是演员所没有的，那他也可以通过呼吸来进入到这种感情当中。这并不是对身体呼吸的瓦解，而是一种具有崇高意义的重建，甚至能够带来内在的净化与疗愈。除此之外，阿尔托对欧洲戏剧现状批判道："在欧洲，再没有任何人会呼喊了。特别是激奋中的演员，他们不再会发出喊声。人们只会说话，忘了他们在戏台上有身体，也忘记使用他们的嗓子。嗓子蜕化成畸形，说话的甚至不是器官，而是怪异的抽象物。法国演员只会说话了。"①阿尔托认为演员的身体是一种具有感情的肌肉组织，其身体感官经验如呼吸、节奏理应得到合理的重视，否则戏剧只是在呈现表演者与观演者各自的目光呆滞。因此，残酷戏剧以新型呼吸法作为演员的基础表演训练，"戏剧正是这种神奇的呼吸可以无限制重复的场所"②。

最后，身体在场使得空间本身明确化。德里达在《残酷戏剧与再现的封闭》文中一如既往地反对语音的逻各斯中心主义，他将阿尔托的戏剧观念延续到自身的哲学思考当中，认为"如果舞台将不作为感性阐释被加在某个外在于它的、已成文、被构思好了的或体验的文本之上并被迫对那些不属于它的情节照本宣科时，那它就不再再现了。它就不再用来重复某个当下在场，用来再现某个可能身在别处并潜在于它自身的当下在场了，而这个当下在场的圆满可能比再现更古老，而且它虽然在舞台上缺席却能合法地弃舞台而能自行其是：它就是绝对大写的逻各斯向自身的呈现，是上帝活生生的当下在场"③。当强调当下在场的潜在性与圆满性，舞台上明确剩下的也只有身体了。正如处于"阿尔托之后"④的剧场艺术理论家汉斯-蒂斯·雷曼在此基础上深入性地提出的后戏剧剧场理论："身体是怎样一种文化想象，是由'戏剧'的变化所决定的。剧场艺术明确地表现着也反思着这样的想象。剧场对身体进行表现，同时把身体

---

① ［法］安托南·阿尔托：《残酷戏剧：戏剧及其重影》，桂裕芳译，商务印书馆2014年版，第150页。

② ［法］安托南·阿尔托：《残酷戏剧：戏剧及其重影》，桂裕芳译，商务印书馆2014年版，第121页。

③ ［法］德里达：《书写与差异》，张宁译，生活·读书·新知三联书店2001年版，第426页。

④ 苏珊·桑塔格在《走近阿尔托》中提道："整个20世纪的现代戏剧，就可以分为两个阶段，阿尔托之前与阿尔托之后。"参见［美］苏珊·桑塔格：《在土星的标志下》，姚君伟译，上海译文出版社2006年版，第42页（2018年该书再版时更名为《土星照命》）。

作为一种最为本质的符号材料来使用。”①演员的身体不重复两次同样的动作，而是尝试做多种动作，演员在动、表演的旧有程式也被粗暴地改变，以便适应每一个当下的明确空间。而通过身体的动作与符号语言作为新程式的建立，整个残酷戏剧的理想表演空间便蕴含了比旧有程式更为长久深远的意味。

二、空间与符号语言

在戏剧表演当中，以话语、字词表达意义无疑暴露了语言自身的限度，往往陷入词不达意、无法言说的窘境。阿尔托就曾提出：“字词语言并未被绝对证明是最好的语言。舞台首先是一个需要填满的空间，是一个发生事情的场所，因此，字词语言似乎应该让位给符号语言，符号的客观性能立即最深地打动我们……字词消失在手势后面、戏剧的造型及美学部分不再是装饰性插曲，而是真正意义上直接交流的语言。”②使用字词表达所谓明确的理念，在戏剧中及其他各处，都是僵死的、终止的理念。直接在舞台上创造戏剧，藐视演出和舞台的种种障碍，这就要求发现一种积极的、无秩序的语言，从而打破情感和字词的通常界限。真正的戏剧理应不拘一格，运用好包括形体、声音、激情、呼喊、拟声在内的一切语言。因此，符号语言可以说是指以符号而非话语形成的新的有形语言，并能够填充整个舞台。这种符号语言拓展了戏剧表达的广度与深度，使之脱离语言与形式的绑架、表达力倍增，其中的动作、姿势、符号、音响等缠结为完整空间。

阿尔托进一步提出：“事实上，我们想使之复苏的是一种总体戏剧，在这种观念中，戏剧将把从来就属于它的东西从电影、杂耍歌舞、杂技甚至生活中夺回来。我们认为，分析性戏剧与造型世界两者的隔离是十分愚蠢的。躯体和精神，感官与智力是无法分开的，何况在戏剧这个范畴，器官在不断地疲乏，必须用猛烈的震撼才能使我们的理解力复苏。”③这种猛烈的震撼离不开残酷戏剧的恐怖、残酷、严肃于舞台空间中的深度渗透，以《老舍五则》之《柳家大

① ［德］汉斯-蒂斯·雷曼：《后戏剧剧场》，李亦男译，北京大学出版社2016年版，第213页。

② ［法］安托南·阿尔托：《残酷戏剧：戏剧及其重影》，桂裕芳译，商务印书馆2014年版，第115页。

③ ［法］安托南·阿尔托：《残酷戏剧：戏剧及其重影》，桂裕芳译，商务印书馆2014年版，第89页。

院》为例，其主要剧情仅为受尽公公、丈夫和小姑子欺凌的小媳妇最终悬梁自尽，但却可以充分利用上吊绳子、反日常灯光、鼓声等具有残酷意义的符号语言。在林兆华执导的版本当中，该则短剧于落幕之前，舞台由争执时的场面热闹与人性冷漠转变为小姑子出嫁时氛围的凄凉冷清。悬于舞台高梁的上吊绳子仿佛无限度地坠落，最终如同一具被任意折叠的干尸高高地垒在一起(见图1)。她既是残忍执行死亡刑罚的刽子手之一，也是对自身命运的重蹈覆辙与最终残杀的完成者。在金刺猬戏剧节中，武汉高校学生剧社在表演小媳妇“诈尸”自陈时，舞台右后方突然响起一记沉重、骇人的鼓声，与此同时出现了反日常状态的血红色灯光，并伴有大米被倾倒在舞台上的声响，观众经由这三方面的调度被残忍地带进社会底层自相残杀真实写照当中(见图2)。大米被直直地倾倒下去，一颗颗接连不断地砸向舞台，令人痛苦的巨大声响在整个空间中回荡着——小媳妇“诈尸”后对死亡的自陈已然转化为她被谋杀的全程。老舍笔下世界的悲哀不在于一个阶级对另一个阶级的沉重压迫，而是在于阶级内部的无情迫害。正因如此，倒米之人其实可以不仅仅是一个角色，舞台上所有在场者于根本意义上都是迫害者，谁都可以倒上一把米，以至于众人让倒米的声音越来越大，最后戛然而止。这种符号语言的运用使得间接性的东西成为直接性的东西，使得不在场成为在场。

图1　老舍先生诞辰111周年之际

由林兆华执导的《老舍五则》于2010年5月27日在北京保利剧院首演

图 2　2018 年金刺猬大学生戏剧节武汉站

武汉六个高校学生剧社于 5 月 19 日在华中师范大学小剧场联合出演精简版《老舍四则》

因此，对于阿尔托提出的复苏总体戏剧的构想，首先便是要打破旧有空间观念。具体而言，其问题的关键在于“使空间说话，向它提供养料，填满它，仿佛将炸药塞进一堵平面岩石墙，突然产生了喷射物和烟火”①，以恢复符号语言在空间中的发展力、作用于敏感性的分解力和震撼力。作为介于动作和思想之间的独特语言，符号语言自身解放出了字词之外的意义，打破了剧本对戏剧的奴役——“这种客观的、具体的语言具有纯东方的表达感，它可以逮住、卡住语言。它在敏感性中飞奔。它抛弃西方对话语的使用方式，使字词变为咒语。它提高嗓音。它利用嗓音的震动和品质。它使节奏狂热地奔跑。它使音响轰鸣。它的目的是使敏感性激奋、麻木、入迷、中断。它提炼出一种动作的新抒情性，动作或因其急促或因其在空间的跨度而具有字词所没有的抒情性。它终于打破语言对智力的奴役，创造了一种新的、更为深刻的智力感，这种智力暗藏在成为特殊驱魔法的动作和符号之下。”②残酷戏剧是具有活力、拒绝僵化

① ［法］安托南·阿尔托：《残酷戏剧：戏剧及其重影》，桂裕芳译，商务印书馆 2014 年版，第 103 页。

② ［法］安托南·阿尔托：《残酷戏剧：戏剧及其重影》，桂裕芳译，商务印书馆 2014 年版，第 95 页。

的行动，其符号语言成为空间意义的抽象且直接的表达，甚至能够以一种类似咒语的形式来传达形而上学的意味。

其次，阿尔托极为重视以巴厘戏剧为代表的东方戏剧美学经验，多次阐述了对纯粹东方表达的理解与转化。而在阿尔托所处时代，“纯粹戏剧的观念仅仅是理论性的，从来没有人试图付诸实践，但巴厘剧团却展示了令人惊异的实例：它排除了借助字词来阐明抽象主题的任何可能性，还发明了一种动作语言；这种动作语言在空间发展，脱离空间便毫无意义”①。一方面，这些表演手法和有效符号的设计都经过精神的粉饰及深刻细致的研究，不容添加任何即兴动作；另一方面，这并没有触犯欧洲人关于舞台自由与即兴发挥的根深蒂固的观念，甚至这种经过可怕的精心策划的戏码，将带来一种丰富、新奇、妙趣横生的感觉体验。“在东方，符号语言被置于另一种语言之上，并被赋予即时的神奇魔力。它不仅对精神说话，还对感觉说话，而且，通过感觉，达到被震撼的敏感性中更丰富而多产的领域”②。在“他者”身份的阿尔托眼中，东方戏剧的情节只是借口，它不是在不同情感中，而是在不同精神状态中发展，而已然梗概化的精神状态仅仅成为一种动作上的图解。与具有心理学倾向的西方戏剧相反，东方戏剧具有形而上学倾向，并且使戏剧恢复为自动与纯粹的创造，充满了幻觉与恐惧。其中，“大量密集的动作、符号、姿态、音响构成了导演和舞台语言，这语言在意识的各个领域、在各个方向，发挥其全部有形的、诗意的效力，它必然推动思想采取深刻的态度，而这就是我们称作的活跃中的形而上学”③。阿尔托试图动用综合和类比的能力来对宗教性和神秘进行全新的理解，而非将思想仅仅局限于现实所能达到的范围：“以这种诗意的、积极的方式来对待舞台上的表现，必然使我们放弃戏剧从前所具有的人性的、现实的和心理学的含义而恢复它宗教性的、神秘的含义，这种含义正是我们的戏剧所完全丧失的。”④他反对文艺复兴以来的心理剧、伦理剧、社会剧，反对将剧本作为一份澄清性格、讲述人物、阐明状态的说明书。

① ［法］安托南·阿尔托：《残酷戏剧：戏剧及其重影》，桂裕芳译，商务印书馆2014年版，第61页。

② ［法］安托南·阿尔托：《残酷戏剧：戏剧及其重影》，桂裕芳译，商务印书馆2014年版，第129页。

③ ［法］安托南·阿尔托：《残酷戏剧：戏剧及其重影》，桂裕芳译，商务印书馆2014年版，第43页。

④ ［法］安托南·阿尔托：《残酷戏剧：戏剧及其重影》，桂裕芳译，商务印书馆2014年版，第45页。

最后，复苏总体戏剧最终需要达致诗意空间的空间诗意，这种空间诗意需要戏剧生成出与字词形象相等同的物质形象，即符号。传达戏剧的诗意可以通过调动诸多手段来完成，但是阿尔托强调的诗意“只有在具体化时，也就是当它积极地出现于舞台上而客观地产生某些东西时，才具有全部的效力——正如巴厘戏剧中的声音，它如同动作，不是作为布景或是思想的陪衬物，而是使思想发展，指引它，摧毁它，或最后改变它，等等”①。而这种符号语言是不受制于话语的纯粹戏剧语言，其中的符号、动作、姿态具有表意的价值，诸如形式的倒错、意义的转移完全可以成为幽默的空间诗意的基本因素，而这种诗意只能从演出中诞生。因此，传达空间诗意的符号绝不能是日常生活的模仿再现，每个动作、每个声响都要与命运、潜意识相吻合，要将思想中黑暗隐秘的、没有被揭示出的内容物质化、真实化，并预言未知、达到宇宙的深境。阿尔托认为，兼备力量与形式的符号因其有形性成为人与超自然世界交流的媒介，不可见的意识侵入并住进有形的符号中，此时无形即刻化为有形。剧场中的表演者与观演者从类似宗教符号的一整套系统中获取直觉刺激，共同将舞台上的经验转化为自身的经验，最后向精神展示出一种绝对和抽象的纯净。

三、空间与戏剧同谋

残酷戏剧这一戏剧理念已经抛弃了传统的镜框式剧场：“为了从四面八方抓住观众的敏感性，提倡一种旋转演出，舞台和戏庭不再是两个封闭的、无任何交流的世界了，旋转演出将它的视觉和听觉形象散布在全体观众中。”②全体观众不仅直接经受、面临、体验着生与死、平地与深渊、伦常与流变之间恍若蛛丝般的界限，更是在特定时空下与戏剧演员达成交流与合作的内心默照。

由赖声川编导及制作的话剧《如梦之梦》的舞台空间呈现方式正是如此，即观众被置于剧场舞台中央，而表演从四面环绕观众，以此实现观演交融(见图 3)。残酷戏剧虽未直接涉及中国戏曲艺术，但却推崇东方戏剧独有的美学精神，这与邹元江在《空的空间与虚的实体——从中国绘画看戏曲艺术的审美特征》一文所指出的在中国戏曲艺术的长期传统中，“观众的自由联想、随机

① [法]安托南·阿尔托：《残酷戏剧：戏剧及其重影》，桂裕芳译，商务印书馆 2014 年版，第 37 页。

② [法]安托南·阿尔托：《残酷戏剧：戏剧及其重影》，桂裕芳译，商务印书馆 2014 年版，第 89 页。

感悟具有与演员创造同等重要的审美发生意义”①这一戏曲美学特质如出一辙。具体而言，《如梦之梦》通过四面舞台的空间推移来展开故事与梦②，周而复始的旋转表演带来人在天地间绵延不绝的旅程感，从而打破镜框式舞台固定于一隅的镜面复制。此时，观众对戏剧不仅是向外投射地欣赏，四面舞台所产生的席卷效力会自外而内作用于观众，从而使他们作为戏剧同谋者的身份被再次确认，并生成戏剧美学仪式所特有的审美知觉。德里达曾强调：“因为残酷戏剧就是一种梦的戏剧，不过是一种残酷的梦的戏剧，也就是说，绝对必要的、确定了的梦，一种预先考虑过的、方向明确的、与阿尔托所认为的那种自发梦的那种经验无序性相对立的梦剧。”③《如梦之梦》长达八个小时的演出时间契合了赖声川对于梦境时长的解读与坚持，其中极具意象性、秩序性、预先设置的绕场以间离的方式多次出现、贯穿话剧，充满宗教仪式的神圣感及警示感，梦剧之真与现实之假构成了相互对峙的戏剧性秩序。

图3 话剧《如梦之梦》舞台中间部分观众席被称为“莲花池”

① 邹元江：《空的空间与虚的实体——从中国绘画看戏曲艺术的审美特征》，载《戏剧艺术》2002年第4期，第77~86页。

② 赖声川在《小火慢炖的灵感：〈如梦之梦〉》中提道：“《如梦之梦》在故事中有梦，在梦中有故事，故事套故事，人物套人物。”参见赖声川：《赖声川的创意学》，广西师范大学出版社2011年版，第40页。

③ ［法］德里达：《书写与差异》，张宁译，生活·读书·新知三联书店2001年版，第434页。

在阿尔托的舞台构想中，与其说身体安置于空间中，不如说空间渗透进了身体。观众在充满活力的新的戏剧观演空间中既作为欣赏者，也充当扮演者，参与到一场自我精神解放的戏剧美学仪式当中："公众往往把虚假当作真实，然而，当真实出现时，群众能立即察觉，并且有所反应。今天不是在舞台上，而是在大街上，才能找到真实。只要你给街上的群众一个表现人的尊严的机会，他们绝对会表现出来。"①

以从2005年发展至今的草台班为例，该剧社是由作家、剧场导演赵川创建及主持的边缘性、社会性极强的上海民间剧社，十余年来不拘一格地运用各种空间(包括由旧仓库改造的"下河迷仓"、工人社区的公益图书馆、美术馆、街头巷尾等)进行非营利性排演、讲座与讨论(见图4、图5)。阿尔托曾提出："残酷剧团打算进行群众性演出，在大量群众的激情中寻找某种诗意，也就是群众走上街头欢度节日时的诗意。"②在西方戏剧界，继阿尔托所留下的"幻想、隐喻"③，深受启发的格洛托夫斯基的质朴戏剧、谢克纳的环境戏剧、彼得·布鲁克的实验戏剧、朱丽安·贝克的生活剧团、约瑟夫·柴金的开放剧团等更为庞大而全面地拓新了阿尔托的空间观。而作为中国当代剧场实验，草台班提倡普通人参与剧场创作，强调以具有果敢特质的身体来表达与探讨自身的遭遇以及作出对周遭的回应，身体力行地拓展戏剧与社会关系的美学想象。在空间运用方面，草台班曾对工人社区的公益图书馆进行现场改造，书架天然地成为舞美的一部分，不断地塑造出流动中的公共空间。可以说这种残酷戏剧的空间观一方面使得非传统意义上的剧场场能得以最大化，另一方面使人在空间中得以成长、撕裂、新生。

残酷戏剧的空间本身乃是身体在场、符号语言、戏剧同谋这三个舞台因素的极度凝聚，最终经由这种诗意空间中的空间诗意达致一种残酷之美，以不枉戏剧"最终是一种活生生的艺术样式——一个流动在时间、感觉、体验中的过程和事件"④，并且戏剧更是成为流动在空间中的、自我精神解放的戏剧美学

---

① ［法］安托南·阿尔托：《残酷戏剧：戏剧及其重影》，桂裕芳译，商务印书馆2014年版，第77页。

② ［法］安托南·阿尔托：《残酷戏剧：戏剧及其重影》，桂裕芳译，商务印书馆2014年版，第88页。

③ ［波兰］格洛托夫斯基：《迈向质朴戏剧》，魏时译，中国戏剧出版社1984年版，第73页。

④ ［美］罗伯特·科恩：《戏剧》，费春放等译，上海书店出版社2006年版，第5页。

仪式。

图4　2016年4—6月，草台班《杂草》

该剧曾于上海民生二十一世纪美术馆、上海艺术与科学湾、合肥青年戏剧节、义乌隔壁酒吧演出

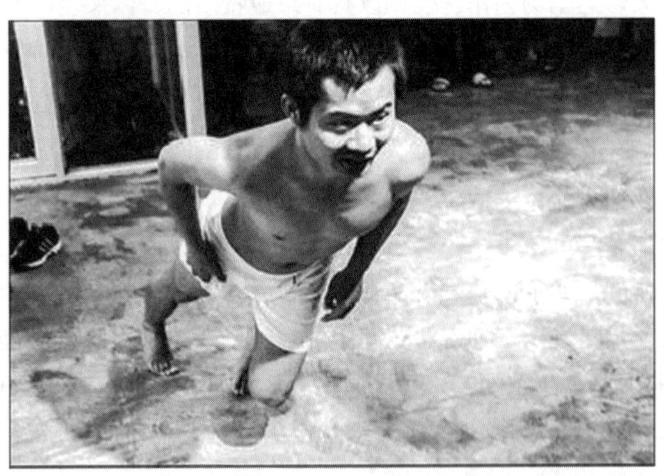

图5　2018年1月7日，《思想斗争素材之二》

该剧曾于上海明当代美术馆演出

阿尔托残酷戏剧的空间观极为深远地影响了中西戏剧对空间本身、戏剧本身的种种探索，虽受所处时代局限，以乱伦和谋杀作为残酷主题的《钦契》成

为他真正问世的唯一戏剧作品，但其空间观却在当代戏剧中被反复搬演、获得新生。对于戏剧发展的创新问题而言，与阿尔托一同重新思考东方戏剧尤其是中国戏曲这一综合性艺术，对于获得极为丰富的创新启示具有重要意义。高行健在《关于演出〈野人〉的建议与说明》一文中就曾明确提出尝试将现代戏剧恢复中国戏曲传统，演员充分发挥扮相、身段、嗓音等特色，以丰富戏剧艺术语言，并且提出了“全能戏剧”①的理想理论。中国实验戏剧实践理应从中找回东方戏剧的魂韵，使戏剧在总体、本质、美学的意义上恢复为真正的戏剧。

（作者单位：武汉大学哲学学院）

① 高行健：《论戏剧》，台湾联经出版社 2010 年版，第 25 页。

论日本电影中的“镰仓叙事”

黄卓航

狭长的日本列岛，经历过漫长的纷乱，孕育着悠久的人文历史。在日本历史的云烟深处有三座城对应着历史的坐标——京都、大阪、镰仓，它们并称日本三大历史名城。长久以来，人们对于京都和大阪抱有的热情和向往自不待言，早已呈现在纷繁的学术研究和艺术作品中。而对于镰仓，总觉得隔着一层神秘的帷帐，让人欲探究竟。镰仓城郭面积虽小，但在日本的历史、传统和文化方面贡献巨大，因此占据着重要的地位。

在文艺作品中，最早叙述镰仓的体裁是以军记物语为代表的小说，镰仓作为背景存在于小说叙事的场域中。而在视听艺术的电影作品里，有一类日本电影勾勒出了镰仓的形影符号，将镰仓的自然风光和人文积淀融入光影之隙，构建起“镰仓叙事”这一兼具历史文化和艺术审美双重意蕴的影像风格。从电影叙事的角度细加考察，可发现并置的主题、隐喻的物象符号贯穿于镰仓电影始末，呈现出镰仓作为历史文化名城而显现的“幽玄”气质，如《晚春》《麦秋》《青之炎》《海街日记》《向阳处的她》《镰仓物语》等。探讨“镰仓叙事”的文化源流、物象传统、主题表达和美学特质，有利于强化我们对日本电影乃至整个东亚文化圈的周密认知。

一、“镰仓叙事”的根脉源流

日本，按照行政规划可划分为“一都一道两府四十三县”。一都一道二府专指东京都、北海道、京都府和大阪府，可见东京、北海道、京都、大阪作为日本经济文化输出重镇的地位。而镰仓地处日本东京都旁的神奈川县，三面环山，一面临海。以地理环境而论，镰仓较之“一都二府”，不及腹地之地利，虽远不至北海道，但就经济发展而言，确实难以称其为经济中心。

话虽如此，在历史的纵深轴上，镰仓确是不可替代的军事重镇，它开辟了日本史上一个不可或缺的朝代。而在文学的维度上，物语文学经过平安时期的发展，终于在镰仓时代达到了历史上的成熟期。这些古事既丰富了镰仓的城市内韵，赋予了镰仓古都独特的幽玄气质和人文情怀，也让它在现代散发迷幻朦胧的色调，成为现代日本的巡礼圣地。“镰仓叙事”以镰仓古都的历史为根、以文学为茎、以现代巡礼为枝叶持续散发着魅力。

(一)历史为根——武家文化的名城

岁月悠悠，镰仓时期作为日本中世的历史时期，上承平安时代，下启室町时代，建立起全新的历史格局。时代的演进少不了涌起的烽火硝烟，它成就着功名、掩埋着败迹，在历史的往复中立定生根。镰仓作为一座城，依靠山海之势，成为武家政权的大本营。

平安时代伊始，日本社会的经济环境发生了很大的变化。一方面，在土地私有制的前提下，生产力的提高使得庄园制度不断完善，庄园主从而利用土地获得更多话语权。为了守护手中的土地不被侵犯，庄园主便开始雇佣浪人武士，从单纯的地主转变为拥有一定武士势力的庄园领主。另一方面，平安时代的贵族位处统治阶级，天皇一脉外戚藤原氏更是政局实际的操控者。由于庄园领主开始拥有武士护卫，使得社会的兵力开始分散，武士阶级便开始崛起，天皇一脉式微，中央的权力名存实亡。此时，加之皇族内斗，被称为“武家栋梁”的源氏、平氏两大家族跟随后白河天皇讨伐崇德上皇，在保元元年获得胜利。但“保元之战”后的赏封不均使得源义朝与平清盛心生间隙。源义朝而后起兵造反，平清盛以计取胜。自此，平家武力可谓一家独大，而源义朝只留下第三子源赖朝和第八子源义经二人。

几十年后，源赖朝揭竿而起，兄弟源义经排兵沙场。1192 年，在源平两氏斗争中胜出的源赖朝，被朝廷任命为征夷大将军，随即于镰仓开创了日本第一个象征武士统治的幕府政权，史称“镰仓幕府”。由此出现了天皇朝廷(公家)和武家政权并存的局面。① 在这一时期，“镰仓幕府”作为一个控制武士力量的政治集团，第一次将政权从京都转移到了镰仓。武士由此地位徒增，不仅作为幕府直属军队勤练武技，还在民间举行“镰仓祭”等活动，受到民众支持，从而汇集流传闻名全国的甲胄、武士刀等代表武士文化的产物。因此，镰仓作

① 王新禧:《日本妖怪奇谭》，陕西人民出版社 2013 年版，第 166 页。

为日本历史上武家政权的发源地，成为武士的大本营，孕育出影响深远的武士文化。这也成为日本电影中独具一格的类型电影——“武士片”的精神内核。“武士片”亦成为我们了解日本武士文化、历史传统的重要影像途径。

(二)文学成茎——物语文学的兴盛

在武家政权的威慑下，镰仓时期民间较为安定，诸多风雅娱乐也承袭了平安朝的传统，文人雅士创作了大量的和歌和物语，其中引人关注的是军记物语的兴起。在平安朝前期，汉学盛行，文士以汉字创作作品。在长期实践中，日本将汉字省略或简化，形成假名。尤其在平安时代的宫廷中，女子喜欢以平假名来作诗。而后作为创作载体的文字发展为假名和汉字混合的形式，这也为日本本土文学的兴起提供了创作条件。和歌方面，醍醐天皇大力编纂了《古今和歌集》，而后在六歌仙时代出现和歌的繁荣景象。物语方面，紫式部描写光源式爱情命运的《源氏物语》影响最大。

在镰仓时代，和歌和物语的成就并不亚于平安时代。和歌方面诞生了日本三大和歌集之一的《新古今和歌集》，不仅收录了前朝作品，还收集了镰仓名家之作，文墨优美而影响深远。在物语方面，由于武士阶级势力的扩大，描写武士社会生活的军记物语应运而生。其中和《源氏物语》并称日本文坛“文武之作”的《平家物语》至今仍脍炙人口，引人留思。

《平家物语》主要描写了平安时代的平氏家族的兴衰历程。1957年沟口健二的电影《新平家物语》即改编于此，但电影并没有大篇幅地描绘熟知的历史之战，而是主要讲述了平氏父子忠盛清盛发迹前的故事，刻画了平清盛对于权势的洞察和细腻的心态变化，展现了一代大将的枭雄气质。但无论今朝如何兴盛，明日终会归于历史。《平家物语》开篇有四句诗：“祇园精舎の钟の声、诸行无常の响有り。沙罗双树の花の色、盛者必衰の理をあらはす。奢れる者も久しからず、唯春の夜の梦の如し。たけき者も遂には亡びぬ、偏に风の前の尘に同じ。”①此诗展现了诸事无常、盛衰消亡的哲理。

概言之，镰仓文学随着历史的更迭而过渡转型，既保留了平安文学的浪漫想象，还以武家故事为蓝本开创了军记物语的叙事题材，突破了前朝趋于忧郁保守的叙事格调，在故事中展现时代印记，融入佛学哲思，为今时的“镰仓叙事”提供了传统养分。

---

① [日]市古贞次：《平家物语》，小学馆2007年版，第14页。

（三）影像回眸——现代体验之一种

镰仓幕府虽然是第一个武家政权的发源地，为武士的发展提供了必要的土壤，但也为天皇贵族势力的讨伐埋下了引线。1333年后醍醐天皇结合各方贵族豪强征讨“镰仓幕府”，加之足利尊氏对北条摄政不满的“倒幕”行动，“镰仓幕府”云散于历史。此后的一段时期，由于足利尊氏和占据日本南北部，日本进入“南北朝”时代。1392年，足利尊氏统一日本，实现“室町幕府”的政权合一。镰仓随之散去光芒，日趋没落。直至江户时代，镰仓作为门前町大力发展旅游而兴盛至今。

近代以降，镰仓不仅作为旅游胜地吸引着游客慕名而至，还因厚重静谧的氛围汇集了大批文士。明治二十二年（1889），随着横须贺线的开通，东京至镰仓的车程缩短为两小时。从此，帝都文人骚客们的镰仓行脚便多了个由头。起初是行脚，接着便是“移民潮”——所谓“镰仓文士”现象。① 文豪夏目漱石、川端康成、芥川龙之介等皆汇于此。对于他们来说，镰仓就像是充满着诗意与禅意的茶屋。无论是来此疗养的夏目漱石，还是久居至此的川端康成，都在不觉间静心而愈，在空山新雨的镰仓挥洒文墨，书写文本中的栖居地，从而留下了《门》《千只鹤》《枯野抄》《地狱变》这样的文学经典，镰仓的文学从此增添了许多人情风味。

现代的镰仓则常见于影视作品，如出现在《晚春》《海街日记》《镰仓物语》等电影中，成为电影文本的符号，让人们向往迷恋。镰仓大佛、鹤岗八幡宫、极乐寺、海菜寺、七里滨、腰越渔港、海猫食堂、江之岛水族馆、湘南高校前车站……这些场景由于被赋予了电影叙事的独特语境而感染着人们。人们追逐着场景，还原着现场，渴望以第一视角体验光影中的世界，获得一份心理的满足。或是追寻着文士的足迹来到镰仓凝神相望，体验短暂的诗意，希望在山水文墨之间获得一丝明悟。镰仓在影视作品中的定格融入人们心中的记忆，也在现实中化为梦想，成为现代体验之地。

二、“镰仓叙事”的物象传统

镰仓古都因其拥有的历史纵深度、兼具的奇丽地理风貌而令人无比神往，

① 刘柠：《电影之外的历史文化名城——镰仓》，载《北京晚报》2006年5月12日。

这也造就了镰仓独特的人、景、物。“镰仓叙事”电影中的物象，一方面取自实景实地，另一方面则来源于神妖传说。镰仓的景富有诗情和意境，在浮世绘“富岳三十六景”中的《相州七里浜》就描绘了从镰仓望向富士山的美景。而由于镰仓环山靠海的自然地貌，在自然的馈赠下，镰仓既有山带来的沉稳和厚重，又富有海浪的灵动和激情。镰仓的物象因此充满着象征意味，也蕴含着作者的深切愿景。

另外，传说中日本有“八百万神明”。日本民众相信无论街头巷尾，还是山林河川，处处皆有神明。这与日本文化中的神话传统密不可分。自人皇时期以降，从神武天皇开始，便是皇权至上，天皇作为皇权的至高领袖以神的后裔而居。可见，地理物景和神话传说早已随着历史的演进融入日本的文化中。而日本电影的气质内涵源于传统文化，因此，“镰仓叙事”的传统物象意蕴丰满而回味隽永。

（一）旖旎物景

海浪不停，人们对它充满着无尽的幻想。对于日本民族来说，海是重要的文化来源和生存道场。一方面，日本有着狭长的地貌，四面环海，能够获得丰富的海资源，吸收他国的文化。另一方面又要经历海啸、地震、台风等大自然的洗礼。大海的蔚蓝深邃，古老神秘，已经融为日本人血液中的烙印，成为心灵沉降的居所。因此，日本人体验着临海的浪漫风情，向往着自由的大海。他们常常面朝大海，向大海倾诉，将繁杂的思绪化作记忆深藏于心。电影呈现的镰仓的海景，祥和而美好，风光无限。如《有喜欢的人了》里的海是热情的姿态，烟火在海面升腾绽放，点亮夜空。冲浪海风勾起了夏天的记忆。《海街日记》里的海尽显宁静，四姐妹走在海滩上，感受着海浪掀起的白沫，回味家族的温暖。

镰仓影像中极具代表的另一处景便是铁道和电车。在日本街头，铁道列车随处可见。明治以降，日本的铁路运输发展迅猛，是日本工业强盛的象征，而镰仓的铁道则融入了朴质的意蕴。《晚春》里的北镰仓站是化解父女烦恼旅途的起点，《海街日记》里的极乐寺车站是姐妹相互理解的见证。到今天，融入各地特色的电车已经成为人们慕名而来的重要理由。今时的镰仓，承载人们梦想的青色古典列车，行驶于镰仓站和藤沢站之间。在湘南的海岸线上，江之电和汽车并行而驰，仿佛时光正在飞驰。透过窗外，人们能够体悟到绝妙的海景，在物我共生的状态下体察生命的珍贵。

(二)神妖奇谭

日本神话历史深远且流传广泛，以至于天皇一系神格化。根据种种民间传说，每个世代皆有妖怪浮现。镰仓时代亦是如此，诞生了天狗、雪女、座敷童子等妇孺皆知的妖怪形象。天狗的形象通常严肃端庄，长红鼻子，微言怒视，手持团扇，身着盔甲，脚踏木屐，腰挂长刀，身材高大，背生双翅翱翔于天际。天狗在神话中的原型原本是瑞兽，代表彗星和流星。但古人把天降流星视为不吉，所以天狗也变成了凶兽。天狗的形象经历着一系列的变化，其身份也不断改变。有人谓之山神，是山林的守护者；有人视为凶兆，为大妖。从形象的转变中，我们能够看到日本神道教的影子，传入的宗教意识深深影响着人们。

座敷童子的形象通常以小女孩的姿态展现在人们面前。她们时常隐藏在家中，和小孩成为好伙伴。天真活泼、毫无心机是座敷童子的判断标准。如果一个家庭隐藏着贪念和私欲，她就会逃走。但只要座敷童子享受地生活在这个家庭里，她就会带来好运。传说座敷童子诞生在镰仓时期，与母亲相依为命，终日上山采药维持生计。有一天，她上山采药时不幸坠入悬崖去世，可是她心中有着难以割舍母亲的执念，于是便化为座敷童子为母亲日日采药，侍奉母亲。正是生前的境遇让座敷童子心地善良，神明便赐予她强大的法力以造福百姓。

雪女又称作雪姬，有着令人惊艳的面容，是日本妖怪神话里美丽冷酷的化身。雪女是山神的属下，掌管冬季的冰雪。正如白雪的冰冷，冷酷、脆弱、伤感这三种情绪构成了雪女的灵魂，这正是自然界的冰雪在日本人纤细性格中的反映。她有着雪白的肌肤，淡蓝色的长发，脸似月光般白皙圆润，通常以白色和服的形象示人。雪女的性格复杂且多变，有时因为受到人们的救助而报恩，有时在冰雪中指引人们迷途知返，有时又以美貌诱惑着人们。总而言之，有关雪女的传说一如既往地吸引着人们，令人着迷心醉。

《镰仓物语》中，不仅出现了天头鬼这样以贪欲为原型的妖怪，还出现了其他时期深入人心的妖怪形象，如贫穷神、河童等，成为影片的一大亮点。作为《镰仓物语》中“恶”的代表，天头鬼长久以来都在阻挠着一色和亚纪子相恋，在转世轮回中争夺着亚纪子。天头鬼的原型是日本著名佛法大师康弁于1215年创作的“天灯鬼·龙灯鬼立像”，象征着贪欲，是凝结人类欲望而化成的妖怪。这也让影片中天头鬼和一色的争斗充满着佛学的思想。贪欲是原生罪恶，善恶皆有分辨，心静则明。

除此之外，贫穷神这一不受人待见的神明也出现在影片中，他寄居于一色和亚纪子的宅屋里，带来一系列的麻烦。但是亚纪子在得知贫穷神的生存处境后，把他当成真正的神明来侍奉，让贫穷神泪如泉涌。贫穷神在日本不受到人们待见，因为他的到来会使得家庭式微，由盛转衰。一旦离开，寄居的家庭便会恒运通达，财运兴盛。

影片中还出现了一目小僧、河童，以及拥有狐狸血脉的稻荷刑警这样对人们无害的妖怪，丰富了影片的视界。无论在影片内外，镰仓这一汇集着众多妖怪形象的古镇，讲述着流传的神话，营造着神秘的场域。

三、“镰仓光影”的隐喻主题

镰仓没有大都市的浓郁色彩和繁复噪点，多的是古雅和柔和的气质。所以，许多温情的电影故事发生在这座小镇上。无论是飞驰的少年、落入情网的恋人，还是羁绊的家族、浮沉的世间，皆在镰仓的舞台上演。从电影叙事学的角度分析，城市常作为故事发生的场景营造着叙事的场域。而当一座城市反复出现在电影作品中，它所指涉的就不再只是自身的场域功能，还提供着若干主观的叙事视点，附带着叙事结构、叙事心理等诸多信息，并开始显现隐喻主题的深层特质。在众多日本电影中，对于镰仓的展现往往带有主题性。镰仓一方面展现着城市的风貌，将城市记忆融入人物的气质里，另一方面又一以贯之地展现着情愫与哲思。这些哲思往往就承载着叙事的隐喻主题。

(一)昨日青空

电影镜头下的镰仓呈现出了一种既古朴又晦暗的色调。青色苍穹，风起云动，山色迷离，海浪奔涌，画格里的一景一物一如旧时光。曾有少年在此成长，路遥飞驰，步履不停，带着愁绪坐看青空与海。

《青之炎》里，少年秀一正值国中二年级，正属青春的年纪。他长相清秀，头脑聪颖且富有想象。可他与轻松潇洒的同龄人不同的是，在烂漫的年纪承受着精神的压力。由于父亲早年去世，他与母亲、妹妹一同生活着。某日家里迎来了曾经的继父，继父对于秀一是梦魇般的存在，其对母亲、妹妹和秀一常使用暴力。秀一想方设法地希望赶走继父，但被似有难言之隐的母亲制止。秀一时常逃离让自己痛苦不堪的家，骑上单车在海岸线上冲刺，或蜷缩在空鱼缸里安静独处，伸手探寻着虚空。终于，忍无可忍的秀一用电击谋杀了继父。但最后他得知继父罹患绝症，命不久矣，失落和恐惧充满着秀一的内心。而后同学的勒索让他再次执起手刃，在圈套中了结了对方。在被警察抓获的前夕，秀一如同往常一样，和母亲、妹妹共进早餐，在谈笑风生里告别至爱之人，骑着单车迎上汽车与世界告别，结束了短促朦胧的一生。青春的价值在荒唐无奈的命运里陷落、崩塌。

影片讲述着少年的故事，描摹着少年的心性，是典型的青春题材。但电影附带着生命和罪罚的命题，不能将其简单地概括为青春片。影片隐藏着个人的成长和青涩的执念，以个人的视点遥望沉默的星空。《海街日记》里也展现了少女敏感彷徨的内心，虽是寻亲的主题，但依附于同样是中学生的铃身上。与同父异母的姐姐们相逢以后，血缘关系让铃既紧张又期待。在镰仓的古宅里，铃听闻着曾经的趣话，适应着这里的宁静，沉醉于姐姐们的体贴和关爱。在不同于往日的生活里，铃的青春多了羁绊与回味。影片里的青春在动荡，时光在消逝，一经回首历历在目，恰如昨日星空。

（二）情之所望

“情”之一字何其复杂，交汇的感情、交融的生命都是情。镰仓编织着情网，让至纯至真的情愫在此绽放。镰仓电影讲述的亲情平实而质朴，就像海浪无声却温润人心。《海街日记》确如其名，像日记一样记录着四姐妹的生活点滴，通过回忆和诉说达成与过去的和解，直击人心。因为父亲的过世，同父异母的铃和三位姐姐相聚在镰仓的古宅。她们围坐餐桌，夜话聊天，采梅酿酒，游赏烟火。从相敬如宾到其乐融融，四姐妹经历着一家人也会有的烦恼和争执，成为相互的依靠，在恬淡的生活中守护来之不易的温暖。亲情的力量给予她们光明，也让她们的羁绊随着海浪飘向远方。

镰仓的日夜星海孕育着原始的感动，如同一处港湾联结着人们，汇聚着温暖，爱情在这里尽显温柔。《向阳处的她》是一部带有纯真与美好幻想的爱情题材电影。女主角真绪作为转校生和浩介相遇在江之岛的学校。他们在情窦初开的年纪相识，在被同学排挤霸凌时相互鼓励，彼此依恋着。但校园霸凌带来的痛苦难以想象，浩介最终转学，两人再无来往。十年以后，命运让两人相逢，步入职场的浩介再次邂逅了真绪。他们去水族馆游玩，回忆青春，终于走入幸福的婚姻殿堂。这两人从初恋到夫妻，经历的时光里充满着炽热执着的爱。真绪告诉浩介自己的前生今世，她原本是一只猫，因浩介的拯救而幻化成人找寻他，这不仅是猫的报恩，而是真挚的爱恋。江之岛上的风景让爱情故事多了一份童话的色彩，使懵懂的青春更为朦胧美好。

还有《青之炎》中的少年秀一，他在孤独自处的时候不曾觉察有一双明亮的眼眸注视着自己。纪子是秀一的同班同学，一个清秀的女孩，娇气可人。在课间或是放学，总是注视着才华横溢的秀一，甚至发现了秀一的秘密据点。纪子宽慰着秀一的心，两人隔着透明的鱼缸，眸光相对，手指在冰冷的玻璃上传递着温度。青春的懵懂暧昧，模糊了少年和少女的友情。在秀一向纪子告白自己的罪行后，纪子向前靠着秀一的肩膀，两人第一次拥抱着，短暂的十秒，成为彼此难以割舍的记忆。踉跄的青春、失落的家园、遗失的美好，这些离合与悲欢让镰仓充满愁思、更加深情。情之所望，何处再相逢。

(三)永恒与零

还有一类镰仓电影以小见大，表现出人生哲学，这便不得不提小津安二郎。他同“镰仓文士”一样，在镰仓度过生命的节点，在晚年将视点聚焦于“北镰仓”这一相比于小町中心更为萧瑟落寞的地景。“北镰仓”车站出外便是圆觉寺，周围遍布“镰仓文士”的故居，小津安二郎便沉眠在圆觉寺墓山上。小津安二郎的诸多电影含蓄而隽永，他用低角度的镜头记录着镰仓的日常，其中有对家族记忆的呈现，有对童年青春的缅怀，也有嫁女主题的描摹，并且多次出现了“北镰仓”。如在《晚春》《麦秋》里，便勾勒出“北镰仓”的日常。

在《晚春》中，纪子和父亲在镰仓相依为命。27 岁的纪子思想深受传统观念影响，不想离开父亲，不想让他一人孤苦伶仃地生活。同时，她对于男女婚姻还持有洁癖，不伦、离婚、再婚在纪子看来都是婚姻的禁忌。正因为这样的态度，纪子一直依恋着父亲，而父亲的心总是牵挂着女儿。他们因为婚嫁的主题而负气对弈，最终通过京都的旅途和解。纪子终于在父亲的语重心长下同意出嫁。《晚春》的嫁女故事，情节简单却意蕴悠长。在《麦秋》里，主角仿佛是平行时空里的纪子，年近而立，依旧待字闺中。家族本来和睦祥和，但无奈未出嫁的纪子成了长辈的心结。他们打听物色着理想的乘龙快婿，但消息的一来一去，让家人纠结迷茫。在最苦闷的时候，纪子想到了拖家带口的谦吉，在谦吉工作调动之际上门告别谦吉的母亲，结果寥寥数语就定下了誓言。忧恼的家人平静过后只能随着纪子远嫁他乡。

小津安二郎的“嫁女”主题里透露着人生的凄凉，迟暮的家长和成长的孩子终会离别，这是人生的轮回、生命的真谛。小津安二郎没有用繁复的技巧，没有展现勾人的剧情，只追求平实和淡然。他用一贯的低角度去探视人们的日常生活，关注人们细微的神态，通过写实的镜头捕捉世间瞬变，展现生活的嬗变和不变。正如黄献文教授所言：“他在电影中寻找他的梦境，表达他的悲伤。春天如梦，秋意渐深。他那些有着秋的意境，沉潜蕴藉，清简静穆的电影中闪过的一幕幕日常人生，生老病死，婚丧嫁娶的场景及灌注在影片中的普世情感将穿越时空，撼动无数时代的心，像日本的浮世绘一样永远定格在人们的记忆中。”①

人间岁月，如梦似幻。沧海原田，不过镰仓片刻。见证历史沉浮的镰仓，化为清亮的明镜观照着人间百态。就像《麦秋》中，高德院内镰仓大佛静坐于此，看时间飞流，不兴波澜。春去秋来，万物兴衰自有规律。电影似人生，重复着细碎的生活，也饱含着哲理，映衬着导演的观念。小津安二郎的墓碣文只有一个“无”字，却浓缩了一生的印记。生命宝贵，但终会消散于无，化为原初的模样，生命的归零亦是永恒。

四、镰仓电影的“幽玄美学”

长久以来，学者对日本传统美学思想多有探究，大西克礼曾在论集总结出三大美学特征“物哀”“幽玄”“寂”。镰仓电影在镜头里展现着朦胧诗意的物景，在主题上指涉着民族文化，在电影美学中蕴含着传统精神。这种传统文化反哺到电影，“在美学观念、意象呈现、价值诉求上注入了鲜活的现代意识，极大地丰富了日本电影的民族性内涵”②。因此，镰仓电影作为日本电影中借镰仓风貌呈现叙事特征的一类作品，散发着“幽玄”的美学特质。

（一）影喻“幽玄”

“幽玄”的美学风韵源自日本中世时期的和歌文学。在和歌的行文范式中出现了诸多具有饶富趣味的审美意象，如“和歌四病”，这些“病”的名称作为一种概念的表达，使用了“ 、岸树；—、风烛；三、郎舟；四、落花”这样的措辞。③ 这些自然物象的笔触充满着“艺术感”，从而引发和歌的“幽玄”意

① 黄献文：《东亚电影导论》，中国电影出版社 2017 年版，第 45 页。

② 王杰泓：《日本电影的“森林物语”》，载《湖北大学学报（哲学社会科学版）》2016 年第 6 期。

③ ［日］大西克礼：《幽玄・物哀・寂》，王向远译，上海译文出版社 2017 年版，第 9 页。

味。“幽玄”一词的概念内涵广博，既有着“一般”层面的意义，还在“心理”层面和“审美”层面充满着价值和思辨。于心于义的“幽玄”美学也在镰仓电影中生成着深邃复杂的叙事场域。如对“幽玄”概念进行综合辨析，可分为七种不同的叙述表达，即为“被掩藏”或“被遮蔽”“微暗”或“朦胧”“寂静”“深远感”“充实相”“神秘性”或“超自然性”“缥缈”与“不可言说”。

由于这七种释义形成互文交织而模糊晦涩，在镰仓电影中，暂且将其分为三种角度进行探究。首先，呈现出“神秘朦胧”的诗意。以《镰仓物语》为例，开篇呈现的海边现代风光与镰仓古镇显露的古朴迷幻之感形成一种主观的对比。亚纪子第一次和一色来到镰仓时，即在观感上察觉着镰仓的深邃，仿佛存在着一种“被隐藏”的力量。亚纪子经历着种种怪事，行事巧合而非比寻常，冥冥中似一根线绳牵扯着她，让她在朦胧的环境中过度着生活。其次，具有“充实丰富”的审美趣味。《镰仓物语》呈现出的诸多物象实则是镰仓深厚历史文化积淀的集中展示。影片通过一色和父亲的职业传递着“镰仓文士”的人文情怀，通过收藏的物件再现着历史的痕迹，通过精细刻画的妖怪形象舒展着神话的图景，在影片的叙事中即形成意蕴非凡的文脉集合。再次，诉说着“深远”的主题。相对于时间空间距离的“深远”，在电影审美过程中造成的心理影响之“深远”更具价值。无论是青春主题的陷落失衡而带来心中的怅然若失，还是诉诸情的生活诗意引发的感同身受，抑或是人生命题的多维解读形成的深度思考，都是作为审美客体的电影产生的深远影响。

（二）咏叹“幽玄”

在审美探究的另一个彼岸，作为审美主体的观众触及了“幽玄”的核心概念。“幽玄”之美本质是圆融的“崇高”的美学范畴，它带有“幽暗”的气质。这种“幽暗性”主要是自然感的审美依据中“存在”本身的理念的象征，投射到整个审美体验中的一种“阴翳”。①

当观众在电影投射中进行体验时，会不自觉地进行反观。这种反观又通过主体的感知逐步完成。第一步即是电影所呈现的画面、声音、主题、人物具有怎样的特性，电影画面的色调、声音的节奏、人物的性格、隐藏的主题是否充满着“幽玄”的气场。镰仓电影中的“幽暗”的气质从始至终存在于自然感的体

① ［日］大西克礼：《幽玄·物哀·寂》，王向远译，上海译文出版社2017年版，第56页。

验中。第二步即“我”在充满“幽玄”意味的电影世界中能否感受到“崇高”“幽暗”的美。镰仓电影中的“幽玄”无影无形却如同丝绦交织延广，它是诸种电影元素生成的一种独特意味。观者察觉着镰仓电影的脉络，同影片一同呼吸，在充满朦胧诗意的视听空间感悟到圆融之美。最后的环节，作为审美主体的“我”接受且认同着电影的“崇高”与“幽暗”，这也正是“镰仓叙事”审美层面的重要功能。在电影的构成上，“镰仓叙事”作为一种结构和方法赋予着电影充满隐喻的“幽玄”之美。在影片的价值传递过程中，也让观者理解并存在于“幽暗”的场域里。观者因种种体悟获得一丝“崇高”的美感，而后追寻着镰仓的形影记忆，探索着古都的哲艺文史。

蕴含着诸多历史、文化、传统、神话的“镰仓叙事”电影让观者在想象空间自由的体悟那些神秘，寻找着现实“存在”的对照，也让观者在审美活动中获得无形且有意味的“崇高”之美。因此，我们关注着影片中发散的“幽玄”美学，期待着今人咏叹着镰仓的今昔记忆。

五、结语

城市的故事可谓十年新语，百年人语，千年物语。镰仓无外乎如是。千年时光流转，砖瓦草木，神怪传奇，漫谈语传，皆成胜迹。镰仓古都便以如此丰富的内涵和外延融入日本电影，将往日的辉煌与淡默沉淀其中，为日本电影增添“镰仓叙事”的独特风韵。一方面，电影中神秘传统的镰仓物象和复杂忧郁的叙事主题相互交织，描摹着镰仓的人、情、往事，在自然物景中表达着人生观念，在平实的故事里传递着普世价值。另一方面，“镰仓叙事”所呈现的美学风貌指涉着日本传统美学中的“幽玄”论。诸多电影元素建构起的镰仓世界“充实丰富”“神秘朦胧”，诉说着“深远”的主题。在“幽玄”的场域下，观者从中获得“崇高”之美，在现实追寻和重构。因此，分析日本电影中的“镰仓叙事”有助于挖掘日本电影的城市内涵，理解日本传统文化在电影中的美学表达。

（作者单位：武汉大学艺术学院）

“二度扮演”下的揭露性
——论黑泽明电影《乱》中戏剧性的关键

王卧龙

一、扮演与“二度扮演”

戏剧是什么？仁者见仁，智者见智。如果强调剧场性，黑泽明这一部《乱》只能作为电影而不能作为戏剧，而同样的戏剧情节，把场景略微改变搬到舞台上，则这部《乱》或者莎士比亚的《李尔王》则是戏剧无疑。但是从接受美学的维度来看，作为戏剧观众，直接在剧场接触戏剧的机会有限，即使是纯粹的戏剧也多是从电脑上或电视上观看，那么关于戏剧强调剧场性的戏剧性的定义无疑具有局限性。如果说《乱》这一部电影具有戏剧性、具有戏剧情境、具有戏剧人物、具有戏剧冲突，却不能定义为一部戏剧，只由于其媒介传播的特点而被作为电影来研究，无疑是片面的。尤其是在剧场发展速度远远没有新媒体发展速度的今天，以新的角度来重新定义戏剧是什么，是有必要的。如果采取汪余礼教授关于戏剧的定义：“戏剧是由演员在假定情境中扮演角色，跟人交流，体验别样人生。”那么不仅观众在电影电视上观看的戏剧仍然是戏剧，而且只要有假定情境、扮演交流、体验人生几个要素存在，那么我们可以姑且将其认定为戏剧，从这个维度上来看，黑泽明的这部根据莎士比亚戏剧《李尔王》改编的《乱》至少某种程度上是可以看作是戏剧的。但即使这部《乱》只能作为电影作品而非戏剧作品，讨论其戏剧性问题也是必要的，因为作为一门叙事艺术，戏剧性仍然是一个重要的问题。

基于强调扮演的戏剧定义，戏剧中的“二度扮演”是普遍存在的，“二度扮演”对戏剧性问题的回答也十分重要。如果将戏剧中演员对戏中角色的扮演作为“一度扮演”，那么戏中角色再度扮演即为“二度扮演”，在一以贯之的性格之外扮演其他性格，在主要人物关系之外扮演其他关系，在一定处境中扮演不符合处境的角色，在主要身份之外扮演其他身份，在假定角色之外扮演其他角色，等等，简言之，“二度扮演”即戏剧中角色的扮演。

通过观看戏剧可以发现，演员扮演的角色也经常在扮演，例如《西游记》中孙悟空扮演猪八戒的媳妇儿，有经典的“八戒背媳妇儿”，这是角色知晓情况下的扮演；如《雷雨》中鲁大海实际上是周朴园的儿子、四凤儿实际上是周萍的妹妹，这是角色不知情的情况下的扮演；而更多的戏剧未必是扮演具体的角色，而是扮演某种性格、社会身份、某种处境、在扮演中维持虚伪的人物关系，比如《我的叔叔于勒》中于勒扮演了一个大款，比如《项链》中一个底层女子扮演了一个富人参加晚会为此付出了一生的代价，这种“角色的扮演”即二度扮演。

在黑泽明的电影《乱》之中，可以说“二度扮演”贯穿着全片始终。秀虎从一个君王受了巨大刺激后变成了一个疯子，可以说是这个角色的不知情扮演；因为三郎出现，他恢复了神智，又成了老王。大郎和二郎在老王退位前对老王阿谀奉承，并且对老王的退位决定非常支持；而老王退了之后，两个扮演孝子的儿子露出了争夺权力不顾亲情的真面目。三郎平日由于性格耿直实际上也在扮演一个不容易动情的武士，但是看到了老王的落魄他留下了痛苦的泪水，显示出自己对老王真诚的孝心。狂阿弥是一个老王面前扮演疯子的小丑，看起来荒诞不经，在老王落难后却未曾抛弃过老王，这是他真正的角色，平日癫狂的角色都是扮演。大郎的夫人枫君平日扮演大郎的妻子，其实她真正想的是复仇，她根本不在乎她的丈夫，尤其是在俘获二郎后对二郎威逼利诱可以说角色转换非常之快。而还有二郎的夫人末及其弟弟，秀虎的手下，都存在着二度扮演。《乱》这部电影的全片就是在扮演与被揭露的过程中推向高潮的，在这个过程中，“二度扮演”刻画了一个个被权力与仇恨异化的虚伪的人，使得“人物性格和人物关系的本质”得以展现，即造成情理之中而又是意料之外的效果，即产生强烈的戏剧性。这个展现的过程也是揭露的过程，而“二度扮演”的前提是戏剧情境的变化，好的戏剧情境会使得戏中角色无法继续扮演下去当前的角色和性格。

二、戏剧情境与揭露性

谭霈生在《论戏剧性》中提出，所谓“戏剧性”是一个内涵广泛的概念。“在假定性的情境中展开直观的动作，而这样的情境又能产生悬念、导致冲突、悬念吸引、诱导着观众，使他们通过因果相承的动作洞察到人物性格和人物关系的本质。”①

(一)戏剧本体与戏剧性

这一方面谭霈生主要是从戏剧艺术的表现要素在戏剧发生过程中的作用来约定戏剧性，强调了情境和动作的重要性。其目的是“展现人物性格本质和人物关系本质”，媒介是“情境”表现手段是“因果相承的动作、冲突(尤其是性格冲突)、悬念”。情境更像是一个出发点，观众首先接受了假定的情境，戏剧在情境中展开，情境孕育着人物的动作与冲突，导致人物主观心理、本质性格以及人物关系的外化。简言之，谭霈生把戏剧活动的过程中最具戏剧性的一些场面剥离出来，然后找到一部戏最富有戏剧性那个瞬间产生的过程，并把这个过程等同于戏剧性。

戏剧性显然不是一个过程，但戏剧性确实是在这样一个具有戏剧性的过程中产生的。所以谭霈生实际上是解答了戏剧性如何产生的问题，具有鲜明的实践指导意义，同时也为找寻戏剧性瞬间提供了稍微大一点的范围。

(二)接受美学与戏剧性

从戏剧的观看效果，戏剧性无疑是一个形容词。谭霈生的戏剧性定义认为情境应该“能产生悬念”的，情境中的“悬念吸引、诱导着观众保持兴趣”，同时情境能“导致冲突”，借“因果相承的动作，展现人物性格与人物关系的本质”。

戏剧即“假定情境中的扮演”，戏剧中的第二个层次的扮演，即戏中角色的扮演，是戏剧性产生的前提。戏剧性时刻即戏剧中的人物摘下面具的瞬间，戏剧性即揭露性。悬念即观众对人物面具后的本质性格和人与人本质关系的不确定，动作能够帮助观众摘下面具，发现真正人物性格和人物关系的本质，而性格冲突的本质是人物之间戴着面具相互碰撞，直至面具破碎。

“认识到乱世和战争这个客观环境在黑泽明电影中的重要地位，是理解黑泽明的关键。他的电影之所以激烈、紧张、富有戏剧冲突，正因为他把他作品的主人公们统统抛到一个炼狱般的残酷环境中，去考验人性；抛到一个战争和

① 谭霈生：《论戏剧性》，北京大学出版社 2019 年版，第 315 页。

杀戮的场所中，去展现人性的彷徨与挣扎。”①

黑泽明的这部《乱》中，最大的情境便是诸侯征战的乱世，即战争。这个情境的设置具有社会现实意义，因为日本社会经历了二次世界大战的创伤。乱世与征战是大的戏剧情境，小的情境便是一文字家族权力更替时期，秀虎有三个儿子，大儿子和二儿子的夫人均是秀虎曾经打败过的城主的女儿，这个情境的变化主要在于秀虎退位，并且对三个儿子作了不同的处置：大郎继承自己的权力和宫殿，二郎继承一处宫殿，与三郎断绝父子关系。

（三）戏剧性与“揭露性”

情境的变化使得不同的人物无法继续扮演之前的角色，从前阿谀奉承、假孝顺的大郎和二郎露出了争夺权力的真面目，对老王进行驱逐，大郎之妻枫君也丢掉伪装劝说大郎打压老王及随从，关键戏剧动作是让老王屈尊坐在大郎与妻子之下，并且胁迫老王滴血立约，使得老王愤怒踢灯，转而到二郎宫殿，二郎则在与手下谋划对付大郎，与之前在野外扮演的那个表示辅佐大郎的二郎判若两人，并且拒绝老王的随从入城，导致老王漂泊。漂泊中的老王受到了手下的背叛，忠诚的面具撕下来，导致老王守城失败。

大郎死后，枫君色诱了二郎，二郎撕下伪装娶了枫君，与之前面对属下谈论娶枫君时拒绝的正派的形象截然不同，而枫君显示自己对二郎的爱意和占有欲全部是伪装，在二郎被三郎的军队围攻的时候，枫君撕下了面具，表示这座宫殿本来就是自己家的，自己就是为了挑起兄弟不和从而报仇，让秀虎一家灭亡，而且让他们承受乱伦的痛苦。

在高高在上的老王漂泊受辱再次与三郎重逢后，老王恢复了正常，可以说是卸下了疯癫的伪装，三郎也卸下了性格的内敛导致的冷酷伪装，跪在老父亲面前留下心痛的泪水，父子重逢，老王唯一期盼的就是与三郎好好谈谈话，父子如此平静的真诚相待，令人感动。

总之，《乱》某种程度上可以说就是在情境不断变化的时候，二度扮演无法进行下去，各种人物开始由于权力的诱惑、欲望的诱惑、复仇的诱惑开始撕下伪装，揭开自己的面具，采取新的行动，导致人物本质性格和本质人物关系的外化。三郎是嘴硬心软，最后总算是卸下了武士的内敛包袱，真诚地与老王

① 王文斌：《黑泽明电影的主题传承与风格流变》，载《山东艺术学院学报》2009年第3期。

交流，从之前父子相互误会的关系转为相互理解的父慈子孝的关系，而大郎与二郎与老王则从虚伪的父慈子孝发展到父子反目成仇的敌对关系，两个儿子均被权力驱使忘记了家庭人伦，从而导致了悲剧的发生。这一个个人物揭开面具的瞬间，也就是戏剧性达到顶点的时刻。而导致二度扮演无法继续进行下去的原因则指向了影片的主题。从直接原因上来看，是老王的识人能力和傲慢武断的态度导致了兄弟失和，父子纲常混乱，亲人相互仇杀征战，而老王之前的征战留下的战争受害者需要复仇；而从未作为对战争宽恕的代表仍然免不了被卷入新的战争仇杀中，枫君作为复仇代表也免不了一死，这两个角度加起来共同证明了无论经过战争的个人对战争采取什么样的态度，都避免不了新的战争。而人的自大和对权力、欲望的追逐是导致战争的根本原因吗？不是，因为从三郎的表现看来，三郎也参战了，虽然是被迫卷入救父亲的正义战争，但仍然是参战了，并且他的部队逼死了二郎，三郎也被乱箭射中身亡。所以无论出发点如何，战争是无法避免的，而且战争是没有赢家的。影片中三郎死后，三郎的部队骑马回来说道："胜利属于我们。"然而一场救父开始的战争，父子双双身亡，怎么能说是胜利了呢？那么究竟什么导致了战争呢？影片在三郎死后这一场戏中进行了精彩的"天问"：

丹后　岂有此理，为何此时三郎爷要死？为何大主公要死？

狂阿弥　没有老天了吗？畜生。有的话，你是恶作剧和残暴的，是无聊吗？让人类哭泣那么有趣吗？

丹后　狂阿弥，不要怪罪神佛。神也在哭泣。他看见无恶不作的人类相互残杀，神佛也无法解救。不要哭，这就是人间，不求幸福而求悲哀，不求宁静而求痛苦。看，现在第一城里，人们正在互夺悲哀与痛苦，为杀人而庆祝。

由此可见，一方面战争的根源是人性的恶，另一方面人性的恶又催生新的战争。战争的情境不过是人性恶的一个催化剂和人性恶的外化。战争和复仇的情境使得人物的本质性格和人物本质关系得以揭露。这个主题与日本社会历史紧密相连，是莎剧改编日本民族化的成功尝试。黑泽明一生创作的影片多为与战争相关的影片，要么直接与二战相关，如《活人的记录》一片表现了原子弹对日本人民精神摧残，《静静地决斗》以二战为背景表现了一个身患重病的军医与人性恶的抗争，要么则是取日本诸侯混战时期表现武士精神的故事，如

《七武士》《影子武士》，以及本片《乱》。战争这个大的戏剧情境被黑泽明作为一个炼狱的时空环境，而具体的人物关系和处境则是小的情境环境。人物在这种戏剧情境中不得不撕下伪装，因为面临的是生死考验，面临的是人性中最大的欲望的考验。

三、戏剧冲突：揭露本性后的碰撞

“没有冲突，就没有戏剧。”《乱》一片中的戏剧冲突也离不开戏剧情境与二度扮演。如果秀虎不退位，那么冲突至少不会来得这么快。因为在此情境下，大郎二郎不敢违抗父命，不得已扮演着孝子形象；三郎没有看见父亲的惨状，无意识中口头上扮演了一个逆子形象；而枫君夫人也没有复仇的机会，只能委身于大郎扮演一个“心中有丈夫的妻子”；秀虎的手下也不敢背叛，扮演一个衷心的下属；狂阿弥也不得不一直装疯做一个小丑。大家一派和谐的根源在于既定的情境必须让角色都扮演着另外一个不符合自己本质的形象或性格，如此一来维持着虚伪的人物关系。一旦情境不需要这种“二度扮演”，面具摘下来，那么人物关系即将形成新的格局，在新的情境与关系格局中，往日的习以为常也不可得。就像秀虎退位想要保持王的威严，但是继承王位的大郎卸下了伪孝顺的面具再也没有必要去顺从一个没有权势的父亲，甚至没有必要去尊重一个失去权力的老王。在某种意义上，戏剧冲突便可以理解为新展露的本质性格会因为冲破旧有的虚伪关系下维持的秩序导致的人与人的碰撞，以及人在环境中的挣扎。

“时穷节乃现，一一垂丹青。”秀虎一退位，大郎二郎没有必要对一个失去了权力的老王继续扮演着孝顺儿子形象，就产生了与之前孝子形象不符合的逆子行为，而老王习惯了自己坐着最尊贵的位置不得不屈尊坐在儿子和儿媳之下，这样便导致老王发怒离开主城的行动，从而导致老王与大郎的冲突。大郎在这种新的情境下，只能对老王更加防范，于是激化了冲突，进一步撕下了伪装的面具，使得自己的野心暴露无遗。三郎在老王受到侮辱和放逐的苦头之后看着苍老颓唐的父亲，口头上的恶语再也没有理由出来，为了维持武士沉默、不表达感情的形象的理由再也没有了，才放下伪装，留下泪水和父亲抱成一团，老王也是从逃避三郎到真正接纳三郎的孝心，这属于心灵层面的冲突，更加令人震撼。而枫君在老王退位后有了复仇机会立刻撕下伪装撺掇大郎逼走父亲，并且开始实际行动夺权。在大郎死后，更是毫无廉耻地攀附二郎，最后使得一文字家族走向了道德的沦丧和权力的没落，在这个过程中，枫君与大郎、二郎及其属下、老王均有着不可调和的利益冲突。秀虎的手下在秀虎失去权力的时候已经背叛了秀虎，这个面具逐渐揭下来，直至到三郎城堡中的时候完全走向背叛，导致了和老王的面对面冲突。狂阿弥平日扮演小丑，而没了权力到处流浪的老王面前，小丑反而成了正常人，而老王却成了“半个真的疯子”，这个时候狂阿弥也与老王有着冲突，狂阿弥一度想放弃老王，但最终没有抛弃老王并悉心照料，让我们看到了一个疯子在这种情境下超出正常人的善良。

无论是自然层面的冲突，社会层面的冲突与心灵层面的冲突，都源自戏剧情境的改变，剧中人物在特定的情境中进行“二度扮演”，维持着虚伪的人物关系，展现着浅层面的虚假的性格，随着情境进一步推动，人物与人物戴着面具碰撞，在对人物的伪善性格以及虚伪的人物关系进行充分揭露后，本质性格和本质关系的出现势必造成戏剧性的高潮的来临。

四、小结

总之，戏剧场面最吸引人(最有戏)的时刻，笔者认为是角色摘下面具、展露出“人物性格和人物关系的本质”的时刻，而戏剧性在某种程度上就可以看作二度扮演下的揭露性，好的戏剧情境则是一个让角色即将无法扮演下去的熔炉，随着戏剧冲突激化，这个熔炉能烧出一个角色最本质的性格，提炼出一群人最本质的关系。而《乱》之所以能获奖，并且受到广泛好评的原因之一就是该片提供了多个好的戏剧情境，创造了强烈的戏剧性，其关键就是让角色在好的情境中进行了充分的“二度扮演”，不断在冲突中深刻揭露了人物的本质性格与本质的人物关系。

（作者单位：武汉大学艺术学院）

现象学视野下的王延松版《原野》

谢文静

曹禺先生曾经说过："职业剧团演《雷雨》一定成功，演《日出》一定成功，演《原野》一定失败。"因为与《雷雨》和《日出》的现实主义表现手法不同，在写《原野》的时候曹禺先生用的是一种新的手法，因此需要新的方法来排。王延松版《原野》以一种象征主义的新方法取代传统现实主义方法，是符合曹禺先生的期许的。

一、"现象学直观"视域下的舞美设计

"现象学的直观"是基于现象学悬置之上的一种本质直观方法。现象学悬置即是把一切关于外在世界客观存在的观点、所有科学理论(自然科学、物理科学、生物学等)都放入括号中存而不论。这就说明现象学直观不接受任何已有的存在，这种不接受并不是盲目、武断的否定，只是置入括号中暂时不讨论。因为现象学的重点不在于此，现象学关心的不是感性直观，而是本质直观，其所要追求的亦是通过本质直观所得的本质。在现象学本质直观中，所有的想象、幻象和错觉等所产生的东西都是存在的。例如，我在走路的时候，远远地看到一条蛇，你吓了后退了几步，但是走进仔细一看是一条绳子，依照胡赛尔的观点，蛇是真实存在的。这是因为意识和意识对象是分开的，也就是说"这条蛇"是呈现在你的意识中，是被你切切实实直观到的，你当下看到的就是蛇，同时你做出了害怕的反应。这就与传统哲学的反映论截然不同，传统哲学的反映论必然认为蛇是错觉，是不存在的，而绳子才是真实存在的，这是因为传统哲学认为只有物质的东西是实际存在的，而且我们坚定不移的认为物质世界是存在的，但是物质世界的存在性是什么？传统哲学并没有给出答案，这也是胡塞尔现象学对传统哲学提出的挑战。对外部世界的一切存在进行悬置之

后，剩下的事就是在纯粹的直观中(范畴直观)，阐明内在于意识之中的意义。这里的意义“既不是心理主义的实在，也不是形而上学的设定”①，而就是对象本身，是对象在我们意识中的自由呈现。就上文的例子来说我的意识指向了蛇并赋予其意义，蛇就是在我的直观中真实呈现，这与感性直观没有关系。此时蛇既不存在于现实世界，也不存在于我的意识，由此本质直观将我们从实际世界中解放出来。

这种“现象学的直观”是与纯粹美学的直观相近的。在《欧洲现象学与哲学的危机》一书中，胡塞尔指出：“本质直观根本不依赖实际经验观察的积累—它根本上是观念的。”②意思是说感觉是相应于外在世界来说的，因而是一种“非我”的外在事物，本质直观则是纯粹理性的，其所直观的对象是纯粹观念的世界—也就是本质的世界。因而对某物本质的直观，实际上脱离了作为实体的某物。例如，对“红”这一颜色的本质直观，脱离了红色的物体。而现象学首先悬置了作为外物存在的红色物体，直接意指一般的红，这种一般的红不需要依靠现实世界的红的物，可以直接呈现于意识中，其属于本质领域。胡塞尔的直观还表现为一种想象，一种纯粹观念性的想象。现象学看来知觉受制于感觉的限制，难以达到本质的领域，本质直观则超越了现实世界，直达本质世界。同样对于美学来说，对一幅画中的物体或风景人物是否真的客观存在并不关心，但是它真实地呈现于在我的直观中，因为它引起的我的美的感受，而在艺术中这种美的体验才是最重要的。例如，人们在欣赏达·芬奇《蒙娜丽莎的微笑》的时候，不管蒙娜丽莎是否是现实中存在的人，她所带给我们的奇特的美的体验是真实的，所以《蒙娜丽莎的微笑》是真实的。

王延松版《原野》用黄土烧制的古陶代替舞美语言表达“黑森林”的意向，以及其他一切舞台道具，这与现象学直观遵循的原则，有异曲同工之处。为什么这么说呢？通过分析这一版的舞美设计可以得到答案。王延松追求的是舞美设计的整体性，这既要求各个部门，即舞美、灯光、音响以及服、化、道都要拧成一个整体。同时，剧场要有一种空黑的整体效果，观众视所能及的空间都被涂成空黑的表演空间。舞台上还选择了有中国黄土地机理的铁纱网作为纱幕，象征着孕育着各种生命样式原野大地，这与黄土烧制的古陶相得益彰。王延松在《戏剧的限度与张力》一书中写道：“说到底这个戏的张力在对白上，还

① 郑争文：《胡塞尔直观问题概论》，中国社会科学出版社2014年版，第33页。

② 高秉江：《胡塞尔与西方主体主义哲学》，武汉大学出版社2005年版，第117页。

不是景。我是用古陶俑的形象，整体上弱化了所谓布景的功能，其实就是为了更好地表演对白的张力。其他元素都不能超过演员的表演，要想尽一切办法去帮助演员，使对白充满张力。”①古陶俑形象是王延松版《原野》的神来之笔：“黄土烧结的古陶。它象征着一种原野大地里的生命样式。这个生命样式里有血肉、有灵魂、有爱恨仇苦。有色彩、有声响、有梦幻天地。”②从这里可以看出，王延松并没有追求写实的舞美设计，没有将一片真实的“原野”搬到舞台上，而是尽量弱化舞美背景，只保留了精华，并对其进行艺术处理。即“用黄土地纹理和点缀着些许植物的铁纱网，来象征涌动着各种生命样式和爱恨情仇的原野大地”。这与现象学为了呈现事物的本质，而对外部世界进行悬置有异曲同工之处。王延松在“悬置了”原剧作中真实的原野之后，以象征化的手法完成了对原剧作的二次创作。他没有将剧作中的铁轨、焦家老屋和“黑森林”等场景作真实、具体的还原，而是致力于创造一个具有意象的表演空间。也就是说，王延松并没有像传统话剧那样将剧作中的场景进行一一还原，而是留了大量的空黑的可表演空间，仅仅以一条铁纱网来象征原野大地的神秘意象，在此大地上孕育着各种生命样式，上演着各种爱恨情仇，追求的是一种象征化的表现方式。

在演出形象上，王延松又别出心裁地用 7 个“黄土烧制的陶俑”象征着原野大地里的各种生命样式。同时配以大提琴现场演奏莫扎特的《安魂曲》，试图创造一种神秘又静谧的氛围，用来与“黄土烧制的陶俑”相匹配。这种象征式的舞美设计是对传统写实的舞美设计的超越，而这样做的好处用他自己的话说即是“更好地表达了对白的张力”，从而给演员的表演以极大的发挥空间。也就是说，对舞美的弱化可以让观众更多地把注意力放到演员的表演和对白上，而用现象学的直观来说，则是悬置了外在的世界(舞美设计)，可以让观众的注意力更好地集中在剧情上，而这样做的好处即是可以更加突出戏剧对人性的困苦的刻画。

王延松导演象征手法的舞美设计，是对传统话剧追求逼真思维的突破，其哲学依据是什么呢？邹元江讲授在“戏剧欣赏”课时说过：“艺术家不是观察着的自然研究者和心理学家，不是一个对人进行实际观察的观察家，就好像他的

① 王延松：《戏剧的限度与张力——新解读“曹禺三部曲”导演文稿》，中国社会科学出版社 2014 年版，第 76 页。

② 王延松：《戏剧的限度与张力——新解读“曹禺三部曲”导演文稿》，中国社会科学出版社 2014 年版，第 14 页。

目的是在于自然科学和人的科学一样。当他观察世界时，世界对他来说成为现象(意向)，世界的存在(外在‘存在性的’)对他来说无关紧要，正如哲学家(在理性批判中)所做的那样。艺术家与哲学家不同的地方在于，前者的目的不是为了论证和在概念中把握这个世界现象的‘意义’，而是在于直觉的占有这个现象(意象)，以便从中为美学的创造性刻画收集丰富的形象和材料。”意思是说，艺术家在观察世界时与哲学家(这里主要是指现象学家)对待世界的态度是相似的。客观世界真实的存在与否对他来说是无关紧要的，艺术家观察世界只是为其艺术创作收集丰富的形象材料。换句话说，艺术家观察世界时并不是像科学家、自然观察家那样追求真的知识，即研究我们对事物的认识是否与事物自身相符合。而是现象学意义上的直观事物本质，也即说此时事物是否在真实世界中存在并不重要，我们只要洞见(insight)到其本质，并以此洞见为基础进行艺术创作。因而艺术家对事物的理解也是一种本质直观式的，其把握的是世界最直接的精神内核，并借此创造出各种意象。而王延松对《原野》的舞美设计，也是在洞见到曹禺剧本的精髓的基础上的二次创作。其用象征而非“写实”的创作理念，这一“新招儿”是符合曹禺先生的期许的。

二、“回到事情本身”式的排演理念

“回到事情本身”是现象学的核心精神，意思是指认识事物要抛弃一切先入之见，要尊重事物的本身，是胡塞尔用来反对概念到概念的传统思辨哲学的方法。他通常与现象学的“悬置法”联系在一起。“现象学悬置”是胡塞尔用来取代笛卡儿的普遍怀疑法，是指将“自然态度的总设定”和在此基础上产生的所有理论都“加上括号”，让他们失去效用。这样做的目的是为了排除不确定事物的干扰。“我们使属于自然态度本质的总设定失去作用，我们将该设定的一切存在性方面都置入括号：因此将整个自然界都置入括号中。”①在悬置的过程中，胡塞尔主张采取一种“不采取立场”的态度，即对被悬搁对象存在的有效性不作判断，目的是为了直面现象学的“现象”。现象学的现象并不是传统哲学所说的用来显露本质的表象，在现象学中现象即本质，即事物的所是。至于现象学的“事情本身”所指的是什么，已经超出本文所要讨论的范围，这里不做讨论。而本文所说的“回到事情本身”式的排演方法，需要从两个层面进

① ［德］胡塞尔：《纯粹现象学通论》，李幼蒸译，商务印书馆1992年版，第113页。

行讨论：一是想要强调王延松在排《原野》的时候，不仅抛弃了以往导演排《原野》的方法，甚至连传统排话剧所追求的“逼真”思维一起抛弃，而是运用一种表现主义的“新招儿”。王延松用七个黄土烧制的古陶进行象征叙事，七个大大小小的人形古陶，脸如面具，形色诡异。它们既是剧中人的灵魂，将人物内心的矛盾外化，又是自由移动的舞台道具，甚至代替了第三幕的“黑森林”意向。这充分展现出王延松版《原野》重点在于表现人的内心生活，探寻隐藏于人的肉体中的灵魂；而不仅仅是在讲一个农民复仇的故事，也是有关于人性的探索。另外，在昏暗的灯光下，它们又仿佛若隐若现的鬼魅，游荡在原始大地之上，展现出一总悲壮、神秘的戏剧意象。而其所渲染的苍凉气息，又从侧面烘托了剧情。

这种象征主义的表现手法与现象学的“回到事情本身”有相似之处，这就要求我们在欣赏王延松版《原野》的时候要悬置日常态度和以往观剧的追求逼真写实的思维方式，直接进入戏剧灵魂。这就要求我们不能仅仅把古陶俑看成是营造诡异气氛的道具，要进入王延松的视域。并从他的视域领会陶俑作为剧中人物的灵魂或影子，所实现的人物内心矛盾外化的作用。如此，陶俑的存在就不是为了追求一种怪异、离奇的舞台表现形式，而是成为舞台内容的一部分，为戏剧内容服务。同样的排演思维还体现在音乐和“对儿戏”的运用上。在音乐上，王延松直接将大提琴搬到了舞台上，现场演奏莫扎特的《安魂曲》。大提琴现场演奏《安魂曲》“强化了剧场的诗意氛围，强化了人物的命运”①。“对儿戏”着重体现在两把条凳在舞台上的多次运用。在一场关于焦母和焦大兴的“对儿戏”中，二人在谈论金子的时候，焦母多次用拐杖将条凳打倒在地，大兴则一次次地将凳子扶起，并抱紧在怀里。他抱得不仅仅是条凳而是自己的心中所爱，焦母所打的也是她眼中的荡妇金子。如果仅用日常的态度或传统写实的思维来欣赏，则根本无法理解王导将《安魂曲》进行现场演奏，以及安排多场“对儿戏”的良苦用心。王延松导演以一种“诗意”的形式来呈现此剧，充满意缊，让人回味无穷，而这种艺术构思“着重在表现人的灵魂，将人的灵魂戏剧化舞台化”②。这与现象学所追求的“现象就是本质”又极为相似，即显现者亦是显现，亦是事情本身。由此王版《原野》进入了现象学的审美视域。

“ 回到事情本身”在另一个层面上则重在强调回到原剧作本身，要尊重剧

① 王延松：《戏剧解读与心灵图像》，上海人民出版社 2010 年版，第 5 页。

② 王延松：《戏剧解读与心灵图像》，上海人民出版社 2010 年版，第 4 页。

本。这就要求导演能直接洞见剧作内核，在此基础上再进行艺术创作。王延松导演之所以能将《原野》排演出如此厚重的莎士比亚式悲剧的效果，是因为他在尊重原剧作的基础上有着自己独特的理解："这台戏虽然在小剧场演出，但是他不是一台小戏，这是我特别急于要纠正的。因为这戏里有梦幻天地，大得很!"①这句话充分地表明王导对曹禺原剧作的深刻解读，他想要做的是通过原野上上演的"恶"，展示出人性的恶，而不是一个简单的农民复仇的故事。用他自己的话说就是"令人震惊的不是仇恨本身，而是仇恨的不可避免"②。另外，王延松版《原野》完全忠实对待剧本和对白，王导通过对剧本的仔细钻研，已然领悟曹禺原剧作："《原野》表现的是人性的困境"③，即是"《原野》里的人都是苦的，是诡诈、嫉妒和仇恨对人性的捆绑。这种捆绑要一代又一代的人为之付出生命，甚至要毁灭那些无辜的生命"④。

而在领会了剧本的核心要义之后，怎样将曹先生的原意准确又精彩地表达出来，王延松另辟蹊径以一种象征的手法，将故事变了个演法，他用莫扎特的《安魂曲》与"黄土烧制的陶俑"并置作象征主义的表达。这个演法又是剧本内容的形式表达，王延松在深刻理解原剧作的基础上，以一种更为震撼和美的形式将剧作的精义呈现出来，给人以震撼悲壮的审美体验。

三、"意向性活动"与《原野》的现象学审美意蕴

胡塞尔几乎没有专门针对美学进行研究的著作，但这并不表示胡塞尔现象学的方法和概念不可运用到美学分析上。前文通过对现象学基本概念和王延松版《原野》的艺术构思和整体布景的分析，我们大胆地将现象学的概念运用到对《原野》的审美分析中，由此王延松版《原野》逐渐进入现象学的审美视野。至此，文章将借助现象学的核心理念—意向性活动，对王延松版《原野》做进一步的审美分析。

① 王延松:《戏剧的限度与张力——新解读"曹禺三部曲"导演文稿》，中国社会科学出版社2014年版，第17页。

② 王延松:《戏剧的限度与张力——新解读"曹禺三部曲"导演文稿》，中国社会科学出版社2014年版，第12页。

③ 王延松:《戏剧的限度与张力——新解读"曹禺三部曲"导演文稿》，中国社会科学出版社2014年版，第3页。

④ 王延松:《戏剧的限度与张力——新解读"曹禺三部曲"导演文稿》，中国社会科学出版社2014年版，第12页。

现象学认为意识都是具有意向性的，而人们对事物的认识，都是事物通过这种意向性活动在意识中的显现。在《纯粹现象学通论》中，胡塞尔说："我们把意向性理解为一个体验的特性，即作为对某物的意识。"①意识总是具有一定的指向性，即指向某物。这种意识的指向性就是意识的意向性，但这并不是说意向性是意识的唯一特性。"意向性是一般体验领域的一个本质特性，因为一切体验在某种方式上均参与它，尽管我们不能在同一意义上说，每一体验具有意向性，就如我们可能(例如)就每一作为客体进入可能的反思目光的体验—即使它是一个抽象的体验因素—说它具有时间性的因素一样。"②现象学的对象并不是自然主义态度下的纯粹实在对象或观念对象，而是一种存在于意识之内并由意识活动赋予意义的对象。此种对象在现实中是否存在不予设定，这与前文所讨论的本质直观和现象学悬置法相呼应。现象学的对象是经过了现象学悬置的，即将客观世界的存在信念置入括号，存而不论，这是一种不设定。由此可见，现象学的对象归根结底是对传统形而上学、主客二分的抽象思维的超越。传统主客二分的思维方式下，对象要么是纯粹的客观存在，要么是纯粹的主观存在，而现象学的对象不是纯主观的构造物，而是由主观赋予意义。

王延松版《原野》中的陶俑、大提琴安魂曲、打翻凳子的对"儿戏"以及第三幕的"黑森林"意向都是现象学式的对象。他们不是纯粹的客观对象，也不是纯粹的主观观念对象，他们的存在是被导演赋予意义的。这并不是说导演主观任意赋予这些对象以意义，结合前文，导演是在洞见剧作的精神内核，同时尊重原剧作精神的基础上进行创作。其中陶俑所代表的是剧中主角的灵魂，同样也代表原野大地上的灵魂。而这样的灵魂是否真的客观存在并不重要，但作为一种形象他们是鲜活的可以被感知的。大提琴现场演奏安魂曲所要暗示的是剧中人物的悲剧命运，奠定了整部剧的基调。而如果仅仅将其当做客观存在的大提琴演奏，没有把它放在整个剧中加以感受，则根本不能领会作者的用心，反而会觉得大提琴的存在很突兀。同样焦母三次打翻凳子的"对儿戏"，如果仅仅将凳子理解为凳子，将焦母打翻凳子做表面的动作理解，则不能体会这是戏剧矛盾外化的处理。也就是说焦母想打的不是凳子而是她心中的"荡妇"金子，大兴抱的、护的也是自己的爱妻金子。而最重要的第三幕中的"黑森林"，

① ［德］胡塞尔：《纯粹现象学通论》，李幼蒸译，商务印书馆1992年版，第210页。
② ［德］胡塞尔：《纯粹现象学通论》，李幼蒸译，商务印书馆1992年版，第210页。

导演并没有将真的森林搬到舞台上，而是让陶俑手持树枝将仇虎层层围住，直至将其“压死”。如果没有理解到此时的黑森林，同样是仇虎“心中的森林”层层叠叠将自己围住，则根本无法理解为什么仇虎最后会不堪忍受内心的折磨直至死亡。也就是说在王延松版《原野》中，导演想要呈现给我们的并不是那真实的“黄土烧制的陶俑”、大提琴现场演奏的美妙以及焦母打翻凳子的现实，更不是对曹禺先生剧本中的某些具体场景进行真实的还原，而是让我们在直观到这些形象、场景的同时，体会某种情绪、情感或某种意义，这些意义和情感又是主观意识赋予的。这些传达出的东西亦正是曹禺先生原剧作的精髓，只不过王延松用一种充满美的形式将其呈现出来。比如在《原野》序幕中曹先生说：“大地是沉郁的，生命藏在里面。”于是王延用活人扮演陶俑，在第一时间，从沉郁的大地里重生，直面剧场里的观众，神秘而陌生，引发种种臆想。

上文所述的这些形象和场景都与意向性对象的意义相似，他们既不是纯粹的客观存在，也不是纯粹的观念存在，而是意向性的存在，是被意识指向的同时又赋予意义，这也是对传统戏剧的逼真思维的超越。逼真思维追求的是“真”，即真实地反映。在传统逼真思维的影响下，所有的艺术创作都是以逼真为标准，即作品对真的反映度越高越美。而王延松排演《原野》追求的并不是真，在舞台布景上并没有追求与原著布景的符合一致，而是有自己独特的形式创造，比如前文多次提到的陶俑和大提琴现场演奏《安魂曲》等。同样放弃逼真思维，追求形式美的还有中国戏曲艺术，邹元江曾在“戏剧欣赏”课堂上讲过：“中国戏曲艺术是让观众轻松感受形式美的展现呈现过程，即‘怎样做’，而体验派戏剧则是让观众在情节悬念中紧张感受人物形象的体验表现过程，即‘做什么’。后者的关注焦点在情节故事（‘真’的反映）。前者的关注焦点则在形式意味（‘美’的创造）。”王延松版《原野》用黄土烧成的陶俑替代“黑森林”，即是一种追求呈现方式的形式美，其重点关注的是“怎样做”而不是“做什么”。

具体意象的客观存在与否我们不予理会，我们所重视的是它传达给我们的戏剧意义，以及同时所展现的美的效果。也就是说，真正让我们感到美的并不是作为客观存在的陶俑，不是现场的大提琴演奏画面，也不是焦母打翻凳子的动作。而让我们感到美的是寄托在这些客观场景之上独立存在的意义元素。比如王延松版《原野》很经典的一场戏：焦母用钢针扎小人来诅咒金子，“焦母激动地喊就差这一针了，身后的小黑子哭着喊着转过脸来，观众分明看到了那孩子脸上留着血迹的八根钢针。"①如果只从直观的表面来理解这场戏，必是看不懂的：焦母为什么会把针插到自己的宝贝孙子的脸上？宝贝孙子到底是人是鬼？如果你有这样的疑问则说明你并没有跟上王导的脚步，仍是以逼真写实的思维方式来理解王延松版《原野》。这也是王延松借陶俑作象征叙事的高明之处：焦母扎针诅咒金子，实际上表现埋下了仇恨的种子，而这仇恨的种子最终反噬了自己的孙子，暗示焦母的仇恨迟早会害死自己的孙子。此时王延松早已经脱离了写实的思维方式，以夸张的戏剧表达，让观众产生震撼的观剧体验，令人回味无穷。而真正令观众感到惊诧的正是王导为焦母扎钢针这场戏所赋予的意义："你特别想害人而最终确害了你最不想害的人。"②

四、结语

王延松版《原野》的整体艺术构思和表现方式上，完全摒弃了传统现实主义的方法，将一切现实、具体的布景全部删掉，取而代之的是一种象征主义的新方法，更好的进入了人物的深层次内心，是符合曹禺先生期许的。在排演过程中，王延松用有黄土纹理的铁纱网象征着孕育着生命的原野大地"黄土烧结的古陶"代替"黑森林"，使得曹禺原文中第三幕才出现的黑森林的象征力量一开始就出现。同时大提琴现场演奏莫扎特的《安魂曲》来营造一种与陶俑相匹配的神秘、静谧气氛。而《安魂曲》和"古陶俑"的现场碰撞，经典戏剧与现代表现正式的融合，带来与众不同的审美体验。

（作者单位：武汉大学哲学学院）

① 王延松：《戏剧的限度与张力——新解读"曹禺三部曲"导演文稿》，中国社会科学出版社2014年版，第49页。

② 王延松：《戏剧的限度与张力——新解读"曹禺三部曲"导演文稿》，中国社会科学出版社2014年版，第50页。

海外推介与中外对话

——《梅兰芳访美京剧图谱》中的剧场嬗变与整体解读

刘　津

20世纪初，在东方艺术向“西”看的文化思潮影响之下，中国传统戏曲艺术受到了西方戏剧观念的强烈冲击。作为中国文化的使节，梅兰芳在1930年的访美演出收获了令人瞩目的赞誉。演出的成功不仅得益于梅兰芳精湛的表演艺术，也离不开赴美之前所做的精心准备，而《梅兰芳访美京剧图谱》①作为访美宣传的重要组成部分，在这一场中国戏曲的海外推介中起到了铺垫性的作用。该系列图谱内容丰富、画面精美，具有很高的学术价值，却长期未得到深入研究。本文力图重点探讨《梅兰芳访美京剧图谱》的剧场部分，此部生动形象地介绍了中国戏曲场所由广场演出到舞台演出、由室外到室内、由简陋到精美的发展过程，而剧场的嬗变则映射出中国戏曲演出场所从“以我为主”到“以西鉴中”的变革镜像。在中外对话的历史语境下深入探讨梅兰芳访美，对厘清中国戏曲演出场所观念的演变有着当代意义。

一、梅兰芳访美的历史背景和图谱的产生

1930年梅兰芳访美是中美戏剧交流史上的一件大事，由此引发的中国戏曲海外推介和中外艺术对话，成为研究者的重要论题。此前梅兰芳在1919年、1924年的访日演出受到日本观众和知识界的喜爱与欢迎。梅兰芳成功访美的意义不仅使中国戏曲摆脱了长久以来自我封闭、与世隔绝的状态，而且赢得了西方戏剧界的普遍赞誉。

梅兰芳访美的提议始于美国驻华公使保罗·芮恩施（Paul S. Reinsch）

---

① 王文章：《梅兰芳访美京剧图谱》，文化艺术出版社2006年版。

在一次外交场合的谈话。此前，受留美同学会在外交部的邀请，他观看了梅兰芳表演的《嫦娥奔月》，对梅兰芳的艺术大加赞赏。在 1919 年徐世昌总统为其举办的卸职宴会上，他说："若欲中美国民感情益加亲善，最好是请梅兰芳往美国去一次，并且表演他的艺术，让美国人看看，必得良好的结果……我深信用毫无国际思想的艺术来沟通两国的友谊，是最容易的……何况中美国民的感情本来就好，再用艺术来常常沟通，必更加亲善无疑。"①

在梅兰芳访美演出活动的准备过程中，齐如山是一个重要的人物，在宣传造势、经费筹集、剧院安排、剧目选定、礼仪排练等方面对梅兰芳给予了很大的支持和参详。在梅兰芳的五次海外演出中，美国之行意义非凡。因为日本毕竟在亚洲，受汉文化影响较大，对京剧的接受相对比较容易。而美国之行，距离的遥远、文化的陌生，对梅兰芳来说无疑是巨大的挑战。因此，访美演出是梅兰芳准备时间最长、投入精力最多的一次演出。

出于宣传效果上的考虑，相较于文字，图片传播更为直观和形象。《梅兰芳访美京剧图谱》用工笔重彩方法绘制，采用中国传统的画轴形式装裱；画卷内容共计 15 类，分 191 卷，总 1701 幅图，该系列京剧图谱在访美演出时挂在观众厅，让美国观众在看戏之前，了解中国戏曲艺术的相关知识，为欣赏中国戏曲打开方便之门。这些戏剧内容涵盖与中国戏曲相关的各种细节：演出剧场、行头、冠巾、古装、胡须、扮相、脸谱、舞谱等图谱，每幅图下有中英文说明，每一种类都做了详细的文字介绍，并用毛笔抄写成中、英、法、德文条幅。图谱分门别类，内容丰富、画工精湛、色彩鲜艳、真实生动，全面、系统、形象地介绍了中国戏曲艺术，具有较高的文物价值、艺术价值与历史价值。

二、剧场形态从"以我为主"到"以西鉴中"

关于"剧场"的概念，《中国大百科全书·戏剧卷》"剧场"条目释义：

① 齐如山著，任光亮整理：《梅兰芳游美记》，岳麓书社 1985 年第 1 版，第 2 页。

观众观赏演出的地方。此词源自希腊文theatron，意为“一个为了看的地方”。中国原有“茶园”“戏楼”或“戏园”等名称，现统称剧场。古代或现代的剧场至少由两个部分构成：一是进行演出的地方，即舞台；二是观看演出的地方，即观众席。①

《汉语外来词词典》解释为：“供演出戏剧、歌舞等用的场所。”词源解释为日语“剧场”，意译英语“theatre。”②在中国古代，“剧场”之名始见于宋代，南宋陈著撰《似法椿长老还住净慈》有“人生忽忽梦幻身，世界茫茫戏剧场”之句。此处“戏剧”有“游戏”之意，诗人感慨人生如梦，而现实世界犹如游戏场所，充满了伪装与假象。元人谢宗可《咏物诗》之《影戏》则是比较专门的与戏剧相关的剧场称谓：“戏剧场中半假真，提来线索总由人。挑灯出没浑无定，剪纸奔趋若有神。笑哭中间藏伎俩，昏明就里变疏亲。歌风醉月舒青眼，懒看炎凉态度新。”此处之“戏剧”，除了游戏内容外，更注重表演特征。以上虽然可以简称“剧场”，但作为名称来讲，还不是纯粹的“剧场”。独立的“剧场”名称出现在明代。明代方凤《偕朱侍御登昆山次唐人韵二首》中有“谑笑非吾放，乾坤本剧场”之句，此诗句含义与后代“舞台小世界，世界大舞台”俗语近似。这里的“剧场”除了游戏场所含义外，还指台上演出的情景、关目、场面，当然也离不开演出场所。

日本学界从19世纪70年代(明治维新后)开始较多使用“剧场”一词。1872年出版的《西洋今昔袖鉴》一书中有“演剧场之始”一节。③“演剧”为日语，翻译成汉语即为“戏剧”，此处“演剧场”即为“戏剧场”。这与中国古代“剧场”一词首次出现有惊人的相似之处。日人辻听花旅居中国多年，酷爱京剧，是中国戏曲的爱好者与研究者，担任日本在华报纸《顺天时报》编辑，在1920年出版的“采取了全新的‘戏曲史’叙述方式”的《中国剧》中，单列“剧场”一章，对“剧场”定义如下：

中国剧场，俗曰“戏园子”或“戏馆子”。南北各地又有“茶园”之称。

① 曹禺、黄佐临主编：《中国大百科全书·戏剧卷》，中国大百科全书出版社1989年版，第199~203页。

② 刘正埮等编：《汉语外来词词典》，上海辞书出版社1984年版，第165页。

③ ［日］糟川润三编：《西洋今昔袖鑑》(尚志堂，1872年)，第15页。

> 例如"丹桂茶园""天乐茶园""天仙茶园""春桂茶园"。近年以来，上海剧场，使用洋式，大加改良，"舞台"之名甚为流行："丹桂第一舞台""大舞台""新新舞台""天蟾舞台"，皆新式剧场也。北京民国二年(1913)夏间，创建之新式剧场，名曰"第一舞台"，继而筑造之改良舞台，谓之"新民大戏院"。①

作者将"剧场"概念确指为观众观赏演出的地方，包括演出场地与观众席。尤其是将"剧场"概念作为统称与俗称、别称相区分，表现出非常明确、自觉的研究意识，堪称中国剧场史研究第一人。同时，他将剧场大致分为永久性与临时性两大类，并粗略统计了北京、上海等地的剧场数量。这是现代中国戏曲史研究较早使用"剧场"概念并对之具体描述的实例。此后，齐如山为配合梅兰芳1930年访美演出而绘制的《梅兰芳访美京剧图谱》十二剧场图，则为国人研究戏曲史者较早专门使用这一概念的明证。

作为梅兰芳访美宣传的重要组成部分，《梅兰芳访美京剧图谱》中的剧场类分为：元朝式、明朝式、方台式、庙前式、席棚式、宫台式、长案式、堂会式、元桌式、方桌式、横椅式、最新式共12种类型。详见如下：

	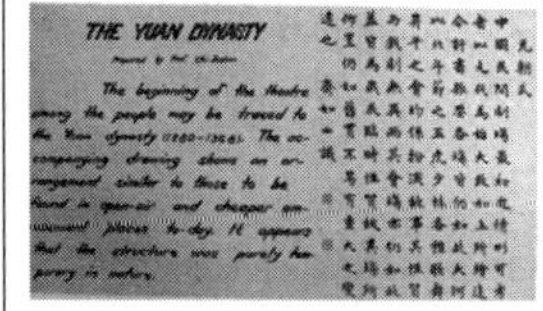 THE YUAN DYNASTY	1. 元朝式 中国民间剧场最初之情形可考者以元代为始，大致如上所绘。迄今评书杂耍各场皆仍如此。大河以北年节之五虎少林各种歌舞升平之会均系扮演故事，其性质与戏剧无异，而其会场亦仍如此，盖皆为岁辰临时性质故其场所布置仍如旧贯不易有重大之变迁也。 齐如山识

① 辻听花：《中国剧》，北京顺天时报社1920年4月28日初版，此后多次再版。1925年11月15日修订更名为《中国戏曲》，由顺天时报社重新出版，并于次年发行至第3版。本文所引为1925年版《中国戏曲》，引文见第195~237页。

续表

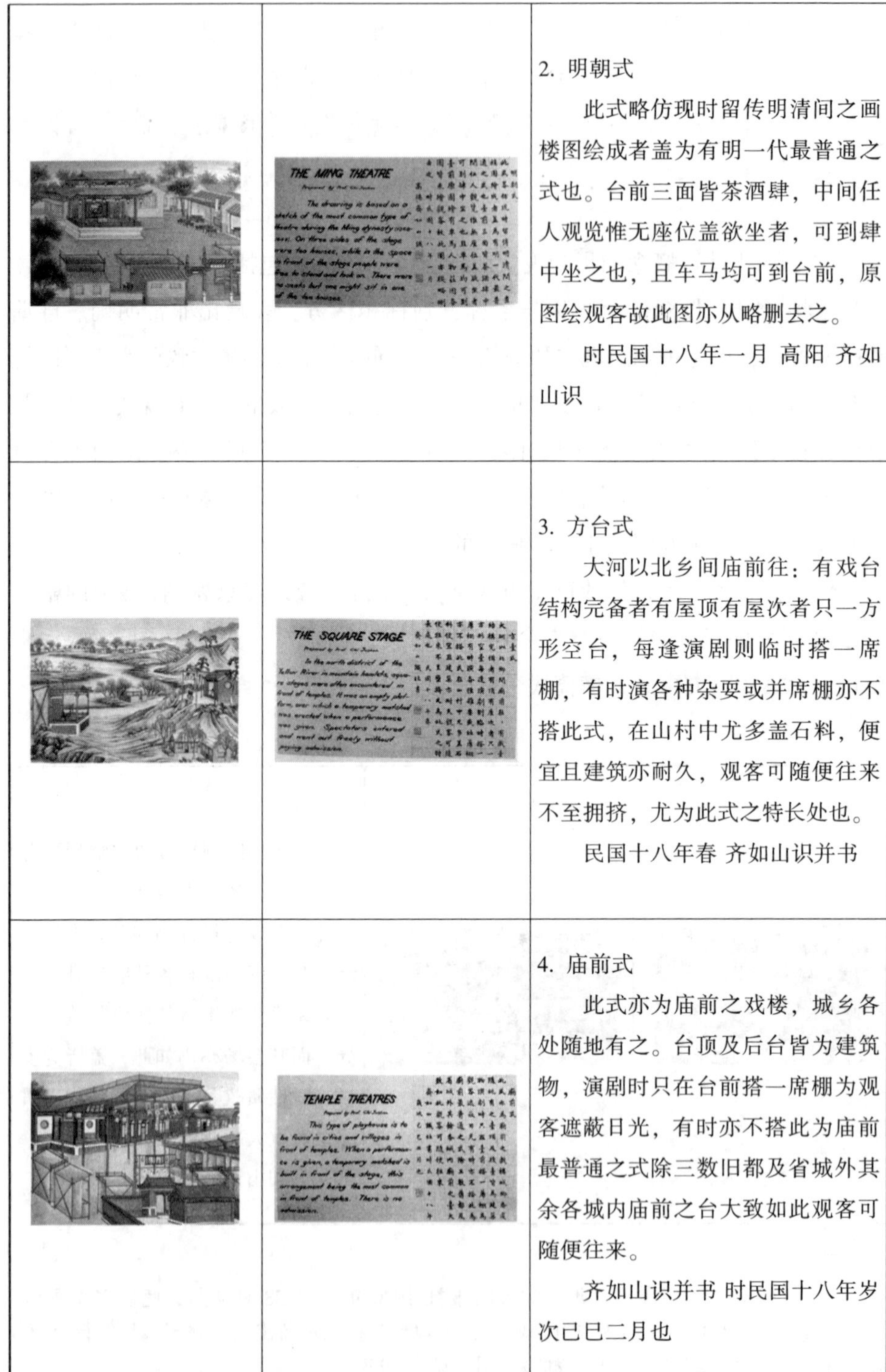

	THE MING THEATRE	2. 明朝式 此式略仿现时留传明清间之画楼图绘成者盖为有明一代最普通之式也。台前三面皆茶酒肆，中间任人观览惟无座位盖欲坐者，可到肆中坐之也，且车马均可到台前，原图绘观客故此图亦从略删去之。 时民国十八年一月 高阳 齐如山识
	THE SQUARE STAGE	3. 方台式 大河以北乡间庙前往：有戏台结构完备者有屋顶有屋次者只一方形空台，每逢演剧则临时搭一席棚，有时演各种杂耍或并席棚亦不搭此式，在山村中尤多盖石料，便宜且建筑亦耐久，观客可随便往来不至拥挤，尤为此式之特长处也。 民国十八年春 齐如山识并书
	TEMPLE THEATRES	4. 庙前式 此式亦为庙前之戏楼，城乡各处随地有之。台顶及后台皆为建筑物，演剧时只在台前搭一席棚为观客遮蔽日光，有时亦不搭此为庙前最普通之式除三数旧都及省城外其余各城内庙前之台大致如此观客可随便往来。 齐如山识并书 时民国十八年岁次己巳二月也

续表

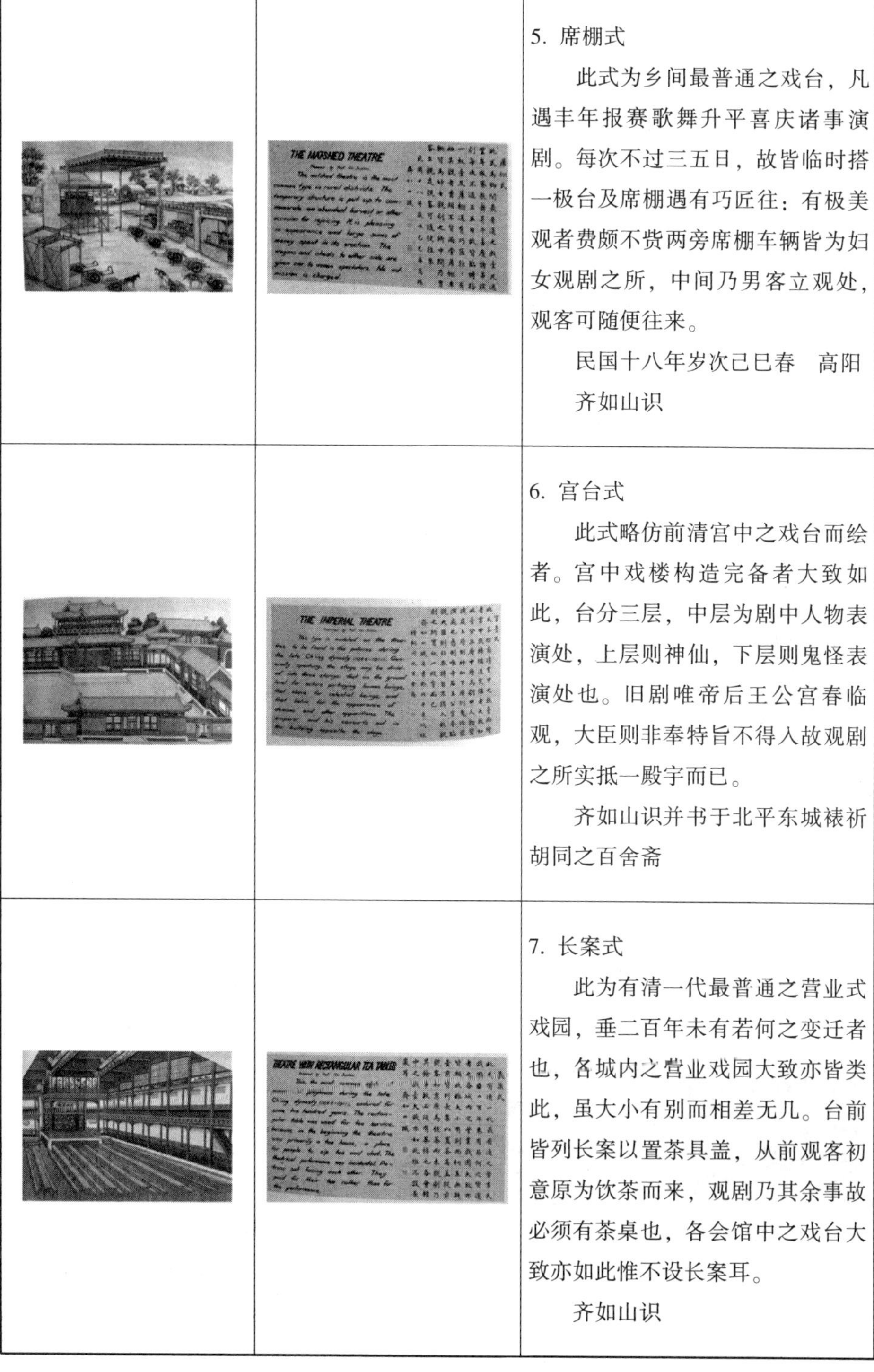

		5. 席棚式 此式为乡间最普通之戏台，凡遇丰年报赛歌舞升平喜庆诸事演剧。每次不过三五日，故皆临时搭一极台及席棚遇有巧匠往：有极美观者费颇不赀两旁席棚车辆皆为妇女观剧之所，中间乃男客立观处，观客可随便往来。 民国十八年岁次己巳春　高阳齐如山识
		6. 宫台式 此式略仿前清宫中之戏台而绘者。宫中戏楼构造完备者大致如此，台分三层，中层为剧中人物表演处，上层则神仙，下层则鬼怪表演处也。旧剧唯帝后王公宫春临观，大臣则非奉特旨不得入故观剧之所实抵一殿宇而已。 齐如山识并书于北平东城裱褙胡同之百舍斋
		7. 长案式 此为有清一代最普通之营业式戏园，垂二百年未有若何之变迁者也，各城内之营业戏园大致亦皆类此，虽大小有别而相差无几。台前皆列长案以置茶具盖，从前观客初意原为饮茶而来，观剧乃其余事故必须有茶桌也，各会馆中之戏台大致亦如此惟不设长案耳。 齐如山识

续表

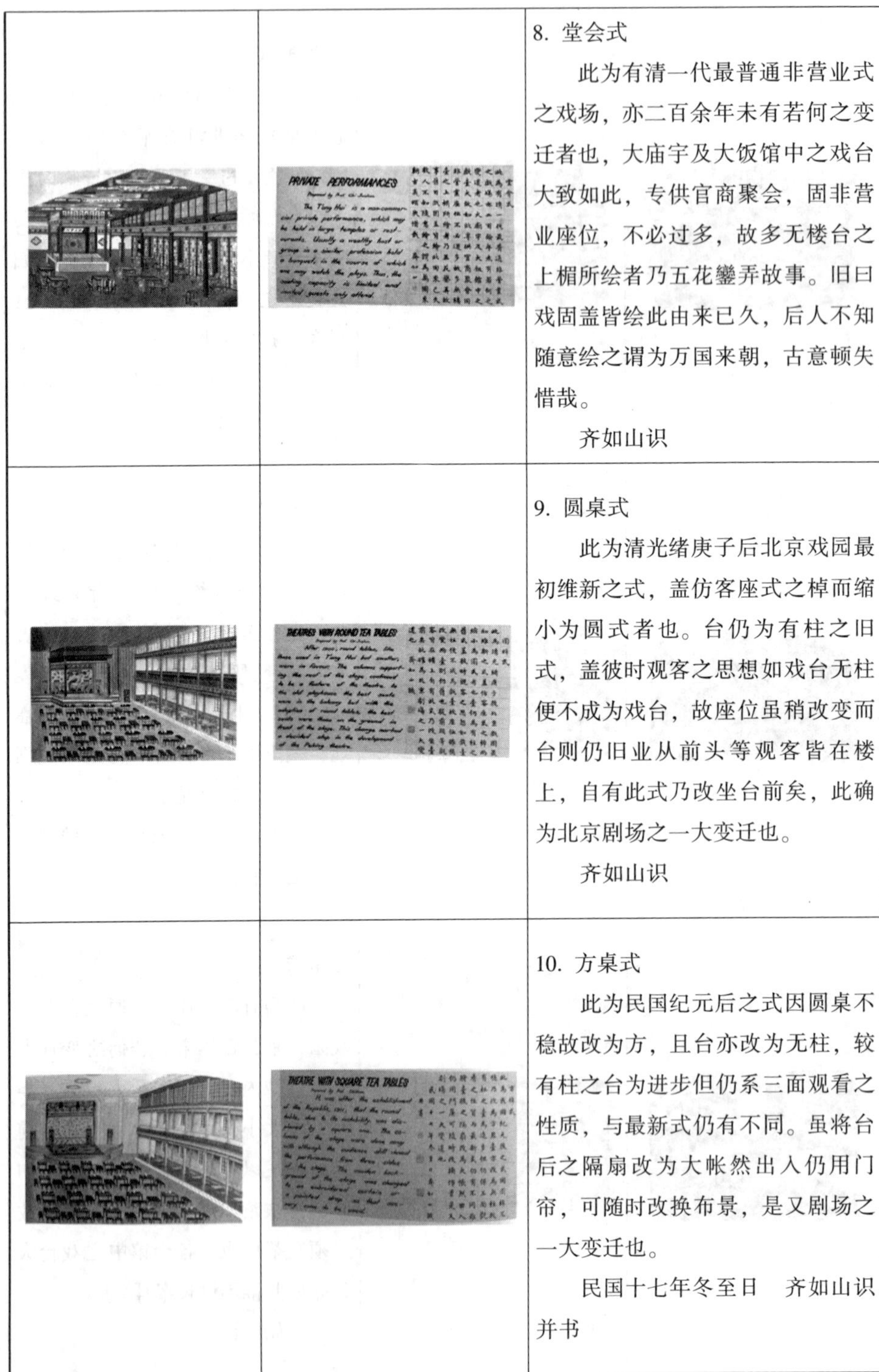

		8. 堂会式 此为有清一代最普通非营业式之戏场，亦二百余年未有若何之变迁者也，大庙宇及大饭馆中之戏台大致如此，专供官商聚会，固非营业座位，不必过多，故多无楼台之上楣所绘者乃五花爨弄故事。旧曰戏固盖皆绘此由来已久，后人不知随意绘之谓为万国来朝，古意顿失惜哉。 齐如山识
		9. 圆桌式 此为清光绪庚子后北京戏园最初维新之式，盖仿客座式之棹而缩小为圆式者也。台仍为有柱之旧式，盖彼时观客之思想如戏台无柱便不成为戏台，故座位虽稍改变而台则仍旧业从前头等观客皆在楼上，自有此式乃改坐台前矣，此确为北京剧场之一大变迁也。 齐如山识
		10. 方桌式 此为民国纪元后之式因圆桌不稳故改为方，且台亦改为无柱，较有柱之台为进步但仍系三面观看之性质，与最新式仍有不同。虽将台后之隔扇改为大帐然出入仍用门帘，可随时改换布景，是又剧场之一大变迁也。 民国十七年冬至日　齐如山识并书

续表

	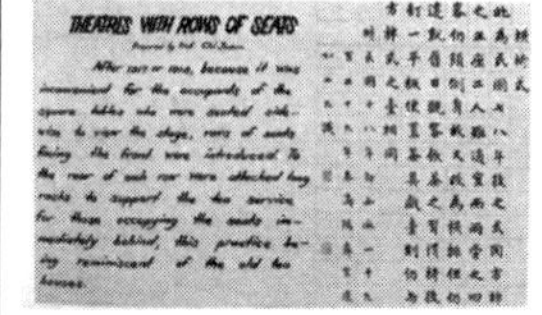 THEATRES WITH ROWS OF SEATS	11. 横椅式 此为民国七八年后之式，同方桌之正座二人虽适宜，而两旁之回客仍需侧身故又改为横排，但仍迁就旧日观课饮茶之习惯，椅后钉一平板，便置茶具戏台则仍与方桌式之一相同。 时民国十八年即西历一千九百二十九年春高阳 齐宗康 如山氏识
	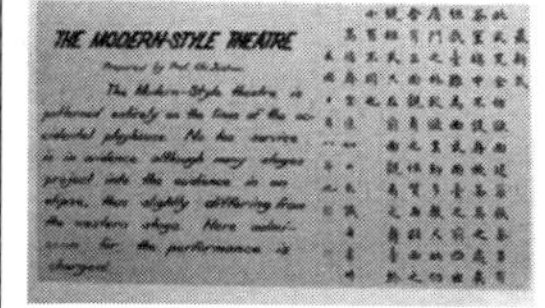 THE MODERN-STYLE THEATRE	12. 最新式 此式完全仿欧西建筑，饮茶另有查实场中不设存放茶具之处矣，但戏台虽为西式，而台之前凸出(庙)门之外较欧美约多数尺，此仍含有三面观看之性质，与欧西之含有三面观看之性质，与欧西之镜框式只在前面观看之舞台终小有不同也。 高阳 齐宗康如山氏识并书　时民国十有八年也

从以上 12 幅剧场图的形制来看，中国传统剧场演出场所一般由三个部分构成：一是进行表演的场所 —— 舞台或其他形式的表演空间；二是观看演出的地方 —— 观众席；三是其他附属演出空间 —— 演出人员休息、换装的地方。剧场形制的变化，除了受戏剧发展的影响外，还受自然地理、物质技术条件和建筑思想的影响。

早期的元朝式剧场具有“撂地为场”的原始演出基本特性，表演场中央设置桌椅，旁边围合有临时布置的条椅，在一个开敞的空地上三面观看。明朝式样的剧场已经具备了一定的独立性，有台基、有栏杆、有屋顶。在舞台布置方面，设置了便于表演时空转换的“上场门”和“下场门”，舞台后方隔出后台，便于演员的换装与登场。方台式、庙台式均具有酬神、庆祝的性质；席棚式则重点强调了男女分开观戏的传统；宫台式在建筑形态上则更为复杂，一般分为三层，上层是神仙位，中层是剧中人物表演处，下层则为鬼怪表演之所。长案式则多出现在茶馆，为了容纳更多座位，观众多“侧坐听戏”，在此，“听戏”的功能大过于“观戏”之功能。齐如山所言：“各城内之营业戏园大致亦皆类此，虽大小有别而相差无几……”而堂会演剧是中国戏曲史上较为独特的文化现象，也是中国戏曲室内演出的主要形态之一，具有非营利的特性，注重近距离的视听。作为北京戏园最初维新之式，圆桌式将客座缩小，考虑更大的客容量，台后仍为有柱之旧式，头等观客皆在楼上观戏。不难见出，前九种剧场性质是“以我为主”的纯中国样式，这九种剧场涵盖了酬神与娱人、宫廷与民间、室内与室外等演出场地形态。

从第 10 幅图起，剧场形制则呈现出向西方学习表演场地的设计倾向。一个鲜明的标志便是采用了镜框式舞台。将台后之隔扇改为大帐，出入仍用门帘，便于随时改换布景。这也从侧面反映开始重视对舞台布景的选用。横椅式、最新式在观看形式、座位布置均发生了变化，横椅式还保留了置放茶具之所，而最新式则完全摈弃了这一点，向西方剧场形态学习靠拢。

剧场形态的变革与当时的历史语境紧密关联。19 世纪末 20 世纪初，一批清末杰出的知识分子如王韬、黎庶昌、张德彝等游历西方国家，参观西方剧院，视角都聚焦在西方剧场的形式和空间的物质层面，尤其是舞台的配置、规模、灯光、布景、道具、音色、室内环境等，这些先进的技术措施配合台上的各类演出创造了奇幻炫目的演出效果，引起当时游历海外的学者们极大的关注，进而引发戏曲舞台改革，如上海新舞台的兴建与海派京剧的兴起。在剧场观演中，引进西方的声、光、电、影改进舞台技术。尝试把原有的分场体制改变成分幕体制、注重戏曲教化职能这样的创作模式。因此，图谱中的 12 剧场形态呈现出从“以我为主”到“以西鉴中”的趋向。

三、《梅兰芳访美京剧图谱》中的剧场嬗变的价值向度与反思

梅兰芳经过长达七八年的酝酿和准备，终于踏上了访美演出的旅途。这次演出先后到了美国的西雅图、纽约、芝加哥、华盛顿、旧金山、洛杉矶、圣地亚哥、檀香山等城市，历时半年。然而，如何看待和理解近现代戏曲海外推介与交流，20 世纪二三十年代显然是难以绕开的关键历史时期之一。真正的文

化交流应形成双方的互相参照，而要形成参照就必须有一种文化平等的心态。

齐如山在演出安排上的多种举措和严格要求，目的只有一个：充分体现出博大精深、源远流长的中华戏剧文化，充分体现出典雅、精致、神秘、富丽的戏曲舞台风貌。他要通过梅兰芳的精湛技艺，让世界认识到中国戏曲在世界戏剧艺术之林中占有自己的一席之位。梅兰芳呈现给美国人的戏曲是被改造过的中国传统戏曲，就像齐如山所说，梅兰芳的演出“专为着外国人看着好这一层来着想”①。中国戏曲在认识、理解、接受和吸收外来影响与话语的历史过程中，无论是在空间上还是时间上，都确实存在着上述含义上的偏颇、盲目和断章取义，这正是我们今天之所以需要反思的一个重要原因。应该说，这些矛盾与差异之处，便是一个个思考的基点，令我们不得不发问：作为对话和碰撞的双方，究竟是以怎样的态度、心理和立场去看待对方及自身，并以怎样的策略进行表达的？

从《梅兰芳访美京剧图谱》的12剧场嬗变，可观一个世纪以来东方戏剧向“西”看的趋向。应当说，传统的中国戏曲是在一个以“无”为本根的场域上生成的，舞台时空由演员的上下场来调度，因此，上下场门有时间和空间的意义。近代以来，传统的上下场改为拉幕和灯光来调度时空。这也意味着从以“人”(出将、入相的戏曲动作)为主方式的转为以“物”(拉幕或灯光的明暗)为主的时空表达。12剧场从纯粹的“中国式”走向向西方学习布景、学习舞台设计的路径，取消了剧场从传统的四面观、三面观演化成西式一面观“镜框式”舞台样式，这种变化是发人深省的。

梅兰芳访美演出是中美文化交流的盛事，这次文化交流在中美两种文化的互识、互取和寻求共同点上取得了丰硕的成绩。不可否认，梅兰芳以其非凡的艺术成就成为中国戏曲海外传播的先驱者，他的美国之行在中国文化海外传播的路径探索、方案设计、团队合作、文化推广等方面为后世创立了一种经典范式。与此同时，也应看到，从梅兰芳的访美演出中可以看出中国文化传播者的审慎与不自信。中国戏曲在强势文化的枷锁下寻求自身的价值并适应了美国文化的评价方式。梅兰芳访美事件的背后，如何客观看待和理解近现代戏曲“西方化”与“国粹化”进程的交叠与并进值得进一步深思。

（作者单位：武汉大学哲学学院）

① 齐如山：《齐如山回忆录》，宝文堂书店1989年版，第138页。

对传统文化产业化的疑虑及反思

——以戏曲艺术为例

宗妙姗

中国戏曲作为传统文化的重要组成，近代以来日渐式微。其间有诸多理论家、艺术家试图通过对西方艺术理论、戏剧理论的吸收来对传统戏曲进行变革，如斯坦尼斯拉夫斯基表演体系与布莱希特戏剧理论的引入、学习西方戏剧“创新”中国戏曲的尝试，等等，但收效甚微，甚至“极大地伤害了中国戏曲的审美本质”①。为何中国戏曲会进入到如此困境？究其根源，是因为时代语境的变化导致传统的审美趣味面临前所未有的危机。本文拟从分析文化发展的不同历史形态出发，通过中西文化的对比，针对中国戏曲发展中的文化构成展开研究，以便系统地呈现戏曲作为传统文化走向现代的过程中所遇到的困境与矛盾。

一、作为传统文化的中国戏曲

若将中国文化的历史形态按照原始文化、古典文化与现代文化的模型划分，那么审美文化作为总体性文化系统中的亚系统，自然也遵循着这样的形态规则。② 在社会的原始形态中，文化和社会尚未分化，“宗教及其意识是社会生活不可或缺的一部分”③。这种原始形态在早期戏曲中亦有所表现，或者换而言之，戏曲在其早期形态便是以娱神为主要目的，例如傩戏的基础便是宗教意味强烈的祭祀仪式。

中国戏曲成为一门成熟的艺术，有赖于社会由原始形态步入古典形态。在

---

① 邹元江：《传承作为昆曲国家战略文化确立的关键》，《艺术百家》2017 年第 4 期。

② 周宪：《文化表征与文化研究》，上海人民出版社 2015 年版，第 27 页。

③ Scott Lash. *Sociology of Postmodernism*. London：Routledge，1990，p. 6.

古典文化中，文化与社会开始分化，艺术逐渐脱离宗教，这使得审美文化获得了独立自在的场域。与此同时，社会开始形成阶级，阶级的分化又影响到艺术的创作与接受，那么我们就可以将古典文化大致分为贵族文化与平民文化。贵族文化也就是统治阶级的文化，以雅正为主要特征，亦可以将其看作为“道”的显现。但贵族文化的主要生产者并非来自狭义上的贵族阶级。随着孔子开办私学、博士制度与科举制度的相继确立，等等，文士阶层作为贵族阶级的特殊分支长期存在，承担了创造文化与传承精神的重要作用。在西方文化中类似“文士阶级”的表述为“知识分子”，余英时称之为“士”，我们也可以称其为“贵族中的平民”或“平民中的贵族”。

由于文士阶层的存在，贵族文化与平民文化之间并不存在着绝对的对立性、排他性的矛盾，而是处在动态的交流与互相吸收之中，孔子所言便可作为一例证明：“先进于礼乐，野人也；后进于礼乐，君子也。如用之，则吾从于先进。”(《论语·先进》)贵族文化是从许许多多的平民文化中提炼出来的，后者是前者的源头活水；不但贵族文化(如礼乐)源自民间，而且最后也要回到民间，并在民间得到较长久的保存。贵族文化与平民文化的交流与互相吸收不但充实了作为主流文化命脉传承延续的贵族文化，还促进了充满活力、形式多样的民间文化的成熟。

如果我们将戏曲这门艺术按照剧作者——表演者——观众(接受者)的三维角度加以分析，那么便可以发现，随着戏曲的发展，剧作者与观众中文士阶层的参与程度逐步提高，而表演者则相对固定地属于平民阶级，并且成为一门专业性非常强的职业。尽管如此，在明代以前，我们还是能够笼统地将戏曲的主要受众划分为平民阶层。但自明代以来，文士阶层对戏曲的参与达到前所未有的程度，优伶分化出家庭戏班、宫廷戏班与职业戏班。以明代为例，仅就参与戏曲活动者而言，文士阶层包括剧作家、剧论家、家班主人等。有时一位文士可能身兼数职，既是剧作家，也是剧论家，还是家班主人。① 这就代表着戏曲的一些分支特别是昆曲已经转向贵族文化，它与属于民间戏曲的不同之处在于，被贵族文化吸收的戏曲不仅作为一种审美趣味的体现，还凸显了艺术家个人的创造性特质：在技巧与形式上繁琐复杂，在题材和内容上狭窄而程式化，

① 郭英德、王萌筱：《文士与优伶的互动：明代戏曲搬演论的生成》，《中国社会科学》2013年第3期。

甚至在个人风格或偏爱上具有倾向性。① 而民间戏曲多是群体化的、质朴的，其中或许含有一些审美元素，但并没有达到以昆曲、京剧为代表的文人化的戏曲作为一门非综合性的纯粹艺术样式的高度与成熟程度。

文士阶层对戏曲活动的参与使得贵族化的戏曲"成为雅正文化传统的载体"②，其审美意味被极大地丰富，被吸纳进入以审美意象为中心的中国古典美学体系，并以此区别于西方戏剧与影视产品的写实性或仿像性的对象化表达。

二、虚实相生作为戏曲艺术的本质

中国文化的现代转向自上世纪初便已开始，西方文明的传入与大众文化的侵占极大地冲击了传统文化，并将其置于危机之中。这种危机在根源上是"一种伦理的危机"，是"用我们的文化几千年来习惯了的有局限的伦理规范来限定当代完全不同的道德生活"。③ 伴随着中国在近代与西方数次冲突中的失败，危机演化成了所谓汉学主义中的文化无意识现象：从情感和潜意识层面来讲，人们不愿承认西方的文化优越性，但从理性和知识层面来讲，人们又必须接受这一现实。对于西方人而言，历史上对中国文化优越性的敬仰与现实政治上对中国入侵的不断成功，也不可避免地使西方人与非西方人将中华文明当做一种劣等文化。这种中西方的历史意识和现实政治意识的冲突，情感和理智的冲突，构成了现代中国人意识的文化悖论。④

近代以来有关中国戏曲的研究与探讨毫无疑问地处于这种文化无意识的背景之下，就连表演者也不例外。以程砚秋为例，1932 年访问欧洲表演时，程砚秋听到莱因哈特对西方"导演制"的介绍，便妄自菲薄，深感这是中国戏曲不如西方的地方，甚至认为中国戏曲艺术排演一两次就能呈现的精湛舞台是"欺骗观众"。此外，如麒派周信芳的表演，也被电影与话剧导演应云卫按照斯坦尼表演体系的写实主义标准称赞，称其是"完全从人物具体的思想活动和

---

① 周宪：《文化表征与文化研究》，上海人民出版社 2015 年版，第 80 页。

② 郭英德、王萌筱：《文士与优伶的互动：明代戏曲搬演论的生成》，载《中国社会科学》2013 年第 3 期。

③ 邓晓芒：《论中国传统文化的现象学还原》，载《哲学研究》2016 年第 9 期。

④ 顾明栋：《汉学主义——东方主义与后殖民主义的替代理论》，商务印书馆 2015 年版，第 157~159 页。

思维逻辑出发，层次分明，有深厚的生活基础和生活气息，听起来自然极了”，“那么真实，打动人心”。① 然而，戏曲艺术是追求“真”的艺术吗？中国传统艺术历来追求的是像西方那样逼真地再现吗？

值得注意的是，中国传统艺术从来都不看重对“真”的追求，而是推崇意象的生成造就的“虚实相生、有无相成”的境界，戏曲艺术亦是如此。所谓意象，“象”是具体的、切近的、显露的、变化多端的，而“意”则是深远的、幽隐的。② 中国艺术追求的是如何借助“象”来表达着深远、幽隐的“意”，也就是说，中国艺术注重的是“意”，注重的是对有限物象的超越，甚至可以为此“得意而忘象”。但这并不代表中国艺术对表现形式的怠慢与疏忽，正如郑板桥所强调的“必极工而后能写意”一样，工夫的积累是传递其“意”的前提。这种独特的审美趣味使得中西戏剧艺术之间存在着极大的差异。西方戏剧以叙事作为表演的主轴，而中国戏曲则不同，故事并非它的核心。戏曲艺术特别关注的是“如何将一个已真相大白的故事加以唱念做打极其复杂化的艺术呈现”③，注重的是在表演一个故事梗概的同时施展表演者独到的“唱念做打”，并且表演者的表演不是追求处处写实，而是极端抽象的、形式化的。正因为如此，舞台不需多余的布景与道具，表演者身形瑟缩，即是在表现天降大雪；绕着舞台疾行几圈，即可表现风尘仆仆地赶路。那么即便是空的空间，观众也可以随着表演者肢体表达的指引“看到”象外之象、景外之景，进而感受到这意象之中不可言传的深意。正如宗白华指出的那样，“中国戏曲是以表演为主的”，“中国戏曲的空间随动产生，随动发展”。④ 表演者的身体是实的，表演者要演的是虚的，舞台是空的，剧情是设定好了的，这就是戏曲艺术相对于西方戏剧所不同之处。可以说，中国戏曲的特质正是在虚实相生中获得纯粹的审美体验。

虚实相生所表现的纯粹美感是意象性的，而意象构成了中国文化的独特审美趣味，它建立在具体物象之上，却远远超出其外；它借助相对固定、极致而又纯粹的形式，使自身处在不断变动的生成之中。这种纯粹的美感是西方戏剧家、理论家也无法否认的，因此梅兰芳在国外演出时获得了斯坦尼拉夫斯基、

---

① 邹元江：《中西戏剧审美陌生化思维研究》，人民出版社 2009 年版，第 357、386~396 页。

② 叶朗：《中国美学史大纲》，上海人民出版社 2015 年版，第 72 页。

③ 邹元江：《我们该如何理解中西戏剧的审美差异》，载《艺术百家》2012 年第 6 期。

④ 宗白华：《中西戏剧比较及其他》，载《北京大学校刊》1985 年。

梅耶荷德、布莱希特、爱森斯坦等戏剧或电影大师的瞩目。他们在中国戏曲中找到了令他们惊诧不已的表现力，即戏剧表演中的陌生化效果。梅兰芳以男身扮演旦角，却又能够通过“精湛的程式组合、化合技艺区别于作为常态的女人”，因此他的表演已经具有了双重“异在性”：表演与表演者相区分，他所树立的“他者”“也就落实为由童子功累积起来的一整套极其复杂化程式组合、化合所生成、涌现的意象聚合”①。从载歌载舞的程式化形式表现力，到神形合一、超越具体形似的内在精神追求，梅兰芳的表演透露出中国艺术一以贯之的独特审美旨趣与倾向，遗憾的是甚至连他本人都不能认清戏曲艺术的审美价值，一度迎合西方戏剧写实的表演法则。

就在西方艺术产生“向东看”的潮流、力图将中国传统文化的意象性表达纳入并丰富自己的艺术体系时，我们自己的理论家与艺术家却不自信了起来，落入上文所提到的“文化无意识”的窠臼中。所谓“世界戏剧”的提出及对写实主义的盲目推崇极大地伤害了中国戏曲的审美本质，试图用西方的“有”去填充传统文化艺术“虚实相生”中意蕴深长的“虚”更是对意象性的一种消解。古代文人对意象的独特性有较为深刻的见解，他们历来在写实与写意之间偏向后者，如沈括在《梦溪笔谈》中批评写实的画不能算作画，画家邹一桂认为西方的绘画虽然有所长处，但“笔法全无，虽工亦匠，故不入画品”。写实主义可能会落入的匠气与呆滞，是追求气韵生动、虚实相生的中国传统文化审美趣味所极力反对的。中国戏曲艺术面对西方戏剧时，理应用对话的方式代替对自身的不加思考地否定。

三、意象与拟象的对立

如果说西方写实倾向的戏剧传统尚且能够与中国意象性的审美旨趣进行一定程度上的对话，那么进入现代社会以来，大众文化的出现与泛滥则以霸权的姿态同时快速地挤占了二者的生存空间。近年来，随着中国市场化的深入发展与理论界对大众文化的研究，有不少学者提出将传统戏曲产业化的主张，认为这是传承与创新戏曲艺术的大好机会。但笔者认为，文化产业与戏曲艺术在本质上的不同，决定了二者相结合带来的所谓“创新”与“传承”反而是对戏曲艺术的损害。

① 邹元江：《梅兰芳表演美学体系研究》，人民出版社 2018 年版，第 9~10 页。

找到大众文化的本质，有助于明确为何民间文化可以孕育戏曲艺术而大众文化却不能。在古典社会中，受到理论家与艺术家青睐的戏曲艺术可以被大致地归入贵族文化的范畴，它在民间文化与贵族文化之中以不同的形式存在，于不断流转创新之中适应民间及贵族的要求，这足以说明古典社会的文化区分并不是泾渭分明的。但现代社会的亚文化区分却不然，对于中国来说，大众文化、体制文化与精英文化之间的区别非常显著。这就意味着大众文化作为由大众传播媒介塑造的一种文化，与精英文化、体制文化及古典社会中的民间文化有着本质上的区别。大众文化是意识形态的体现，用斯图亚特·霍尔的话来说就是“创造总体性的社会观念”的场所，其本质是以精细分类掩盖同质化的趣味，通过同一种文化生产模式与消费模式的扩张来挤压话语的多重空间。这样的文化生产达成规模以后，就演变成为文化产业。阿多诺是最早用“文化产业”替代“大众文化”的学者，他认为：“文化产业将旧的东西和习以为常的东西熔炼成一种新的特质。在它的各个分支中，那些适合大众消费的产品与在很大程度上决定着消费特性的产品，或多或少地是按计划生产的。……它们被放置在一个几乎无差别的系统中，通过技术手段和经济与管理的集中化，令这一切有可能实现。”①“消费特性”与“按计划生产”，指出大众文化所生产的产品其本质是以市场为导向的商品，并通过商品携带的符号价值诱发社会的拜物情绪。它为了包装自己产业化的同质真相，通过设计增加自身的审美元素；但不可否认的是，大众文化的本质仍是以市场为导向的商品，并以此区别于以审美为目的的戏曲艺术。

大众文化在今天的中国呈现出以视觉文化作为表征的趋势，所谓“戏曲产业化”就是试图将戏曲纳入视觉生产当中。视觉文化的本质是拟象，它与戏曲艺术的意象性相悖，并企图消解后者。因此我们可以说，戏曲为何不能产业化的原因就在于虚实相生的意象与复制的、同一的拟象之间的对立。

拟象并不是对现实的再现，而是“通过一种没有本源或真实性的现实模型来生产的”，甚至拟象试图比现实生活更加真实，鲍德里亚称其为“超现实”。② 因此它区别于西方写实主义的再现传统，是对现实存在的偷换。通过

---

① Theodor W. Adorno. Culture Industry Reconsidered, in Jeffrey C. Alexander and Steven Seidman, eds.. *Culture and Society*. Cambridge: Cambridge University Press, 1990, p. 275.

② ［法］让·鲍德里亚：《拟象的进程》，见吴琼编：《视觉文化总论》，中国人民大学出版社 2005 年版，第 80 页。

生产拟象，以视觉为主导的大众文化生产出“现实”与人们对现实的“在场”，将实际的现实存在遮蔽了。因为拟象的现实模型是“没有本源或真实性”的，所以其符号意义可以在层层剥离中趋于无，并且是空虚的、没有存在物依托的。即使有“象”，也是仅存在于印刷物、电影、电视剧中的“象”，它本身并不是来自于实在世界，而是通过模拟现实建立一套自己的话语规则。表意在这里已经降到最低限度，就更不要提其中的美学意蕴了。

反观戏曲艺术，上文已经提到，戏曲艺术的本质是意象性的虚实相生，也就是说，戏曲艺术的意象是随着表演者的表演不断生成的。这就意味着，首先戏曲艺术是“正在发生”的艺术，它是动态的，是随着表演者身体的展示处于不断地完成之中，正是这种虚实相生的生成性造就了它的美。它可以影像化，但影像化的戏剧不是真正的戏曲。其次，戏曲艺术是意象性的，中国传统文化往往更看重“意”，看重在不断向上、不断超越之中把握大道。这就说明戏曲艺术将对精神境界的追求看作是首要的，意象可以通过由象到意、再到象再生成新的意的过程，达到一种无穷无尽的向上的境界。再次，因为是依赖表演者身体的程式化展示而非依靠剧本的传演，戏曲不可能作为一种“商品”进行标准化的批量生产。它是主体性的艺术。戏曲艺术中剧本创作者总是退居其次，观众关注的是表演者自身所展现的唱腔、身段、神情、说白等，看的是表演者个人化的呈现。梅兰芳早年向乔蕙兰、李寿山等人学昆曲、学身段，但梅兰芳的身段是不可能与乔李二人完全相同的，只能说三人各有风姿。这也是以科班、师徒式为主的传承不可能产业化的原因。此外，戏曲艺术需要的是“童子功”的扎实训练，需要的是大师级别天才性专业表演者，这些不同于拟象的生产属性，都是不可复制、不可“批量生产”的。戏曲一旦产业化，其商品本质既不注重、也不愿意注重这种需要深厚积淀的身体呈现，转而通过提取戏曲的元素诸如独特的唱腔与念白作为商品的一部分快速获取经济价值。戏曲艺术的美学意蕴被拆解，被有选择地填充进文化产品之中，作为大众文化的“遮羞布”为其掩盖本身的无意义与无价值。这样一来，戏曲艺术的意象性便被大众文化中视觉的拟象性消解了。

经过对戏曲艺术的文化视域的梳理，我们通过中西古典戏剧的对比指出了中国戏曲艺术的本质，以及为什么戏曲艺术不能产业化的原因。或许将戏曲影像化有利于它的保留与研究，但这种以拟象为本质的影像化是僵化的，它绝不能取代戏曲艺术的表演性质。戏曲总归是活态的艺术，它处于不断地生成之中，通过这种虚实相生的意象生成，其中的美学意蕴才得以源源不断地展现出来。现下所谓“戏曲产业化”，只是将戏曲中的元素与大众传播媒介结合，不注重戏曲艺术的审美本质，以市场性作为唯一杠杆，对戏曲艺术的传承是得不偿失的。

（作者单位：武汉大学哲学学院）

艺术设计美学

设计美学影响下的城市滨水空间设计
——以武汉市青山江滩改造为例

郝晓露　李　涛

城市滨水空间设计是建立在自然环境与人居活动基础上的公共空间设计，包括堤防、护岸、亲水、滩地、生态修复、防浪林、绿化等，最终是生态环境的多元功能与美学设计的结合。本文通过美国纽约猎人角南海滨公园二期改造案例、瑞典霍恩斯堡滨海带状公园的设计及新奥尔良河滨改造与Crescent公园景观设计，得出滨水景观治理的首要原则是恢复、提高和保护河流固有宽度、连续空间及水面和水流，实现观景最佳效果；其次是保持良好的亲水景观和自然生态、地域文脉的共生与可持续性。被誉为武汉"最美""最亲水""最洋气"的青山江滩经过几年的整治改造，与武汉两江(长江、汉江)四岸(汉口江滩、武昌江滩、汉阳江滩、汉江两岸江滩)形成了共100公顷的城市滨水绿地，形成了良好的城市休闲及亲水生态，显示了长江作为母亲河的人文魅力。在改造工程中，设计师采用"生态缝补"的设计手法对局部生态环境生物多样性进行修复，引导、吸引更多的市民来到江边，与江水植被、生态和谐相处，展示了现代滨水空间景观与现代都市美学的时代特色。青山作为中华人民共和国成立后武汉最大工业聚集区，其滨水地带改造与设计美学的运用具有指标意义。

一、设计美学视野下的现代城市滨水空间

文明源于大河，城市作为人类文明的聚集总与河流相关，城市的滨水地带不仅有防洪、集市、贸易、居住之功能，成功的滨水景观和生态设计更可以美化城市形象，提升宜居养心之美学功能。现代江滩景观的设计早已不满足于基本的防洪、排水功能，而是上升到提升城市整体景观层次、为市民提供观景、

休闲、放松身心，复返自然的滨水设计，同时通过大量植被再造、雨水归集，微生物降解、滨水花园的综合设计等，既调节城市微气候又带来人与自然、人与心灵的和谐共生。近年来滨水江滩的美学化设计带来了现代城市独特的宜居体验，大大拓展了设计美学的实践场域，为中国旧工业区的改造提供了一个鲜活的样本，也体现了现代城市的生态与人文价值。工业区居民美感体验是设计作品之于大众的第一时间感官回馈①，景观设计也不例外，如何将美与设计更科学、更自然地融合是当下景观设计师关注的话题。

(一) 滨水设计与水的美学

滨水设计是水的美学的具体运用。人类对自然万象的抽象与感悟是美的最初来源之一，关于水的哲学与美学也是如此，滨水设计更离不开水的美学。古希腊泰勒斯曾说，“水是万物的始基”，把水视为创造万物的初始之物，老子也说“上善若水，水利万物而不争，故几于道”。古代先贤们更从水的流动中获得了至高境界的生命体验：“仁者乐山，智者乐水”“流水不腐，户枢不蠹”。水的意向总能激起人无限美好的情愫，与水亲近，也是古人获得生命意境提高的重要方式；士人们徜徉于山水之间，自得其乐。传统中国滨水空间的人文叙事有大量的景观元素，“在水一方”“宛如水中央”，如此等等，水的多重人文意向便具备了美的形象性、人文历史性等，其感性的存在如高山流水、知音湖畔，大江大河大武汉的人文地貌亦是如此。在长江与汉水之间，我们能感受到楚地的自然与人文风貌的结合。当我们来到东湖磨山梅园、樱园，东湖绿道，屈原的沉吟与楚辞之美，跟随着波光粼粼的浩渺波涛与蒹葭应和之声，给我们带来无限的历史畅想，使人们叹服于人工设计的美和自然环境的结合之美。同时，美是抽象的，因为设计思维是无法给人美感的，景观设计师的图纸可以表达一部分，但是只有人们到景观场所的客观实体才能感知到设计的美，所以滨水空间的感性形象存在于我们感知的外部世界的感性形式中。

滨水空间景观设计具备美的社会性，设计的美不能只具备观赏价值，同时要具备实用价值。滨水空间既然是解决人、水和城市的对话关系，那么其景观设计对于河流的植被恢复、对水质的保护及围绕滨水空间展开的一系列活动都是滨水空间景观设计的实用价值，所以说滨水空间的景观设计一开始就具备社

① 段汉明：《城市美学与景观设计概论》，高等教育出版社 2008 年版，第 130 页。

会属性。①

滨水空间景观设计具备美的感染性。江滩公园若只具备基本的休憩功能，加上设施陈旧，就算绿树成荫也很难吸引路人进入内部体验其年代感，更不用谈审美，因为这个形式打动不了市民的情感。现代滨水景观设计亦是如此，美的事物只有具备打动人心的感染力，才能通过设计营造的氛围感受设计内涵描绘的意境。

创新是一切设计保持鲜活生命力的重要手段。怎样打破传统滨水空间的设计思路，创造符合现代人审美并历久弥新的城市滨水空间是将可持续发展理念与滨水空间景观设计相结合的有力保障。

(二)江滩景观与城市功能

滨水空间一般以城市的江河湖海水系为设计主题，意在满足城市基本功能基础上打通历史文脉隔阂，形成自然与人文景观并融入城市天际线。水是设计的核心，流经城市区间的江河的功能通常划分为防洪、水利、交通(码头)环境、微气候调节、污物降解等方面。对于武汉市来说，就其地形地理(河沙冲积)和气候特征，容易出现洪水泛滥与城市排涝、防污及疾控等问题，所以防洪和水利功能是江滩改造治理的首要功能，在此基础上的美学性设计还有堤坝防护绿化带设计与自然水体景观、休闲旅游功能的链接与配套问题。

青山区作为湖北省武汉市中心城区之一，地处长江中游南岸，东与洪山区接壤，西与武昌区毗邻，南倚东湖风景区，北濒万里长江，与天兴洲自然沙洲隔江相望，沿江堤岸码头与景观道路配套，也是重要的交通枢纽与城市名片，水运可直达国内外重要城市。此外，作为“一五”计划时期国家投资建设的新型工业基地，素有“十里钢城”之美誉，“四水共治”，海绵城市、绿色生态，两型社会等关键词，正日益成为“十里钢城”的新名片。

近年来，世界各地的滨水空间在城市环境等功能结构处理中，对亲水功能的美学优化设计尤为重视，这是人类社会精神文明进步的体现。人们渴望在焦虑的城市竞争性环境中体验有趣的自然生活，在空气湿润的水边散步、玩耍，放松心情，亲水设计意在满足回归自然的一般人性和审美要求。这要求设计师突破传统的江滩景观设计模式，形成多样化水滨城市的魅力(见图1)，以新时代城市美学打造两型社会，使城市产生文化活力。

① 张宪荣、张萱:《设计美学》，化学工业出版社2007年版，第65页。

图 1　青山江滩景观的景观构成

(三)滨水空间与观景模式

纵观景的美，这种观景模式可以感受江水的动感，当人的视线与江水流动方向平行时有强烈的江面纵深感，看到的是连续的堤防、护岸和江边构筑物的线性构造。艾伦·卡尔松在关于环境美学的本质中指出："审美鉴赏关注一种环境，作为鉴赏者，我们沉浸在鉴赏对象之中，鉴赏对象也强烈的作用于我们全部感官。"①江滩的纵景观赏模式较容易观赏河流空间的构图，即便设计师设计的水岸线和堤防的轴线在平面上弯曲度不大，给人的视觉效果也会呈现弯曲的状态，有很强的江滩风貌感。位于美国纽约的猎人角南滨海公园二期将 5.5 英亩的废弃工业场地转变成一个全新的滨水公园，实现了项目最初的构想——建立一个可以 360°全景欣赏 Newtown Creek 的城市空间，其纵观景效果有着丰富的水岸线变化(见图 2)，公园在自然和水体之间建立了紧密的联系，独特的地形构造透露出雕塑般硬朗的美感。

① [加]艾伦·卡尔松:《环境美学——自然、艺术与建筑的鉴赏》，杨平译，四川人民出版社 2006 年版，第 5 页。

图 2　猎人角南滨水公园二期纵观景实景

通过鸟瞰江滩或滨水公园有助于了解气势宏大的河流与远处山岳及平原的地貌关系。越是大江大河越是需要一个高空的视点看清楚江河是从何处来流向哪里，这个角度欣赏到的滨水空间是一种大气的美，人们可以体会到大江大河的规模和存在感。①

如瑞典滨海带状景观，有机的线条现代感十足，700 米景观带以及波浪线状的驳岸尽收眼底，亲水设计朝海伸出 3 个顶端为圆形的浮动码头，人走在其上，水面仿佛触手可及(见图 3)。

图 3　瑞典霍恩斯堡滨海带状公园景观鸟瞰实景

生态的美，指江滩公园内部良好的生态环境、美观且富有特色的建筑环境、明快的色彩和格调、完善的配套设施及该城市高度的精神文明。薛富兴认

① 日本土木学会:《滨水景观设计》，孙逸增译，大连理工大学出版社 2002 年版，第 10 页。

为："公共环境美指某一特定区居民良好的宏观自然与文化环境，如随处可见的花草树木，蓝天白云下的清新空气、清澈的河水及丰富的公众学习、娱乐、休闲设施。"①如新奥尔良河滨改造项目(见图4、图5)，其中Crescent公园是新奥尔良30年来第一个新修的河滨公园。城市需要找回这个地区原始的功能，让人们的关注点回到河流本身。公园旨在建立人与河流之间的联系，并将残存的城市工业和海事区域打造成绿色公共社区资源，通过与河道的连接寻求恢复并提升自然环境的机会，同时提升市民的生活质量。

图4　新奥尔良河滨改造——Crescent公园

图5　新奥尔良河滨改造——Crescent公园

二、武汉青山江滩景观改造分析

(一)项目概况

随着武汉市青山滨江商务区的建设，城市环境将得到大幅提升，为配合城市开发建设，与城市紧邻的青山江滩区域环境也应整治提升，与城市开发同步

① 薛富兴：《美学》，安徽教育出版社2006年版，第19页。

进行。武青堤(青山段)堤防江滩综合整治工程建设范围为罗家港到武丰闸，项目全长7.5千米，占地面积136公顷(见图6-1)。工程分为两期：一期工程范围为罗家港到建设二路，长2千米，占地面积28公顷；二期工程范围为建设二路至武丰闸，长5.5千米，占地面积108公顷(堤防及道路改造范围为建设二路至武丰闸，滩地整治范围为建设二路至建设十路)。该工程开工前，中心城区两江四岸江滩建设基本完成，仅有青山段尚未开展江滩整治(见图6-2)，青山江滩整治已列入武汉市“十二五”规划建设范围。

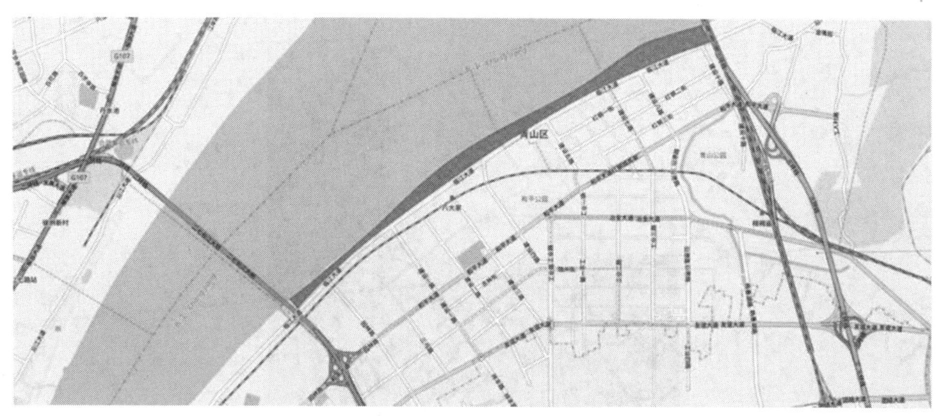

图6-1　武青堤(青山段)堤防江滩选址示意图

图6-2　老武青堤实景

(二)原始景观条件分析

老武青堤为土堤结构，每年汛期防汛压力较大，易出现管涌等险情。为解决武青堤目前存在的问题，提升防洪能力，应对武青堤进行改造加固，以适应防洪要求。堤防原为20世纪80年代建的土堤，堤坡比为1∶3，堤坡上简单栽植了棕榈等前根系植被和草坪，视觉感显得单调，堤防对空间的阻隔也非常明显(见图7-1)。滩地上原貌多为杂草、防浪林、砂场、码头等，缺少让人活动和停留的空间，20世纪90年代建的临江公园也成了回忆(见图7-2)。

图7-1　堤防原貌

图7-2　滩地原貌

三、青山江滩景观设计特色之美

(一) 青山江滩的形式美

从江水、滩地、堤防的平面关系来看，原始地貌中滩地、堤防、城市界限非常分明，三者平行存在，确各有属性。改造后，滩地与堤防的边界已模糊不清，堤防与道路也平缓相接，高度整体的绿化将三者融合统一(见图8)。

图8　改造前与改造后的江水、滩地、堤防之间的关系

改造后硬化的护坡堤防已不复存在，只有公园式的滨水景观绿地。在保证武汉市防洪设防标准的情况下，将原有土堤改成缓坡，整个迎水面滩地最后形成一个舒缓的缓坡式公园，堤顶原8米宽的水泥硬质道路改造为4米宽的景观自行车道，弱化了“堤”的视觉形象。从二七长江大桥看过去，“堤”已不存在，只有一列小山丘式的缓坡存在于水和城市之间，整个缓坡被浑然一体的大景观绿化植被覆盖(见图9)。墙和岸的消失，并不意味着防洪功能的消失。岸线护坡生态化处理后，陡坎式的防洪岸线成为可以生长植物的岸线，同时，允许部

图9　消失的“大堤”变成缓坡式公园

分滩地可以被多少年一遇的洪水淹没，避免河道形成窄深的胡同式河流景观。

从形式美的节奏和韵律来看，改造后的青山江滩景观节点的定位充分考虑了与城市空间的对接，节点间的距离控制在200~300米之间，确保游客热情不减(见图10)，例如：武汉最美夕阳观赏点、塔吊遗迹、以码头为背景的文化娱乐广场、浪漫的婚礼主题园、极具仪式感的婚礼长廊、丰富的儿童游乐场地，这些既有设施的保留，提升、承载了青山记忆的公园新貌、花海观赏地等众多景点。

图10　青山江滩景观节点实景

(二)青山江滩的功能美

艾伦·卡尔松在建筑功能之美中提出："当我们将功能之美视为一种对有机物进行审美欣赏的方法时，它就具有一项重要优势。"①对于青山江滩改造工程，堤防的下部空间同样要加以利用，在确保城市防洪安全的前提下，新建了13万平方米的地下空间(见图11)，解决了滨江区域的停车和配套服务问题。一是缓解了城市停车的压力，二是保证了江滩内没有车辆通行，这是城市空间复合利用、集约利用的体现，充分展示了青山江滩的功能美。

① ［加］格林·帕森斯、艾伦·卡尔松：《功能之美——以善立美：环境美学新视野》，薛富兴译，河南大学出版社2015年版，第106页。

图 11　堤防下公共空间的利用

改造后的青山江滩的功能美还体现在场地节奏与绿化空间的开合有致(见图 12)。设计有在研究了游客的游玩习惯和场地的特性后，在带状的场地上布置了侧重点不同的各类节点和设施，它们像随机飘落的叶子一样不均匀地分布在这条沿江的绿毯上，两点间的步行距离刚好让游客有思维上的转换。绿化空间讲求有遮有透，沿带状用地布置足够多的视线通廊，让游客能直接观赏到长江的美景；通廊间植被采用自由的群落式布置和主题式布置结合的形式，可让游客赏花、赏叶、嗅芬芳。

图 12　绿化空间开合有致

(三)青山江滩的意境美

意境为什么能引起强烈的美感？宗白华提出，意境是一个有高度、深度、阔度的想象空间。① 这个想象空间是个多层次呈现的审美结构，至少可以分为三层，一层比一层具有更深的情，同时渗入更深的景；一层比一层更具有晶莹

① 宗白华：《美学散步》，上海人民出版社 2005 年版，第 16 页。

的景，景中全是情。对于青山江滩的审美意境可以从以下三个方面来讲：

一是寄情于景，情景交融。通过对老武钢码头——塔吊工业遗迹的保留(见图 13-1)，唤起老一代武钢人儿时的记忆，用大红色的“钢花四溅”景观构筑物激发新一代青年武钢人的拼搏精神(见图 13-2)；滑滑梯是我们小时候都玩过的，在青山江滩中玩滑梯成了大人和孩童的亲子活动场所，也受到不少年轻人的喜爱。

图 13-1　塔吊工业遗迹的保留

图 13-2　钢花四溅景观构筑物

二是基于生态设计的自然美。任何设计的价值都是对人类感官驱动后产生的结果。王受之先生对于设计的阐释更加贴近现代设计的本质，他指出设计是一种以视觉传达方式表现出来的活动，强调设计的感官效果。① 在改造青山江滩过程中，设计师建议将大量原生植被保留下来，让新增的木屋、升级的滨江公园、改造的儿童娱乐场地融入到大自然绿色的背景中。

三是时尚、浪漫之美。美国杰出的后现代主义建筑设计师，查尔斯·威德拉·摩尔(Charles Willard Moore，1925—1994)被称为诗意空间营造大师，对于建筑设计一直持有非常浪漫的艺术态度，他曾说："一个好的地方是你可以记得、关心和融入生活的地方。他鲜活、个性，可以引起我们对一些情感、人物、想法的回忆。一个好的公共空间，就是这种能够唤醒我们情感和激发我们想象的场所。"体验过青山江滩的市民尤其是情侣一定对那个充满浪漫仪式感的婚礼主题园印象非常深刻，白色金属铁艺长廊造型干净简洁、地面心形图案的铺装和心形情侣坐凳都表达出对生活的热爱，石材的白色与坐凳的红色色彩对比温馨明快，极具现代时尚浪漫之感(见图 14)。

图 14　浪漫的婚礼主题园

四、结语

在对滨水环境改造治理过程中，我们通常只重视经济的价值和一般功能属性，如成本的回收、交通的需要等，对于城市空间的软性美学价值关注不够，设计美的价值没有得到充分体现，造成诸多自然景观资源的浪费。从生态角度来讲，滨江空间是重要的生态环境，为动植物提供了良好的生存环境和迁徙通

① 王受之：《世界现代设计史》，中国青年出版社 2002 年版，第 12 页。

道。青山江滩一期重点打造樱花和海棠林带，樱花林650米长，品种有日本早樱、云南早樱、山樱花等；海棠林带790米长，品种有湖北海棠、垂丝海棠、木瓜海棠、西府海棠。下层地被植物配以花叶芒、细叶芒、狼尾草、黄金菊及大片的野花组合，呈现出四季缤纷的花海景观。江滩景观营造的独特氛围对于市民来说构成强大的人文吸引力，青山滨江景观环境充分重视人的参与性，生态缓坡堤防与蜿蜒堤顶绿道、不同标高不同亲水平台的设置、承载老武钢人记忆的服务建筑、原池杉林中植入木屋、丰富的儿童游乐场地和兼顾大人与孩童的游乐设施等都把设计的参与感发挥到最大限度。这意味着我们对生活环境的感知、意识体验已经与这座城市的历史和文化产生新的有机关联。新武汉青山江滩景观以长江为背景，通过对堤防、护岸、沿岸建筑物的合理改造，结合“生态缝补”设计措施，相当程度上改变了武汉市民对老工业区的印象，实现了新时代青山江滩的美感革命，其城市功能、生态链和休闲、娱乐价值的有机融合具有重要的设计美学实践意义。

（作者单位：武汉东湖学院传媒与艺术设计学院、武汉瑞拓建筑设计咨询有限公司）

楚文化符号在武汉市城市形象设计中的应用研究

李　娜

楚国起于西周时期，曾为春秋五霸，鼎盛于战国，后败于秦，但由于其独特的人文地理及历史延展，形成了充满生命活力、浪漫激情的楚风灵韵及深厚的文化接受心理。楚国初期偏处湖北汉江上游的荆山、睢山一带，虽是一个蛮荒小国，但经800年的开拓，形成了以江汉流域为根基，沿汉江和长江中下游发展的最大诸侯国，鼎盛时期疆域几乎是今天的南半个中国，从春秋五霸到战国七雄，从巫风炽烈的传说、清奇灵巧的漆器、奢华雄伟的章华到江上沉吟的屈子，演绎了华夏诸子亮丽的华章。对于楚文化的价值，华南师范大学教授皮道坚在《楚艺术史》中写道："楚艺术也是人类在古代世界所有杰出艺术的创造，与早于它的古代埃及艺术、巴比伦艺术，以及与它大致同期的希腊艺术、稍后的罗马艺术相互辉映。"①来自中国南方的楚文化，在漫长的古典轴心时代，结合地域文化实践形成了自身独特的文字和符号体系，大大丰富了华夏文明，至今依旧具有巨大的景观及人文设计价值。

一、楚文化代表性符号

文物是文化的载体，是人类社会发展过程中的遗存与精神象征，它从不同领域和侧面反映了历史上人们改造世界的状况。对楚人造物活动的了解正是通过考古出土的一系列文物而得知。楚地出土的文物上有丰富的装饰纹饰，各种千变万化的动物纹、植物纹、几何纹以及现实生活和神话传说等图案纹样，形象地将楚文化的造型特征和审美意识呈现出来，至今在潜意识层面，依旧影响

① 皮道坚：《楚艺术史》，湖北教育出版社1995年版，第5~6页。

着中国，尤其是南方诸多地区。

楚文化吸收中原文化又与南方楚地自然地理及生活方式相结合，既有儒家气韵亦有道家风采，更有融合儒道的多元复合；在漫长的历史发展中积累着属于楚文化自身的大量符号，楚人在器物上常表现的题材首推凤纹。凤，乃传说中的百鸟之王，头顶华冠，羽披百眼，雄的为“凤”，雌的为“凰”。古人认为时逢太平盛世就会有凤凰飞来，因此被认为是瑞祥之征(如“龙凤呈祥”)。楚人尊凤，以凤为图腾，有证可考的历史距今已有7000多年，最初是由其远祖拜日、尊凤的原始信仰演化而来，楚人的祖先祝融是火神兼雷神，也是凤的化身。凤纹的流行是楚文化鼎盛期装饰艺术的一个显著特点。如1962年在湖北省荆州市江陵楚墓中出土的虎座鸟架鼓(见图1)，是楚地特有的典型器物，具有鲜明的楚式风格。

鼓由木雕成形，再施以彩绘。其座为相背的二虎，作蹲伏状。虎身上分别站立凤鸟，相背而立，仰首展翅。楚人与西境的巴人常发生战争，巴人崇虎，楚人尊凤，所以器物中出现以高大气宇轩昂的凤鸟立于矮小匍匐的虎之上的形象，来象征楚人不畏强敌的信念。此件器物所表现出来的精神与楚人北伐中原“一鸣惊人”的故事，问鼎中原的历史，都象征了不甘边缘的浪漫主义牺牲精神，与北方《诗经》文化体系中的对于战争的忧郁态度截然不同。

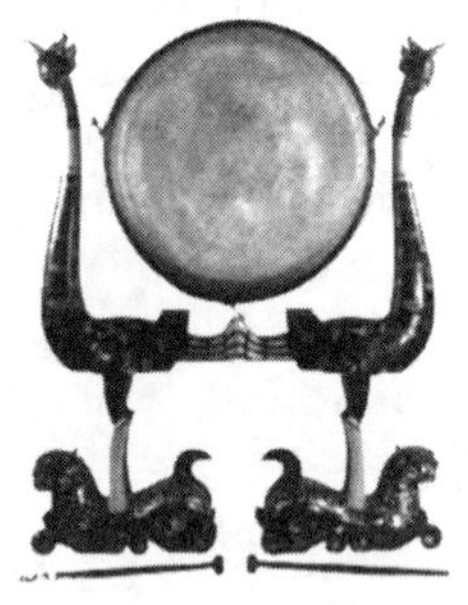

图1　虎座鸟架鼓

图2　曾侯乙墓出土编钟

除了楚凤，最具有代表性的文化元素还有编钟，编钟是春秋战国时期流行的一种大型打击乐器，主要用于祭祀或宴饮时演奏。它用青铜铸成，由大小不同的合瓦形腔体的扁圆钟按照音调高低的次序排列起来，悬挂在一个巨大的钟架上。用丁字形的木槌和长形的棒分别敲打铜钟，能发出不同的乐音，编钟本身具备两种振动模式。其能够同时发出两种不同的乐音，它也是中国古代最早能够发出两种基音的双音乐器。1978 年出土于湖北随县(今随州市)的曾侯乙墓编钟是楚人在文化、艺术、工艺等方面的杰出代表。① 这套编钟由重达 2567 公斤的 65 件青铜编钟组成，其音域跨五个半八度，十二个半音齐备，是我国目前出土编钟数量最多、保存最好、音律最全、气势最宏伟的代表性作品，这套编钟的出土不仅再现了楚人在青铜铸造工艺上的卓越成就，也表现出了楚人对音乐的热爱，对浪漫艺术的追求(见图 2)。在曾侯乙墓出土的器物中还有一件器物，也极具代表性，就是鹿角立鹤。器形主体是一只仙鹤，鹤为长颈圆首，尖嘴上翘作钩状，鹤头有鹿角，背上有翅膀(见图 3)。这种以复合造型和装饰出现的动物形象，在楚地出土的器物中大量存在，如曾侯乙墓内棺漆画上的人面鸟身形象(见图 4)，还有同样出土自曾侯乙墓的鸳鸯盒腹部漆画上敲击编钟的鸟首人身像(见图 5、图 6)。在巫风激荡的楚国，楚人对物象的整体性把握，并不完全和客观现实相吻合。他们有意打破了物象的完整性，人为地选择具有表现性的局部特征加以整合，形成一个新的整体形象，这种形象给人以虚幻性审美观感，完全超出视觉感受和知觉能力的整体形象。楚器物上反复出现的这种神秘的、复合造型和装饰的形象，或许代表着楚人的某种精神性目的，是神性和自由精神的象征。除了代表着楚人物质生产的文物外，楚文化还包括楚的社会形态、宗教哲学、民族精神、语言艺术(《楚辞》)等。

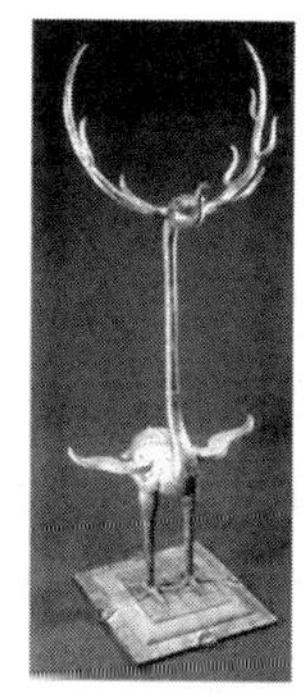

图 3　鹿角立鹤

图 4　曾侯乙墓内棺漆画人面鸟身形象

① 学界基本将曾侯乙墓的发掘纳入楚文化的研究范畴，如皮道坚在《楚艺术史》中就说：“曾侯乙墓出器物当属楚文化系统，它们在造型艺术的各个方面的一些表现，也理应是楚艺术史的组成部分。”见皮道坚著：《楚艺术史》，湖北教育出版社 1995 年版，第 133 页。

图5　鸳鸯漆盒

图6　鸳鸯漆盒两侧漆画

楚国由名不见经传的荒蛮小国发展到后来强大的诸侯国，培养了楚人自强不息、特立独行、桀骜不驯的个性，湖北地区至今仍有“不服周”的说法，这种强烈的反抗精神，正是肯定人和人本身，主张人性自流，主张率性而为，把人性视为天经地义的东西，使得他们在艺术创作上，偏重于情感，力求浪漫，与更偏重于礼法的中原文化形成很大的差异性。楚国杰出的诗人、政治家屈原身上就有着鲜明的楚人精神。屈原在政治上，主张对内举贤任能，修明法度，对外力主联齐抗秦。因遭贵族排挤毁谤被流放，却仍保有一腔爱国主义情怀，最后在秦将白起攻破楚都郢(今湖北江陵)，悲愤交加，怀石自沉于汨罗江，以身殉国。在文学上，他创作了中国浪漫主义文学代表《楚辞》，对后世诗歌产生了深远影响。因他的爱国精神与文学上的成就，使得他赢得了后世人们的尊敬与怀念，也成为今天楚国文化代表性人物。

凤、编钟、鹿角立鹤、屈原、《楚辞》等语言符号形象具有强烈象征意味，它们是楚文化的精髓，是最能代表楚文化精神和神韵的符号。其中拥有丰富而庞大的视觉符号体系可资当代艺术设计运用，诚然楚文化的符号绝不仅仅是这些，但在当前楚文化研究还不是很发达，楚艺术表现还不是很丰富的情况下，选取这些最具有表现力的传统符号形式，不仅为当代艺术设计提供丰富的营养与素材，更是对人们感知楚文化有着不可估量的巨大作用。

二、楚文化符号在武汉市城市形象设计中的应用实例

湖北是楚文化的重要发祥地，武汉作为湖北省首府，华中地区最大的城市以及长江中下游的特大城市，在改革开放30多年的发展中日新月异，近些年

城市建设更是如火如荼，然而在高速发展的经济背景下，城市形象也同我国其他大部分城市一样，虽高楼林立，但千楼一面，欠缺地域特色。中国城市规划专家王树声曾提醒城市建设者：“城市绝不仅仅是经济的产物，城市秩序也不仅仅是经济秩序，因经济而起的新建设都应与城市的人文、自然融为一体。”① 在此之前，被公认为指导21世纪建筑发展重要纲领性文献的《北京宪章》中也指出：“文化是历史的沉淀，留存与城市与建筑中，融合在人们的生活中，对城市的建设，市民的观念和行为起着无形的影响，是城市和建筑之魂。”②该宪章明确提出继承与发扬历史传统和地域文化的重要性和必要性，并指出文化是历史的积淀，是城市与建筑之魂。这些都说明对传统文化的继承和再创造的迫切和必要，让现代建筑与历史文化结合是继承与发扬传统文化和地域文化的重点，如果将楚文化符号融合进现代建筑，设计出具有楚风楚韵的新城市形象，那武汉将会获得积极鲜明的城市形象，形成软性竞争力，也能提升生活在此地的居民的文化自信与归属感。

近些年，武汉市城市建设也在有意识地将楚文化元素融入城市设计之中。如以“凤”为题材的东湖磨山风景区的一系列环境设计。东湖是中国最大的城中湖，东湖生态旅游风景区每年接待中外游客百万人次，是首批国家级风景区。磨山风景区位于东湖生态旅游风景区南岸，其标志性建筑物是楚天台，根据楚灵王时期著名建筑章华台形制而仿建，据史书记载章华台“层台累榭，三休乃至”③，楚天台高35米，层阶巨殿，高台矗立，楼顶设一只高1.2米的铜凤，楼正面镶嵌600多块天然大理石，拼成“楚天仙境丹凤朝阳”，磨山入口处以虎座鸟架鼓为原型，设计为两只高达6.2米的凤鸟立在老虎之上，两只凤尾高高扬起，围成一个半圆形，在自然天色与山色的映衬下，显出意气风发的气势，代表着楚人的不屈意志与昂扬斗志(见图7)。

---

① 王树声：《重拾中国城市的“山水传统”》，载《人民日报》2015年10月6日。

② 1999年6月23日，国际建协第20届世界建筑师大会在北京召开，大会一致通过了由吴良镛教授起草的《北京宪章》。《北京宪章》总结了百年来建筑发展的历程，并展望了21世纪建筑学的前进方向。

③ “层台累榭”出自《楚辞·招魂》：“高堂邃宇，槛层轩些。层台累榭，临高山些。网户朱缀，刻方连些。”“三休乃至”出自汉代贾谊《新书》卷七《退让》：“翟王使使至楚，楚王夸使者以章华之台。台甚高，三休乃至。”

图 7　东湖磨山风景区凤鸟雕塑

图 8　湖北出版文化城

以“编钟”为元素的设计有湖北出版文化城、武昌火车站、湖北省博物馆等大型地标性建筑。其中湖北出版文化城(见图 8)，主体建筑的造型利用原有双塔形成具有编钟意象的造型，孔洞状的方形小窗形似编钟上的突起。双塔的头部两翼翘翅展开，又取意于凤鸟意象①；武昌火车站(见图 9)，主站房形似编钟，整个外观仿如一座“楚城”，外墙上还镶有编钟纹饰。② 但是在武汉市众多的公共建筑中弘扬楚文化的建筑仍是屈指可数，如武汉国际会展中心、与黄鹤楼遥遥相望的湖北剧院，作为武汉商业中心的武汉广场等这些大型的对外交流窗口都未对楚文化有展示。城市形象设计除了大型地标性建筑及景观设计之外，还应该包括城市视觉识别系统设计，即城市标志体系、城市公共标识体系、城市公共艺术体系、城市公共设施体系和城市公共交通工具体系等。

图 9　武昌火车站

① 范蓓、宋奕勤：《楚文化元素在武汉市品牌形象建筑中的应用研究》，载《中国艺术》2012 年第 1 期。

② 王琨、谢兴保、袁强：《武汉建筑与楚文化》，载《城市文化》2005 年第 7 期。

在城市标志体系方面，2014 年武汉发布的城市形象标志(见图 10)，以繁体“漢”字为设计创意点，右侧上部采用了出土的楚国双联玉舞人造型，色彩上选用以渐变式的“楚红”为主色彩，透出浓厚的楚汉文化韵味。还有被命名为“火凤凰”的湖北电视台标志(见图 11)，以楚凤为元素，运用简洁、流畅，并富有动感的线条，刻画出一只抽象的凤鸟形象，极富有现代设计的形式美感。“火凤凰”不仅寓意着电台一飞冲天的积极向上、奋力拼搏的精神，也反映了湖北地区的先民楚人崇火、拜日、尚赤、尊凤的文化传统；城市公共艺术体系与公共设施体系方面，表现突出的是旅游重点景区的东湖风景区，其一系列建筑装饰及雕塑、垃圾桶、围栏等景观小品以凤鸟作为设计元素烘托了楚文化特色。相比较而言，武汉市在城市公共标识体系与公共交通工具体系方面，设计的文化介入还十分薄弱，如标识体系中的路标、导向标牌、公共交通标识、交通规则标识，交通工具体系中的地铁、公交车、清扫车、垃圾车、消防车、救护车、宣传车等，在这些方面较为欠缺关于楚文化的展示，这就造成了传统文化再现上的单一性与片面性。唯有将城市形象设计作为一个历史性整体策划，打通古今文脉，才能使城市形象具有明确的特色与个性。

图 10　武汉城市标识　　　　图 11　湖北电视台标志

三、楚文化符号的延伸与升华

文明及其符号化历史进程是文化延续的重要方式。“符号学”的概念最初由瑞典语言学家索绪尔(Ferdinand de Saussure)从语言学角度提出的，他将符号分为能指与所指，能指是符号的形式层面，它是可感的物质形式，而所指就表现为形式的意义层面。① 艺术设计领域里的符号，是具有普遍心理接受基础

① [瑞]费尔迪南·德·索绪尔:《普通语言学教程》，高名凯译，北京商务馆 1980 年版，第 102 页。

的认知符号，具有潜在的意义结构。如果环境符号系统所载有效信息太少，只具有技术和少量功能语义，则缺乏文化内涵，会导致环境的冷漠和乏味。艺术设计领域里的符号，具有认知性、普遍性、约束性和独特性。对传统文化符号的研究将帮助设计者更好地处理建筑、景观与文化之间的关系。

首先，符号的运用有直接和间接之分。目前楚文化元素在武汉市城市形象设计中运用并不算多，且大量城市公共艺术形象都是以直接挪用符号为主。例如，东湖磨山楚城的入口雕塑、洪山礼堂主体建筑外立面装饰，都是直接采用了虎座鸟架鼓图案；武汉地铁 2 号线洪山广场站的浮雕也采用了虎座鸟架鼓以及编钟、青铜鼎、双龙玉璧等形象。但是对符号简单的照抄、挪用，会让观者习以为常而难以引起足够的注意和兴趣，所以，在对传统文化元素进行再运用时，需要加入现代设计手法，使之新颖，耐人寻味并具有时代感。例如，有意识地改变符号间的一些常规组合关系，将一些常见的符号简化、变形、抽象或者把元素组合关系打散，再以一种新的构成方式重新组合，能起到引人注目、发人深省，加强环境语言的信息传递作用。直接挪用传统文化符号也可以结合不同时代的科技发展而有创新表现，如用新的材料展示传统造型与纹饰。

随着经济的飞速发展，各种装饰材料层出不穷，以现代材料再现楚文化元素，也会造就一种新的美学意义，就如同建筑大师贝聿铭用钢材、玻璃等现代材料再现具有徽派建筑特色的苏州博物馆以及巴黎卢浮宫广场上玻璃金字塔那样，将新材料与传统造型完美嫁接。

其次，设计符号是文化的载体和媒介，是文化的产物和积淀，它有外延和内涵之分，也就是索绪尔所说的符号的能指与所指。符号的外延是指符号具有的那些确定的、显在的或者常识性的意义，是文脉中直接表示的“显在”关系。① 如武汉市内大量建筑、景观设计中对楚风形象的直接再现，就是对楚文化符号外延的再现。内涵是指符号所代表的事物属性及特征，内涵体现了符号背后的文化、意识形态以及社会背景。对楚文化符号内涵的再现是目前武汉市城市形象设计所欠缺的。

以 2011 年建成的楚河汉街为例，此街位于武汉中央文化区，总长 1.5 千米，是目前国内最长的城市商业步行街，是武汉市本地居民闲暇时光购物、散步常去的休闲场所，也是外地游客观赏东湖美景的重要一站，是展示武汉作为

① 肖德荣：《符号学在环境艺术设计中的文化表征》，载《湖南大学学报》(社会科学版)2010 年第 1 期。

一个现代都市其经济发展、文化特色、历史传统的一个重要窗口。街道以“楚河”命名，然而整体建筑却是民国风格。步行街设有5个以湖北地区历史名人命名的大型广场，其中与楚文化有关的是屈原广场，但是该广场除了一尊屈原铜制雕像以及路面铺装上使用了表现屈原事迹的铜板浮雕以外，街道两边的景观设计再无其他与之相关的楚文化元素的再现，这种平淡欠缺特色的景观设计，无法很好地烘托气氛体现主题，不足以展现以屈原为代表的楚文化底蕴，让符号背后的文化和审美信息传达有限。然而，这种片面的、表面化的设计手法在武汉市其他景观设计中普遍存在，这样的设计让民众难以体会到传统文化精神，更无法真正地让传统文化精神融入民众生活。

在现代景观设计时，对传统文化内涵的展示应渗透到设计项目中的每一处，尤其要注意细节的处理，像江西省景德镇作为“瓷都”，其城市形象设计上也应体现瓷都特色，所以，在市区一些主干道的交通红绿灯及交通路灯设计上采用了瓷柱灯(见图12)。借鉴这一做法，我们可以将武汉市江边一部分主干道的路灯灯柱设计成抽象的凤鸟造型，将部分景观小品如垃圾桶，设计成编钟造型，在一些重要街道的景观节点处设计以楚凤为原型的大型现代雕塑，让这些景观小品成为楚文化传播的载体(见图13)。当然，将楚文化元素造型纹样的神韵，通过现代设计手段进行提炼，再运用于城市景观设计之中，需要我们熟练掌握楚文化符号，使这些符号托物抒情、借物寓意，使城市景观具有更强的感染力、想象力和视觉冲击力。

图12 景德镇街灯

图13 “凤”形主题景观小品意向图

四、结语

楚文化不仅是春秋战国时代轴心价值的体现者，也是南方文化的重要渊源，拥有丰富而庞大的视觉符号体系，继承与发扬这些优秀的民族文化遗产，可以为武汉市城市形象设计增加更为深邃的人文亮点。对楚文化代表性元素的筛选、区分与沉淀，要与其他现代造型元素统一，并形成整体，才能成为独特视觉语言，摆脱城市形象设计上同质化竞争，实现地域特色、历史文脉与信息技术的融通，实现时代精神的传达和价值实现。武汉居于楚文化空间的关键场域，更是未来中国国际化窗口地带，是长江经济带的支点与枢纽城市，其多元、友好、生态、数字化城市形象与符号建构更是中国参与全球化人类命运共同体，实现新华夏文明复兴，中部崛起的直接文化表达。

（作者单位：湖北商贸学院）

艺术评论

美术馆笔记

——当代公共空间中社会美学品质的生成与变化

徐勇民

一

展示人们创造视觉景象的公共空间，恐怕只有美术馆了。公众走入美术馆，便成了用眼睛感知社会以图像方式存在的观众。

到城市中走走看，公立和民营美术馆占据了很好的街区园区和校园，数量日增，品质可嘉，呈现出文化业态的丰富。这个空间定义着社会生活中感官应具有的文化品质，不动声色地将个人欲望与社会进程给视觉化了。

在伊斯坦布尔自己建了一座博物馆的作家帕慕克说：存在比内容更为重要。

美术馆入口处每天通过计数器掐算人数，掂量公众的热情度，揣摩统计数据值发生变化的原因。任何进入美术馆的观众都可以平等地站在作品前体验短暂的审美，期待看到自己愿意看到的作品。

文化要繁荣，不止口头嚷嚷而已。一面是公立美术馆大张旗鼓，一面是民营美术馆推波助澜，依托有商业价值的项目开发优化美术馆品质，资产以公益形式活跃了城市文化。主管部门评价机制和逐年投入的慷慨倾向，确保了作为公共文化服务机构职能的稳定。

媒体推送鼓噪，展览一个接着一个。观众自有“千树万树梨花开”的惊喜，顾不上久候才得以观展而满心欢喜。千里江山近在咫尺，当然难掩优先窥视珍品的兴奋。走出美术馆，常常是饥肠辘辘，肠胃也需要美食滋养，别忘了，直接体验何为幸福生活的是感官，味觉比视觉要敏感得多。

二

古今被称为的艺术品，永远散处生活的各个角落。

物流业快捷高效，在美术馆紧凑的年度安排下，将收藏于各地的艺术品来来回回运送展陈。保险价格之高，瞬间引出警匪片惊险情节的联想。拍卖会落槌后的天价，艺术品冠以了“珍品”二字，望而生畏。不可名状的形态色彩和材质，在空间中流变，完成了它常看常新的组合方式。

美术馆中欣赏藏品与展品是愉悦的。高品质的照明、严密的安保、肃静的环境，大声说话都遭人侧目。只要不闭馆，由自己看好了。想想在藏家私宅中，看不轻易示人的藏品，恩赐似的供你窥赏还不停地暗示藏品所有权。

三

医生朋友说，遇新鲜空气，只需猛吸一两口，便可清肺。浑厚的文化氛围，人们输出渴望换取新知，吐故纳新。自文化史“轴心时代”之后，百家争鸣景象再也没有出现。

勤奋好学的中国艺术家很不情愿自己专业常识中有遭人耻笑的盲点，这也解释了何以他们不惜奔走于五湖四海，为的只是亲眼看到某个在媒体上已炒作得沸沸扬扬的展览，或目睹美术史图册中缩小了的图片还原成的原作。

艺术家如星星般遥远闪烁，你往往看不出反射光源来自何处，似乎只有摘回到美术馆，才可以看清其本来就凹凸不平的面目。

在艺术家工作室与美术馆中看同一件作品，感受不太一样。一边是私密的个人空间，胡乱堆放形成作品的种种媒材与资料，还特别适合用于刊印画册摆拍的工作照；另一边是大庭广众置放完成的作品，观赏之余留给了热心观众与作者合影的足够空间。公众的困惑、敬畏以及对作品占有的欲望，随空间转移调适成彬彬有礼的注目。

期待中的审美时代趋同性，有时被欢愉的表象高估了，美育的普及还缺乏国民教育序列的系统研究，公众对美术馆功用难免疑心重重。

四

开幕式就是嘉年华，日期如盼来似的。大多是同仁相识，还有朋友的朋友的朋友，师生代际相隔，几代同堂称呼起来不易。遇盛大场景，穿旗袍礼仪导引者和管弦乐队成员都知这是助兴的好去处。

礼数周全的开幕式因盛装出席者中一两位有影响的社会身份而瞬间隆重。掌声阵阵，台上有谁讲了什么已不太重要。在这种场合，艺术家出场时如同服装秀场，常见矮小的设计师被高挑模特们簇拥出场致谢，必是压轴节目。观众亦可添加欣赏作品之外的谈资。艺术家与批评家此时的自谦或是自负，相当诚实，一起配合酝酿出与开幕式呼应的情绪。

哪怕来去匆匆打个招呼，不忘如获至宝般带走一本画册也是很给面子的。尤其内附作者签名，那意思是说我在意您的作品，别急，回去慢慢看。视觉与原作零接触只差一步的可能，莫名其妙地没了。

五

美术馆应引领观众在欣赏中逐步了解作品所要表达的内涵，批评家这时出场了。他们来自天南地北，其职业是以文字丰富观众对艺术品的理解。他们能对作品种种不确定的潜质精心勾勒，引导公众的欣赏超出个人喜好。鼓励他们在欣赏中采取多种视角，珍惜自己的视觉感受力。文章解读鲜活，让你脑洞大开。

观众对于作品或是作者总有无休止的设问，一不小心会将提问变成责问，与批评家的职责混同起来。在场的交流方式，批评家会告知公众也提醒作者，观看并思索我们在社会中所处的位置时，画面选取对自然模拟与非模拟的方式无关紧要。观众要适应用图像去开拓自己的情感表达口径；否则，作品的能量将萎缩，直至离我们视线而去。

有一个例子可以解释情感自我投射与表达的关系。挪威人蒙克一直想画出“日落的回忆”，竭力表达出他向往的不可能。朋友建议他画出眼中落日就是凝结鲜血的感受，于是就有了《呐喊》。而在朋友眼中，看到的却是一幅不可理喻的奇怪作品，正是这幅作品，一百多年来，不知惹了多少批评家舞文弄墨地百般解读。这下明白了，载入史册，必是有故事的。

批评家只有耐心教会热心观众去不断地熟悉经典艺术语法，才可以如同拼摆七巧板一般填写出当代语式。

他们理性分析与引导的文字有时先于艺术作品公之于众，公众反应自然存在必要的延迟，这无疑考验着批评家们是否有足够的耐心。不厌其烦地描述、解读、评判艺术品，让观众知道什么是可以理解的，什么是恰当的和可接受的，可促其明白不应将审美标准格式化。

个人感受往往随众人情绪而改变。困惑，未必一定需要解释回应，珍惜自己的困惑往往可于逐流中解脱。其实眼前作品，愿意就多看几眼，心不在焉也不是不可以，用不着隐约惶恐地盯着看。你张开下巴看天上白云，何曾看不懂过？

六

大多数艺术家并不是想象中特殊的人。他们的作品，将眼中世界借某种介质或媒材浓缩表现成这个时代的观众想要看到的样子。他们十分在意展厅中的观众是否在观看，不忍看到辛苦创作出的作品在展厅中面对人影晃来晃去随口泛泛褒贬。

凝视作品，无形中会削弱对其形成过程的关注。如果留意作者年谱，还有与作品并置的文字解读，你就不会仅仅停留在喜欢或是不喜欢作品的直观判断上。当然，有些年谱中创作经历看上去竭力要将自己塑造成一个励志典型，看上去不是眉头紧锁地思考，就是蓬头垢面地劳作，生活烟火了无踪影。

原本分不清美术馆究竟是干什么的路人，慢慢也可从频繁更换的五颜六色的海报，猜想出展厅中可能会有些什么。看完一本书不吭声是常见的，但看完一个展览便似乎有些不吐不为快了，这可是秀出个人品位的好时机。

美术馆一方面极力发挥自身职能，试图以不同类型展览去满足每个人的需要，增进视觉艺术交流互动；另一方面，也促成了一个地区普及艺术教育的社会多元文化生态。美术馆相继申办大型展事如申奥般显示出的空前热情，驱动政府以艺术的名义加大投入，形成了城市参与的文化热情。

美术馆释放出人们与生俱来的天性，活跃了城市的公共空间。孩子们排着队到美术馆摊开画板，进行手绘，还原了视觉艺术教育的真实意图。一旁成人的提问，听起来却更像孩子。

七

视觉艺术的边界越来越宽，模糊一片。其形态一直渴求扩展至几乎所有人类创造的物品，微观宏观乃至自然造化。当你看到熟悉的物品放在美术馆作为了艺术品时，视觉艺术就已开始挑战观众虽然脆弱却是固有的审美观念。此时展厅中的你我，是不是有一种自己也在被观看被展示的不自在？

逛美术馆好比进餐馆，你尽可百般挑剔耍性子，但假如连一道菜都看不上的话，那一定是自己的胃出了毛病。展厅中，既有专家反复研究的经典画面，也有观众尚未习惯形成经验的当代图像，交叠中渐渐融合成视觉艺术的包容与张力。

同时也是批评家的策展人煞费苦心借不同主题类型展览，力图表现出艺术家对生存环境与生活状态的视觉思考，在展厅空间中执意主导艺术价值观，拓展并梳理了新的策展取向。他们在给予作品时代品质与公众幻想如何媾合上做足了功夫。

八

作品成本实际上难以量化，远不是推算媒介材料堆积层和折算劳作时间长短那样直观。作者对社会生存投入关注，能激发出许许多多观众透过作品窥探作者创作动机的热情。

艺术创作辛勤的付出，批评家理性的引导，将美术馆良好的展陈空间，转换成了一种可以认知的公共环境，以试探出公众如何打赏，是否容忍。

公共社会还没有一个空间像美术馆一样，空间与作品相互吸纳对方能量，既可以让体面的社交增加优雅魅力，又可以因视觉体验想入非非。甚至，观赏者先入为主视觉的成见会因观赏作品而意外地改变。展览难道不应该给我们视觉更多选择的自由吗？

千载寂寥，披图可鉴。进入美术馆的观众群会形成短暂的视觉信仰与判断。欣赏者参差不平的视觉喜好与品位，抑制在获得更高德性的社会功能层面，反映出审美标准一统的文化意图。我们习惯以图观史，将爱善憎恶作为道德标准，传导教化功能，变意义为唯一。与理性思辨相比，视觉图像感受力缓慢但固执，远比我们发达敏感的味觉要迟钝。

当以图像传播观念时，我们自觉地运用了集体主义原则，而当审视思考时，又无法驾驭个人的意志与偏好，轻易就忽略了图像本身作用于视觉的审美功能，也弱化了公众对美术馆功能的认知。

九

好像在世间无处安置的东西都放纵地堆集到了美术馆。如此，语言述说会因词不达意而让作品变得高深莫测。感性与理性如何在艺术欣赏中平衡，其中纠结，留给了艺术教育和专业工作者更多可供反反复复研究的课题。走出美术馆，反而可以就美的定义各执一词、高谈阔论。

艺术家看同行展览，好比厨子擂台品尝同行端出的拿手菜肴，能说由衷的话吗？流派与观点相互间的攻击与蔑视，一旦进入了美术馆空间，公德让这一律变成隐匿。大家心中清楚，这儿不单是属于艺术，历史、哲学、科技等这些相关学科围成一圈冷眼看着呢。

日常生活审美理念精细化，个人情绪与感念中有关生命和生活的内容，已成为时代不可或缺的景观。美术馆好比一个舞台，将作者的生命意识场景化，带给观众真切的视觉体验与生命感触。

“五四”以来，文学艺术主动描写人的精神世界，无意中忽略了身体这一生命承载体的表现。展厅中一旦出现这类作品时，不经意会看到年轻情侣一方以暧昧的神情，用陌生名词恰逢其时地向有些迷惑的伴侣赞美丰盛生命应有的活力，顺便到艺术品商店买点小玩意相赠，用美的名义炫耀了爱意。

值得欣慰的是，美术馆中能看到出生于1990年后的新一代，实在不寻常，因为从互联网终端制造出你难以想象的诱惑中抽身去趟美术馆直视原作，你作揖都来不及呢！顺便给媒体一点忠告，以后采访多给他们一些画面，不要老是那么几种社会身份的人塞满镜头。

十

艺术圈易于沉溺自恋，总是在商业设计品牌时尚铺天盖地的大潮中进行半推半就的抵抗。比起商业广告，展览海报有时看上去像是圈内散布的小道消息。

每见大幅商业广告，常有没见过的动态表情，没见过的场景与服饰，没见过的暴露与藏匿，嗯，还有好多没见过，凭什么那个叫杰夫·昆斯的家伙弄些个东西就管它叫艺术？一定有人如此愤愤不平。

欣赏品位既属于个人也来自展厅约定俗成的文化认同。观众的反应往往被展厅外敏感的艺术市场所截获，通过不同的艺术机构运作，显示出不同观众视觉欣赏的类别需求，确认出其在社会文化中的归属。

如果说审美还需要普及的话，那未来知识的芯片是完全可以置入大脑用不着费时费力；如果说审美是依托于情感作用于身心活动，那未来人们的意识甚至还有可能脱离身体本身而存在，这有点挑战人类自身尊严的意思了，你置身美术馆，如何作想？

十一

比起在图书馆阅读，去美术馆浏览更易为公众所接受。无论是文字还是图像，一定的阅读量可以作为支配时间、获取学识的标准。我们常以观众数量多少衡量展览是否具有足够的吸引力。展厅门口排队本身少不了有从众心理驱动，美术馆有时会借用饥饿营销的手法。

“说实话，我对西方艺术的理解仅限于20世纪前。”这是朋友转发的某位好友的微信感言。我并不惊讶于这条微信内容。喜欢时尚的年轻人有意离间自己应有的身份，有些反讽意味。引起他感叹的是他看了一个像教科书似规范的中外交流展。每幅作品配有详尽的文字解读，年表脉络将历史背景、文化源流和流派交迭诸关系解释得清清楚楚。不知是不是还需要与他牵手一幅画一幅画来来回回比比划划？

即便如此，我以为这表白还是有胆识的可爱。毕竟，他说出来了。

还可以见到，观众中社会身份显赫者，指着眼前作品扭头问陪同的美术馆主管，说观众看不懂，我也不懂，你给我说说看，我很想听听。要知道，在展厅中不谨慎的言辞常常会惹恼作者，像这样不惜消解自己的身份和地位，索性让自己看起来不学无术，且看你如何——好一个社交必备的杀手锏。直逼你失语。

可见，40年来正能量社会价值观被玩弄成世俗的种种表现，还一味顽固。

记起一位作家说过：对未来缺乏希望的人，他们不会长时间地凝视任何东西，因为他们缺乏勇气，拒绝再尝试任何东西。

十二

媒体的读书节目，总是高调地给出读者比如一年阅读量应该是多少等建议，以此作为获取知识量的标尺。美术馆的推广则低调多了，发出的声音像是嘟囔：你最好去看看，不然要撤展了。何曾强求谁一年要看多少个展览？其实，无论阅读还是欣赏，有那么一瞬击中了你，还不够吗？

纸介质传播方式，难以满足人们视觉上更多样化的需求。互联网已打破美术馆的空间壁垒，视觉渴望在越来越多的虚拟空间获得"在场"。APP 社交阅读成了有力推手，哪怕只是片段信息与图片浏览，足以无节制地释放出人们的喜怒哀乐。显示屏微小的图形客观上降低了观展成本，也弥补了许多艺术书籍图示不足导致理解不便的缺憾，扩大了潜在观众群。

美术馆精心策划的经典主题展览，有时并未获得预期效果；谨慎斟酌甚至将引起某些过激反应也考虑在内的展品，却出奇地引人瞩目。观众写在留言簿上的感言往往出现难以解释的褒贬激动，出人意料。时代记忆与时代期待的审美与道德评价发生的变化，文化发展进程时时左右着对公众审美的预估，不同观众之间品位形成的排斥与吸引，更加引得社会舆论关注，也冲击着当今美术馆固有功能的设定模式，激活展览策划的思路。

艺术家和批评家心中清楚，艺术品不像商品那样在欣赏过程中损耗，它以自身的内涵持续地作用于公众感受，通过对未来的憧憬而放大成社会文化愿景。

十三

美术馆输出的视觉供血，构成了不同社会机体文化营养基，加速了历史、现实与理想潜在的视觉融合，在自觉与不自觉中拓宽了自身存在空间，给城市文化性格注入了鲜活血液，甚至有了些奢华气象。这当然是好事。一位学者说过，像巴黎这样大城市中的居民视网膜与耳鼓膜是由一代建筑家音乐家画家所打造的。

视觉体验，还没有可能在社会空间的另一环境中实现？未来，城市空间是不是仅仅有美术馆才能展出被称为艺术的物品？相信会有更多不同功能的公共空间，伴随人类视觉信息数字化获取方式的变化而出现。它们截取不同文化背景下的图像作用于不同空间中的表达，培养出观众视觉的时代品质。

一旦你听说了美术馆拥有的藏品(它们相当于资本市场上的硬通货)数量，难免不生出何时才能重见天日的杞人之忧，这也是热心观众精准的心理活动。如何运用一切可能的方式激发美术馆活力，吸引公众在现代生活中对欣赏艺术品原作保有持续的兴趣，让公众视觉资源利用率最大化，应该列入为文化作出贡献的预算，这是美术馆存在的社会意义。

十四

艺术家批评家共谋用真实和虚拟形态把一切都变为可能，再把变为可能的过程切片似地回放，来证实何以成为可能。汇集到美术馆的各种身份的人，形形色色。任何一方都不可能也没必要完全赞同对方的观点，这其实已反映出当代社会分工不同角色在索取与给予之间不歇息的博弈。

谁都不希望美术馆这一人工构造物的空间，成为艺术家、批评家、公众和媒体之间的隔阂。这个荷载着社会功能的共享空间，还存在有获得思考与获得新知的自由。彼此有更多的了解与尊重——无论是对美术馆、批评家、热心观众和主管部门，还是自谦或是自命不凡的艺术家，都是如此。

公立和民营美术馆履职的同时，热心地揽入了好多社会义务作为担当，将文化的进程以视觉化方式存档，留下社会价值评判的话题给了公众。虽无法在其空间中完成消费，但品位与热情是可以转换成预想的艺术消费需求。美术馆空间被时代赋予的功能还在不断地重新配置。

十五

艺术品，在美术馆中极尽所能占有着空间，越来越无所顾忌，改变着人们空间审美尺度的认识，呈现出奇景异象。可展览结束，作品搬出的情景，公众一定是看不见的。撤展打包托运后，霎时展厅如剥了衣服瘫着似的狼藉，工作人员各忙各的。下一期展览海报已摞着堆放在空空荡荡的角落。

艺术家与社会文化投入的成本，正缓慢地在美术馆呈现出应有的回报。

看自己喜欢的作品，是任何一位走入美术馆的观众心中所想，你全然可以名正言顺地享用公共文化福利的视觉支付。

这个空间具有的宁静，足以满足独处中对自在审美的向往。如果不是这样的话，走出美术馆，也许你会失望的。

（作者单位：湖北美术学院）

让中国传统艺术语言滋养当代美术批评语言

韦秀玉

现代社会以新的方式，把我们带入现代性生活形态。“在外延方面，它们确立了跨越全球的社会联系方式；在内涵方面，它们正在改变我们日常生活中最熟悉和最带个人色彩的领域。”①当代美术批评面对的是现代社会的视觉艺术事象，必须认真审视现代性本身的特征，以此对新时代的艺术事象做出客观回应。但是，传统和现代之间存在着必然的延续，全面理解古今中外的艺术规律，建构中国自身的审美逻辑将有助于我们超越现代性。正如朱大可所言，中国如要获得强大的世界化“文化软实力”，“必须具备独立、自由和批判现实的人文精神”；“必须具有独特和杰出的原创、创新、创意特征”；“必须传递区域和民族的历史文化传统，同时也向人类的未来开放”。② 中国优秀传统艺术的审美理念与当代社会现代性审美趋向的有机结合是探寻中国文化艺术发展的有效路径之一，中国当代美术批评可以从不同视角秉持合宜的艺术理论逐步转向合乎当代文化语境的正道上来。

中国传统艺术语言，是中国古人艺术表达的手段与方式，是过去的艺术经验，关乎艺术直觉与民族审美心理，凝结着先辈们的艺术智慧，是中国艺术的视觉符号，具有民族特性与永久性艺术价值。当代美术批评存在着从文艺理论到美术批评，从思想到思想的现象，批评没有落实到美术作品上，忽略将艺术语言与美术批评相关联的环节，忽视来自艺术作品的实际因素，缺乏客观性。中国当代美术批评呈现新的综合的可能性，将传统的理性认识论美学、感兴论美学与语言论美学中适应当代文化艺术发展的方面综合在一起。这意味着中国

---

① ［英］安东尼·吉登斯：《现代性的后果》，田禾译，译林出版社 2011 年版，第 4 页。

② 参见朱大可：《当代中国离文化繁荣有多远》，凤凰文化，https://culture.ifeng.com/insight/special/zuotanhui/。

美术批评需要适当地根据艺术作品的特性来偏重于某种审美类型。从艺术语言视角探讨中国当代美术批评的著述略为不足，有待进一步深入研究。中国当代艺术融合了古今中外的艺术语言，其美术批评需要合理运用中国传统的绘画语言，以建构具有中国自身审美逻辑的美术批评语言，进而建构具有中国优秀传统文化文脉的艺术价值体系。

一、中国传统艺术语言与当代美术创作之间的内在联系

当代艺术融合了各种风格、技巧、选材、主题、形式、目的和审美传统，美国学者简·罗伯森和克雷格·迈克丹尼尔在他们的著作《当代艺术的主题：1980年以后的视觉艺术》①中重点分析了当代艺术创作中较为显著的七个主题：身份、身体、时间、场所、语言、科学和精神性，重新省视中国传统绘画语言，可以发现有诸多手法适用于这些主题的表达。我们可以联系中国传统绘画的内涵，从艺术形式视角讨论中国传统绘画语言创造性转换于当代艺术发展中的合理性。

现代性正在成为一种传统，是现代人们生活与文化的重要品质及要求。寻求中国传统文化艺术与现代性之间的共通性使优秀传统文化艺术的现代性转换成为一种可能。在中国传统绘画中探寻适于中国现当代艺术发展的合理因素，可以从绘画语言视角将之勾连，因为中国传统绘画语言是中国人民的长期形成的艺术表达方式，传达着中国传统艺术精神，具有可持续性发展的潜质，在现代社会发展中仍然具有应用价值，也是推进中国优秀传统文化艺术的伟大复兴的重要途径。下面从线条、形状和时间元素（与空间关联）考察传统绘画语言在当代视觉艺术中的应用价值。

线条语言是中国传统绘画中的核心艺术语言，最适于表达个人细腻的感情与心性，今人将之概括为“十八描”；不同的线条类型对应不同的主题与心境，在当代艺术创作与设计中都有着资鉴意义。如“高古游丝描”描绘了中国古代仕女优雅身姿与轻柔婀娜的服饰；“铁线描”如锥镂石，劲挺有力，适于表现男性的阳刚之气；“钉头鼠尾描”刚劲简放，适于刻画豪爽奔放的人物性格。

形状在在西方现当代表现性艺术体系中是重要的语言形式，中国古代绘画

① ［英］简·罗伯森、克雷格·迈克丹尼尔：《当代艺术的主题：1980年以后的视觉艺术》，匡骁译，江苏美术出版社2012年版。

中有着不凡的表现。如《洛神赋图》(见图 1)中神灵形象与西方超现实主义、魔幻现实主义艺术中的变形处理具有相似的手法，通过形状的夸张变形揉入神话、宗教、哲学的意涵。陈洪绶通过古拙的人物造型诉说个人对魏晋隐逸、田园诗性的诉求。朱耷的花鸟怪诞变形表达心中的愤懑与抗争。这些富有创造性意味的艺术语言所获得的视觉效果旨在传达内在的文化与精神内涵，这与当代艺术中的精神性追求具有相通之处。概言之，中国传统的变形手法在当代艺术创作中依然适用，或表达内心的情感，或通过合成的图像在当代视觉艺术中传达传统的神话或哲学内涵。

图 1　传东晋顾恺之《洛神赋图》(局部) 绢本设色 辽宁省博物馆藏

中国传统绘画中对于时间主题的表现不乏经典范例。现代社会由于科学技术的发展，社会交通、信息传达迅速而便捷，时间与空间、地点的分离成为现代性的极端动力机制。地方性与全球性因素连接，频繁而直接影响人们的生活，进而影响人们对文化和艺术的审美需求。根据时空分离组织的图像“能够更好地抓住时间和空间的转换组合，这种组合一般而言对社会变迁，特殊地说对现代性的性质，都是特别重要的”①。又如斯蒂芬·W. 霍金在《时间简史》中所言：“虚(想象)时间是不能与空间方向分离的。如果一个人能往北走，他就能转过头并朝南走；同样的，如果一个人能在虚(想象)时间里向前走，他应该能够转过来并往后走。这表明在虚时间里，往前和往后之间不可能有重要

① [英]安东尼·吉登斯：《现代性的后果》，田禾译，译林出版社 2011 年版，第 19 页。

的差别。”①中国传统绘画注重从时间的视角创作空间秩序，郭熙总结“三远法”，注重在绘画中捕捉不同时间的景致揉合成林泉之致；石涛提出“搜尽奇峰打草稿”，描画个人体验中理想的山川。传为东晋顾恺之的《洛神赋图》的时间表现性多幕模式与西方现代绘画流派中的立体主义、超现实主义、未来主义中强调时间视角的空间创新模式相似，仍然可以创造性地应用于当代艺术创作中。由此可言，中国传统绘画语言可以为现代性审美诉求所用，将之进行现代性转换，融入当代艺术表达的主题，对当代文化艺术的发展具有重要的应用价值。

二、将中国传统绘画艺术融入当代美术批评参照体系

美术批评是介于美学和艺术之间，将艺术观点和艺术直觉相联系的学问②，对艺术事象作科学分析和评价，具有综合性和科学性特质。习近平总书记在文艺座谈会上的重要讲话中提出“运用历史的、人民的、艺术的、美学的观点评判和鉴赏作品”③。当代美术批评参照体系应当建立在中外美术史基础之上，探寻合乎人性的艺术规律，采用“历史的维度”作为艺术批评“坐标”元素，建构当代有效的具有中国特色的美术批评评价体系。视觉艺术语言经过人们长期的生活经验积累而成，与民族文化和审美心理息息相关。中国传统绘画语言凝结着古人的视觉表达智慧，是优秀传统艺术的视觉呈现方式，是传承与发展传统文化的必要元素。中国传统审美的标准至今仍然适用于当代人的审美需求，可以继续作为当代艺术创作的指南，融合时代精神建构当代艺术精神。中国当代的艺术语言应当与传统的艺术语言一脉相承，美术批评亦应敬畏历史，倡导科学创新。

在艺术批评中的四个步骤（描述、分析、解释、评价）中，分析环节是将视觉语言转换成批评语言的重要过程。在观看古今艺术作品时，需要勾连历史与经典，最有效的方式就是采用历时性方法考察其艺术语言，使美术批评具有历史的维度。批评家在评论一件绘画作品时，需要对照传统的绘画语言考察其

① ［英］斯蒂芬·W. 霍金：《时间简史》，许明贤、吴忠超译，湖南科学技术出版社2002年版，第182页。

② ［意］里奥奈罗·文杜里：《西方艺术批评史》，迟轲译，江苏教育出版社2005年版，第8页。

③ 新华网，http://www.xinhuanet.com//politics/2015-10/14/c_1116825558.htm。

形式与内涵之间的关系，在哪些方面不及古人的高妙，在哪些方面融入了当朝的时代精神，超越了古人的形式，创造了新的文化价值。北宋绘画评论家黄休复认为：“笔简形具，得之自然，莫可楷模，出于意表，故目之曰逸格尔。”① 黄氏从笔墨和形状之间的关系来评价绘画，具体而翔实，可以作为当代美术批评的参照。“高古游丝描”对应的是魏晋时期以顾恺之为首的绘画方法及美学意味(见图 2)，通过细腻的、犹如“春蚕吐丝”般绵长的线条表现飘逸、俊朗的魏晋风华，是今人遥想魏晋风度重要视觉符号之一。这与中国传统神仙学息息相关，与传统服饰、蚕文化都有着千丝万缕的关系。在当代美术作品中，如果出现此类线条语言，无论是绘画、综合材料甚至多媒体艺术，都可以将之进行比较分析，辨识“高古”遗风。将传统画论中绘画语言的评述应用于当代美术批评，是对优秀传统文化的颂扬，同时也是对继承传统优秀文化的积极推进。

图 2　传(东晋)顾恺之《女史箴图》(局部) 绢本设色 大英博物馆藏

---

① (北宋)黄休复：《益州名画录》，见周积寅、陈世宁主编：《中国古典艺术理论辑注》，东南大学出版社 2010 年版，第 25 页。

三、中国传统绘画语言滋养下的当代美术批评语言

美术批评语言是文字叙述语言，是对美术作品的一种文字叙述方式。美术批评的描述和分析环节，是将艺术语言转换为叙述性美术批评语言的重要过程，借助于客观的艺术批评体系将使美术批评科学合理。① 中国当代美术批评语言包括中国古代美术批评语言和翻译后的西方艺术批评语言，在美术批评中需要将视觉语言转化为文字语言，借助于西方语言论审美理论体系阐析的传统艺术语言的描述与分析，自然渗透中国传统的审美逻辑，使中国古代的艺术评价标准渗透于字里行间，使中国当代美术批评延续中国文化艺术的文脉，稳健、自信、自觉的发展。

西方现当代艺术的发展，艺术语言已然成为各个流派共同关注的中心，中国现当代艺术在中国自身发展演变及外来艺术思潮的推动下，现代性日益凸显，艺术语言问题也成为艺术家和批评家关注的中心问题，是中国现当代艺术的范型与专注的对象。艺术通过艺术语言得以表达，当代美术批评不妨在分析阶段和解释阶段关注艺术语言及其内涵的关系，以分析和解释语言作为阐释美术作品的途径，尊重观者的视觉机能，将艺术事项的理性分析通过艺术语言得以转译。

当代美术批评语言知识体系应充分吸纳传统艺术语言模型。如今中国当代艺术批评有过度倾向于西方重思辨的文艺批评语言的现象，致使美术批评遗忘感官和历史的视界。这就需要使当代美术批评语言历史化，具体而言有两层含义：一是将现当代艺术语言(符号)与传统艺术语言相勾连，重视当代艺术的语言构成与传统艺术自身发展过程的产物和传统文化艺术影响力量的关系；二是艺术语言模型的历史化，即充分利用传统艺术的历史阐释知识建构中国现当代美术批评语言模型，服务于艺术品的阐释。应把现当代文化艺术语言的变化看作历史变化过程中的复杂表征，例如“新文人画”“新水墨”“实验水墨”都是中国艺术历史演变的痕迹。艺术史“包括艺术作品里艺术性综合的直觉知识，又包括艺术作品所固有并与直觉有关的历史因素的知识”②。中国传统艺术语

① 韦秀玉：《视觉艺术语言研究》，武汉大学出版社 2017 年版，第 32、33 页。

② ［意］里奥奈罗·文杜里：《西方艺术批评史》，迟轲译，江苏教育出版社 2005 年版，第 6 页。

言是中国艺术史直觉知识的重要组成部分，是发展具有中国气派与审美逻辑的当代艺术的重要艺术手法，艺术家可以继续采用这些历史语汇，表达其创造性想象。通过传统绘画语言与当代美术批评语言的互动与融通，积极使承载着传统美学理念的艺术语言模型成为显现优秀传统艺术基因的通道或工具，在中国当代美术批评的知识体系中，关注传统绘画语言的内涵与演化意义，把握历史变迁的规律。①

四、建构具有中国自身审美逻辑的当代美术批评语言

中国悠久的传统历史文化孕育中国人民的当下与未来，改革开放以来，中西文化交流日益密切，中国艺术也日益受到西方文化的影响，如何在世界艺坛凸显中国特质是学界热议的问题。如今呼吁建构中国自身的审美逻辑的声音日渐强烈，需要不同领域的学人共同努力去谱写如此伟大的蓝图。笔者以为，在中国当代美术批评中，应倡导采用中国传统视角艺术语言改造中国美术批评语言，使中国美术批评语言中国化，实现艺术评价参照体系的中国化，建构有中国传统文化底蕴的中国当代美术评价体系，以使中国美术的当代发展具有历史的厚度。

中国当代美术批评应自觉将自身置于中国传统艺术发展的语境中，因为历史无所不在且无形而难以言明，但总是借助于艺术的物质形态亮相于当代艺坛。因此，在美术批评中对历史关系的追问，就是对历史文化语境关系的阐释。我们应尝试将影响现当代艺术语言的传统文化艺术语境通过包含传统艺术语言的当代美术批评语言得以叙述，要正确理解艺术话语，就需要考察融汇于其中的复杂的文化历史语境。虽然具体的艺术作品是一个人的小文本，但是传统文化艺术语境隐蔽地活跃于其间。简言之，传统文化艺术语境犹如“参照坐标”，为我们理解作品的方位、形貌和线路提供支持，使我们不致迷失在当代杂糅的艺术迷宫中。由此可言，我们在当代美术批评中从艺术语言视角建构自身的审美逻辑，有助于理解现当代美术发展中的传统艺术因子的价值，建构中国现当代艺术话语体系。

将传统艺术语言符号应用于中国当代美术批评有助于建构中国自身的审美

① 王一川：《修辞论美学——文化语境中的20世纪中国文艺》，中国人民大学出版社2009年版，第64页。

逻辑，将艺术从外部研究转向内部研究，重视艺术本体的阐释与评析。同时也符合艺术批评家里奥奈罗·文杜里提倡的理解艺术家是否具有真正的艺术性的判断方式："保持艺术的直觉，感受它的心灵性的价值，并且认清它的艺术特性。"①具体而言，就是在美术批评的分析与解释环节将内容形式化、体验模型化和语言历史化，在美术批评中实践中国传统艺术语言审美价值。我们可以参照传统画论中从绘画语言切入作品评述的经典范例分析当代的美术作品。比如，北宋评论家从笔墨和形状的表现切入对作品进行评价，分为逸格、神格、妙格和能格。② 明代高濂在《论画》篇中从形状品评作品，认为"天趣人趣物趣取之。天趣者神是也，人趣者生是也，物趣者形似是也"③。他将依样画葫芦的写实作品评价为"物趣"，而对于极富精气神的创造性形状表现，则评价为"天趣"。传统画论中的艺术评价标准对于建构当代艺术的评价标准依然有着积极的意义，尤其适用于那些和传统绘画形式、媒材相似的艺术作品。

在实际批评中体现审美逻辑，由具体艺术作品(包括古代与现当代艺术)的阐释传达出来。将传统艺术语言融于当代美术批评中，意味着中国自身审美逻辑的具体化，并在艺术批评中不断发展与重建。这样将美术批评从具体的艺术语言入手，根据具体的文化语境分析具体文本，注重作品本身的特殊性，与艺术特质相一致，与现当代艺术的现代性发展趋向中的创新性相符。在美术批评中合理地应用传统艺术语言符号可以相互呼应地把握历史根基，倡导优秀传统文化艺术语言的现代性转化与创造性发展。

五、结语

艺术的发展需要遵循人类历史发展的客观规律，中国当代美术批评体系应当借鉴传统的艺术评价标准，重视中国自身的审美逻辑，宣扬中国传统艺术精神，倡导创造性地发展中国优秀的传统文化艺术。中国传统艺术语言在中国当代美术创作中有着重要的应用价值，是中国传统文脉在中国当代艺术中延续的

① ［意］里奥奈罗·文杜里：《西方艺术批评史》，迟轲译，江苏教育出版社2005年版，第16页。

② (北宋)黄休复：《益州名画录》，见周积寅、陈世宁：《中国古典艺术理论辑注》，东南大学出版社2010年版，第25、26页。

③ (明)高濂：《燕闲清赏笺·论画》，见周积寅、陈世宁：《中国古典艺术理论辑注》，东南大学出版社2010年版，第48页。

一种视觉呈现方式。中国当代美术批评应当自觉地吸纳中国传统艺术语言建构科学的具有历史维度和勾连视觉机能的美术批评语言，完善以中国传统审美逻辑为基石的中国美术批评评价体系，增强批评的客观性与科学性，积极推进在中国当代美术创作中将优秀传统的历史文化与时代精神相融合，表现当代主题，对中国传统艺术语言进行创造性发展，切实贯彻文化自信与文化自觉的指导方针。

（作者单位：湖北美术学院）

图书评论

时尚的兴起、式微与当代重构

——读昂纳的《中国风：遗失在西方800年的中国元素》

张贤根

作为一种时尚艺术与文化，中国风的发生与建构及其对欧洲社会的影响，一直是一个值得认真研究与深入探讨的问题。从17世纪始，欧洲与西方就刮起了一股强劲的“中国风”，这种风尚对当地的艺术、设计与审美产生了不可忽视的作用。在17世纪，东方织物与设计越来越受到人们的喜爱与珍视，并被法国与英国等欧洲国家模仿与仿造。这场发端于11世纪的中国风，得到了马可·波罗、圣鄂多立克等曾旅行中国的冒险家们、传教士们的有力助推，经几个世纪的建构与发展后，开始全面渗透到欧洲人生活的各个层面。到了17世纪下半叶，推崇东方艺术品与文物的风尚，几乎蔓延与出现在欧洲所有地方。虽然说，中国风曾流行于17、18世纪的欧洲各国与其他地域，而且还具有不可避免的历史性与地域性痕迹，但这股中国风并没有完全与简单地消失殆尽，而是成为后世中国时装与时尚文化重构的艺术与人类学基础。当然还要看到，对当今中国风的重构也并不是直接回到过去那个时代。

应当说，几个世纪以来，中国向海外输出的艺术与设计品，从玉器、丝绸到青花瓷等设计品，激活与刺激了西方对东方异国情调的幻想，并成为西方源源不断的时尚灵感来源。自从中国风在西方兴起以来，对西方艺术、设计与文化产生了较大影响，关于中国风的艺术、审美与文化研究也被广泛关注。虽然说，记载与研究中国风的著作在中外实属不少，但昂纳的《中国风：遗失在西方800年的中国元素》(北京大学出版社，2017)却是一本难以替代与不可多得的重要著作。与所有艺术风格与文化潮流一样，中国风也经历了兴起与不可避免的式微，同时也面临着如何在当代基于跨文化重构的问题。其实，中国风在欧洲不断的生成与建构，不仅引起了欧洲各国的仿制与模仿，还在西方审美与文化语境里得到了重构，并与西方的社会、历史与文化语境发生对话与互文。还可以说，在严格意义上的中国风建构之前，中外贸易与文化交流就已经开始了。

早在公元前4世纪的时候，一段频繁的贸易活动与商业交流，把波斯与印度甚或中国联系了起来。但直到公元前1世纪初期，中国才真正开始直接参与世界贸易活动。在这种世界性贸易之中，就包括中国的丝绸向西方的销售与传播，这显然是一种跨文化的历史与文化事件。随着中外贸易与文化交流的发生，灌注与嵌入民族精神与文化特质的艺术与设计作品，在中国风的传播与扩散过程中受到了广泛的关注与青睐。在作者昂纳看来，"重要的是，罗马人把丝绸说成赛里斯(Serica)，这是根据希腊文中中国(China)一词衍生出来的"①。根据考古发现推测，在距今五六千年前的新石器时期，中国就开始了养蚕、取丝与织绸。东方器物许多来自波斯，也包括从中国来的丝绸，最后还到达了拜占庭。但在昂纳看来，文艺复兴的鼎盛时期，中国风并没有成为广为流行的社会与文化风尚。这或许是因为，一种时尚与文化的流行，仍然需要广泛的语境作铺垫，以及文化认同的发生与在异域的建构。

应注意到，中国风的主要艺术与文化影响发生在17、18世纪。其实，自15世纪美第奇家族建立以来，他们虽然借鉴了不少东方图案与中国话题，但却没有制造出与中国瓷器相媲美的瓷器。早在公元前202年至公元8年的西汉，丝绸之路指由张骞出使西域，所开辟的以长安(今西安)为起点，经甘肃、新疆，到中亚、西亚，并连接地中海各国的陆上通道。19世纪末，李希霍芬在《中国》一书中，把从公元前114年至公元127年间，中国与中亚、印度间以丝绸贸易为媒介的西域交通道路命名为"丝绸之路"。而且，这一名词很快被学术界和大众所接受并得以正式运用。在20世纪初，郝尔曼把丝绸之路确定为，中国古代经过中亚通往南亚、西亚以及欧洲、北非的陆上贸易交往的通道。传统的丝绸之路，起自中国古代都城长安，经中亚国家、阿富汗、伊朗、伊拉克、叙利亚等而达地中海，以罗马为终点。还可以说，丝绸之路是古代中国与西方所有政治、经济和文化往来通道的统称。

实际上，中国风及其在西方的生成与建构，涉及各种器物与设计产品，如日用物品、家居装饰、园林建筑等。上至王公贵胄，下至商贾乡绅，无不对所谓的中国风尚趋之若鹜，中国风更直接介入与影响了西方时尚的洛可可风格。洛可可风格最早出现在法国，因此也往往被称为法国风格。路易十四恢弘的凡

① ［英］休·昂纳：《中国风：遗失在西方800年的中国元素》，刘爱英、秦红译，北京大学出版社2017年版，第36页。

尔赛宫极其奢华与浮夸，建构与传递出艺术除了教化还可用于装饰的功能。当然，英国洛可可式中国风的发展具有相对独立性。欧洲不仅刮过丝绸艺术与审美的中国风，还掀起过瓷器设计与审美的中国风。瓷器虽然说是中国文化的重要样式，但欧洲人对瓷器的喜爱并不亚于中国人。东印度公司从中国进口茶叶，使饮茶成为英国人日常生活不可或缺的构成。东印度公司的全名是“伦敦商人在东印度贸易的公司”，它是由一群有创业心与有影响力的商人组成的，这些商人获得了英国皇家给予其对东印度的贸易专利特许。尽管说，中国风兴起与建构于荷兰，但它却在法国得到了最为充分的表现。

从广义上讲，丝绸之路分为陆上丝绸之路与海上丝绸之路；而从狭义上讲，丝绸之路往往指陆上丝绸之路。马可·波罗的中国之行及其游记，在中世纪时期的欧洲被人们视为神话，曾被当做“天方夜谭”。在《马可·波罗游记》以前，更准确地说是在 13 世纪以前，中西方在政治、经济与文化等方面的交流，其实都是通过中亚这座桥梁间接地联系着的。1271 年，即马可·波罗 17 岁时，其父亲和叔叔拿着教皇的复信和礼品，带领马可·波罗与十几位旅伴一起向东方进发。马可·波罗可能是最著名的丝绸之路旅行者，“他号称曾经由陆路从欧洲一直走到中国，又经海路返回”①。《马可·波罗游记》打开了中古欧洲人的地理视野，向他们展示了一片宽阔而富饶的土地、国家与文明，而且还极大地丰富了欧洲人的地理知识，打破了不少传统思想与“天圆地方”说的束缚。但马可·波罗关于中国的经历的描写，在中西方史学界尚存有一定的争议，这也一直是值得深入探究与研讨的历史性课题。

在英国，对东方时尚的需要与诉求，其实从 17 世纪初就开始了。在 17 世纪 70 年代初，法国宫廷生活就受到了中国热的深刻影响。在昂纳看来，在 17 世纪 80 年代，导致法国的中国风蔓延的主要原因是，进口的增加、宫廷的品位、暹罗大使及其随员，以及耶稣会士的推动。进入 17 世纪后，巴洛克艺术的流行已从天主教会扩展与传播到了王室与贵族阶层。应当说，巴洛克（Baroque）一词，通常被认为源自葡萄牙语（barroco），意指“形状不规则的珍珠”。还可以说，洛可可式中国风最早的作品出自于华托之手。“洛可可”这个词最初用于批评繁缛铺陈与对细节的过分看重，因为这违背了盛期文艺复兴的艺术及其内在精神。洛可可艺术既是巴洛克艺术的演进，同时也是一次反动与

① ［美］芮乐伟·韩森：《丝绸之路新史》，张湛译，北京联合出版公司 2015 年版，第 11 页。

重构。但洛可可式的轻松与活泼，更多地被应用于营造异国情调的艺术创作中。刚刚摆脱了古典主义的严肃与沉重，欢快地投身于个人欲念的张扬与宣泄，这一时期的法国对东方的奇特设计和变幻莫测的美学十分推崇。

在洛可可的建构过程中，来自遥远东方的中国风恰好与之相呼应，对当时那个玩世不恭、繁复至极的社会来说，中国风的艺术与设计风格颇具神秘的诱惑力。在延续巴洛克艺术的某些复杂样式的同时，洛可可还借鉴与融入了东方装饰风格与非对称性构图。作为一种装饰艺术风格，洛可可主要表现在室内装饰上，对于府邸的形制与外形也有相应的诉求。作为一种对精致的装饰性艺术的强调，洛可可风格揭示与表现了路易十五时代宫廷贵族的生活趣味，其所倡导的轻松、欢快、及时行乐，以及享乐旨趣之风曾风靡欧洲。应当说，华托的中国风系列绘画造成了巨大的影响，他的绘画为法国乃至整个欧洲的洛可可中式装饰奠定了基调。其实，巴洛克中国风与洛可可中国风，既是中国风格与西方风格的交织与互文，更是中国风在西方艺术与文化语境里的历史性重构，这种重构往往是基于中国外销艺术尤其是民间工艺品的。

但路易十六时期的晚期中国风，处于洛可可终结与新古典主义兴趣之际，这种中国风既表现浪漫的特征，但又受到过理性的深刻影响。而且，洛可可风格从建筑设计中的纯粹装饰艺术，伸延至绘画艺术表现方面，后来又被新古典主义所取代。在17世纪末到19世纪初期，中国风横扫欧洲并成为一种主流风尚，这种中国风尤其被王公贵族们所迷恋。在欧洲，最早的瓷器上的图案，来自欧洲的银器与东方的瓷器。“数百年以来，也许上千年，西方的探险家和思想家们在东方搜寻、探险，遭遇它又激怒它，研究它又吸收它，在西方的宗教和文化想象中，东方时而被扶上王位，时而又被打落凡尘。”①中国风最初推崇者是路易十四，他以迷恋与醉心于东方时尚而著称于世。路易十四特别喜欢中国的丝绸和瓷器，他的凡尔赛宫里贴的全是从中国进口的瓷砖。凡尔赛宫宫殿为古典主义风格的建筑，其内部装潢则以巴洛克风格为主，少数厅堂则为洛可可风格，因此它是多种风格并存与交织的生成之物。

作为路易十四的异域风格，中国风传播到了德国，但德国的中国风却刻上了法国的印记。作为路易十四时代的宫廷设计师，让·贝兰对中国风的建构，其实并不局限于雕刻与装饰，他还设计了具有东方样式的化装舞会服装等。到

① ［美］J. J. 克拉克：《东方启蒙：东西方思想的遭遇》，于闽海、曾祥波译，上海人民出版社2011年版，第24页。

了路易十五时期，中式房间及其装饰风格已经颇为流行。在 18 世纪中叶，这场中国风达到了顶峰，直到 19 世纪才逐渐式微甚至消退。路易十五时代是一个奢靡的时代，生成与建构了与之呼应的洛可可艺术。还应看到，蓬巴杜侯爵夫人成为宫中洛可可艺术的第一受益人，布歇的传世名作《蓬巴杜侯爵夫人》的布面油画，将其雍容华贵、美艳聪慧融于一身，让这位路易王朝的第一美人和才女千古流芳。华托、布歇、皮耶芒、齐彭代尔、钱伯斯、瑞普顿等著名艺术家、设计大师，以及其他诸多的设计师、工匠所创造出的众多中式建筑、艺术品与工艺品，为后人记录和保存了中国风及其生动的印象，至今还遗存着其席卷欧洲大陆的深刻的历史与文化痕迹。

但还应意识到，由于布歇分不清楚中国的元、明、清三朝，更无法接触与见识紫禁城，他的《中国皇帝上朝》画中的清朝皇帝，既不像清朝的皇帝，也不像明朝的皇帝。考虑到，自从新航路开辟以来，中国的瓷器、漆器与纺织品源源不断地流入欧洲，成为欧洲宫廷与上流社会追逐的奢侈品，进入西方富人生活的中国元素与代码，同时也逐渐融入到西方艺术创作与设计之中。在法国洛可可中国风的建构过程中，华托、于埃、布歇与皮耶芒在当时确实是声名显赫。华托的中国风系列绘画，甚至为法国乃至整个欧洲洛可可中式装饰奠定了基调与模式。但在布歇那里，东方情调被看成轻快与淫逸的，而非庄重与神秘的。对东方风格的理解与阐释，一开始就会出现差异与误读，是与异域的艺术与文化语境分不开的。根据昂纳，皮耶芒的绘画在伦敦与巴黎的出版，影响了整个欧洲中国风的设计与建构。在齐彭代尔看来，浪漫的精神指一切从中国的进口物，往往被调整成适合欧洲的口味与旨趣。

但应当说，中国风并没有停留在欧洲各国的宫廷内部，而是由内向外传播到了都市、外省与整个欧洲社会。在将东方情调传播到英国公众的过程中，大英帝国的扩张无疑起到了不可或缺的重要作用，但这种扩展所发生的艺术与设计的跨文化传播，也为当时带来了一些社会问题，而这些社会问题又与中国外销艺术与设计所引起的中国风的建构关联在一起。譬如说，“17 世纪后期，进口到欧洲的东方纺织品数量巨大，而且大受上流社会的推崇。但在法国和英国纺织工人那里，这些东方纺织品却明显地遭到了冷眼歧视，因为这个新风尚流行起来快得惊人，现在已威胁到他们的生计”①。在这一时期，东方似乎显得既非常遥远又神奇无比，但异质艺术与文化的介入所引起的文化与产业冲突，却是在所难免与亟待回应的。对中国的追逐之风由帝王自上而下地彻底盛行起

① [英]休·昂纳：《中国风：遗失在西方 800 年的中国元素》，张湛译，北京大学出版社 2017 年版，第 104 页。

来，同时也由法国向临近的西方各国辐射开去。而且，洛可可时期大量的民间风俗或静物画，也比上个时代更多地表现了中国的瓷器。

荷兰是欧洲流行中国风的风源，荷兰从 17 世纪起取代葡萄牙、西班牙，掌握了对远东贸易的垄断权，因此，从 17 世纪后半叶，在欧洲蔓延开来的那股中国风，主要源于荷兰频繁的与东方文化交流。在瓷器的仿制上，法国后来居上，甚至还成为欧洲 17 世纪的制瓷中心。在 18 世纪，钱伯斯曾到过中国访问，他回国后出版了记录中国的图纸。钱伯斯还多次前往中国各地，致力于中国建筑与园林艺术研究，对中国园林在英国乃至整个欧洲的流行发挥了重要作用。从 17 世纪晚期始，意大利的威尼斯就已开始生产中式家具。在 1692 年，在巴黎上演的戏剧“中国人”中，人物头顶上的帽子就颇具东方风情。在 18 世纪，英国人分别以 china 与 japan 来表达瓷器与漆器，这也是中国与日本当时文化的一种器物象征。在同一时期的德国，德累斯顿的“日本宫”是最早的、最知名的，同时也是最庞大的中国风作品之一。但在 1945 年，“日本宫”与这座“世界建筑宝库”的古城一起被毁灭了。

正如房屋一样，中式花园在 1750 年左右最为流行。但即便如此，对于欧洲的大众来说，中国依然是一个遥远、时髦与奇异的国度，尚处于浓郁的魅惑之中。在 18 世纪上半叶，中国风一直引领着法国的瓷器装饰。数百万件中国瓷器，包括成套的茶具、餐具、酒具，以及各种各样的装饰与陈设用品等，通过东印度公司运往欧洲，经过拍卖或私人经销，成为欧洲富庶家庭的必备物品。在该著作中，昂纳以史学家的严谨、文学家的细腻笔触，以及艺术家的敏感，梳理与揭示了西方文化语境里中国风的兴起、盛行、流变，以及衰落等较为漫长而复杂的历史过程。作者还提到，在跨文化的传播过程中，中国风从法国、德国蔓延到奥地利、波兰、俄罗斯与斯堪的纳维亚等。在意大利的剧院里，中国风话剧与歌剧如同在法国、英国一样流行，成为一种传播颇为广泛的时尚艺术与文化。但在元代和明代早期，中国瓷器很少为欧洲人所收藏。

随着中国与欧洲直接贸易的开辟与拓展，商人们便开始在中东购买一些具有中国明代中期风格的瓷器，并把它们带回到欧洲。在西方艺术、审美与文化语境里，异国情调指那些来自东方的艺术、器物与设计风格，尤其是，那些来自中国、日本与印度的时尚风格与样式。在 18 世纪初，漆器风尚也嵌入到北美洲的生活方式里，人们把轻松的异域风情带入了波士顿朴素的会客厅中，从而建构了当地的一种另类日常生活样式。在昂纳看来，“把生产于 1660—1715 年间、用中国风主题进行装饰的漆器、陶器、纺织品和银器视作巴洛克精神的表现还是很恰当的”①。在18世纪，当对中国的艺术与设计作品的狂热达到高潮之时，中国的元素与图案在西方设计里得到了充分的借鉴与重构。对于瓷器绘画家来讲，在绘画装饰上不只是对这些不同人物进行精确的复制，还要把艺术家自由想象的那种异域风情氛围表现出来。正因为如此，中国风在欧洲的建构涉及从仿制到创造性重构的过程。

在18世纪中期，中国风已延伸至意大利威尼斯别墅房间的灰泥与壁画装饰上，而且，威尼斯艺术家的中国风理念颇为个性化，这其实表达了对中国风的独特理解与在地化重构。在意大利，最为华丽的中国风作品在南方的那不勒斯。在18世纪的70年代晚期，简约的中国风得到了威尔士王子乔治的喜爱与青睐。在18世纪80年代，位于英国布莱顿的英皇阁及博物馆这一将亚洲设计与欧洲建筑相结合的华丽宫殿，是由刚刚成年的威尔士王子乔治(后来的摄政王和国王乔治四世)创建的。然而，乔治四世却受到了克鲁克香克这样的漫画家的批评与讽刺。但诚如昂纳所言，在19世纪以前的大部分西方人心目中，所谓的神州，其实并非什么真实的场景，而只不过是一个想象、幻境与猜度而已，也就是说，一种关于中国的精神与文化特质的幻想性建构之物。但也应看到，18世纪的浪漫主义，尤其是以沃波尔等人为代表的“新古典主义”，涉嫌对“中国风”的抄袭来伪造“哥特式”建筑。

虽然不乏中国的元素与文化特质，但其实像哥特风一样，中国风归根结底仍是一种欧洲风格，它表明的是欧洲人对中国艺术的跨文化理解，而非仅仅是对中国艺术与设计的拙劣模仿与简单抄袭。当然，重构是欧洲对中国风的跨文化理解与传播必不可少的。在20世纪，安德森在《想象的共同体》的著作中，把民族视为一种特殊的文化人造物。安德森提出了一个解释民族与民族主义问题的具有哥白尼革命特质的新理论典范，把民族、民族属性与民族主义视为一种“特殊的文化的人造物”作为研究起点，而民族这种特殊的人造物在安德森那里就是“想象的共同体”。在设计与创作中，法国的丹尼尔·马罗既借鉴巴洛克风格，同时又沿引了中国的风格。在中国风的建构中，中国瓷器成为欧洲皇室与贵族所极力诉求的奢侈品。清代宫廷瓷器所追求的奢华与繁缛旨趣，与当时相近的洛可可风格非常接近甚至密切契合。其实，早在巴洛克时代，中国的工艺美术就已大量输入欧洲并受到人们的喜爱。

① [英]休·昂纳:《中国风：遗失在西方800年的中国元素》，张湛译，北京大学出版社2017年版，第109页。

在18世纪下半叶，出于对轻快的洛可可风格的质疑、反对与叛离，再加上古罗马城市重新发现的社会与文化影响，出现了复兴古希腊与罗马的艺术，以及文艺复兴运动的新古典主义，这种新古典主义自觉主张、强调与遵循古典艺术严谨与苛刻的标准。但新古典主义的艺术家，刻意从题材与风格上模仿古代艺术，并且知晓所模仿的内容究竟为何。还可以说，“新古典中式风格相对于洛可可式作品更为简洁朴实，也更接近真正的中国作品。其考古式的务实精神规范了对中国原作的仿制，正如对哥特和古典风格的模仿一样”①。中国风无疑是建立在民族元素与传统文化基础上的，其内含中国印象与情调并适应当时流行趋势与潮流的生活方式，但中国风又是在与西方艺术、审美与文化对话之中来得以建构与实现的风格重构。在18世纪，从中国进口的瓷器、丝绸与漆器显得非常时髦，这在很大程度上导致了外国设计师与工匠模仿亚洲设计，他们往往凭借想象创造出许多奇特的东方风格与叙事。

在时尚的跨文化传播之中，风格的混杂与整合显然是不可避免的事情。由于对古董家具的迫切诉求与供不应求，生产商开始制造仿制品与赝品，后来还出现了“中式齐彭代尔”风格，但这种风格旨在强调乔治风格的优雅，而不是中式风格本身。不过，“中国风”在欧洲的出现、式微与衰落，并不意味着美的迷失和文化的断流。作者昂纳试图说明，欧洲对于中华帝国的理想化认识是如何建构、发展与变化的。自16世纪从欧洲至东方的航线开辟以来，“中国贸易”兴起与发展，以及中国的瓷器、家具、丝绸等大量输入欧洲，掀起与建构了一场波及诸多领域与影响深远的中国热。在《大中华帝国志》中，门多尔萨对明朝的赞美为欧洲人的中国印象作了铺垫。门多尔萨赞美中国，不光是因为丰饶的物质，还包括其制度。这部名著描绘了一个强大的帝国，为首的是一个颖慧非凡、修养深邃的君主，根据理性的法律和高尚的伦理原则进行统治，但门多尔萨对当时中国制度的赞美显然是缺乏反思的。

还应看到，在17世纪的70—80年代，英国布里斯托陶器场的一些漆匠变得非常东方化，以至于欧洲风格都被他们赋予了东方的意味与特质，这也是外来文化对当地文化的一种渗进与改变。早在17世纪60年代，荷兰代尔夫特的陶工就开始生成与建构真正的中国风了。明末清初，荷兰人在争得海上霸权之后，随即成为景德镇瓷器的最大买主，大批的中国青花瓷远渡与传播到了荷

---

① ［英］休·昂纳：《中国风：遗失在西方800年的中国元素》，张湛译，北京大学出版社2017年版，第222页。

兰，这些艺术品引起了荷兰贵族与有钱人的争相抢购。但这些来自中国的舶来设计品毕竟昂贵，为了满足更多普通大众的需要与诉求，在荷兰的代尔夫特，民间手工作坊主开始尝试模仿中国瓷器。17 世纪晚期，东方幻象在中式娱乐活动里也得到了进一步的表现与强调。在让・贝兰一世的雕刻作品里，完美地体现了盛行的中国装饰的特质。在巴洛克时代，尽管不少中国风织锦价格不菲，但那些颇具东方崇拜情结与心理同时又不太富裕的欧洲人，还是买得起一般的中国风织物产品的。

18 世纪，在欧洲与中国的贸易中，北欧的瑞典与丹麦也是不可忽视的。中国风设计虽然兴起于荷兰，却在法国得到最充分的表现与建构。此外，德国、英国、意大利、北欧、俄罗斯、波兰等国家，也不同程度地流行过中国风。在《关于英国国民的书信集》中，谢布贝尔是这样描述中国风的：房间里每一把椅子、每一个玻璃镜框、每一张桌子，都必定是中式的。实际上，“西方服装系统和殖民地本土服装系统之间的关系不是互相排斥的关系，而是一种互相改变、互相争夺文化吸引力的动态过程”①。西方与殖民地的艺术与文化，并不是简单的非此即彼。应当说，英式花园的风格是精致典雅的洛可可风格，所以花园主要组成为雕像、潺潺流水，以及融入当地自然景观的风景。英国人在园艺方面受益于中国人，因为他们向中国园林学习了许多技法与风格。后来，英式花园迅速在法国被认同并流行开来，这种前卫与先锋风格令法国人难以置信，如此迷人的设计居然出自冷漠与迟钝的英国人之手。

在建构与重构中国风的过程中，英法等国所出现与表征的差异也并不奇怪，因为每个民族与国家都不乏独特的精神图式与文化旨趣。还要注意到，法国人将 18 世纪英国模仿中国园林风格建造的、带有明显异国情调的园林称为“英中园林”。中国风格与欧洲风格交织与互文最为显著的，就是流行于欧洲的英中园林。但法国人所模仿的是英式风格，而不是中国原初的皇家园林，这涉及多种艺术风格与文化特质的互文问题。黑格尔曾说，中国的园林是一种绘画，但那是充满诗意的天然图画。传统的说法是，英式景观就与自然式园林可画等号，它完全有别于几何图案的法国传统园林风格。因此，法国园林对中国风是模仿中的模仿，同时也是重构中的重构，但在这种重构中的重构里，也不乏法国人的理解。在这种不断的跨文化传播之中，中国风发生着与各种当地艺

① ［美］珍妮弗・克雷克：《时装的面貌——时装的文化研究》，舒元中译，中央编译出版社 2000 年版，第 51 页。

术、文化的对话与融合。在18世纪，法国的英式花园被认为是最具中式风格的。作为英中园林的重要构成，中式凉亭还传播到了瑞典。

在1769年，莱特富特为克莱顿行宫设计的中国厅，无疑是现存英中式洛可可建筑最为奢华的范本。在18世纪的意大利，耸立在园林中的宝塔的修建可能源于想象中的天朝幻境。昂纳还揭示了除了布歇的油画与皮耶芒的版画，无人能像比斯泰利的雕塑那样传神地表现洛可可中国风。在德国，中式家具的时尚一直贯穿在整个洛可可时代。德国宫廷的时尚往往都受到过法国的影响，但中国元素却被大胆地用于德国宫廷建筑。与洛可可风格相比，新古典主义因其沉稳、内敛、冷淡与刻板，似乎并不特别适合表现与传播中式风格，但中国与东方仍然在欧洲保持着异国情调的魅力。德罗特宁霍尔摩皇宫，曾受到法国"凡尔赛"的启发，故有瑞典的"凡尔赛"之称。始建于1753年，并享有盛名的"中国宫"，是一座把中国与西欧建筑艺术融为一体的宫殿，它是瑞典国王阿道尔夫·福雷德里克作为王后洛维萨·乌尔里卡的生日礼物而建造的。据说，为了使王后获得一份意外惊喜，特命建设工作秘密进行。

在18世纪晚期，随着新古典主义的兴起与传播，中国风的设计与趣味退出了流行趋势，但它的影响却并未终止。与此同时，英国东印度公司激发了印度异国情调的流行时尚。在18世纪，中国对鸦片的需求量大，而在1773年，东印度公司在孟加拉取得了鸦片贸易的独占权。但由于东印度公司的船只被禁止运送鸦片到中国，所以在孟加拉生产的鸦片要先在加尔各答出售，再从那里运到中国。而且，"17世纪晚期到18世纪晚期的大多数时间里，欧洲启蒙思想家非常推崇中国，在社会生活、道德和政治领域将其作为当时欧洲的楷模"①。虽然说，这是当时欧洲与西方的思想与文化状况，但也难免会对中国与东方产生误读与曲解。在欧洲尤其是英国，18世纪晚期的一些创作者对中式风格加以重构，以适应新的时尚艺术与文化趋势。印度最好的植物园，可以说到处都是中国风。尽管说，瑞普顿曾预言"印度风格"建筑与园林的流行，但中式风格在摄政时代仍然是颇受欢迎的。

在1760年的英国，中国风虽然已度过了它的鼎盛时期，但其影响却延伸到了维多利亚时代。在维多利亚时代，文艺运动流派包括古典主义、新古典主义、浪漫主义、印象派艺术，以及后印象派艺术等。在艺术与审美风格的建构

① ［美］杜朴、文以诚：《中国艺术与文化》，张欣译，北京联合出版公司2014年版，第340页。

上，中国风设计具有鲜明的民族特色与传统文化，它主要表现在装饰艺术领域，譬如说，以中国人物或中国动植物、风景为题材；在中国风的色彩配置与构图形式上，也部分地借鉴了中国与东方的艺术与设计的特色。因此，“中国风”指欧洲在17世纪末至18世纪末时(此时中国正值清朝康乾盛世时期)曾长时间流行，在这段时间内欧洲对中国的艺术与设计均热衷追捧的欧洲风格，对中国(Chinoiserie)的狂热诉求与追逐，曾经是当时欧洲社会与文化的普遍时尚。随着“中学西传”与商业活动的不断发酵，中国的哲学、工艺美术与园林艺术在欧洲大陆持续产生影响。还可以说，作为他者的中国风格与东方情调，在欧洲中心主义的语境里得到了少有的强调。

从东方进口的纺织品，虽然深受人们的喜爱与仿制，但这些纺织品也给英国与欧洲带来了冲击。在18世纪，英国齐彭代尔因家具上雕有中国元素而被称为中式风格。在这个世纪的50年代，中式建筑已甚为风行并广为推崇与崇尚，中式银器在英国达到了鼎盛时期并持续了20年。根据昂纳的看法，到了18世纪70年代，当那些浮华与奢侈的建筑不再被看作是高雅品位的时候，中式建筑风格与品位也并未再现以前的盛况与流行态势。作为18世纪的英国建筑师，钱伯斯的中国风建筑设计，与此前的夸张并不一致。钱伯斯认为，虽然带着“中国风”的园林与周围乡村风光融合，但它依然是缺乏创造力的。钱伯斯的造园行为使得许多英国人争相模仿，建造“中国风”园林的人也越来越多。在伦敦的基尤皇家植物园，钱伯斯建造了一片中国景区，一座仿中国风格的宝塔在景区拔地而起。但中国风在欧洲的建构与流行并不是一成不变的，它受到了来自日本的艺术与设计风格的严峻挑战与冲击。

在19世纪之前，中国风格对欧洲的影响是巨大与持久的，后来中国风的式微也是不可避免的。销往欧洲的瓷器，装饰图案起初完全是中国风格，但随着欧洲皇室贵族对瓷器需求的增加，欧式内容的装饰图案显得逐渐增多。在19世纪初期，中式风格的银器继续在社会上流行。随着人们对中国风时尚的理解的日趋深入，其原初的神秘面貌与光环难免逊色与祛魅。到了19世纪中期以后，欧洲人虽然已不再尊崇中国，但兴趣却未减。“但到了1860年代中式风格被新兴的日式风格取代，其间恰逢中国最为愧对‘天朝’美誉之时，日本却犹如旭日在欧洲地平线上喷薄而出。”①中式风格与日式风格的区别是，日式

① [英]休·昂纳：《中国风：遗失在西方800年的中国元素》，张湛译，北京大学出版社2017年版，第256页。

风格在于简洁与淡雅，而中式风格让人感觉端庄、典雅与布局对称。在 1880 年左右，中式风格对巴黎的影响颇深，但路易十六风格的中式作品却很少保存下来。但当回溯到路易十五时期，就会发现中式舞会与化妆舞会一直是宫廷时尚，以中国为文化语境的戏剧也深受巴黎人的青睐。

在 1775 年，伏尔泰的《中国孤儿》成为那个世纪最受欢迎的戏剧之一，其渊源作品是中国元代戏剧家纪君祥的代表作《赵氏孤儿》。伏尔泰根据其法译本创作了该剧，并于 1755 年在巴黎首次公演，一时轰动了法国与欧洲。虽然说《中国孤儿》取材于《赵氏孤儿》，伏尔泰也确实汲取了原剧的儒家思想，但就创作意图与演出效果而言，该剧仍是作者诸如理性、文明、宽容等启蒙思想的体现。在 17、18 世纪，荷兰一直在为欧洲进口特制的日式瓷器与漆具，为日本风格在欧洲的兴盛作出了艺术与文化上的奠基。但应看到，在 19 世纪的欧洲，古埃及风格的流行远甚于中式风格，同时它也更易于融入新古典主义风格。在法国之外的欧洲大陆，新古典主义的中式风格更为少见。在新古典主义那里，对细节、技法的讲究、考量与苦心经营，其实部分源于对洛可可享乐主义与巴洛克过度戏剧化的一种批判与反动。这或许是因为，新古典主义旨在重新强调与复兴对美与完美的诉求。

虽然说，18 世纪 70 年代的德国仍在制造中式瓷器，但艺术与审美风格却有了不少的变化，那就是，装饰更为简约、轮廓比以前更方正。还要注意到，中式风格在欧洲的历史性轮回与重构也是不可忽视的问题，例如，18 世纪风格的中式器具，在 19 世纪 30 年代又成为欧洲的一种新时尚。慈禧虽然昏庸，可是到了万国博览会开幕的时候，她还是分得清孰轻孰重的。为了增强国力，慈禧就派了代表团去参加万国博览会。1867 年，在巴黎召开的万国博览会上，日本送展的艺术品赢得了诸多的赞赏与青睐。在 19 世纪，西方的设计师既要面对自身的历史与文化传统，又不得不涉及对中国与东方艺术的回应。为此，折中主义就成为东西艺术与文化交织所遵循的一种设计原则与审美风格。但折中主义往往并没有自己独立的见解与确定不移的立场，只是把各种不同的风格、思潮与理论，机械与简单地拼凑在一起。作为一种艺术与设计风格，折中主义乃是对诸多不同风格与文化特质的混杂。

但还要看到，西方设计师开始意识到日本设计独特的审美与文化，以及日本的艺术、设计与审美文化对欧洲产生的深刻与广泛的影响。导致日式风格衰微的直接因素，是中国明朝以前的陶瓷、绘画与雕像进入欧洲，并在高级艺术领域所产生的重要影响。根据昂纳，在 19 世纪，日式风格的兴衰是时尚史最为传奇的插曲。他认为，“日式风格兴起于多数人赞同波德莱尔‘怪异即美’这一观念的时代，它满足了对异国情调的新需求，使人得以逃离已近没落的古典主义学术传统”①。在19世纪五六十年代，日本版画在欧洲的影响今天虽已难以想象，但19世纪60年代后，日本风在欧洲的兴起及其影响是深远的。在日式室内设计中，色彩多偏重于原木色，以及竹、藤、麻与其他天然材料颜色，形成了朴素的自然风格。日式风格又称为和风，而和风源于中国的唐朝。日本人对禅宗的顶礼膜拜，就是深受中原文化的影响。在葛德文的著作《衣着》里，法国与英国的日式风格的差异得到了强调。

而且，正值中国明末时期，在通俗小说、戏曲与传奇话本中，大量插图的普及为日本浮世绘版画的兴起和繁荣，奠定了艺术、设计与文化基础，在刻板图绘上提供了原始的样本。还应意识到，早在受印象派影响的时期，高更就对日本画产生了兴趣。应当说，旨在描绘现世风情的日本浮世绘，成为西方许多印象派与后印象派艺术家与设计师的灵感来源。直到1821年，约翰·纳什的布莱顿别墅外表虽为印度风格，但内部则是中式装饰的风格。在瑞普顿看来，中式风格太过精巧与琐碎，或许更适合房屋内部的装饰。或许正是在这种极为细致与繁琐之中，东方的内在精神图式反而在被效仿与重构中遭受遮蔽。但要看到，18世纪60年代，兴起的新古典主义并未使中式房间从英国建筑中消失。而且，在18世纪晚期，在新的中国风装饰之中，仍然不乏对新古典主义的顺应。与中国风命运相对的是日本风，虽然从兴起到衰落所持续的时间较为短暂，但日本风却启发了西方艺术家的模仿与创造。

其实，这也表明东方各国风格在欧洲的混杂与互文。尽管说，在18世纪末与19世纪初，中式风格远不如以前那样流行了，但欧洲花园却不断出现小巧的中式亭台。但中式园林真实面貌的显露，却是在19世纪国门被强行打开以后。尽管说，对东方的崇敬一直是一个不变的话题，但在20世纪上半叶，乔治风格的复兴并不意味着中国风的回归。在这一时期，普契尼的《图兰朵》的制作人所使用的并非纯正的中国风格，而是洛可可风格的中式服装与布景。普契尼从未到过中国，却巧妙地把中国民歌《茉莉花》作为音乐主线，进而将《图兰朵》打造成东西方文明相结合的经典巨作。出于对“神州”的执迷与狂热，欧洲人创造出如此多的精美艺术品，令人叹为观止。近几十年来，中国风的艺

① [英]休·昂纳：《中国风：遗失在西方800年的中国元素》，张湛译，北京大学出版社2017年版，第256页。

术、历史与文化研究，正在引起人们的关注与重视，并在当代重构过程中又有别于先前的欧洲风格，而是旨在强调基于本民族的艺术与文化认同。

而且，当代中国风还被广泛应用于流行文化领域，如音乐、服饰、电影、广告等。在当代，挖掘与抢救了大量中国的传统服饰元素与文化，整理与传承了不少国家级甚至世界级的非物质文化遗产。但是，来自中国而后又在西方被重构的中国风，仍然尚未在西方现代主义运动里得到深入的探究与阐释。中国装饰图案常用到梅、兰、竹、菊“四君子”，松、梅、竹“岁寒三友”，以及牡丹、莲花等各种寓意吉祥的植物纹样。“因此，这些花卉植物随着中国外销艺术品的大量输入，而与中国发生了高度关联，并在中国风设计中表现出来。”①中国传统图案源于原始社会的彩陶图案，可分为原始图案、古典图案、民间和民俗图案，以及少数民族图案等。敦煌文化艺术又称为莫高窟文化艺术，甚至还被看成是东方世界的艺术博物馆。敦煌是多种艺术与文化的交汇点，中国、印度、希腊与伊斯兰文化在此相遇。敦煌的艺术与文化，以及敦煌学之称为国际显学，都是与西方对中国和东方的好奇分不开的。

在20世纪60年代的西方，有相当一部分年轻人，蔑视文化传统与废弃传统道德，有意识地远离主流社会与文化，以一种不能见容于主流的独特方式生活，来表达其对现实社会的叛逆。这些人被称为“嬉皮士”，而由嬉皮士参加的，以文化的反叛与生活的叛离为特质的反离运动被称作“嬉皮士运动”。但在嬉皮士运动里，对东方的精神、伦理与手工艺及其文化的认同得到了坚持与强调。在昂纳看来，中国风在法国的流行至少部分得益于伏尔泰，因为他将中国描写为自然论哲学家的帝国。在昂纳的著作中提到，狄德罗批评过中国艺术的装饰堆砌、杂乱无章与风格怪异等问题。其实，狄德罗的批评也正好命中了中国风的问题与困境，但他的批评依然缺乏对中国艺术与文化语境的深思。早在17世纪，英格兰的绣娘们就模仿了中国图案的优美与雅致。也是在这一世纪，中国风还在巴黎的剧场登台亮相。在17世纪中叶，中国对外贸易因明清易代的动荡而停滞，荷兰开始向日本购买瓷器。

在欧洲的不同国家与地区，中国风设计的流行与表现形式有所差异，这其实也是与各民族的艺术、审美与文化特质分不开的。中国风既非一成不变的实体与固定范式，同时也不是难以捉摸与飘忽不定的臆测，而是被置于东西方艺

① 袁宣萍：《十七至十八世纪欧洲的中国风设计》，文物出版社2006年版，第192页。

术与文化语境里的对话与创造性重构。值得提到的是，中国的绘画曾经得到过全世界的推崇，以至于在20世纪西学东渐的过程中，中国人借助西方人才重新发现与体认了自身传统的意义与价值。在20世纪，罗杰·弗斯认为，西方人对东方艺术尤其是中国艺术的吸收，导致了西方现代艺术的转型。在当代，中国的民族艺术与服饰设计，也把欧洲的中国风纳入了视野。在欧洲，现今已形成了多个系列、多种风格的适合中国人体型、气质与意蕴的中式服装，这正在成为中国服装设计与产业的新动力，以及中华民族服饰文化新的样式与审美风格。全球化民族时尚创意的生成与当代建构，无疑是以民族独特性与多样性为前提的，它显然不能以牺牲独特的民族精神与文化为代价。

应当说，民族时尚创意与设计的建构与实现，就是文化的民族性与世界性相互生成的过程。而且，时尚的民族性与世界性及其生成性关联不可或缺，并在当代服饰与时尚文化里重构这种关联的意义。在18世纪中后期，西方中心主义在西欧思想家那里，已经在欧洲的文明、进步与东方的落后、停滞的对比语境里表现出来。到了19世纪，欧洲中心主义是从欧洲的视角来看世界，并主张与强调了欧洲之于世界的优越感。“在此，我想明确的一点是：我并没有忽视不同社会的差异现象(出现差异在所难免)；与此同时，我也不希望以欧洲中心论来看待中国。”①在17—18世纪，中国风在西方的生成与兴起其实也表明了中西方艺术与文化交流所带来的跨文化影响。在《欧洲与中国》中，赫德逊概括了此前西方学者(特别是玉尔、赫尔曼、肖夫、李希霍芬等人)对中西古代陆路交通史的研究成果。赫德逊还说，在19世纪以前，亚洲对欧洲的影响要比欧洲对亚洲的影响深刻得多。

毫无疑问，这种中国风也是中国在全球化时代重建时尚风所可资借鉴的。在艺术、设计与文化领域，任何狭隘的种族优越论，都是经不住考验与批判的。除了考察二战后的殖民地纷纷独立建国之外，学术界也逐渐对以欧洲为尊的思维开始反思，且这种批判与反思一直延续至今。任何创意的讨论都离不开艺术与文化多样性问题，多样性无疑是东方与世界性时尚重建的文化人类学特质。在昂纳著作的序中，阿索罗认为，中国风是一种欧洲风格，而不是对中国艺术的拙劣模仿。也就是说，中国风既有其中国本土的元素与文化风格，其实更是欧洲人在此基础上的一种重构。当时欧洲的上层社会都以采用中国物品、

① [英]杰克·古迪：《西方中的东方》，沈毅译，浙江大学出版社2012年版，第254页。

模仿中国式样，以及领略中国的审美情趣与艺术精神为时尚。因此，“中国趣味”最早在陶瓷与家具中呈现，并随后风靡欧洲各地。还应意识到，民族时尚创意还亟待在这个全球化的时代里，坚持住与彰显着各种民族面向世界的艺术与文化自信。

在《中国风格》的著作里，霍纳尔谈到了自己从孩提时代就对中国风怀有亲切感。但一切富有浓郁民族意味与特质的时装，都象征着悠久的服饰与时尚文化。但在民族元素的借鉴与应用中，往往缺乏对元素的民族与文化特质的研究与重构。正因为如此，雷同与同质化是许多时尚创意难以避免的问题。但那些同质化的民族创意与时尚设计，难以得到广泛与普遍的世界性文化认同，这与民族元素和审美文化当代建构的缺失分不开。其实，创新的乏力还与设计者的文化底蕴欠缺、创意能力不足相关。为此，加强民族的时尚创意及其与文化认同关联的研究，揭示与建构既有民族自身特质的、又关切于世界当代时尚的民族文化认同，无疑是当代中国风重建与研究重要的学术、思想与文化任务。但无论是传教士报告、旅行家的东方游记，抑或中国的外销艺术品，还是在欧洲出版的中国艺术图册，关于中国图像与文化的传播，在很大程度上可能是一种以讹传讹，一种跨文化的误读与曲解往往在所难免。

在全球化的趋势与过程之中，文化的趋同性与多元化及其相互交织与彼此互文，正是与时尚的跨文化传播与文化认同相关联的生成性语境。全球化既不是西方化，也不是东方化，而是东西方的生成、变化与关联，更是在东西方之间的交融与相互生成。而且，东(中)西文化不再专指与局限于价值观，两种文化在跨文化传播的语境里，可以得到广泛的相互借鉴与和谐共生。譬如说，“正如路易十五偶尔在宫廷内穿着中国服装觉得很有趣一样，乾隆也不时穿穿西洋衣服取乐”①。还应看到，艺术与时尚的跨文化传播，不仅从东方指向西方，也会由西方指向东方。其实，设计与时尚的跨文化传播，从来都是双向的与交织性的。但是，当18世纪中国风在西方最为流行之际，对它的批评甚至冷嘲热讽也达到了极致。无论是在民间，还是在宫廷与贵族阶层，中西时尚的跨文化传播其实从来都没有停止过。在跨文化的时尚传播中，对艺术、时尚与文化的误读，是文化适应与接受不可避免的问题。

到了19世纪60年代的中期，法国巴黎成为日式风格的流行地，设计师们

① ［英］迈克尔·苏立文：《东西方艺术的交会》，赵潇译，上海人民出版社2014年版，第80页。

纷纷依此风格设计女装以迎合时尚。作为印象派艺术的奠基人之一，马奈就受到过日本浮世绘艺术颇为深刻的影响。而且，日本的折扇与瓷质屏风等各种小摆设，点缀着英国的日常与家居的生活。1867 年，作为日本代表团的成员，涩泽荣一来到了法国，参加巴黎万国博览会。涩泽荣一观察到，法国新奇的工业产品，取代了手工作坊的机械设备，西方的工业化程度让他大为震惊。涩泽荣一决定留下来，仔细考察欧洲各国的产业发展和经济制度。早在 18 世纪 50 年代后，“中国热”就遭遇到了古典主义与哥特风格复兴的强烈冲击。随着新古典主义的兴起，洛可可与中国风都难免发生式微与衰落。虽然说，折中主义遭遇到现代主义艺术与设计的抵制，但它仍然是 20 世纪重要的审美风格，并在 21 世纪这个全球化时代的跨文化传播中。尤其是，在回应各民族文化差异性的过程中，折中主义具有不可或缺的意义与旨趣。

在日本，明治政府为了摆脱落后，以及不再受外国奴役的地位，以争得民族的独立，进而称霸东亚，在改造封建国家的同时，大刀阔斧地致力于国家建设工作。实际上，任何艺术与设计都离不开特定的历史与传统文化，即使那些反传统文化的当代设计也是如此。在艺术、设计与时尚的跨文化传播之中，还应对民族独特的精神与文化加以传承，使之免遭遗忘、毁灭与外来文化的替代。应加以注意的是，印度花布也对欧洲中国风的建构产生过影响。基于跨文化的时尚与文化传播，不同民族的时尚文化之间发生着密切的关联。而且，它们共同介入与参与了民族时尚与全球文化认同的建构。对各个不同的民族或族群来说，可时尚化的元素当然也是有所区分的，但它们之间又发生着密不可分的关联。其实，不同的民族元素及其在当代的重构，正是世界性时尚生成不可忽视的文化语境。还要意识到，中国风虽然是一种欧洲风格，但更是对中国传统风格的异域重构。

在这个全球化时代，东西方艺术与设计的跨文化传播日趋频繁，彼此间的设计借鉴与文化对话也日益趋向深入与广泛。欧洲的传教士、商人与旅行者来到中国，才使欧洲人对中国的印象变得更加清晰。其实，西方社会自 1517 年起，由于宗教改革的冲击与影响，突破了中世纪经院哲学和神学的樊篱，而进入了一个能比较宽容对待其他文化的时代。“从斯卡利杰尔讲的这番话，我们得知：殖民者从埃塞俄比亚来到印度、中国和亚洲其他地方，他们在这些地方宣讲基督信仰，正如我们现在试图说明的一样。”①甚至还可以说，这种所谓处

① ［德］阿塔纳修斯·基歇尔：《中国图说》，张西平等译，大象出版社 2010 年版，第 110 页。

于文化边缘上的人，刚好促成了民族间性的生成与建构。总而言之，全球化民族时尚创意的生成与当代建构，无疑是以民族独特性与文化多样性为前提的，它显然不能以牺牲独特的民族精神与文化为基础。除了伏尔泰对中国的赞赏外，德国的莱布尼茨、赫尔德、黑格尔、歌德、叔本华等人，也无一不关注与探究中国和中国文化。

对全球化的看法，目前虽然仍是见仁见智，但全球化却是难以回避的。在不少人看来，全球化对于本土文化来说就是一把双刃剑，尽管全球化在一定程度上也推进了本土文化的重构与创新，但也会使得本土文化的特质与自我更新能力逐渐式微与丧失。在中古世纪的中国，就曾有与西方通商贸易的概念，并借由输出丝绸与茶叶来赚取外汇，18 世纪就因此将这条道路取名为丝路。后来奥斯曼土耳其帝国的崛起，通商贸易受阻，为了能够不凭借土耳其人之手，西欧各国纷纷海上探险寻找新丝路，史称地理大发现，可谓早期全球化的开始。在 17—18 世纪，欧洲人无法理解与认同中国文人画的笔墨趣味。在创意的过程中，时尚的视觉表现不应停留在一般的表象上，否则它最多也就是一种浅表的视觉印象与空洞的符码象征。在时尚创意与设计过程中，视觉表现还应成为一种关切于族群的审美文化，其实也只有这样的视觉表现才有民族文化的底蕴，并促成时尚创意与设计得到世界性的文化认同。

萨米尔·阿敏提出，全球化是一个反动的乌托邦，并对全球化给拉美与亚洲国家带来的负面意义进行了精辟地分析。毫无疑问，这里所涉及的时尚风的民族性及其文化特质，其实也是在各民族跨文化传播与对话里来生成自身的。在阿多诺那里，美的概念不可避免的普世性在于，它正当地存在于从一种文化到另一种文化之中。但在不同的民族文化语境里，艺术表现与审美所呈现的差异性与多样性也值得特别关注。而且，基于自我与他者的相互生成与建构，美学的民族性与世界性及其生成性关联的建设，以及民族美学与一般美学的密切关联与彼此生成，显然是民族美学理论与思想建构应有的文化张力。更为重要的是，东方艺术与美学的当代重构是与对全球化的批判和回应分不开的，它旨在生成与建构出具有自身特质的当代时尚与文化。除了传统的东西方国家划分之外，俄罗斯与日本是比较特殊的两个大国，两国在国民性上的接近与相似，都有一种游离于西方世界的特质与疏离感。

在这个全球化时代，一致性与差异性之间的文化张力及其建构，既是民族美学当代建构与不断重构的理论与思想诉求，同时也是民族内在精神与特质建构的社会与文化语境。按照吉迪恩·拉赫曼的说法，正如其《东方化》一书的副标题所宣称的那样，这全都是“亚洲的崛起和美国的衰落”的标志，但这可能仍然是一个漫长的历史性过程。毕竟，东西方世界的区分性变化是难以避免的。应当说，“在上一次世纪更迭之际，即帝国主义高峰期，亚洲大部分地区都臣服在欧洲的殖民统治下，就连大胆的先知都不敢预言此一情况将会终结”①。在西美尔看来，时尚是一个社会区别与辨识的机制，其实往往也是阶层区分的工具与技术。这乃是因为，东西方、不同阶层的历史性差异，也难免在全球化时代发生式微。随着社会与文化的当代建构，时尚及其对民族与阶层的传统规定正在发生着变化。譬如说，新唐装与各种各样的新中式服装，也在国际政治、经济与世界性文化领域成为中国风的当代重构。

而且，民族时尚创意与设计的建构与实现，就是文化的民族性与世界性相互生成的过程。针对一致性与差异性及其关系，审美与文化张力是全球化时代不可回避的根本性问题。在巴纳德看来，东西方关系是与全球化密不可分的。其实，世界性时尚的建构与重构，从来都离不开艺术与审美人类学对差异的关注与当代回应。时尚的民族性与世界性及其生成性关联不可或缺，并有待于在当代设计与时尚文化里重构这种关联的意义与情调。根据阿皮亚，后现代主义拒绝一切排外主义与普遍主义的主张与诉求，这也是中国风的当代重构不可忽视的艺术、审美与文化问题。在当代中国风的重构里，文化的包容与多元主义是值得提倡的，但又不是简单的接受与排斥，这其实也涉及东西不同文化与文明的开放式对话。与此同时，对新殖民主义与后殖民主义的文化批判，是中国与东方时尚艺术和文化重构不可或缺的。对差异的尊重与包容，也是东西方时尚交流与文化重构极其重要的文化基础。

尽管说，此译本距原著出版已过去了半个多世纪，但该书在东方艺术、时尚与审美及其跨文化传播研究中，依然是一部极为重要与不应忽视的学术文献。但即使在当今这个时代，东方主义仍是一种重构的与专横的文化殖民思想，并拥有凌驾于东方之上的权威的西方的视角与审美风格。在萨义德那里，殖民主义、民族主义与东方主义及其在审美上的后果受到了挑战与批判。但在对东方主义的批判中，不仅应关注对西方东方主义的批判，还要致力于对东方自身内在的东方主义，以及它所衍生的自我的殖民与妖魔化的批判，并从理性与反思出发重建时尚与文化的跨文化传播及其实现。对中国风与东方风的当代

① ［德］于尔根·奥斯特哈默：《亚洲的去魔化：18 世纪的欧洲与亚洲帝国》，刘兴华译，社会科学文献出版社 2016 年版，第 6 页。

重构，不能局限在一般的视觉表象上，还要从民族精神与文化特质加以挖掘与揭示。在跨文化的传播与研究中，外来文化往往难免被吸收、嵌入与融合到他者文化里，但对东方主义的回应与批判，以及对中国风的反思与当代重构，无疑是必不可少且极其重要的艺术、审美与思想任务。

（作者单位：武汉纺织大学传媒学院、时尚与美学研究中心）

学术信息

“当代审美与设计美学的价值”学术研讨会暨湖北省美学学会2018年年会综述

丰雅鑫　宗妙姗　杨　阳

“当代审美与设计美学的价值”学术研讨会暨湖北省美学学会2018年年会于12月8日在武汉理工大学举行。200多位来自湖北、北京、河北、浙江、江苏、福建、广西、吉林、山东、河南、湖南与安徽等省市30余所大学和研究机构的学者参加了此次盛会。此次年会包含大会发言及小组讨论，30余位学者进行大会发言，60余位学者参与小组讨论。大会主题为“当代审美与设计美学的价值”，具体的讨论又分别围绕“中国传统设计美学与工匠精神”“当代美学价值的设计实践”“当代美学与艺术的走向”“艺术美学的前沿问题”这四个论题展开。

一、大会发言

大会开幕式上，武汉大学邹元江教授作了题为《知者创物，巧者述之——论设计美学的本性》的主旨报告。他指出，“知者创物，巧者述之”是《周礼·考工记》的“总(纲)目”，也是理解中国古代设计美学本性的基点。首先，“知者创物”的“知”即审美直觉，正是基于“自知”“生知”的审美直觉，才能够成为“始闓端造器物若世本作者”。其次，“巧者述之”的“巧”即“工，巧饰也。象人有矩榘也”，其中“矩榘”者，法度、规则、循规蹈矩是也。所以，工匠就是(陈)述而不作，就是依葫芦画瓢(摹仿)的“巧者”。最后，唯有真正的“知者”所原创、草创、首创、始造之“物”，才是以非对象性的审美直觉结撰赋形的无中生有之作品。

在第一阶段的大会发言中，武汉大学资深教授刘纲纪作了题为《论中国古代设计美学》的报告。他指出，中国古代设计美学有两大体系源流。第一个系统以《周礼·冬官·考工记》为核心，提出了很多在设计美学上有重要意义的命题，譬如说，由“天有时，地有气，材有美，工有巧，合此四者然后可以为良”提炼而来的“材美工巧”等。第二个系统以《周易》为核心，有涉及器物美学的“易有圣人之道四焉”“观象制器”等命题，亦有相关于建筑美学的“上古穴居而野处，后世圣人易之以宫室”等命题。这两个体系对中国设计美学的发展产生了重大影响。

华中科技大学邓晓芒教授从康德《判断力批判》出发，指出康德美学基于诸认识能力的自由协调活动，带有强烈的认识论色彩，这与康德对鉴赏的定义——“对一个给予表象不借助于概念而普遍传达”——形成对立。他基于自创的传情论的原理对于康德认识论美学加以颠倒，将后者视为前者的一种表现形式，将其建立在人与人之间的生产活动社会性之上；审美愉快本质上并不是诸认识能力协调的愉快，而是传情的愉快。他对传情现象的人类学起源进行了实践唯物论的追溯，说明传情论美学也是一种新实践论美学。

华中师范大学张玉能教授探讨了新实践美学的生活美学建构问题。新实践美学应当关心人类的生活，把美学理论与现实生活紧密结合起来，建构自己的生活美学。社会生活本质上是实践的，因此人类的社会实践是新实践美学的生活美学的逻辑起点。他将生活划分为物质生活、符号生活、精神生活，并针对他们进行了细致的分析，最终指出新实践美学的生活美学追求物质生活、符号生活、精神生活的有机融合，逐步实现人生的真理境界、审美境界、自由境界，以塑造自由全面发展的人。

中南民族大学彭修银教授结合当代中国美学教材书写的状况指出，就学科的自足化与自律化而言，中国美学的研究状况仍然未摆脱起步的特征，如学科定位、研究对象、基本规范的学科范畴、必需的入思方法等都较为模糊。与之相应，一方面因美学学科浓厚形而上色彩及话语体系的中国化表达的缺乏，另一方面由于中国的美学研究现状本身域限未明，国内出版的美学教材大多千人一面。话语张力与理论张力的不足，导致这些美学教材在面对审美现象、艺术问题时几近束手无策。学科发展的不足与自身话语体系建设的缓慢，使得国内美学教材的书写只得唯断语适中为务，这是一种无奈的尴尬。

武汉理工大学潘长学教授讨论了当代美学中的设计审美问题。他从设计的用户行为塑造方式出发，提出设计需要提升体验印象并满足潜在需求，需要创新未来理想化需求与社会化需求。由是，他指出设计之美的几类分支：功能之美是人本精神的物化；极简之美是东西方文化的“归一”；材料之美令材料物理属性转化为美的享受；工艺之美是现今加工工艺的欢畅与传统工艺的倾诉；未来的技术之美意味着每一次新材料的出现，就会令造物过程产生新形态的美学话语与传达方式；人工智能与信息技术的使用，使经验式的视觉审美感受向空间场景的体验转变。

湖北美术学院徐勇民教授基于美术馆的发展现状聚焦公共空间中社会美学品质的生成与变化问题，探讨了由传统向当代转型的美术馆新型的存在方式及呈现出的社会美学意义。他指出，属于这个时代的美学品质通过美术馆的公共性正在逐步形成。策展人以不同类型的视觉呈现方式反映出艺术家对历史、对自然、对当下生活状态的种种思考，而美术馆恰恰营造了一个以多元的艺术形式试图定义社会文化生活的特有空间。在这个空间里，观众的视觉欲望与信仰得到调适、完善与改变，社会当下的文化意义通过视觉方式得到优化。

湖北理工学院李社教教授以《红楼梦》为文本依据探讨了器物美学问题。他指出，该书书名的确定、回目及人名的命名、主旨的传达，都与器物相关联。《红楼梦》的人物塑造群像便是依靠器物来联系的，木石前盟、金玉良缘的前情命运也与器物相关。器物是《红楼梦》塑造人物、推动情节、暗示命运、营造场景的重要因素，其自身亦构成了独立的包括宏观象征系统、人物性格象征系统、传情象征系统等在内的诸多象征系统，融合了文字叙事与图像叙事，使时间性的小说具有了空间性的特征。

在第二阶段的大会发言中，武汉大学范明华教授围绕“工匠精神”展开讨论。他指出工匠精神涉及科学、伦理、艺术(审美)三个层面，是科学精神、伦理精神和艺术精神即真、善、美三种价值的统一体。就三者的关系而言，科学精神是工匠活动的基础和前提，关乎设计的合理性与适用性；伦理精神是工匠活动的自律与保障，关乎行业的健康发展；艺术精神是工匠活动的最高境界，关乎设计产品的品质和格调。科学与伦理的精神是对工匠活动的理性要求，而艺术精神则是工匠活动中人类自由创造精神的表现。工匠精神的养成必须从科学精神的培养入手，这也意味着对于当代中国设计而言，加强规范化、理性化、科学化比一味追求设计创新更为重要。

武汉大学王杰泓教授研究了源于 20 世纪西方、迄今已发展为中国当代主流艺术的观念艺术。作为一种“讽喻”或“寓言”的新型艺术形态，观念艺术涉及如何重审艺术自身以及艺术与哲学、艺术与社会、艺术与宗教的关系等一系列重大的艺术史哲学问题，如黑格尔与丹托在艺术终结方面的同与异。在文化虚无主义盛行的当下，中国观念艺术呈现出鲜明的人文关怀与泛宗教倾向，是人们寻求精神皈依的一种表现。

四川大学贺念以有用性、可靠性、诗意性为主题，阐释了海德格尔物之思想的发展。在早期《存在与时间》中，海德格尔主要通过此在与物在原初的日常生活中打交道的方式来刻画物，并将其理解为“器具”，它是“上手而是”的。在中期《艺术作品的本源》中，海德格尔对物的思想更进一步，指出艺术作品是非器具的特殊的物。在晚期《物》的演讲及《建筑·居住·思想》中，海德格尔之物终于获得真正的自足性，物的本质是“让居住”。海德格尔关于物的思考从一开始物有赖于人，逐渐转变为人有赖于物。

湖北民族学院贺方刚教授基于马克思和胡塞尔的思想探讨了“审美-判断”何以可能的问题。他指出，审美判断作为美学中的一个术语，已成为美学研究的核心概念之一。但审美判断这一概念自身，却隐含着悖论：审美是个体的感觉，有特殊性、差异性；判断所表达的是普遍的尝试、规律或规则，带有一般性的特质。二者相组合，是强行要求在不同个体的审美感觉里找到一种广为接受的“美”。马克思的实践论与胡塞尔的意向性理论对此悖论式的问题的解决颇有启发。

武汉大学欧阳霄特聘副研究员以“风格”为切入点，试图梳理“风格”在美学史与哲学史上的诸多分歧。他将“风格”作为民族美学范畴的含义与理论基础，结合进化论艺术哲学及罗兰·巴特符号学概念，以“爱尔兰风格”进行案例研究。作为一种成熟的民族性审美样态，“爱尔兰风格”可以具象到丰富多彩的审美与艺术实践中，却不能还原成具有同一性的艺术基质或设计原则。在某种意义上，爱尔兰风格是爱尔兰民族复兴的重构与再创造，二者在更深的层次上相依相存。由此可见，艺术审美对民族性的塑造是群体生存和繁荣的重要条件。

华侨大学常旭旻教授从亚里士多德悲剧理论出发对文艺和真、善的关系作出阐释。他指出，亚里士多德将诗歌界定为追求应然的真，这实际上暗含着诗歌对于真的追求包含价值取向。从文艺心理学乃至道德心理学的价值角度出发，对人的灵魂而言，亚里士多德的戏剧摹仿说强调的“卡塔西斯”功能，开创性地提出了悲剧净化和宣泄功能。由此，我们可以探讨亚里士多德如何将文学艺术的功能、功用与希腊人的灵魂养成联系起来。

在第三阶段的大会发言中，武汉理工大学喻仲文教授作了题为《水、风水与中国传统村落的美学结构》的报告。他表明，在中国传统村落中，水是基本的构成要素，它深刻影响着村落美学的结构和景观。更重要的是，水作为风水学中的一极，它超越了作为实体之水的物质功能，与中国传统中的五行思想相结合，形成了极具形而上学意义的中国水文化。从空间结构上说，中国传统村落与水的关系大致呈现三种结构形态：“水为经络”“水为腰带”及“水为肾脏”。这三种形态都是风水观在村落中的反映。

华中师范大学徐晓庚教授在会上提倡加强高校通识美育研究，促进创新思维人才培养。艺术管理作为一门新兴学科、热门学科，它包含两个方面，即艺术和管理。艺术学谈审美，管理属于工科思维，艺术管理要求两者结合。艺术管理有三个“面向”：一是面向本体，即艺术到底是什么；二是面向政府，为国家服务，为政府服务；三是面向市场，解决问题，讲究发展。艺术管理这一学科的发展需要教育改革，即通识美育与创新思维的协调发展。

武汉纺织大学张贤根教授探讨了反时尚及其审美人类学解读问题。一般来说，时尚总是与传统的日常生活相区分来建构自身的，但时尚的日益求新却规定了它对自身的挑战与反叛，反时尚就是对先前时尚的一种反动的生成物。反时尚尽管有时指去除物质化让生活回归平实，但它在本性上却是对既有的时尚艺术与文化的反离与消解。在这个时尚成为大众诉求的年代，处处可以发现“反时尚”的身影与其社会与文化影响。实际上，民族元素与文化不可能原封不动地照搬到当今，但却可以在当代加以重构以再建日常生活世界。对不同的社会、历史与文化语境的关注，无疑有助于对嬉皮士与朋克等反时尚的揭示与阐释，这也是当代时尚与反时尚的建构不可或缺的艺术与审美人类学基础。

武汉纺织大学齐志家教授作了题为《作为“非语言交流”的图像》的发言。在西方文化中，文字被认为表达了心智的优越性，而图像则表达了情感和更低级的身体欲望。在当代，文本文化到视觉文化的转换中，图像不再被视为纯粹负面的东西，它所具有的正面价值及其唤起的经验已得到珍视。不过，作为一种信息交流工具，图像仍然不能如文字明晰地表达目的和逻辑地陈述事实。在回顾视觉艺术发展史的基础之上，齐志家指出，伴随着插图画、摄影术、网络的发展，当代图像依靠其具备提供最大视觉信息的能力而大获全胜。但当代图像已不再追求任何故事和意义，而只制作感官效果。由此可见，图像作为一种“非语言”交流，图像具备的唤起情感的能力优胜于文字。

湖北美术学院韦秀玉教授通过揭示中国传统绘画语言在中国当代美术批评语言建构中应用的合理性、转换方式和时代意义，提出让中国传统绘画语言滋养当代美术批评语言。中国传统绘画语言承载着中国传统文化因子，是传统艺术符号的重要组成部分，凝聚着中国传统审美逻辑，是中国当代视觉艺术创作的源泉。当代批评家应当自觉将美术批评置于历史语境中，吸纳中国传统评价标准建构中国当代美术评价体系，使艺术批评具有历史的维度和深度。在美术批评的分析和解释环节，可以充分借鉴中国传统绘画语言评述美术作品，使当代美术批评语言在传统文化艺术的滋养下，从过度倾向于西方的思辨模式回归东方审美逻辑，尊重自身和观者的视觉机能，建构中国自身客观、科学的美术批评语言。

武汉东湖学院李跃峰副教授以“品牌、符号与民族国家”为题进行关于现代民族品牌的符号学思考。李跃峰指出，中华民族作为历史上的文化共同体，首先是符号性的，不仅有古老的龙凤图腾和早期文明的初步理性化视觉图案，还有为各少数民族所保留的早期文明符号。而当代公司制度下的品牌运营使得公司成为符号的企业，成为民族品牌乃至国家品牌的主要生成方式，企业成为符号或品牌生成的主体，国家不仅是高级组织符号，而且是符号或品牌维护的集合。品牌符号学相关于民族国家的建构，我们必须予以思考。

武汉大学刘耕通过重审文人画的定义为理解文人画的实质提供了一条路径。在梳理了这一观念在中国古代美学中的意涵以及20世纪以来中外学界对文人画定义问题的探讨之后，刘耕提出重构文人画定义的一种可能，即围绕文人的界定、文人画的美学观念及文人画的风格建制三个方面，探讨在文人画演变的历史中，哪些观念和传统得以延续，可以构成文人画的共同特质。一方面，文人画是一随时代而不断更新的艺术理想，故难以给予超越历史的统一定义；但另一方面，文人画在文人精神与生活，绘画的美学观念，绘画的主题、题材、风格上，却有着自己贯穿于历史的传统(尽管这一传统并非谱系式的单线传承，而是多条线索交织互渗的)，其脉络可通过美学史和艺术史的考察来澄明。

中国地质大学尹小玲探讨了阿瑟·丹托的“艺术终结”论。她指出，丹托所说“艺术的终结”并非经验层面上艺术的消失，而是艺术史的宏大叙事结构的终结。艺术史可分为三个历史的宏大叙事模式：第一个阶段，追求的是准确再现的进步历史；到了现代主义的第二个阶段，追求艺术的纯粹性，追求艺术自身媒介的纯粹性；而到了第三个阶段，后历史阶段，也就是当代艺术的后现代主义阶段，艺术作为视觉形象的载体越来越趋于观念化、哲学化时，艺术史走向了观念诉求历史的终端，即意味着艺术史叙事的终结。而阿瑟·丹托对“艺术的终结”持乐观态度，用他自己的话表述即是“我关于艺术实际已经结束的观点是一种关于未来的主张——不是说不再有艺术，而是说这种未来的艺术是艺术终结之后的艺术”。这样的艺术是多元的、自由的、差异的。这对我们理解当代艺术的美学特质有一定的启发意义。

洛阳师范学院张红军副教授阐释了审美虚无主义的内涵。他指出，不同于一般的虚无主义，审美虚无主义(又称诗性虚无主义)不仅渴望虚无，还渴望创造性的存在。审美虚无主义发端于中世纪末期的唯名论，经由笛卡儿、康德、萨德、费希特、德国早期浪漫主义和黑格尔等，完成于施蒂纳。施蒂纳没有意识到审美虚无主义的消极后果，即无意义感的泛滥，而尼采的艺术家哲学虽然意识到这种消极后果，却无法有效避免。审美虚无主义从抽象的人出发，渴望抽象而虚幻的自由，最终陷入自由与意义的两难。从现实的人出发的马克思主义，是走出审美虚无主义困境的重要理论资源。

武汉纺织大学李展教授以“颓废的超克”为题探讨了王家卫电影的都市美学精神。他指出，王家卫电影带有鲜明的作者电影精神特质，凸显着现代都市的存在论精神困境。这种现代都市感有着王家卫独特的生平经历和个人体验，它关联着香港和上海两个现代都市双重文化记忆；其文化渊源乃是老上海现代都市文明那种颓废—唯美的美学传统。美学意义的颓废实际是一种辉煌绚烂到极致的艺术精神，表征了“进步即颓废”这种世俗和神学的文明颠倒，完全不是那种传统左翼文化批判意义的历史内涵，而王家卫电影的都市美学精神实际就是这种老上海文明的时代落影。

北京比盖普科技发展有限公司程涛以房车工业发展的美学思考为切入点，试图揭示一条还乡的路。解读海德格尔生态美学所表达的诗意、居住的本性及诗意的居住核心思想，有助于探索房车作为移动的家所蕴含的美学意义，领悟房车旅居生活的诗性表达，思考人为何居住于大地之上以及需要寻求还乡的路。不过，当代科学技术飞速发展的同时，虚无主义、技术主义和享乐主义随影同行。这是一个技术的时代——无家可归的时代，需要我们去认真思考居住的本性，以及如何通达家园的还乡。这样的思考无疑对房车工业的理性发展有益，并赋予房车旅居生活一种真实的回归，一种人的本性回归。

武汉大学庄严探讨了“可见者之肉身”对感性存在状态的揭示及其美学意蕴。他指出，梅洛-庞蒂所提出的“可见者之肉身”在三个层面揭示出存在状态：首先，在我与物的关系层面，“可见者之肉身”表现为可见者之“可见性”，它从根本上刻画出了在观看活动中我的身体面向世界敞开，诸物也因此进入我的身体之中显现其自身的存在境域；其次，在身体自身的层面上，可见者与能见者一起被纳入我的身体内部极具含混性的关联之中，这一关联向我与诸物的关系中投射，使得我与物之间也产生了看与被看交互可逆的独特状态；最后，在存在自身的层面上，“可见者之肉身”作为“存在之原型”在我的视觉之中现身，它本原性地揭示了存在对我与物的根本规定，从而使得视觉活动自身成为一种可以洞见存在自身的自体生成过程。这种感性的存在作为一种模糊而切实的迫切感促动着置身于存在之中的艺术家在“灵感”活动中表达存在自身。

武汉大学丰雅鑫阐释了“诗意”的现象学显示问题。她指出，海德格尔作为现代思想家，其思想方法一方面与传统哲学的理性思辨区分开来，另一方面也表现出与胡塞尔的意识现象学的差异。海德格尔的现象学相关于存在之遮蔽的敞开，即通过不断地去蔽把事情作为事情自身显示出来。就“诗意”而言，其现象学显示问题相关于“诗意”的遮蔽和去蔽。“诗意”的遮蔽主要来源于传统意义上的诗学。古希腊建立了诗学，其后又产生了美学和艺术哲学。在西方的历史语境中，此三者本质同一，因为它们皆由传统形而上学的理性建构而来。而“诗意”即诗的本性恰恰被传统所谓诗学遮蔽了。海德格尔的“诗意”无关于文学艺术领域的情感和想象，也无关于传统诗学所理解的创造和设立，而是接受天、地、人、神所给予的尺度。有鉴于此，海德格尔进一步指出，“诗意”乃居住的本性。然而，与“诗意地居住”相反，海德格尔所处的时代恰恰表现出“无家可归”的困境。由此，“诗意”的现象学显示实则指向一条还乡之路。

二、中国传统设计美学与工匠精神

在以“中国传统设计美学与工匠精神”为题的讨论中，武汉纺织大学刘思捷阐述了《营造法式》中的工匠精神及其美学价值。作为北宋时期由国家颁布的建筑法典，《营造法式》涉及 13 个工种，其中最为核心且体现最集中的是木工技术。她指出，宋代工匠以工匠制度为基础、以专业精神作为依托，在建筑营造中对卓越的制造孜孜以求，创造了具有较高艺术和审美价值的建筑作品，由《营造法式》对建筑技术的规定可见出深刻的工匠精神。

湖北美术学院杨阳探讨了工匠精神的“微”美学价值。他强调“庖丁解牛”中“动刀甚微，謋然已解，如土委地”，打破了传统“工匠精神”职业道德、职业能力与职业品质的诠释；将我们生活中所认为的“工匠精神”精益、专注、创新等方面重新再释，从外而内寻求“道”的本质，以“微”的视角倡导当代“工匠精神”本源，即做到顺应自然，了解事物的规律，才能做到目中有牛又无牛，才能化繁为简、熟能生巧。

中国地质大学(武汉)郑叶澄琤分析了玉雕俏色技术与墨子美学思想的关联。她认为作为中国传统玉雕技术中的一种常见手法，俏色技术综合玉石自身及雕刻家的灵感，蕴含独特的审美趣味。墨子的美学思想与造物技术有着密切的联系，主张以"利人"为前提的"巧工"以及以"法天"为最高准则的所有工匠都要遵守的法律。玉石在自然之中产生，借助俏色技术彰显其美的本性，最终蜕变成为流传千古的至美玉器。

湖南师范大学刘乐乐论述了两汉儒家政治与丧葬活动中的孝行"表演"的关系。在儒家政治伦理，尤其是两汉孝廉制度的推动下，由孝德而发于外的孝行很大程度上转变为以获得物质或政治利益为目的的行孝表演，而祠堂的公共性正为孝子向公众展示其孝行提供了绝佳的舞台。就此而言，祠堂中的题记与图像不可避免地受到两汉儒家孝道观中的政治伦理对丧葬活动的影响。

东北师范大学周璇以清代玻璃珐琅彩与陶瓷彩绘装饰流转研究为主题，探讨了审美意志与艺术创作和艺术生产的问题。她提出艺术创作和艺术生产在艺术领域扮演着各自的角色，既相互转化又相互背离。而审美意志往往在其中扮演催化剂或隔离剂的作用。清代琉璃珐琅彩在经济引导之下发生嬗变，从一种艺术手段引发另一艺术手段的创新、创造，最后被经济利益所引领，进入规模化艺术生产的历程。

武汉大学黄滟通过终极境域的显现解读园林意境的生成。她指出园林意境作为敞亮的本真世界，其中的时间和空间作为生命的存在场所内在于生命活动之中，它们已经不是物自体，不是对时间和空间的界限，而是成为人或此在对于生存意义的理解和领悟。园林意境也在对当下物象的超越中得以实现，使物的本然与造化自然的无限存在融通为一的终极境域得以显现。

武汉大学梁思聪分析了宋代文人与文人园林审美。她认为宋代是我国古典园林造园法则和艺术走向发展和成熟的重要历史时期，宋代园林发展的重要特点之一是文人园林的发展和成熟。宋代文人促就了文人园林的审美和艺术风格，通过宋代的园论、园记、园画、园林诗词、园林匾联、花谱石谱等古代园林文献可以看出，宋代文人园林的审美发展与宋代文人的身份地位、文化修养、心态趣味等有着密切的关系。

湖北美术学院李冰论述了大足佛湾宋代密教千手观音造像设计特点。宋代的造像者恰当地利用石壁倾斜起伏的特点来设计和满足信众的观看习惯，使得千手设计新颖，部众布局构图稳定协调、独具特色。这是对前人造像的继承和创新，其对空间视角、体积光阴的运用，以及对固定化仪轨的突破，对于今天的艺术创作设计依旧有积极的借鉴意义。

武汉大学郑翠仙研究了“天人相分”视域下的中国传统技艺美学思想。她指出，在“天人合一”外，中国传统技艺美学中还存在着另外一个向度，即“天人相分”。这一技艺观根植于儒家——特别是荀子的思想资源，充分肯定人为，强调由技进道，这使得该技艺观在宫廷艺术和民间艺术中发挥着重要作用。其真工实能的技艺追求与心性论色彩浓重的天人合一技艺观相异趣，具有很强的创造性和现实适用性，对当代工匠精神的拓展有其重要的启示作用。

武汉大学唐斌从诗、乐、舞一体探析了《柘枝》。他提出，我国古代主流音乐理论将诗歌、音乐、舞蹈视为同源一体，均为人“通情达志”的表现形式，这一艺术观在我国古典音乐作品中多有体现。因此，对于《柘枝》的研究应诗、乐、舞并举，诗从内容、意象上折射舞蹈风格，乐器和曲调则暗示舞蹈的节奏和基调，而舞的审美也受到诗歌、音乐的影响，从而编织出舞韵。

武汉理工大学胡婷婷老师以“清”莲“雅”谣探析了古筝曲《莲花谣》的演奏美学。她将《溪山琴况》这一集中国音乐美学思想大成者中的传统演奏美学观点与《莲花谣》这一现代创作筝曲中的演奏方式相结合，从而探索如何将传统音乐演奏美学运用到现代音乐演奏当中，使得现当代古筝演奏既能够传承保留传统音乐美学观，又能够具有当代创新及探索意识。

三、当代美学价值的设计实践

在围绕“当代美学价值的设计实践”展开的讨论中，合肥学院沈燕提出，在全球化与区域化两大趋势共同发展的背景下，如何实现中国传统设计美学的现代化转型是当下中国设计美学建设面临的重要任务。宗白华的学术中蕴含着丰富的设计美学思想。她认为，对宗白华设计美学思想的研究可以从以下三个方面进行：从宗白华美学理论中整理设计美学范畴；从其对中国古代设计文献、美学文献的研究入手分析中国设计美学精神；借鉴其中西比较的研究方法等。然而这些最终都要结合设计实践并转化成可操作的美学规范，才能对当下设计有所助益。

武汉理工大学王美艳讨论了欧洲 19 世纪服饰设计审美的社会性问题。从欧洲 19 世纪的绘画、杂志封面、书籍插画等资料来看，包括男性的黑色礼服、翻领，以及女性的裙撑、装饰图案等整体造型与服装细节是社会等级的重要区分标志。对于艺术家来说，这些是重要的视觉语言，具有非常强的社会内涵和叙事性，传达着当时人们的时尚观和社会价值观。以马奈为代表的艺术家通过人物服饰的精心刻画，来表达服饰审美的社会内涵，传达一系列复杂的身份和社会关系。

华中科技大学屈行甫以武汉市乡村聚落为例，探讨山水意境在现代乡村空间营造中的延伸和应用。乡村聚落包括居住区的景观，有建筑本身所具有的景观特征、街巷景观、公共空间三个部分。除此之外，乡村聚落景观还包括生产性的空间与自然的生态景观。虽然具有农业生产属性，但在传统文人眼中其空间属性被消解了，人文属性的山水诗情画意却被大力提倡。而现代乡村以标准化、符号化与表面化为特征，过度追求经济价值，暴露出许多问题。有鉴于此，传统乡村聚落在空间营造方面的技术手法和价值观念具有借鉴意义。

齐鲁工业大学江黎静讨论了当代美学对实践工匠精神的哲学启示。她认为，工匠精神更重要的不是机械性的重复制造，而是在每一次竭尽全力的重复中进行创造，使得具有灵魂的劳动也具有美学意义；在质朴、求真的工匠精神中，尽显人与自然和谐共处的人生观以及“天人合一”的伦理观，充满无穷智慧的匠人所特有的工艺审美之道；应结合新的设计思路，从实用、自然、合作三个方面以现代的审美视角进行内容、形式上的创新、融合并做好传承和延续，适应社会市场背景下产业转型升级带来的机遇和挑战，为当代研究以及实现中华民族伟大复兴中国梦提供方向性的指导。

湖北大学赵红梅从古希腊审美文化思想说起，追问了美、风格与美学的未来走向问题。她认为，美就是美的本质，就是美本身。古希腊审美文化通过时代风格彰显出来，时代风格又是审美思想文化的底色与背景支撑。然而这个时代需要的不仅是美学，更是审美。审美意识不同于美学本身，审美活动关照的是整个生活世界。审美文化离不开日常生活，但是审美不能局限于日常生活，审美是对世界、生活、环境和文化的凝练形式即美的艺术作品的欣赏。真正的美学担负着一种对于完整生活方式、完美人性、真正社会的承诺。

武汉大学宗妙姗指出，由于时代语境的变化与文化无意识思想，西方现实主义戏剧传统与大众文化的传播均为戏曲艺术的传承带来困难。戏曲艺术的本质是虚实相生的意象化生成，并最终达到意境的审美高度，而西方文化产业的本质是通过对现实的精细模拟而产生的一种拟象。意象与拟象实则对立。现下所谓“戏曲产业化”，只是从戏曲中拆解出审美元素与大众传播媒介结合，不注重表现戏曲的艺术审美本质，对戏曲艺术的传承得不偿失。与此同时，传统文化可以以艺术实践的方式在市场运作中获得新生。

中南民族大学熊攀认为，艺术形象的生成过程包括：物象的创立——物象与情感的结合——符号达意。典型与意境则是两种独特的艺术理想。李泽厚在《“意境”杂谈》里认同了典型与意境的共同本质，但没有指出它们不同的生成过程。典型主要体现在文学中人物性格塑造上，意境则主要体现在以东方为代表的诗与画上。典型的生成过程表现为“物在意前”，在内涵上更加注重外在物象的形成，在艺术创作过程中更加偏重主体知性的把握。意境的生成过程表现为“意在境前”，在内涵上意境的“意”以无限绵延的状态进入艺术的整体创构，在艺术创造过程中则追求出情景交融、物我合一的超越之境。

武汉理工大学李俊研究了自明清以来的“雅俗共赏”现象。他认为，实际上“雅俗共赏”不论作为艺术创作的目标还是文艺鉴赏的准则，都是无法达到的，追求雅俗共赏无异于追求通俗易懂，以高就低。从一定层面上来说，没有任何一件艺术作品可以获得世界上所有人的欣赏和理解，“雅艺术”与“俗艺术”各有其不同的受众群。因此他认为雅俗不可共赏，若一味追求“雅俗共赏”，就会有促使审美单一化、平庸化的倾向。

武汉大学任珈瑄系统地梳理了柏拉图《会饮篇》中几种关于爱的概念。在《会饮篇》中，前五个人直接将 Eros 预设为爱神，分别从时间与精神、肉体与精神、人的完整性、事物的对立统一以及古希腊城邦的最高美德等角度，对爱自身进行了探讨。而柏拉图通过对前五个人的否定，揭示出 Eros 不是神，而是包含了“爱的使者”和“爱欲”两重含义。爱欲作为其根本性质，是追求永远拥有美好的东西的欲望。同时，“美的理式”作为美的最高形态，是爱欲所追求的最终目的，并需要通过从性爱到理式之爱的上升过程才能实现。

四、当代美学与艺术的走向

聚焦“当代美学与艺术的走向”，四川大学王咏诗以《数学对康德批判哲学的意义》为题作出发言。康德批判哲学的实质在于对现象和本体做出不同于理性主义传统的理解。要达到对现象和本体的新理解，就要结合他对可感世界与理知世界的划分。而对数学的普遍有效性及其界限的思考，与康德的二分思想密切相关。王咏诗最后指出，康德批判体系的证成必须借由他对数学的普遍有效性和有限性的证成。批判哲学体现了不同于理性主义“数学与善”之间具有一致性的立场。

武汉工程大学王圆圆、武汉理工大学马宏宇基于克罗齐的美学思想探讨艺术史观。王圆圆以克罗齐的《美学纲要》为文本依据，指出克罗齐的艺术哲学思想被称为“心灵哲学”，这在艺术史观中的体现即“艺术史即心灵史”。此外，从其历史观中还可延伸出艺术史中的“非进步”原则。

武汉纺织大学熊心宇围绕海德格尔艺术思想探讨了审美体验何以导致艺术的终结。根据海德格尔，艺术的本质乃是真理自行设入作品。审美体验这一主体性的经验必然会导致审美鉴赏过程中对于真理的疏远，这意味着人类始终没有深入到对于存在者之存在的思考当中，基于这种维度，审美体验必将导致艺术的终结。于是，艺术从本质上来说更像是一种救赎，即当人类处于“无家可归”的困境之中，艺术的真理本性能使人类回归到存在的澄明之境。但是，审美体验的过程无法脱离审美的主体性，而审美体验又必将导致艺术作品中真理本性的遮蔽，那么如何在审美体验的主体性经验与艺术作品的真理本质中找到一个完美的契合点，这才是当代艺术鉴赏中最重要的命题。

武汉纺织大学岳檄文以迪基和丹托的对话为理论背景探讨了艺术体制与艺术终结的问题。他指出，传统的透视法则与写实模仿已经无法解释如今复杂多变的艺术形式，对于艺术品的评判标准无疑发生了改变。在丹托和迪基看来，艺术与非艺术的区别不能凭借肉眼来观察，通过外观的一些属性无法识别艺术品，它们的区别仅仅取决于某种授予它们身份的社会体制，它越来越成为“什么是艺术”的决定性因素。

湖南师范大学张霖源以物性与变容为主题探讨了安迪・沃霍尔的“终结”艺术。沃霍尔的《布里洛盒子》构成了丹托艺术终结论的思考支点。因为面对《布里洛盒子》，艺术自身似乎变得不可定义，而这也为反思艺术的本质提供了契机，即从感官经验转向思想，从美学转向哲学。虽然艺术创作仍在继续，但丹托的艺术终结论旨在说明，当任何东西都可以是艺术的时候，艺术作为一个概念已被耗尽，任何现象都不会再获得历史意义。因此，艺术终结的同时意味着哲学的登场，而波普艺术，尤其是沃霍尔对物性的建构，见证和实践了这种转换，并标志着西方艺术史宏大叙事的终结。

中南民族大学陆弈思围绕徐冰作品中的观念与意象探讨何为思维之眼。在非理性思潮的影响下，从现代主义到后现代主义，再到更加纷繁复杂的当代艺术，文艺以几乎全新的面貌挑战着传统，势不可挡。后现代以来，观念艺术的出现打破了黑格尔“精神理想”和“感性形式”的二元对立。在此，观念与形式、思维理念与诗意美感交织互见。通过分析徐冰作品的审美结构中观念与意象的生成，观念艺术中理性之思在作品中的导引与延伸及其对心灵世界的重要作用得以揭示出来。

扬州大学曾蒙以"抖音"短视频 APP 为例，讨论了视觉时代语境中的审美路径与身体狂欢。当代美学重新恢复了"感性"尤其是作为重要感性存在也即"肉体"的地位，并让这种感性与身体走向泛滥与狂欢之境。"身体"作为"抖友"们表现自我、展示自我的审美对象和审美媒介被推向了狂欢之中。这种身体的狂欢是当今"视觉时代"语境中独特审美路径的必然产物，身体在狂欢之中沦为了符号的工具，在极度的自由之中又走向极度的自我约束之路。同时，这场身体狂欢背后所潜藏的当代审美的两大困境——"表层的审美化"与"娱乐至上""技术崇拜"与"庸俗化、恶俗化"，也需要被给予理性的评析与反思。

武汉理工大学高媛以奥拉维尔·埃利亚松红砖美术馆个展为例，探讨了当代装置艺术中公众的"在场"与消费问题。当代装置艺术具备媒介的综合性、场域的现实性以及公众的可参与性。从公众在观展中的"在场"与消费这两个维度出发，结合海德格尔现象学与鲍德里亚消费社会理论，有助于讨论其在当下文化语境下装置艺术中的表现形式，以及今后装置艺术的发展趋势。

武汉理工大学刘丽娟以"被遮蔽的艺术"为题探讨了当代艺术领域中艺术与艺术品的关系。"当代艺术"以观念先行、去技术化、注重批判精神、消除艺术与生活的界限等特点出现在艺术舞台上。它正以一种"景观"的方式被呈现。景观是表象，是被呈现在人们眼前的"矫饰"。观者在被动接受的过程中，往往失去了评判的能力。人们看见热闹非凡的当代艺术景观，却看不见"艺术"。在美术馆中见到价值连城的艺术作品却难以真正走进"艺术"。以此为背景，探讨当代艺术语境中艺术与艺术品的关系，有助于反观当下艺术发展的态势。

湖南师范大学王永芳从自我与他者的理论视角出发讨论温庭筠菩萨蛮中的女性身份问题。《菩萨蛮(小山重叠)》这一词作体现了温词注重意象与色彩搭配应用借以阐发闺阁女子内心的思念情绪的特点。然而，这首"思妇"词中刻画出的女主人公魂断牵肠的相思情结与寂寞苦楚的生活，如今仍是部分人的现实生活写照。值得思考的是：如何摆脱过度的相思苦楚，做思想自由的"现代人"而非古代女子这般精神全权依附男性的失魂者。

武汉大学张雅梦以《梁山伯与祝英台》和《罗密欧与朱丽叶》为例，从舞台语言、表现形式和审美特点三个角度进行对比分析，以此探讨中西戏剧之差异。作为当今世界戏剧的两大基本体系，以中国传统戏曲为代表的东方戏剧艺术和以欧洲话剧为代表的西方戏剧艺术由于各自不同的历史渊源和文化浸染，表现出迥异的风格特征。而至死不渝的忠贞爱情，也一直以来都是中西戏剧所描述、歌颂的对象。由此，中西爱情戏剧比较分析可作为阐释中西戏剧差异的一条路径。

湖北美术学院耿余在梅兰芳表演美学的具身性研究的理论背景之下探讨了身体的艺术何以走向身体的自由。布莱希特、梅耶荷德以及当代戏剧理论家乔治·巴纽都偏重于肯定梅兰芳的表演是建立在严格程式化训练基础之上的“身体的艺术”，即对戏曲演员继承程式规范体系进行“如何表现”加以探讨。但是，中国戏曲的审美本质内涵并不仅限于此，更在于探讨“表现得如何”的审美创造，即梅兰芳等中国戏曲演员在舞台表演中不断偏离、突破旧有的常规定式，对有限的程式符号进行无限的组合创构，从身体的艺术走向身体的自由，由此也揭示出中国戏曲艺术的具身性特征。

五、艺术美学的前沿问题

“艺术美学的前沿问题”作为此次大会的核心论题也引发了热烈的讨论。湖北大学曹元甲从自我意识的角度分析了三大美学板块间的关系。他认为三个不同的美学板块实际存在着一种历史上的接续关系和逻辑上的递进关系，即从以艺术为核心建构起来的美学理论(艺术哲学)到以自然为核心建构起来的美学理论(环境美学)，再到以日常生活为核心建构起来的美学理论(生活美学)。于根本而言，规律是以人的自我意识的演化为依据进行的，美学史的演进过程其实就是人的自我意识结构逐渐展开的过程。

武汉大学张驰论述了海德格尔《艺术作品的本源》在美学和哲学双重视域下的意义。他将海德格尔哲学的主题总结为存在问题，早期的思想重点是存在，中期是真理，晚期是语言。《艺术作品的本源》是其中期重要的作品，通过对物、器具、作品的层层解析，揭示出艺术是真理的发生方式，美是真理通过艺术自行设置入作品，进而显现出美学的理论特征与意义。

湖南师范大学杨洁对张弛的发言进行了回应，并将发言主题调整为艺术史与哲学的界分：夏皮罗与海德格尔争辩。她对夏皮罗与海德格尔的争辩进行了细致的梳理，提出夏皮罗是在“所属”层面，海德格尔则是在“所是”层面，不同层面的碰撞与交锋既有所偏差又擦出了思想的火花。

武汉大学蓝莹论述了在发生现象学视域下，戏剧的发生如何可能。她认为戏剧艺术关注每一个个体的命运，追问自我与世界之先天的普遍历史性，这正是发生现象学的起源问题。根据发生现象学，追问事情最终追溯到一个"绝对的事实"，这一"绝对的事实"构成个体性生成的必要条件，这种发生就是展示"事情本身"为"事情本身"的过程。蓝莹从胡塞尔发生现象学之"发生"问题谈起，聚焦具体的现代戏剧艺术作品，最终揭示戏剧的发生如何可能的问题。

武汉大学祝凡淇研究了梅兰芳对戏曲舞蹈独立性的彰显及其审美价值。她提出梅兰芳对戏曲表演中舞蹈独立性的凸显，是戏曲舞蹈演变进程中的重要突破。它既是对传统演出方式的升华，同时也为在戏曲舞蹈上建立现代"古典舞"体系及承继传统戏曲审美精神奠定了重要的基础。

武汉纺织大学周泽阳以张洹行为艺术作品为例，论述了梅洛-庞蒂美学思想。在创作中，张洹擅长将自我内心骚动的情绪直接经由行为表演传达出来。周泽阳结合梅洛-庞蒂身体美学思想分析张洹作品中对于身体的"自虐式"语言的创作形式及其精神内涵。

武汉大学刘津探析了《游园惊梦》的舞台空间美学。她指出《游园惊梦》作为《牡丹亭》中最精彩的章节，其舞台演绎亦呈现出多样化的面貌。从梅兰芳版、上海昆剧团版、青春版到抚州盱河高腔版，不同版本的《游园惊梦》最大的差异体现在舞台空间的设计以及对布景的理解和展现上，不同舞台空间的处理不仅涉及观众的观看体验，更重要的是触及对中国戏曲美学基本精神的理解。创新的前提永远是传承，如何在理解的基础上更好地传承，这是不得不加以辨析的。

武汉大学倪倩凝对"自拍"进行了日常性分析。她认为当"自拍"借助于"日常生活批判"理论，日常生活中以日常时间为代表的"日常性"便被凸显出来。自拍既是"日常性"的集中体现，也是对"日常性"的打破。此种打破作为一种"日常间离"，便具有了审美和超越的性质。

武汉大学杨阳论述了阿尔托残酷戏剧的空间观。她提出法国戏剧家阿尔托的残酷戏剧，既带来了一种对待戏剧和生命的态度与方式，也扩充及拓新了西方戏剧史与人类审美经验。阿尔托残酷戏剧的空间观在戏剧理论上，以空间与身体在场、空间与符号语言、空间与戏剧同谋这三者关系，整体性地显现出来；而在戏剧经验中，经由自我精神解放的戏剧美学仪式，观演者最终从中获得为之颤栗的惊觉。

此次美学年会提交的论文选题新颖、广泛、交叉，与会学者从多角度、多方面围绕"当代审美与设计美学的价值"问题展开了广泛而深入的探讨。大会通过"中国传统设计美学与工匠精神""当代美学价值的设计实践""当代美学和艺术的走向""艺术美学的前沿问题"四大核心论题，构建起美学与设计的对话、传统与当代的对话、中国与西方的对话、理论与实践的对话。当代设计美学乃至美学自身在多重对话中焕发出其生命力。

（作者单位：武汉大学哲学学院）

图书在版编目(CIP)数据

美学与艺术研究. 第10辑/湖北省美学学会编.—武汉：武汉大学出版社,2020.12
ISBN 978-7-307-21699-0

Ⅰ.美…　Ⅱ.湖…　Ⅲ.①美学—文集　②艺术美学—文集
Ⅳ.①B83-53　②J01-53

中国版本图书馆CIP数据核字(2020)第151811号

责任编辑:胡国民　　责任校对:李孟潇　　版式设计:马　佳

出版发行：**武汉大学出版社**　(430072　武昌　珞珈山)
(电子邮箱：cbs22@whu.edu.cn　网址：www.wdp.com.cn)
印刷:湖北恒泰印务有限公司
开本:720×1000　1/16　印张:25.25　字数:451千字　插页:2
版次:2020年12月第1版　2020年12月第1次印刷
ISBN 978-7-307-21699-0　定价:80.00元
